KOSMOS HIMMELS-JAHR 1999

SONNE, MOND UND STERNE IM JAHRESLAUF

Herausgegeben von Hans-Ulrich Keller
unter Mitarbeit von Erich Karkoschka

Mit 192 Abbildungen
und 97 Tabellen

Kosmos

Mit 148 größtenteils vierfarbigen Zeichnungen von Gerhard Weiland nach Vorlagen der Verfasser: 20 Farbfotos und 7 Schwarzweißfotos, 97 Tabellen, 5 Sternkartendarstellungen (Archiv). 12 Monatssternkarten von Wil Tirion.

Umschlag gestaltet von Atelier Reichert, Stuttgart, unter Verwendung einer Graphik von Conrad Höllerer

Lektorat: Hermann-Michael Hahn und Siegfried Fischer (Assist.)
Herstellung: S. Fischer

Anschrift des Herausgebers:
Prof. Dr. Hans-Ulrich Keller
Planetarium Stuttgart
Mittlerer Schloßgarten
D-70173 Stuttgart

ISSN 0439-1551
Best.-Nr. 3-440-07570-2
Printed in Germany / Imprimé en Allemagne
Satz und Repro: Typomedia Satztechnik GmbH, Ostfildern
Druck und Bindung: Westermann Druck Zwickau GmbH, Zwickau

Verzeichnis wichtiger Abbildungen und Tabellen

Das Himmelsjahr 1999

Das Himmelsjahr – ein Wegweiser durch die Welt der Sterne

1999 ist ein ganz besonderes Jahr. Nicht, weil es etwa das letzte im zu Ende gehenden zweiten Jahrtausend wäre. Das ist es nämlich gar nicht. Aber im Jahre 1999 erwartet uns ein astronomisches Jahrhundertereignis. Am 11. August wird in den Mittagsstunden der Kernschatten des Mondes über Süddeutschland und Österreich streichen. Es ist dies die einzige totale Sonnenfinsternis im zwanzigsten Jahrhundert, bei der die Zone der totalen Verfinsterung über Deutschland geht. Die letzte von Deutschland aus zu sehende totale Sonnenfinsternis fand am 19. August 1887 statt. Damals erstreckte sich die Totalitätszone bei Leipzig und Magdeburg beginnend über Berlin und Frankfurt an der Oder, weiter über Polen und Ostpreußen, knapp südlich an Königsberg vorbei. Diesmal wird die nur rund 100 km breite Kernschattenzone über Straßburg, Karlsruhe, Stuttgart, Ulm, Augsburg, München, Salzburg und Graz ziehen. Weit mehr als eine Million Touristen aus aller Welt werden in Süddeutschland und Österreich erwartet. Manche Quartiere sind schon lange ausgebucht. Erst am 3. September 2081 wird der Kernschatten des Mondes wieder die südlichsten Gebiete Deutschlands streifen, am 7. Oktober 2135 wird er dann über Hamburg und Berlin ziehen.

Wann und wo genau die totale Sonnenfinsternis vom 11. August 1999 zu sehen ist, wie man sie beobachten kann und welche Vorsichtsmaßnahmen zu ergreifen sind, wird in vorliegendem Jahrbuch ausführlich beschrieben. Auch eine einfache aber wirksame Schutzbrille liegt bei. Sie ist für die Beobachtung der Sonnenfinsternis mit bloßen Augen vorgesehen. Keinesfalls darf man sie in Kombination mit einem Fernglas oder Teleskop verwenden. Schwere Augenschäden können die Folge sein.

Wie angedeutet, ist das Jahr 1999 das vorletzte in diesem Jahrhundert. Das zwanzigste Jahrhundert endet am 31. Dezember 2000. Das 21. Jahrhundert und damit auch das dritte Jahrtausend unserer Zeitrechnung beginnt am 1. Januar des Jahres 200**1**. Eine ausführliche Darstellung dieses Sachverhaltes wurde im *Himmelsjahr* 1998 im Monatsthema Dezember (Seite 204) gebracht.

Doch nicht nur über Sonnen- und Mondfinsternisse informiert das *Himmelsjahr*. Einer jahrzehntelangen Tradition folgend wird der Leser über alle wichtigen astronomischen Ereignisse des Jahres in möglichst klarer und verständlicher Form informiert. Jedes Jahr kommen stets neue Leser hinzu, die sich erst in die astronomischen Fachbegriffe und in die spezifische Materie der Himmelskunde einarbeiten wollen. Sie schätzen eine möglichst einfache und doch vollständige Darstellungsweise auch komplizierter Sachverhalte. Für die Erstbenutzer ist das Einführungskapitel *Erläuterungen zum Gebrauch* in erster Linie gedacht. Auch der langjährige Himmelsjahr-Leser sollte ab und zu das Einführungskapitel durchgehen.

Nicht nur dem Neuling in der Himmelskunde will vorliegendes Jahrbuch dienen. Für fortgeschrittene Sternfreunde und systematisch arbeitende Amateurastronomen bringt es alle notwendigen Zahlenangaben (Ephemeriden) für eigene Beobachtungen. Um möglichst allen Benutzern – vom Anfänger bis zum versierten Beobachter – zu dienen, wird in den Monatsübersichten eine einfache, beschreibende Darstellung aller interessanten Himmelsvorgänge gebracht, während im Tabellenteil am Schluß wichtige Beobachtungsdaten in Form von Zahlen-

E.1: Die totale Sonnenfinsternis vom 26. Februar 1998: Um die vom Neumond verdeckte Sonnenscheibe leuchtet die Korona, die äußerste Atmosphärenschicht der Sonne. Diese Aufnahme wurde am 26.02.1998 um 18^{h}14^{m} U.T. von Martin Gertz auf der Antilleninsel Curaçao gewonnen.

tafeln vermerkt sind, die der Anfänger unberücksichtigt lassen kann.
Dem Hauptteil ist eine Zusammenfassung der 1999 stattfindenden Sonnen- und Mondfinsternisse vorangestellt. Auf Seite 7 findet man eine kalendarische Übersicht für das Jahr 1999 mit chronologischen Daten und Angaben der Festtage.
Der Anhang enthält ein Verzeichnis astronomischer Institute sowie eine Liste von amateurastronomischen Einrichtungen, die den Kontakt zu Gleichgesinnten erleichtern soll.
Die Daten für das vorliegende Jahrbuch stammen, soweit nicht nachstehend besonders vermerkt, vom Planetarium Stuttgart. Das Bureau des Longitudes, Paris, lieferte die Daten für die Jupitermonderscheinungen, die Angaben für das International Lunar Occultation Centre (ILOC), Tokio, die Sternbedeckungen, das Observatoire Royal de Belgique, Brüssel die Sonnenfleckenrelativzahlen.
Mein besonderer Dank gilt meinem Mitarbeiter, Herrn Erich Karkoschka (Lunar and Planetary Laboratory, University of Arizona, Tucson) für seine Ephemeridenberechnungen und Anfertigungen der vielen Skizzen sowie für seine zahlreichen Vorschläge zur weiteren Verbesserung dieses Jahrbuches.
Dank schulde ich auch Herrn Gerhard Weiland, der mit großer Sorgfalt und Umsicht die Reinzeichnungen aller Graphiken angefertigt hat. Dankbar bin ich auch Frau Mareike Ziegler, die alle Korrekturen sorgfältig gelesen hat.
Zu danken habe ich ferner den Mitgliedern der Beobachtergruppe des Planetariums Stuttgart für ihre hervorragenden Astroaufnahmen, die sie auf der Sternwarte Welzheim gewonnen haben. Dank gebührt auch Frau Carmen Borst für die sorgfältige Reinschrift des Manuskripts sowie den Mitarbeiterinnen und Mitarbeitern des Verlages, insbesondere Frau Marion Schulz sowie den Herren Siegfried Fischer und Hermann-Michael Hahn, für die hervorragende Zusammenarbeit, ohne die dieses Jahrbuch nicht pünktlich erscheinen könnte.

Stuttgart, im März 1998
Hans-Ulrich Keller

Das Jahr 1999

Das Jahr 1999 ist nach dem Gregorianischen Kalender ein **Gemeinjahr** mit **365** Tagen.
Beginn der Jahreszeiten:
Frühling (Tagundnachtgleiche):
21. März 2h46m MEZ
Sommer (Sonnenwende):
21. Juni 20h49m MEZ
Herbst (Tagundnachtgleiche):
23. September 12h31m MEZ
Winter (Sonnenwende):
22. Dezember 8h44m MEZ

Sommerzeit: Die Mitteleuropäische Sommerzeit (MESZ) geht gegenüber der Mitteleuropäischen Zeit (MEZ) um eine Stunde vor. Sie soll vom **28. März** bis **31. Oktober 1999** gelten. Kurzfristige Änderungen sind möglich.

FEST- UND FEIERTAGE 1999

Neujahrstag:	**Freitag,** 1. Januar
Aschermittwoch:	17. Februar
Karfreitag:	2. April
Ostersonntag:	**4. April**
Ostermontag:	5. April
Christi Himmelfahrt:	Donnerstag, 13. Mai
Pfingstsonntag:	23. Mai
Pfingstmontag:	24. Mai
Fronleichnam:	Donnerstag, 3. Juni
Allerheiligen:	Montag, 1. November
Buß- und Bettag:	Mittwoch, 17. November
1. Advent:	Sonntag, 28. November
Heiliger Abend:	Freitag, 24. Dezember
1. Weihnachtsfeiertag:	**Samstag,** 25. Dezember
2. Weihnachtsfeiertag:	Sonntag, 26. Dezember
Silvester:	**Freitag,** 31. Dezember

STAATSFEIERTAGE 1999

Tag der deutschen Einheit:	Sonntag, 3. Oktober
Österreichischer Nationalfeiertag:	Dienstag, 26. Oktober
Schweizer Bundesfeier:	Sonntag, 1. August

KALENDERÄREN 1999
Das jüdische Jahr 5760 beginnt am 10. September mit Sonnenuntergang. Der jüdische Neujahrstag fällt daher auf den 11. September.
Das islamische Jahr 1420 beginnt am 16. April mit Sonnenuntergang. Der erste Tag des islamischen Jahres 1420 korrespondiert daher mit dem 17. April 1999.
Am 14. September beginnt in der byzantinischen Ära das Jahr 7508.
Am 1. Januar beginnt das japanische Jahr 2659.
Am 12. September beginnt das Jahr 1716 der Ära Diokletians.
Am 14. September beginnt das Jahr 2311 der Seleukidenära.
Am 14. Januar beginnt das Jahr 2752 der römischen Ära a.u.c.
Der 14. Januar 1999 des **Gregorianischen** Kalenders korrespondiert mit dem 1. Januar 1999 des **Julianischen** Kalenders.
Das Jahr 1999 entspricht dem Jahr 6712 der Julianischen Periode.
Der 1. Januar 1999 (0h Weltzeit = 1h MEZ) hat die Julianische Tagesnummer 2451179,5

CHRONOLOGIE 1999
Sonnenzirkel: 20
Goldene Zahl (Mondzirkel): V
Sonntagsbuchstabe: C
Indiktion (Römerzinszahl): 7
Epakte: 13
Jahresregent: Mond
(Nähere Erläuterungen zu den chronologischen Zyklen, die auch Kalenderzyklen genannt werden, siehe Seite 24).

FINSTERNISSE 1999
Im Jahre 1999 ereignen sich eine ringförmige und eine totale Sonnenfinsternis sowie eine partielle Mondfinsternis und eine Halbschattenfinsternis des Mondes. Außerdem kommt es Mitte November zu einem Merkurtransit. Höhepunkt für Mitteleuropäer ist die **totale Sonnenfinsternis** vom **11. August 1999**, bei der die Totalitätszone Süddeutschland und Österreich überstreicht. Es ist dies die einzige totale Sonnenfinsternis in diesem Jahrhundert, die auch von Deutschland aus total gesehen werden kann. Von den übrigen Finsternissen ist nur die Halbschattenfinsternis vom 31. Januar bei günstigen Sichtverhältnissen zu er-

kennen. Die übrigen Finsternisse bleiben von Mitteleuropa aus unbeobachtbar. Auch der Merkurdurchgang vom 15. November entgeht uns, da er erst nach Sonnenuntergang stattfindet. Nähere Erläuterungen zu den Finsternissen findet man im Kapitel *Sonnen- und Mondfinsternisse* auf Seite 25.

PLANETEN 1999

Merkur kann Ende Februar/Anfang März sowie Mitte Juni am Abendhimmel gesehen werden; am Morgenhimmel zeigt sich der sonnennahe Planet Mitte August sowie Ende November bis Mitte Dezember.

Venus erreicht ihre größte östliche Elongation am 11. Juni. Von Jahresbeginn bis Anfang August ist unser innerer Nachbarplanet Abendstern. Am 14. Juli strahlt Venus in größtem Glanz am Abendhimmel. Am 20. August kommt sie in untere Konjunktion mit der Sonne. Ende August taucht sie am Morgenhimmel auf. Der Morgenstern erstrahlt am 26. September in größtem Glanz. Bis Ende des Jahres bleibt Venus schließlich Morgenstern. Am 31. Oktober erreicht sie ihre größte westliche Elongation.

Mars kommt am 24. April im Gebiet der Sternbilder Jungfrau/Waage in Opposition zur Sonne. Seine große Glanzzeit hat er im Frühjahr. Bis Jahresende bleibt der rote Planet am Abendhimmel vertreten.

Jupiter kommt am 23. Oktober im Sternbild Fische in Opposition zur Sonne. Er verfolgt Saturn, den er aber erst im Juni 2000 einholen wird. Zu Jahresanfang ist Jupiter noch am Abendhimmel zu sehen. Im März zieht er sich vom Abendhimmel zurück und erscheint im Juni wieder am Morgenhimmel. Nach seiner Opposition ist er im Spätherbst und Winter 1999/2000 als auffälliges Objekt am Abendhimmel zu sehen.

Saturn erreicht seine Oppositionsstellung am 6. November. Seine Oppositionsschleife liegt im Widder. Im ersten Jahresviertel ist der Ringplanet noch am Abendhimmel vertreten. Am 27. April steht er in Konjunktion mit der Sonne am Taghimmel. Mitte Juni taucht Saturn allmählich am Morgenhimmel auf. Nach seiner Opposition ist er über den Jahreswechsel hinaus in der ersten Nachthälfte am Sternenzelt zu finden.

Uranus, **Neptun** und **Pluto** sind so lichtschwach, daß sie ohne optische Hilfsmittel nicht sichtbar sind.

Uranus kommt am 7. August im Sternbild Steinbock in Opposition zur Sonne, **Neptun** bereits am 26. Juli, ebenfalls im Steinbock.

Pluto steht am 31. Mai in Opposition zur Sonne. Am 9. Februar kreuzt er die Neptunbahn. Ab diesem Datum ist er wieder sonnenfernster Planet. Genauere Angaben über die Sichtbarkeiten der Planeten entnehme man der Rubrik „Planetenlauf“ in den Monatsübersichten.

Erläuterungen zum Gebrauch

Wer in einer wirklich klaren Nacht fernab von jeder störenden irdischen Lichtquelle den sternenübersäten Himmel betrachtet, ist leicht verwirrt. Scheinbar unzählige Lichtpünktchen funkeln am samtschwarzen Firmament. Doch die Astronomen haben Ordnung in dieses Sternengewimmel gebracht. Sich am Sternenzelt zurechtzufinden ist leichter, als mancher denken mag.

Die vielen Sterne, die man in einer mondlosen Nacht zu sehen bekommt, sind fast ausnahmslos Sonnen, also heiße, selbstleuchtende Gasbälle, gewissermaßen Geschwister unserer eigenen Sonne. Sie prägen dem Himmel ein scheinbar unveränderliches Muster auf, das heißt, ihre gegenseitigen Positionen bleiben unverändert; man nennt sie daher Fixsterne. Die Phantasie der Menschen erkannte schon in alter Zeit in der zufälligen Anordnung der Sterne die Gestalten von Menschen, Tieren oder Gegenständen, eben die Sternbilder. Das Beispiel des Großen Wagens ist wohl jedem bekannt. Seine Form ändert sich nicht, jahraus, jahrein erkennen wir ihn in gleicher Gestalt.

Das Aussehen des Sternenhimmels ändert sich jedoch von Stunde zu Stunde. Da die Erde sich dreht, gehen die Sterne ebenso wie Sonne und Mond auf und unter. Am Morgenhimmel sind andere Sternbilder zu sehen als am Abendhimmel. Da die Sonne im Laufe eines Jahres durch die Tierkreissternbilder wandert, ist der Himmelsanblick auch jahreszeitlich immer wieder verschieden. Schließlich hängt es noch vom Beobachtungsort auf der Erde ab, welche Sterne zu sehen sind. In anderen geographischen Breiten sieht der Himmel entsprechend verschieden aus. Das berühmte Kreuz des Südens beispielsweise ist bei uns in Mitteleuropa nicht zu sehen.

Im *Himmelsjahr* ist das Bild des abendlichen Fixsternhimmels für jeden Monat beschrieben. Eine Sternkarte erleichtert die Übersicht. Außerdem ist die Stellung des Himmelswagens um 22^h MEZ für jeden Monat aus einer Graphik ersichtlich. Der Himmelswagen ist in jeder klaren Nacht zu beobachten, da er bei uns zirkumpolar ist, also niemals untergeht.

Während die Fixsterne ihre Stellungen zueinander nicht ändern, sondern nur gemeinsam infolge der Erdrotation über das Firmament ziehen, gibt es Gestirne, die ihre Position im Laufe von Wochen und Monaten ändern. Man nennt sie Wandelsterne oder Planeten (griech.: πλανάομαι = umherirren). Sie sind die Geschwister unserer Erde, die ebenfalls ein Planet ist. Mit bloßem Auge sind fünf Planeten zu sehen: Merkur, Venus, Mars, Jupiter und Saturn. Nach der Erfindung des Fernrohres wurden noch drei weitere entdeckt: Uranus, Neptun und Pluto. Somit sind heute neun große Planeten bekannt, die die Sonne umkreisen. Wer die Sternbilder kennt, dem fällt ein Planet sofort als nicht dazugehöriges, gewissermaßen fremdes Gestirn auf. Ferner flimmern Planeten im Unterschied zu den punktförmigen Fixsternen nicht oder kaum, sie glänzen ruhig im geborgten Sonnenlicht.

E.2: Die Galaxie NGC 253 im Sternbild Sculptor (Bildhauer) – ein Milchstraßensystem in zehn Millionen Lichtjahren Entfernung.

E.3: Das Sternbild Orion in der sternreichen Gegend nahe des Lichtbandes der Milchstraße – Millionen Sonnen leuchten hier (Aufnahme von Gutzeit/Idler, Beobachtergruppe Planetarium Stuttgart).

Die Planeten laufen etwa in derselben Ebene um die Sonne, die von der Erdbahn aufgespannt wird. Die Erdbahnebene entsteht durch den Umlauf der Erde um die Sonne; sie heißt auch Ekliptikebene.
Von der Erde aus gesehen wandert somit die Sonne in einem Jahr durch die bekannten Sternbilder des Tierkreises. Der Wanderweg der Sonne heißt Ekliptik. Mond und Planeten bewegen sich ebenfalls in der Nähe der Ekliptik. Sie sind daher stets in den Tierkreissternbildern zu finden. Niemals kann beispielsweise die Venus im Großen Bären gesehen werden!
Ein Wort zu den Dimensionen im Weltall: Gibt man sie in Kilometer an, so erhält man die berühmten „astronomischen“ Zahlen, Ungetüme mit vielen Nullen, die kaum aussprechbar sind und unter denen man sich gar nichts mehr vorstellen kann. Anschaulicher werden die Entfernungen im Kosmos, wenn man die Reisegeschwindigkeit des Lichtes zu Hilfe nimmt: Pro Sekunde legt ein Lichtstrahl 300 000 Kilometer zurück, das ist fast die Strecke von der Erde zum Mond. Von der Sonne zur Erde sind es 8 ⅓ Lichtminuten; dies entspricht 150 Millionen Kilometer. Die Entfernung Erde – Sonne wird auch Astronomische Einheit (A.E.) genannt. Sie ist die Basis für astronomische Entfernungsmessungen. Bis zum fernsten Planeten unseres Sonnensystems, dem Pluto, ist ein Lichtquant von der Sonne immerhin schon sechs Stunden unterwegs. Danach beginnt der Abgrund der Fixsternräume. Schon die nächsten Sterne, also Nachbarsonnen unserer eigenen, sind so weit weg, daß das Licht Jahre braucht, um die gewaltigen Distanzen zu überbrücken. In einem Jahr legt das Licht 9 460 000 000 000 Kilometer zurück, also fast zehn Billionen Kilometer. Sirius im Sternbild Großer Hund, ein sehr naher Stern, ist beispielsweise „nur“ rund neun Lichtjahre entfernt. Die meisten Sterne sind aber Dutzende, Hunderte und Tausende von Lichtjahren weit weg. Alle Sterne am Himmel gehören zu einem riesigen System, zur Milchstraße. Als Sternenschwarm von 100 Milliarden Sonnen bildet sie einen gewaltigen Diskus mit 100 000 Lichtjahren Längsdurchmesser und einer zentralen Dicke von 30 000 Lichtjahren. Zwischen den Sternen schweben Staub- und Gaswolken, sogenannte interstellare Materie. Von den Milliarden Sternen der Milchstraße sehen wir in einer klaren Nacht aber nur etwa 3000 bis 4000 Sterne.
Doch die Milchstraße ist nicht das einzige Sternensystem im Universum. Es gibt Milliarden

E.4: Das Sternbild Jungfrau (Virgo) in der phantasiereich ausgeschmückten Sternkarte von Johann Elert Bode aus dem Jahre 1782.

solcher Milchstraßen oder Galaxien, wie sie auch heißen. Schon mit bloßem Auge kann man im Sternbild der Andromeda ein schwaches Lichtfleckchen erkennen: unsere Nachbarmilchstraße, den berühmten Andromedanebel. Fast drei Millionen Jahre ist das Licht dieser Sterne zu uns unterwegs. Andere Galaxien oder Spiralnebel stehen viele Millionen, ja Milliarden Lichtjahre tief im Raum.

Sterne, Sternbilder und Sternkarten

Je nach Phantasie und Kultur haben die einzelnen Völker Sterne und Sternbilder unterschiedlich benannt. Die alten Chinesen kannten einen anderen Tierkreis, als wir ihn heute benutzen. Der Große Wagen wiederum heißt bei den Amerikanern „big dipper", große Schöpfkelle. Die meisten Sternbilder, die wir in den Sternkarten finden, stammen aus der griechisch-römischen Mythologie, viele haben ihre Wurzeln im babylonischen Kulturkreis, einige kamen im Mittelalter hinzu. Die Sternbilder des Südhimmels wurden erst in der Neuzeit von den Entdeckern benannt. Damit keine Verwirrung aufkommt, hat die Internationale Astronomische Union (IAU) für die gesamte Himmelskugel 88 Sternbilder festgelegt, die für alle Astronomen und Sternfreunde verbindlich sind. Diese 88 Sternbilder haben lateinische Namen und jeweils eine Abkürzung von drei Buchstaben; Beispiel: der Krebs, lat.: Cancer, Abkürzung: Cnc. Waren früher die Grenzen zwischen den einzelnen Sternbildern unklar oder fließend, so sind die durch IAU-Beschluß festgelegten Sternbilder durch die rechtwinkligen, äquatorialen Himmelskoordinaten (Rektaszension und Deklination) eindeutig abgegrenzt.
In alten Himmelsatlanten findet man recht hübsch und phantasiereich ausgeschmückte Darstellungen der einzelnen Himmelsfiguren (Abb. E. 4). Moderne Sternkarten zeigen nur noch Namen und Koordinatengrenzen eines Sternbildes, aber keine figürliche Darstellung mehr (Abb. E. 5).
Speziell für die Benutzer des *Himmelsjahres* empfehlen sich zur ersten Orientierung die Sternkarten im *Atlas für Himmelsbeobachter* von Erich Karkoschka, Kosmos-Verlag, Stuttgart; der Atlas wurde 1997 völlig neu überarbeitet. Alle Sterne, die mit freiem Auge sichtbar sind, finden sich in dem Himmelsatlas *Der große Kosmos-Himmelsführer* von Ian Ridpath und Wil Tirion, ebenfalls aus dem Kosmos-Verlag, Stuttgart.
Für Sternfreunde mit Fernrohren seien folgende Sternatlanten genannt:
Atlas of the Heavens (Atlas Coeli 1950.0) von Antonin Beçvar (geht bis $7\overset{m}{,}75$),
Sky Atlas 2000.0 von Wil Tirion (bis $8\overset{m}{,}0$), und
Uranometria 2000.0 von W. Tirion/B. Rappaport/G. Lovi (Grenzgröße $9\overset{m}{,}5$).
Neben den klassischen Sternatlanten gibt es heute auch gute Computerprogramme, die einen gewünschten Himmelsausschnitt am Monitor erscheinen lassen.
Nur die hellsten oder auffällige Sterne, die beispielsweise periodisch ihre Helligkeit ändern, haben Eigennamen erhalten. Diese stammen häufig von den Arabern, die in klaren Wüstennächten eifrig den Himmel beobachteten. So heißen die beiden hellsten Sterne im Wintersternbild Orion Beteigeuze

und Rigel oder der berühmte veränderliche Stern im Perseus Algol.
Etwas systematischer hat Johannes Bayer im Jahre 1603 die Sterne bezeichnet, nämlich mit griechischen Buchstaben und dem Genitiv des lateinischen Sternbildnamens. So bekommt der hellste Stern in der Leier die Bezeichnung α Lyrae (oder kurz α Lyr), der zweithellste β Lyrae, der dritthellste γ Lyrae usw.. Die Helligkeitsfolge ist aber nicht immer streng eingehalten, manchmal hat die Mythologie Vorrang. Von den beiden hellen Zwillingssternen trägt der hellere Pollux die Bezeichnung β Geminorum, der etwas schwächere Kastor α Geminorum. Bei Doppelsternen wird gelegentlich noch ein Index an den griechischen Buchstaben angehängt. Beispiel: ε_1 und ε_2 Lyrae, der berühmte Vierfachstern in der Leier (jede Komponente ist ihrerseits ebenfalls ein Doppelstern). Die 24 griechischen Buchstaben (siehe Seite 46) pro Sternbild reichen natürlich nicht aus, um alle Sterne zu benennen. Bei schwächeren Sternen gibt man die Katalognummer an, unter der sie verzeichnet sind, oder einfach die genauen Koordinaten. Beispiele für Katalognummern: BD +52°1312 bedeutet Stern Nummer 1312 in der Deklinationszone von +52° bis +53° der sogenannten Bonner Durchmusterung. HD 128974, Stern aus dem Henry-Draper-Katalog, SAO 146912, Stern aus dem Smithsonian Astrophysical Observatory Star Catalog, FK5: 1051, Stern aus dem 5. Fundamental-Katalog.
Sterne, deren Helligkeit variiert, werden häufig mit einer Kombination aus großen lateinischen Buchstaben und dem jeweiligen Sternbildnamen versehen: RR Lyrae, T Coronae Borealis. Man kann somit aus der Bezeichnung auf die Eigenart dieser Sterne schließen.
Eine Zusammenfassung der verschiedenen Bezeichnungen für die helleren Sterne findet man in folgendem Katalog-Werk: *Synopsis der Nomenklatur der Fixsterne* von H. Werner und F. Schmeidler, Wissenschaftliche Verlagsges. mbH., Stuttgart.

Sterngruppen und Nebel

Schon mit bloßem Auge entdeckt man im Sternbild Stier ein Grüppchen von sechs bis neun

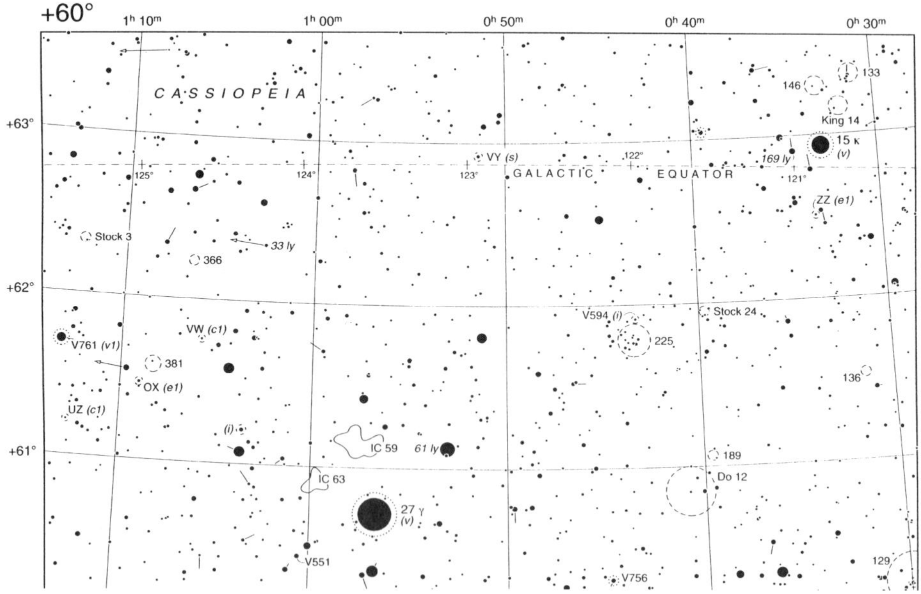

E.5: Ausschnitt aus einer modernen Sternkarte (Millenium Star Atlas von R.W. Sinott und M. A. C. Perryman nach Daten des Hipparcos- und Tychokataloges, 1997).

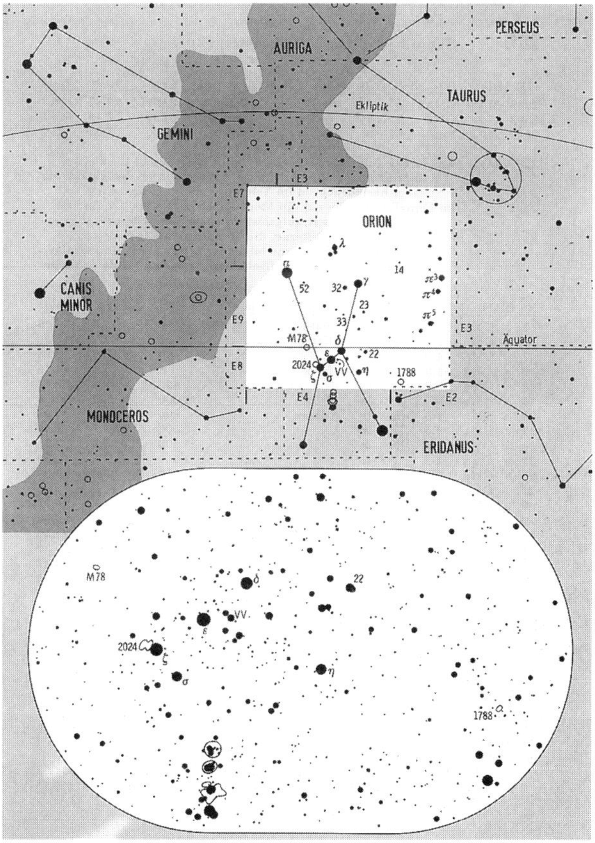

E.6: Ausschnitt aus dem *Atlas für Himmelsbeobachter* von Erich Karkoschka. Die Übersichtskarten enthalten alle Sterne bis Grenzgröße 6^m, die Aufsuchkarten für Sternhaufen und Nebel bis zur Grenzgröße 9^m (Kosmos-Verlag, Stuttgart, 3. Aufl., 1997)

Sternen, bekannt unter dem Namen Siebengestirn oder Plejaden. Sucht man den Himmel mit einem Feldstecher oder Fernrohr ab, so findet man zahlreiche derartige Gruppen. Sie werden schlicht Sternhaufen genannt. Man unterscheidet offene und kugelförmige Sternhaufen: Offene Sternhaufen enthalten Dutzende bis einige hundert Sterne, die alle einzeln als Lichtpunkte erkennbar sind; Kugelhaufen haben Hunderttausende bis Millionen Mitgliedssterne und sind als verwaschene, kreisrunde Lichtfleckchen zu sehen. Nur die Randpartien sind in Einzelsterne auflösbar, im Zentrum stehen die Sterne zu dicht, um als einzelne Lichtpunkte erkannt zu werden.

Zwischen den punktförmigen Sternen zeigen sich auch nebelhafte Gebilde. Da diese „Nebel“ ihre Positionen unter den Sternen beibehalten, sind sie keine Erscheinung in der Erdatmosphäre, sondern astronomische Objekte. Bei den Nebeln gilt es, zwei Kategorien auseinanderzuhalten. Einmal beobachten wir tatsächlich Staub- und Gasmassen zwischen den Sternen unserer Milchstraße, wie zum Beispiel im Sternbild Orion den berühmten Orionnebel. Andere nebelhafte Lichtfleckchen lassen sich jedoch mit sehr großen Teleskopen in einzelne Sterne auflösen. Hier sieht man fremde, ferne Milchstraßensysteme; das Licht von Milliarden Sternen wird von uns nur als schwaches Nebelfleckchen registriert, wie beispielsweise beim Andromedanebel. Wegen ihrer häufig spiraligen Gestalt spricht man auch von Spiralnebeln oder Galaxien (griech.: γαλάξις = Milchstraße).

Der französische Astronom Charles Messier (1730 bis 1817) hat einen Katalog mit über hundert Sternhaufen und Nebeln zusammengestellt. Sternfreunde benutzen noch heute seine Katalognummern. Der Orionnebel wird z. B. mit M 42, der Andromedanebel mit M 31, der Kugelhaufen im Herkules mit M 13 bezeichnet. Wesentlich umfangreicher ist der Katalog von John L. E. Dreyer mit dem Namen *New General Catalogue of Nebulae and Clusters of Stars*, abgekürzt mit NGC. Später erschienen noch zwei Ergänzungen (*Index-Catalogue I and II*, kurz IC I und IC II) und schließlich der überarbeitete *Revised New General Catalogue* (RNGC). Daher trägt der Andromedane-

E.7: Die beiden offenen Sternhaufen Hyaden und Plejaden im Stier (Taurus). Die Hyaden stehen in der Bildmitte, die Plejaden sind als dicht gedrängter Haufen im rechten Teil des Bildes zu erkennen. Links sieht man die Leuchtspur eines Meteors (Aufnahme von Gutzeit/ Idler, Beobachtergruppe Planetarium Stuttgart).

bel M 31 auch die Bezeichnung NGC 224.

Die Helligkeit der Sterne

Von alters her teilt man die Sterne in sogenannte Größenklassen ein. Man sagt zum Beispiel, der Polarstern sei ein Stern zweiter Größe. Diese Größenklassen geben nicht den Durchmesser oder die wahre Leuchtkraft der Sterne an, sondern ihre scheinbare Helligkeit am Himmel. Sterne erster Größe sind dabei heller als solche zweiter Größe. Ein schwaches Sternpünktchen sechster Größe ist eben noch mit bloßem Auge zu erkennen. Ein Stern erster Größe ist hundertmal heller als ein Stern sechster Größe. Daraus folgt, daß ein Stern zweiter Größe 2,512mal lichtschwächer ist als ein Stern erster Größe. Ein Stern dritter Größe wiederum ist 2,512mal lichtschwächer als ein Stern zweiter Größe usw., denn $2{,}512^5 = 100$. Die Größenklassenskala ist somit ein logarithmisches Maß. Als Abkürzung verwendet man ein kleines hochgestelltes ^{m} für magnitudo (lat. = Größe). Sterne, die heller als 1^m sind, bezeichnet man mit 0^m, -1^m, -2^m usw. Die Venus kann -4^m hell sein, was bedeutet, daß sie dann hundertmal heller strahlt als ein Stern erster Größe!

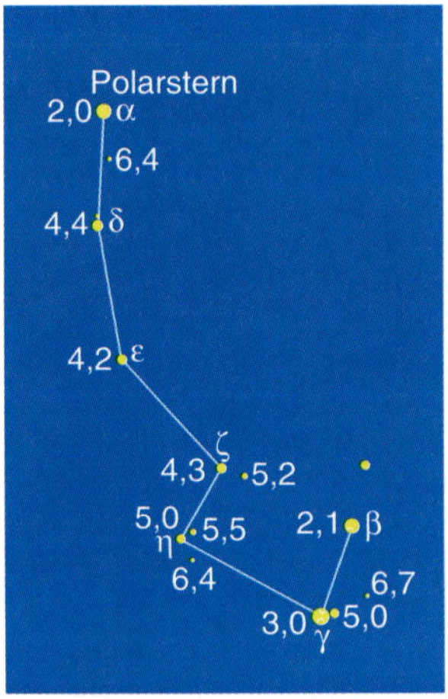

E.8: Sternbild Kleiner Wagen mit Helligkeitsangaben in Größenklassen für die einzelnen Sterne.

Mit Teleskopen lassen sich auch Sterne beobachten, die schwächer sind als 6^m. In einem guten Fernglas sind Sterne bis 10^m ohne weiteres erkennbar. In großen Teleskopen werden Sterne bis 21^m beobachtet, also Objekte, die eine Million mal lichtschwächer sind als die schwächsten, dem menschlichen Auge zugänglichen Sterne mit 6^m. Die Helligkeiten der Sterne zu schätzen, sollte man üben. Abb. E. 8 zeigt den Kleinen Wagen, wobei die Helligkeiten der einzelnen Sterne vermerkt sind. Da das Sternbild Kleiner Wagen zirkumpolar ist, kann es in jeder klaren Nacht zu jeder Uhrzeit gesehen werden. Stünden alle Sterne gleich weit entfernt, sozusagen in einer Normentfernung, dann entspräche die beobachtete scheinbare Helligkeit auch ihrer wirklichen Leuchtkraft.

Eine solche Normentfernung wurde mit 10 Parsec (knapp 33 Lichtjahre) festgelegt. Man rechnet nun die Helligkeit aus, die ein Stern in 10 Parsec Entfernung hätte, und bezeichnet diese Größe als „absolute Helligkeit“ oder „wahre Leuchtkraft“ eines Sternes.

Um die absolute nicht mit der scheinbaren Helligkeit zu verwechseln, wird sie mit einem großen M (Magnitudo) abgekürzt.

Beispiel: Unsere Sonne hat die

E.9: Der Pferdekopfnebel im Sternbild Orion. Staubmassen verdunkeln das Licht dahinterliegender Sterne und leuchtenden Wolken. Die Entfernung des Pferdekopfnebels beträgt rund 1400 Lichtjahre (aufgenommen auf der Sternwarte Welzheim von Martin Gertz am 31. Januar 1998).

enorme scheinbare Helligkeit von -27^{m} am Firmament und eine absolute Helligkeit von $+4^{M}$,8. Das heißt, in 33 Lichtjahren Entfernung erschiene uns die Sonne nur noch als Sternchen 5. Größe. Anmerkung: Da ^{m} auch für Minute steht, ist aus dem Textzusammenhang zu entnehmen, ob Helligkeiten oder Zeiten bzw. Koordinaten gemeint sind.

Entfernungsangaben

Unser Mond ist von der Erde im Mittel 384 400 Kilometer entfernt. Die Planeten unseres Sonnensystems sind viele Millionen Kilometer, die Sterne viele Billionen Kilometer von uns entfernt. In der Astronomie verwendet man, um große Zahlenungetüme zu vermeiden, für die Distanzen im Sonnensystem als Längenmaß die Astronomische Einheit (A. E.). Eine Astronomische Einheit entspricht der mittleren Entfernung der Erde von der Sonne, das sind rund 150 Millionen Kilometer. Es gilt:
1 A. E. = 149 597 870 km.
Diese Strecke legt das Licht in $8^{m}20^{s}$ zurück. Man spricht von der Lichtlaufzeit der Astronomischen Einheit. Jupiter ist beispielsweise 5,2 A. E. von der Sonne und Neptun rund 30 A. E. von ihr entfernt. Die Lichtlaufzeiten der Planetendistanzen betragen Minuten und wenige Stunden.
Die Sterne sind jedoch soweit entfernt, daß ihr Licht Jahre, Jahrhunderte oder – bei Galaxien – Jahrmillionen zur Erde unterwegs ist. Man gibt daher ihre Distanzen gerne in Lichtlaufzeiten an, wobei man ein Lichtjahr (LJ) als Einheit nimmt. In einem Jahr legt ein Lichtstrahl im Vakuum rund zehn Billionen Kilometer zurück. Es gilt:
1 LJ = $9{,}46 \times 10^{12}$ km
= 63 240 A. E.
Ein Lichtjahr ist somit keine Zeit-, sondern eine Entfernungsangabe. In der Stellarastronomie wird ferner das Parsec (Parallaxensekunde) verwendet. Ein Parsec enstpricht 3,26 Lichtjahren.
Im *Himmelsjahr* werden die Entfernungen im Sonnensystem in A. E. und die Fixsterndistanzen in Lichtjahren angegeben. Parsec werden nicht verwendet.

Zeitangaben

Alle Uhrzeiten im *Himmelsjahr* sind grundsätzlich in Mitteleuropäischer Zeit (MEZ) angegeben. Die Mitteleuropäische Zeit ist die mittlere Sonnenzeit des Meridians 15° östlich von Greenwich (Nullmeridian der Erde). Sie geht gegenüber der Weltzeit (UT = Universal Time oder GMT

= Greenwich Mean Time) um eine Stunde vor. Es gilt: Weltzeit plus eine Stunde = MEZ. Wenn es in Greenwich Mitternacht (0^h) ist, dann haben wir schon 1^h (MEZ) morgens. Für ortsabhängige Angaben (z. B. Auf- und Untergänge) gelten alle Zeiten genau für einen Ort 10° östlich von Greenwich und 50° nördlicher Breite. Dieser Punkt liegt für Mitteleuropa ziemlich zentral.

SOMMERZEIT

Die Sommerzeit ist eine willkürliche Verschiebung der Zonenzeit um eine Stunde, um die Tageshelligkeit besser auszunutzen und (angeblich) Energie einzusparen. Sie beruht nicht auf astronomischen Grundlagen und ist außerdem von Staat zu Staat verschieden. Um die Benutzer des *Himmelsjahres* nicht zu verwirren, sind alle Angaben das ganze Jahr durchgehend in MEZ vermerkt. Es gilt:
MEZ plus eine Stunde = MESZ (Mitteleuropäische Sommerzeit). Gilt in einem Land die Sommerzeit, so ist zu den Zeitangaben im Himmelsjahr einfach eine Stunde zu addieren. Beispiel: der Mondaufgang am 1. April 1999 findet laut Tabelle *Mondlauf im April* um 19^h24^m MEZ statt und somit um 20^h24^m MESZ.
Achtung: Fällt ein Ereignis in die letzte Stunde vor Mitternacht, so ändert sich auch das Datum um einen Tag. Beispiel: Der Mondaufgang erfolgt am 4. Mai 1999 um 23^h17^m MEZ; zählt man eine Stunde hinzu, erhält man 0^h17^m MESZ am 5. Mai.
Die Mitteleuropäische Sommerzeit (MESZ) beginnt am Sonntag, den 28. März 1999 um 2^h MEZ und endet am Sonntag, den 31. Oktober 1999 um 3^h MESZ. Während der Dauer der Sommerzeit sind alle Zeitangaben in den Tabellen mit einem dunkleren Farbton unterlegt. Wer häufig beobachtet, sollte das ganze Jahr über eine Uhr in MEZ laufen lassen. Dies ist recht bequem und hilft, Irrtümer zu vermeiden.
Wichtiger Hinweis: Da Beginn und Ende der Sommerzeit von den Regierungen bestimmt werden und nicht aus astronomischen Gegebenheiten abzuleiten sind, also keine natürlichen Grundlagen haben, sind die Angaben in diesem Jahrbuch unverbindlich. Vermerkt sind die bei Drucklegung bekanntgewordenen Absichten über die Einführung der Sommerzeit. Änderungen der vermerkten Daten sind aufgrund kurzfristiger politischer Entscheidungen möglich. Der Herausgeber übernimmt dafür keine Verantwortung.

AUF- UND UNTERGANGSZEITEN

Alle Auf- und Untergangszeiten (MEZ) gelten exakt für 10° östlicher Länge und 50° nördlicher Breite.
Für andere Orte in Mitteleuropa können diese Zeiten erheblich differieren (bis etwa eine halbe Stunde). Um schnell auch für andere Orte die Auf- und Untergänge ermitteln zu können, ist das Nomogramm auf Seite 240 gedacht. Im Nomogramm sind die wichtigsten Städte in Mitteleuropa eingetragen. Man wähle eine Stadt, die dem eigenen Standpunkt am nächsten kommt. Dann lege man ein Lineal so auf das Nomogramm, daß es mit der Deklination des Gestirns bzw. der Uhrzeit laut Tabelle „Sonnenlauf“ am oberen Bogen übereinstimmt. Dabei gilt das obere Vorzeichen für den Aufgang, das untere für den Untergang. Die Verbindungslinie (Lineal) gibt dann am unteren Bogen die Korrektur für die Auf- bzw. Untergangszeit an. Positive Werte bedeuten eine Verspätung, ein negativer Wert deutet an: Der Auf- oder Untergang erfolgt entsprechend früher. Die Zahlen geben die Minuten an. Beispiel: Wann geht in Wien am 31. März die Sonne auf? Man verbinde mit einem Lineal den Punkt „Wien“ mit der 6-Uhr-Marke am oberen Bogen. Denn laut Tabelle „Sonnenlauf“ auf Seite 66 erfolgt der Sonnenaufgang am 31. März um 6^h00^m. Die Verbindungslinie schneidet den unteren Bogen bei -24^m. Der Sonnenaufgang erfolgt in Wien somit 24 Minuten früher, also um 5^h36^m MEZ bzw. 6^h36^m Sommerzeit.
Wem die Verwendung des Nomogramms zu kompliziert erscheint, der kann auch die Tabelle zur Auf- und Untergangskorrektur auf Seite 241 benutzen. Man suche die seinem Wohnort nächstliegende Stadt und lese einfach die Korrekturzeit in Minuten ab, wobei für Mond, Planeten oder Sterne noch vorher die Deklination zu ermitteln ist. Bei der Sonne beachte man das Datum. Da durch den natürlichen Horizont (Häuser, Bäume, Berge etc.) die Auf- und Untergangszeiten ohnedies mit einem gewissen Spielraum zu versehen sind, kann man auf die Korrektur auch ganz verzichten, wenn man keine große Genauigkeit benötigt.

STERNZEIT

Unser tägliches Leben richtet sich nach der Sonne, ebenso unsere bürgerliche Zeitrechnung. Auf unserer Armbanduhr

lesen wir somit „Sonnenzeit" ab. Steht die Sonne im Süden, dann haben wir zwölf Uhr Mittag. Eine Stunde später ist es ein Uhr nachmittags, wieder eine Stunde später zwei Uhr nachmittags usw.; die Sonnenzeit wird also am Stundenwinkel der Sonne gemessen.
Die Sonne steht jedoch nicht fest, sondern wandert im Laufe eines Jahres durch die Tierkreissternbilder. Um aber mit dem Fernrohr ein bestimmtes Gestirn zu finden, muß man die Stellung des Beobachters auf der Erde zu einer bestimmten Uhrzeit des Tages relativ zur Fixsternwelt kennen. Man braucht also einen „ruhenden" Punkt unter den Sternen. Dafür hat man den Frühlingspunkt ausgewählt. Er ist der Schnittpunkt der aufsteigenden Sonnenbahn mit dem Himmelsäquator. Im Frühlingspunkt steht die Sonne zu Frühlingsbeginn. Er ist auch der Nullpunkt der äquatorialen Himmelskoordinaten.
Nimmt man statt der Sonne den unter den Fixsternen feststehenden Frühlingspunkt, erhält man statt der Sonnen- die Sternzeit. Steht der Frühlingspunkt im Süden (Meridian), spricht man von 0^h Sternzeit, eine Stunde später von 1^h Sternzeit usw. Es gilt: Sternzeit = Stundenwinkel des Frühlingspunktes. Im *Himmelsjahr* ist die Sternzeit jeweils für 1^h MEZ (= 0^h Weltzeit) von zehn zu zehn Tagen für den Meridian von Greenwich (Nullmeridian) angegeben (siehe Tabelle auf Seite 234).
Die Tabelle auf Seite 238 erlaubt eine schnelle Bestimmung der Sternzeit zur abendlichen Beobachtungsstunde.
Die Tabelle „Sternzeit" gibt die Sternzeit um 20^h MEZ (= 21^h MESZ) am Ortsmeridian 10° östlicher Länge für jeden Tag des Jahres an.
Wozu dient die Sternzeit? Zunächst gibt sie an, wie der Fixsternhimmel relativ zum Beobachter steht. Um 0^h Sternzeit (SZ) sind beispielsweise Pegasus und Kassiopeia im Meridian zu finden, das Sommerdreieck hingegen im Westen, um 6^h SZ sind im Süden Orion und Sirius zu sehen, um 11^h SZ kulminiert der Löwe usw. Mit Hilfe der Sternzeit kann man sein Teleskop „nach Koordinaten" einstellen. Die Deklination wird direkt an einem Teilkreis eines parallaktisch montierten Fernrohres abgelesen. Der andere Teilkreis ist der Stundenkreis. Um den Stundenwinkel eines Gestirns zu ermitteln, bilde man die Differenz: Sternzeit minus Rektaszension des Gestirns, dann hat man den Stundenwinkel zum Beobachtungszeitpunkt und kann das Teleskop entsprechend einstellen.
Für die Bestimmung des Stundenwinkels eines Planeten kann man auch seine Kulminationszeit (Zeit des Meridiandurchganges) benutzen, wenn man keine Sternzeituhr zur Verfügung hat und sich die Berechnung der Sternzeit zum Beobachtungszeitpunkt ersparen will. Die Kulminationszeiten der Planeten und Kleinplaneten sind auf den Seiten 228 bis 232 angegeben. Die Kulminationszeit gilt für 10° östlicher Länge. Zunächst ist die Korrektur für die Längendifferenz des Beobachtungsortes anzubringen (siehe Seite 239, Spalte „Zeitkorrektur gegen 10° östlicher Länge"). Um diese so erhaltene Zeit geht der Planet durch den Meridian des Beobachters und hat somit den Stundenwinkel Null. Man bilde nun die Zeitdifferenz zwischen der Beobachtungszeit und der Zeit des Meridiandurchganges. Sie entspricht direkt dem Stundenwinkel (im Zeitmaß). Geht beispielsweise der Planet Neptun am 30. Juni 1999 um 2^h13^m durch den Meridian, beobachtet man aber erst um 3^h15^m, dann beträgt der Stundenwinkel t = 1^h02^m. Erhält man einen negativen Wert, so bedeutet dies, daß das Objekt noch vor dem Meridiandurchgang steht, der Stundenwinkel also in Richtung Osten einzustellen ist.

DYNAMISCHE ZEIT

In der Astronomie wird seit 1984 eine Dynamische Zeit verwendet, die die früher übliche Ephemeridenzeit abgelöst hat. Nähere Erläuterungen zu den Dynamischen Zeitskalen finden sich in dem Buch *Astrowissen* von H.-U. Keller, erschienen beim Kosmos-Verlag, Stuttgart 1994. Die genaue Differenz der Dynamischen Zeit (TDT) zur Weltzeit (UT = Universal Time) kann erst im nachhinein aus Beobachtungen der Gestirnspositionen bestimmt werden. Der extrapolierte Wert für das Jahr 1999 lautet: $\Delta T = +65$ Sekunden, wobei $\Delta T = TDT - UT$ gilt. Die Weltzeit (UT) hinkt somit der Dynamischen Zeit (TDT) um eine Minute nach. Der beobachtende Sternfreund kann die TDT unberücksichtigt lassen, wenn er nicht hohe Genauigkeitsansprüche hat. Wer jedoch die Angaben im *Himmelsjahr* mit anderen Jahrbüchern vergleicht, muß beachten, daß alle Zeitangaben hier in MEZ = UT + 1^h und nicht in TDT vermerkt sind.

Der Sonnenlauf

Die Bewegung der Sonne durch den Tierkreis ist zu Beginn jeder

Monatsübersicht aus einer kleinen Graphik zu entnehmen. Die Grenzen der Sternbilder sind ebenso eingetragen wie die wichtigsten Bahnpunkte der Sonne. Ferner sind die Eintritte der Sonne sowohl in die einzelnen Tierkreis**sternbilder** als auch in die Tierkreis**zeichen** vermerkt sowie die Äquinoktien (Tagundnachtgleichen) und Solstitien (Sommer- und Winterbeginn).
Die Tages- und Nachtstunden sowie Dämmerungslängen werden durch eine dreiteilige Zeichnung (Uhrensymbole) veranschaulicht. Diese soll einen groben und schnellen Überblick über die Länge der Tages- und Nachtzeit geben. Für die Dämmerungszeiten wurde die nautische Dämmerung (Sonne 12° unter dem Horizont) eingesetzt.
Die Tabelle Sonnenlauf gibt die Auf- und Untergangszeiten, Meridiandurchgang (Kulmination), Zeitgleichung und die Mittagshöhe der Sonne sowie die äquatorialen Koordinaten Rektaszension und Deklination für 1^h MEZ in Abständen von jeweils fünf Tagen an. Die Zeiten gelten exakt für einen zentralen Ort mit 10° östlicher Länge und 50° nördlicher Breite. Für diesen Ort gelten auch die Dämmerungszeiten. Angegeben ist jeweils der Beginn und das Ende der nautischen Dämmerung (Sonne 12° unter dem Horizont).

SONNENHÖHE ZU MITTAG

Sie ist in der Tabelle Sonnenlauf für 50° nördlicher Breite angegeben. Für andere Breiten ist sie einfach zu ermitteln: 90° minus geographische Breite des Beobachters plus Sonnendeklination. Beispiel: Wie hoch steht die Sonne am 10. Juni zu Mittag (Kulmination) in Düsseldorf (geographische Breite: +51°)? Die Rechnung lautet dann 90°– 51° + 23° = 62°. Im Winterhalbjahr ist die Deklination abzuziehen (negative Deklinationen!).

ZEITGLEICHUNG

Die Sonnenzeit wird nach einer fiktiven „mittleren Sonne" gerechnet. Die wahre Sonne läuft nämlich ungleichförmig. So geht sie einmal vor, dann wieder nach. Die Differenz kann bis zu einer Viertelstunde plus oder minus betragen. Diese Differenz wird Zeitgleichung genannt. Sie ist definiert zu:
ZGL = Wahre Sonnenzeit minus Mittlere Sonnenzeit. Die Zeitgleichung und die Kulmination der wahren Sonne sind tabellarisch aufgeführt. Wer den Wert der Zeitgleichung berechnen will, ziehe von 12^h20^m die Kulminationszeit ab. 12^h20^m ist nämlich die wahre Sonnenzeit der Kulmination für 10° östlicher Länge, bezogen auf den Zeitmeridian 15° östlicher Länge.
Beispiel: Wie groß ist die Zeitgleichung am 25. April? Kulminationszeit der wahren Sonne am 25. April: 12^h18^m MEZ. Also $12^h20^m - 12^h18^m = +2^m$. Das heißt, die wahre Sonne geht 2^m früher durch den Meridian (Kulmination) als die mittlere. Ein negativer Wert der ZGL bedeutet, die wahre Sonne geht nach der mittleren durch den Meridian.

Der Mondlauf

Auf- und Untergangszeiten (MEZ) gelten genau für 10° östlicher Länge und 50° nördlicher Breite (siehe Zeitangaben). Ferner sind die Kulminationszeiten (Meridiandurchgänge) für 10° östliche Länge tabelliert.
Der Mond bewegt sich recht schnell durch den Tierkreis. Deshalb sind für jeden Tag des Jahres seine Koordinaten angegeben. Sie gelten jeweils für 1^h MEZ (= 0^h Weltzeit).
Wem diese Zahlen nichts sagen, der findet in der Spalte „Sterne und Sternbilder" die Position des Mondes im Tierkreis vermerkt. Ein Sternchen (*) deutet auf eine Sternbedeckung hin.
Die Position des Mondes gilt wie erwähnt für 1^h MEZ. Wer also abends beobachtet, sollte die Stellung des Mondes im Tierkreis aus der Zeile des folgenden Tages entnehmen, denn der Mond läuft recht rasch.
Nähere Angaben zu den Sternbedeckungen finden sich in der Tabelle Sternbedeckungen durch den Mond auf Seite 236:
Die letzte Spalte enthält die Mondphasen sowie wichtige Punkte in der Bahn. Die Mondbahn ist rund 5° gegen die Ekliptik (scheinbare Sonnenbahn) geneigt. Aufsteigender Knoten bedeutet, der Mond überschreitet die Ekliptik nach Norden, absteigender Knoten, er wechselt wieder nach Süden.
Größte Nordbreite: Der Mond steht am weitesten in nördlicher Richtung von der Ekliptik entfernt; analog dazu heißt größte Südbreite: Der Mond hat maximalen südlichen Abstand von der Ekliptik.
Im Tabellenteil findet man auf Seite 226/227 die Mondbahn relativ zur Ekliptik eingetragen. Wegen der Rückläufigkeit der Mondbahnknoten verläuft die Mondbahn in jedem Jahr anders.
Libration: Bei größter Südbreite ist die Nordhalbkugel des Mondes uns ein wenig mehr zugekehrt, man spricht von maximaler Libration Nord; entspre-

chend sieht man bei größter Nordbreite mehr vom Südpolgebiet des Mondes. Libration West: Westrand des Mondes, Libration Ost: Ostrand des Mondes ist uns zugekehrt (Astronomische Definition West – Ost, siehe auch *Astrowissen* von H.-U. Keller S. 65 sowie Graphik in diesem *Himmelsjahr* auf Seite 236). Bei Erdnähe und Erdferne ist die Distanz des Mondes jeweils in tausend Kilometer vermerkt. Außerdem ist der scheinbare Monddurchmesser in Bogenminuten angegeben.
Beispiel: 26. Januar 1999 – Erdnähe 369/32,'4 bedeutet: Der Mond ist 369 000 Kilometer von der Erde entfernt und erscheint 32,4 Bogenminuten groß.

Der Planetenlauf

Planeten sind Geschwister der Erde. Sie laufen gemeinsam mit ihr um die Sonne. Je näher ein Planet der Sonne steht, desto schneller wandert er um sie.
Wir beobachten die Planeten nicht von einem ruhenden Punkt aus, sondern vom Raumschiff Erde, das ständig in Bewegung ist. Deshalb erscheinen uns von der Erde aus (geozentrisch) die Bewegungen der Planeten vor dem Hintergrund der fernen Fixsterne – dem Muster der Sternbilder also – recht kompliziert. Überholt die Erde einen weiter außen laufenden Planeten, so scheint jener einige Wochen lang zurückzubleiben: er ist „rückläufig". Anschließend bewegt er sich wieder in der ursprünglichen Richtung wie die Sonne, nämlich von West nach Ost, er ist wieder „rechtläufig". Durch diesen Bewegungswechsel bildet die Bahn des Planeten eine Schleife.
Ob ein Planet am Himmel zu sehen ist, hängt von der gegenseitigen Stellung von Sonne und Planet ab. Steht ein äußerer Planet von der Erde aus gesehen hinter der Sonne, so daß Planet, Sonne und Erde also eine Linie bilden, so ist er nicht beobachtbar (Abb. E.10). Da er in Sonnenrichtung steht, geht er mit der Sonne auf und unter, bleibt somit nachts unter dem Horizont verborgen. Diese Konstellation heißt Konjunktion.
Steht der Planet von der Erde aus gesehen der Sonne gegenüber, also in der Reihenfolge Sonne – Erde – Planet (Abb. E.10), so spricht man von Opposition oder Gegenschein. Der Planet ist die ganze Nacht über zu sehen, da er mit Sonnenuntergang aufgeht und morgens mit Sonnenaufgang unter dem Westhorizont verschwindet.
Bilden Sonne – Erde – Planet ein rechtwinkliges Dreieck, so spricht man von einer Quadratur.
Die inneren Planeten Merkur und Venus können, wie leicht zu sehen ist, niemals in Oppositionsstellung kommen. Dafür unterscheidet man bei ihnen zwischen oberer und unterer Konjunktion (Abb. E.10, unten).
In beiden Stellungen bleibt der Planet unsichtbar. Nur wenn der Planet westlich oder östlich der Sonne „in Elongation" steht, kann er gesehen werden.
Steht Venus in östlicher Elongation, so geht sie erst nach Sonnenuntergang unter und ist dann Abendstern. Steht sie in westlicher Elongation, so geht sie vor der Sonne auf und ist am Morgenhimmel zu sehen.
Ähnliches gilt für Merkur. Die größte Elongation (Winkelabstand von der Sonne) kann für die Venus 48° betragen, für den sonnennäheren Merkur aber nur 28°. Merkur ist daher schwierig zu beobachten – entweder

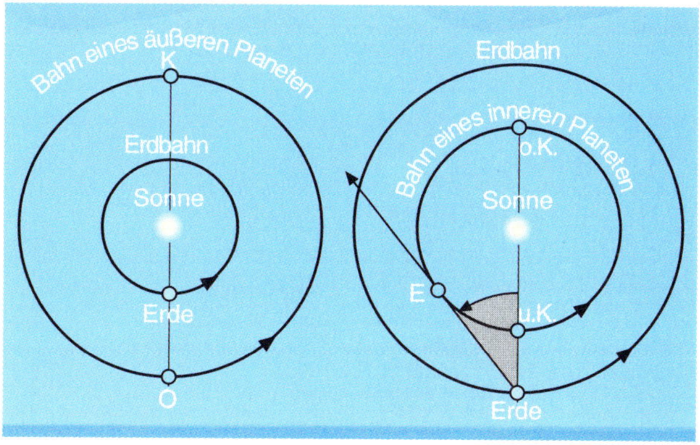

E.10: Die linke Zeichnung zeigt die Erdbahn und die Bahn eines äußeren Planeten. Bei O steht der Planet in Opposition, bei K in Konjunktion. Auf der rechten Seite der Abbildung sind die Erdbahn und die Bahn eines inneren Planeten dargestellt. Bei u.K. steht der Planet in unterer, bei o.K. in oberer Konjunktion mit der Sonne. Bei E steht er in größter Elongation.

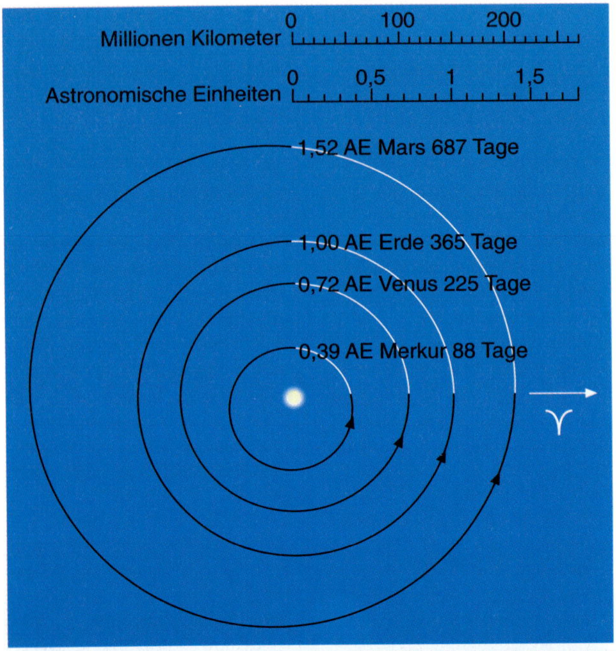

E.11: Die Bahnen der inneren Planeten um die Sonne (1 AE = 1 Astronomische Einheit = 149,6 Millionen Kilometer): Der Pfeil deutet die Richtung zum Frühlingspunkt an (Symbol: ♈).

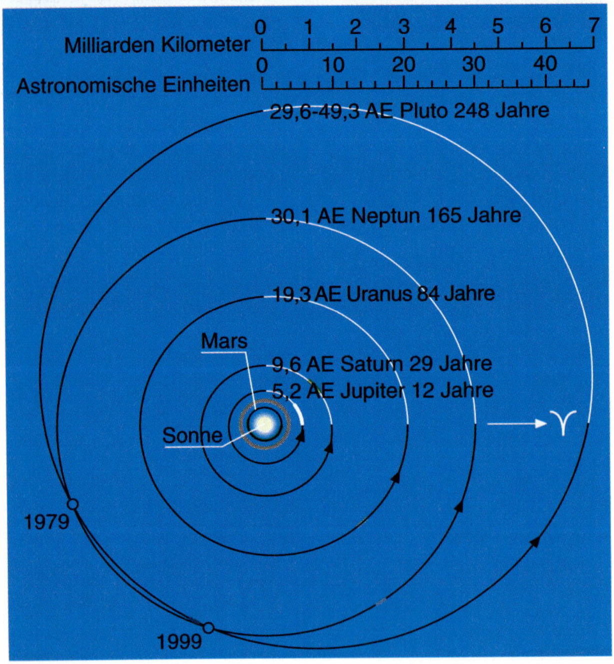

abends kurz nach Sonnenuntergang tief im Westen oder kurz vor Sonnenaufgang tief am Osthimmel.
Die Sichtbarkeiten der Planeten hängen nicht nur von den geometrischen Verhältnissen (Stellung des Planeten und der Sonne), sondern auch von meteorologischen Gegebenheiten ab. Eine starke Dunstglocke, hohe Luftfeuchtigkeit (Nebel) oder irdisches Streulicht (Neonreklame, Autoscheinwerfer, Lichtdom eines Stadions) beeinträchtigen die Beobachtung.
Die Sichtbarkeitszeiten im *Himmelsjahr* sind aufgrund langjähriger Erfahrungen vermerkt. Je nach Beobachtungsort (stadtnah oder stadtfern) und Witterung sind die angegebenen Termine um wenige Tage zu verschieben. Jeder Beobachter wird hier seine eigenen, ganz persönlichen Erfahrungen machen. Eine Graphik vor der Rubrik „Planetenlauf" ermöglicht einen schnellen Überblick, welche Planeten am Abend, die ganze Nacht über, am Morgen oder gar nicht zu sehen sind.

E.12: Die Bahnen der äußeren Planeten. Zwischen der Marsbahn und der Jupiterbahn laufen Abertausende Kleinplaneten (Planetoiden) um die Sonne. Wegen seiner stark exzentrischen Bahn ist Pluto von 1979 bis Anfang Februar 1999 der Sonne näher als Neptun.

Eine graphische Jahresübersicht der Stellung, Größe, Helligkeit und Sichtbarkeit der Planeten findet sich auf den Seiten 223 bis 225.

Die großen Planeten

Merkur: Sonnennächster Planet, zwischen $+3^m$ und $-1\overset{m}{,}5$ hell; schwer zu beobachten, da nur kurze Sichtbarkeitsperioden und stets horizontnahe Stellung; chromgelbes Licht.
Venus: Innerer Nachbarplanet der Erde, nach Sonne und Mond hellstes Gestirn; oft als Abend- bzw. Morgenstern bezeichnet. Helligkeiten von $-3\overset{m}{,}9$ bis $-4\overset{m}{,}7$; strahlend weißes Licht; entweder abends am Westhimmel oder morgens in der östlichen Himmelshemisphäre zu sehen.
Mars: Äußerer Nachbarplanet der Erde, auffallend seine rötliche Farbe (der rote Planet); sehr unterschiedliche Helligkeiten, nämlich von $+1\overset{m}{,}8$ bis $-2\overset{m}{,}9$.
Jupiter: Der größte aller Planeten, ein auffallend heller Planet, daher kaum zu übersehen; Helligkeit von $-1\overset{m}{,}7$ bis $-2\overset{m}{,}9$, weißlichgelbes Licht.
Saturn: Der sonnenfernste mit bloßem Auge noch sichtbare Planet, strahlt in einem fahlen Licht zwischen $+1\overset{m}{,}3$ und 0^m, in Ausnahmefällen bis $-0\overset{m}{,}5$; den berühmten Ring kann man mit einem Fernrohr ab etwa 30facher Vergrößerung erkennen.
Uranus: Ist theoretisch mit bloßem Auge gerade noch erkennbar (Oppositionshelligkeit $5\overset{m}{,}5$). Wohlgemerkt „theoretisch“, es empfiehlt sich auf alle Fälle ein gutes Fernglas, um Uranus zu finden! Farbe: grünlich. Die im März 1977 entdeckten Ringe sind jedoch selbst in großen Fernrohren nicht zu sehen.
Neptun: Helligkeit um $7\overset{m}{,}9$; zeigt im Fernrohr ein winziges, grünblaues Scheibchen.
Pluto: Der sonnenfernste Planet ist leider recht lichtschwach, Helligkeit: $13\overset{m}{,}7$. Nur gut ausgerüstete Amateurastronomen können ihn beobachten.
Die Angaben der scheinbaren Helligkeiten der Planeten sind – wie international üblich – V-Helligkeiten (nach dem UBV-System von Johnson). Die früher gebräuchlichen visuellen (m_{vis}) Helligkeiten sind um durchschnittlich $0\overset{m}{,}2$ geringer. Man beachte, daß manche Sternkalender noch die veralteten Werte bringen.

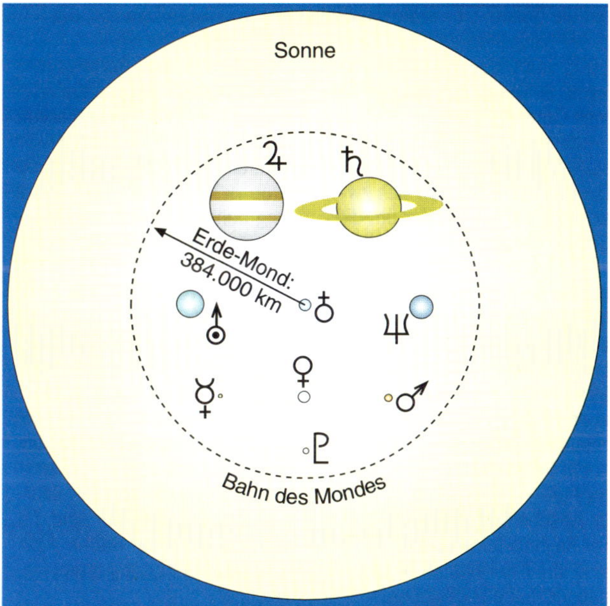

☉ Sonne	ø 1.392.000 km		♃ Jupiter	ø	142.796 km
☿ Merkur	ø	4.878 km	♄ Saturn	ø	120.536 km
♀ Venus	ø	12.104 km	⛢ Uranus	ø	51.118 km
♁ Erde	ø	12.756 km	♆ Neptun	ø	49.424 km
♂ Mars	ø	6.794 km	♇ Pluto	ø	2.300 km

E.13: Größenverhältnisse der Planeten und der Mondbahn im Vergleich zur Sonne. Darunter sind die astronomischen Symbole der Planeten vermerkt, die auch in den monatlichen Sternkarten des Himmelsjahres die Orte der betreffenden Planeten markieren.

Kleinplaneten

Außer den neun großen Planeten schwirren noch tausende kleiner und kleinster Planeten (Planetoiden oder Asteroiden)

den Meridian von Greenwich (Nullmeridian), findet man in der Tabelle *Ephemeride der Sonnenscheibe* (letzte Spalte).
Das Julianische Datum ist jeweils für den Monatsersten in der Rubrik *Sonnenlauf* angegeben. Das Julianische Datum stellt eine fortlaufende Tageszählung dar, die mit dem 1. Januar des Jahres 4713 v. Chr. (=–4712) beginnt.
Im Anhang finden sich zwei Verzeichnisse astronomischer Institutionen. Im Verzeichnis *Astronomische Institute, Planetarien und Sternwarten* findet man die professionellen Einrichtungen im deutschen Sprachraum.
Das Verzeichnis *Amateurastronomische Vereinigungen, Beobachtungsstationen und Privatsternwarten* enthält astronomische Vereine, Schulsternwarten sowie ehrenamtlich betriebene Sternwarten mit Publikumsverkehr. Dieses Verzeichnis soll den Kontakt zu Gleichgesinnten erleichtern und die eigene Beobachtungstätigkeit fördern. Das Verzeichnis erhebt keinen Anspruch auf Vollständigkeit. Weitere Adressen nimmt der Herausgeber gerne auf (Anschrift: Planetarium, Mittlerer Schloßgarten, 70173 Stuttgart).

Abbildungen

Zahlreiche Abbildungen sollen der Anschaulichkeit, dem besseren Verständnis und für die Beobachtung dienen. Viele Abbildungen sind irgendwo im Text eingestreut, werden jedoch nicht nur in einem bestimmten Monat, sondern häufiger benötigt – z. B. Sternkarten mit eingezeichnetem Planetenlauf oder Aufsuchkärtchen. Um eine gewünschte Abbildung schneller zu finden, sind die Abbildungen nicht fortlaufend durchnumeriert, sondern kapitelweise. E. steht dabei für den Einführungsteil, F. für Finsternisse, 1. für die Monatsübersicht Januar, 2. für Februar usw., T. für den Tabellenteil. Beispiele: E.3 ist die dritte Abbildung im Erläuterungsteil, 1.1 die erste im Monatskapitel Januar, 5.3 die dritte im Mai, T.5 die fünfte im Tabellenteil usw. Auf Seite 2 findet sich ferner ein Verzeichnis wichtiger Abbildungen und Tabellen für ein schnelles Auffinden gewünschter Graphiken und Zahlenwerte.

Kalenderzyklen

Sonnenzirkel: Ordnungszahl (1 bis 28) im Zeitintervall von 28 Jahren, nach dem die Wochentage wieder auf dieselben Daten (dieselben Monatstage) fallen. Da es sieben Wochentage gibt, aber jedes 4. Jahr ein Schaltjahr ist, fallen die Wochentage erst nach $7 \times 4 = 28$ Jahren wieder auf dieselben Monatstage. Der Sonnenzirkel gibt an, welcher Sonntagsbuchstabe im betreffenden Jahr gilt.
Sonntagsbuchstabe: Gibt im ewigen Kalender den Tag des ersten Sonntags im Jahr an. In Schaltjahren gelten zwei Sonntagsbuchstaben (der zweite ist vom 1. März an zu benutzen).

1. Januar A	5. Januar E
2. Januar B	6. Januar F
3. Januar C	7. Januar G
4. Januar D	

Der erste Sonntag im Jahr 1999 fällt auf den 3. Januar. Im Jahr 1999 lautet daher der Sonntagsbuchstabe C.
Epakte: Gibt das Mondalter vermindert um 1 zu Beginn des Kalenderjahres an, also die Zahl der Tage, die am 31. Dezember des Vorjahres seit dem letzten Neumondtermin verflossen sind (1–29). Für Neumond am 31. Dezember steht meist ein * statt 0. Die Epakte spielt eine Rolle bei der Festlegung des Ostertermins.
Goldene Zahl, lateinisch Numerus Aureus oder auch Mondzirkel genannt, ist die Ordnungszahl (I bis XIX) der Jahre im Metonschen Mondzyklus. Denn 235 Lunationen (synodische Monate) entsprechen ziemlich genau 19 Jahren. Nach 19 Jahren fallen die Mondphasen (nahezu) auf dieselben Tage im Sonnenjahr. Die Goldene Zahl diente im Julianischen Kalender zur Bestimmung des Ostertermins. Im Gregorianischen Kalender ist sie durch die Epakte ersetzt. Die Goldene Zahl wird in römischen Ziffern geschrieben, um eine Verwechslung mit dem Sonnenzirkel auszuschließen.
Indiktion (Römerzinszahl): Zyklus von 15 Jahren im Besteuerungssystem des Römischen Reiches, das von Kaiser Augustus eingeführt wurde. Der Start (Epoche) des Zyklus erfolgte im Jahr 3 v. Chr. Heute dient die Indiktion (von lat.: indictio = Ankündigung) nur noch als chronologische Prüfzahl für das laufende Jahr. Die Indiktion läuft von 1 bis 15.
Jahresregent: Gehört traditionsgemäß ebenfalls zu den Kalenderzyklen, hat aber keine chronologische Bedeutung mehr. Aus kulturhistorischen Gründen und da er in der Numismatik eine gewisse Rolle spielt sowie schlicht der Vollständigkeit halber ist er in der Rubrik Kalenderzyklen mit aufgeführt. Jahresregent können sein: Sonne, Mond, Merkur, Venus, Mars, Jupiter und Saturn, also die klassischen sieben „Planeten“ des Ptolemäischen Weltsystems.

Sonnen- und Mondfinsternisse

Im Jahre 1999 finden eine ringförmige und eine totale Sonnenfinsternis statt sowie eine partielle Mondfinsternis und eine Halbschattenfinsternis des Mondes. Außerdem wandert der sonnennahe Merkur vor der Sonnenscheibe vorbei, es ereignet sich der seltene Vorgang eines Merkurdurchgangs.
Ein Spitzenereignis für die Bewohner Mitteleuropas ist die totale Sonnenfinsternis vom 11. August 1999, bei der der Kernschatten des Mondes Süddeutschland und Österreich in den Mittagsstunden überstreicht. Es ist dies die einzige Sonnenfinsternis in diesem Jahrhundert, deren Totalitätszone über Deutschland verläuft.
Die ringförmige Sonnenfinsternis und die partielle Mondfinsternis bleiben für Mitteleuropa unbeobachtbar. Auch der Merkurtransit entgeht uns, da er erst nach Sonnenuntergang stattfindet.
Die Halbschattenfinsternis des Mondes kann von aufmerksamen und versierten Mondbeobachtern kurz nach Aufgang des Mondes bemerkt werden. Für Laien bleibt sie ein unauffälliges Ereignis.

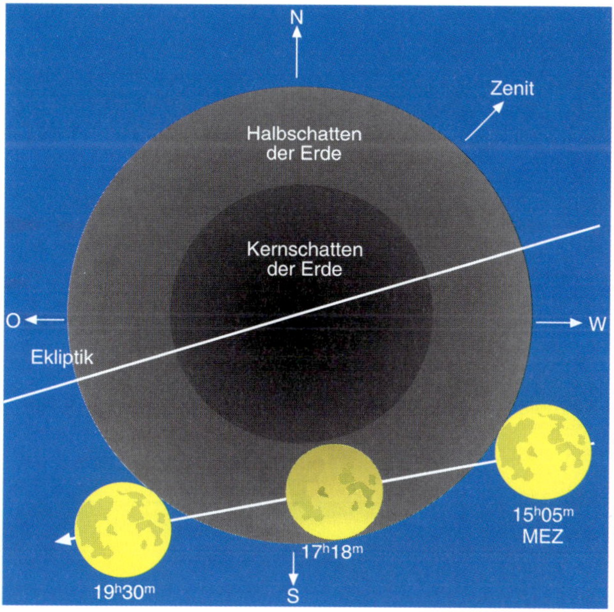

F.1: Verlauf der Halbschattenfinsternis des Mondes vom 31. Januar 1999.

Halbschattenfinsternis des Mondes am 31. Januar

Halbschattenfinsternisse sind zwar kaum zu bemerkende Himmelserscheinungen, doch diese Finsternis ist ein Grenzfall, der Mond dringt so tief in den Halbschatten der Erde, daß sein Rand bereits den Kernschatten berührt und die Finsternis fast zu einer partiellen wird. Deutlich ist zur Mitte der Finsternis die leichte, graue Verdunklung der Nordkalotte des Mondes zu erkennen. Ein- und Austritt des Mondes in den Halbschatten der Erde bleiben unbeobachtbar.

Die Halbschattenfinsternis nimmt folgenden Verlauf:

	MEZ
Eintritt des Mondes in den Halbschatten	15^h05^m
Mitte der Finsternis	17 18
Austritt des Mondes aus dem Halbschatten	19 30

Die Größe der Finsternis beträgt das 1,028 fache des Mondscheibendurchmessers, das heißt, der Mond steht vollständig im Halbschatten der Erde und berührt den Kernschatten. Die Finsternis ist damit für den aufmerksamen Beobachter durchaus erkennbar. Allerdings erfolgt der Mondaufgang am 31. Januar erst um 17^h11^m MEZ, so daß horizontnahe Dunstschichten die Beobachtung erschweren oder ganz vereiteln können.
Besser beobachtbar ist die Finsternis in Osteuropa, Asien, im Indischen Ozean, Indonesien,

Philippinen, Neuguinea, Australien, Japan und im nördlichen Teil des Pazifischen Ozean.
Die Finsternis gehört zum Saros-Zyklus Nr. 114.

Ringförmige Sonnenfinsternis am 16. Februar

Diese Finsternis findet in den frühen Morgenstunden des 16. Februar statt und ist nur von einigen Gebieten der Südhalbkugel der Erde aus sichtbar. Für die Nordhalbkugel bleibt diese Finsternis unbeobachtbar.
Die Finsternis beginnt um 4^h52^m MEZ und endet um 10^h15^m MEZ. Die schmale Zone der ringförmigen Phase beginnt im Südatlantik südlich von Kapstadt, zieht durch den südlichen Indischen Ozean, überquert Australien und endet kurz darauf im Korallenmeer des Pazifiks südlich von Neuguinea.
Die maximale Dauer der ringförmigen Phase beträgt 1^m14^s. Sie tritt um 5^h58^m MEZ bei 12°00′ östlicher Länge und 42°26′ südlicher Breite ein, wobei die Sonne nach ihrem Aufgang nur 3° hoch steht. Der Höhepunkt der Finsternis tritt um 7^h34^m MEZ am Ort 93°54′ östlicher Länge und 39°50′ südlicher Breite ein, wobei die ringförmige Phase nur 40^s dauert. Die Sonne steht dort knapp 62° hoch, die Zonenbreite der ringförmigen Phase erreicht hier nur 29 Kilometer. Der Durchmesser der Mondscheibe entspricht dabei 99,3 % der Sonnenscheibe.

Rechte Seite: F.3: Verlauf der totalen Sonnenfinsternis vom 11. August 1999 in Europa.

Die partielle Phase kann vom südlichen Afrika und vom südlichen Indischen Ozean, von den meisten Gebieten der Antarktis, von Australien, Neuseeland, Indonesien und Neuguinea aus beobachtet werden.
Die Finsternis gehört zum Saros-Zyklus Nr. 140.

F.2: Globaler Verlauf der totalen Sonnenfinsternis vom 11. August 1999. Im umrandeten Gebiet ist die Sonnenfinsternis partiell zu sehen. Die Totalitätszone zieht sich vom Atlantik über Europa, Kleinasien und Indien in den Golf von Bengalen.

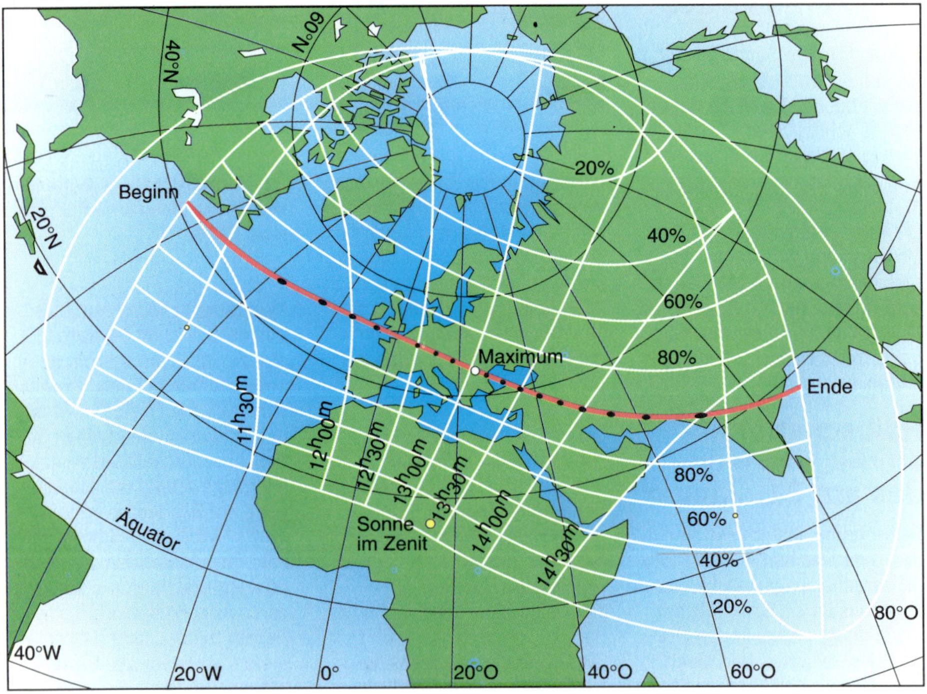

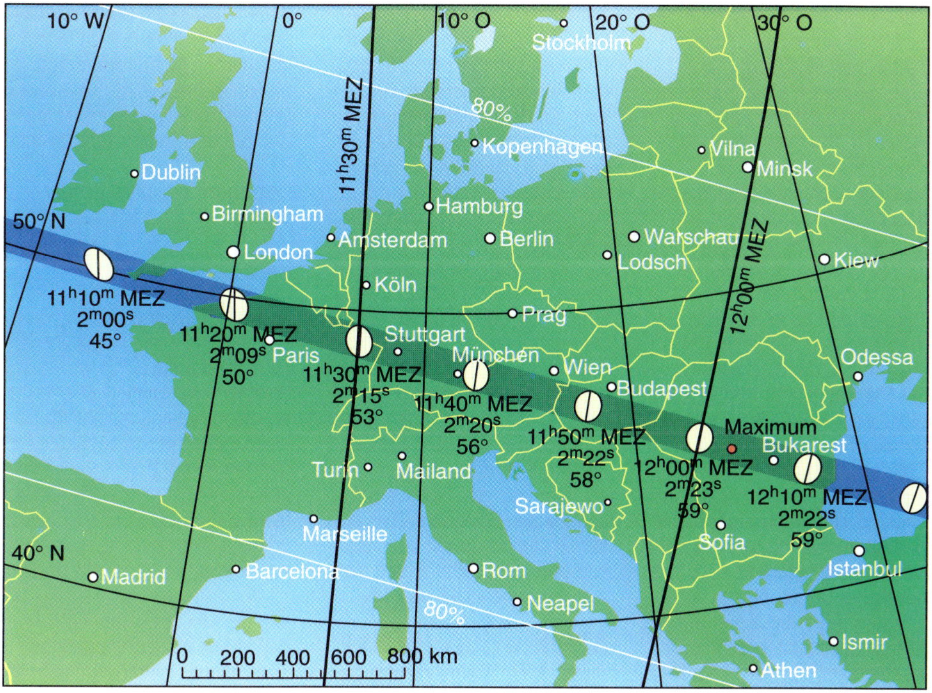

Partielle Mondfinsternis am 28. Juli

Sie findet in den Mittagsstunden statt. Der Mond steht für uns unter dem Horizont, die Finsternis bleibt von Mitteleuropa aus unbeobachtbar; sie nimmt folgenden Verlauf:

	MEZ	MESZ
Eintritt des Mondes in den Halbschatten	9^h56^m	10^h56^m
Eintritt des Mondes in den Kernschatten	11 22	12 22
Mitte der Finsternis	12 34	13 34
Austritt des Mondes aus dem Kernschatten	13 45	14 45
Austritt des Mondes aus dem Halbschatten	15 11	16 11

Die Größe der Finsternis beträgt das 0,402fache des Mondscheibendurchmessers. Damit wird rund ein Drittel der Mondscheibenfläche vom Kernschatten getroffen. Die Finsternis gehört zum Saros-Zyklus Nr. 119.
Der Beginn der Finsternis ist sichtbar von der Nordostküste Asiens, Japan, Australien, Neuseeland, großen Teilen der Antarktis und vom Pazifischen Ozean aus.
Das Ende der Finsternis ist beobachtbar vom äußersten östlichen Asien, vom Pazifischen Ozean, Australien, Neuseeland, weiten Gebieten der Antarktis und vom östlichen Indischen Ozean aus.

Totale Sonnenfinsternis am 11. August

Diese Finsternis ist nicht nur in ihrer partiellen Phase von Mitteleuropa sichtbar, sondern die schmale, maximal 112 Kilometer breite Totalitätszone zieht über Europa. Es ist dies die einzige Finsternis in diesem Jahrhundert, bei der der Kernschatten des Mondes über Deutschland streicht. Erst am 3. September 2081 und am 7. Oktober 2135 wird man wieder vom deutschen Sprachgebiet aus eine totale Sonnenfinsternis er-

leben können. Die Totalitätszone verläuft am 11. August 1999 über Straßburg, Karlsruhe, Stuttgart, Ulm, Augsburg, München, Salzburg, Graz und Bukarest. Kurz vor Bukarest wird in Rumänien um 12^h03^m MEZ die maximale Totalitätsdauer von 2^m23^s erreicht am Ort 24°18′ östlicher Länge und 45°04′ nördlicher Breite. Der genaue Verlauf der Finsternis in Mitteleuropa ist im *Monatsthema August* auf Seite 151 ausführlich beschrieben.
Die Finsternis nimmt folgenden globalen Verlauf: Der Kernschatten des Mondes berührt die Erde erstmals um 10^h30^m MEZ im Atlantik östlich von New York und südlich von Neuschottland und Neufundland am Ort 65°05′ westlicher Länge und 41°02′ nördlicher Breite. Nach Überquerung des Atlantiks streift die Kernschattenspitze den südwestlichsten Teil der britischen Inseln, überquert den Ärmelkanal und wandert über Frankreich, Süddeutschland, Österreich, Ungarn, Rumänien, das Schwarze Meer, die Türkei und den Irak in den Iran hinein. Weiter rast der Schatten des Mondes über Pakistan und den indischen Subkontinent. Die Totalitätszone endet schließlich östlich der indischen Küste im Golf von Bengalen am Ort 87°17′ östlicher Länge und 17°33′ nördlicher Breite mit Sonnenuntergang um 13^h36^m MEZ.
Die Sonnenfinsternis beginnt mit der partiellen Phase erstmals um 9^h26^m MEZ am Ort 44°29′ westlicher Länge und 30°20′ nördlicher Breite. Sie endet um 14^h40^m MEZ am Ort 68°07′ östlicher Länge und 6°38′ nördlicher Breite.
In ihrer partiellen Phase ist die Sonnenfinsternis in folgenden Gebieten sichtbar: Nordöstlichster Teil Nordamerikas, Grönland, Arktis, Nordatlantik, Europa, nördliche Teile Afrikas, West- und Zentralasien, nördlicher Indischer Ozean.
Die Finsternis gehört zum Saros-Zyklus Nr. 145, dem 77 Finsternisse angehören. Die erste Sonnenfinsternis dieses Zyklus fand am 4. Januar 1639 statt, die letzte wird sich am 17. April 3009 ereignen.
Im Monatsthema August gibt eine Tabelle (S. 153) den globalen Verlauf der totalen Sonnenfinsternis vom 11. August 1999 an. Zwei weitere Tabellen mit den lokalen Gegebenheiten dieser Finsternis für einige mitteleuropäische Städte finden sich auf den Seiten 158 und 160.

Merkurdurchgang am 15. November

Am 15. November findet das seltene Himmelsereignis eines Merkurdurchgangs (auch Merkurtransit genannt) statt. Merkur steht am 15. um 23^h MEZ in unterer Konjunktion mit der Sonne. Am gleichen Tag passiert Merkur den aufsteigenden Knoten seiner Bahn. Deshalb zieht er von der Erde aus betrachtet als dunkler Punkt vor der Sonnenscheibe vorbei – und zwar von Ost nach West, da er sich in unterer Konjunktion rückläufig bewegt. Bei einer Sonnenfinsternis hingegen zieht die dunkle Neumondscheibe von West nach Ost über die Sonne. Zur Mitte des Transits ist Merkur 16′03″ von der Sonnenscheibenmitte entfernt. Dies entspricht in etwa dem scheinbaren Sonnenradius. Somit kommt es fast zu einem streifenden Merkurvorübergang. Merkur schneidet nur ein kurzes Sehnenstück vom Nordostquadranten der Sonnenscheibe ab.

Der Transit nimmt folgenden Verlauf:

	MEZ
Merkur berührt die Sonnenscheibe	$22^h14^m59^s$
Merkur löst sich vom Sonnenrand	22 29 42
Mitte (geringste Distanz vom Sonnenscheibenmittelpunkt)	22 40 52
Merkur berührt den Sonnenrand von innen	22 52 04
Merkur trennt sich von der Sonnenscheibe	23 06 46

Aus der Uhrzeit ist ersichtlich, daß in Europa die Sonne zum Transit längst untergegangen ist – der Merkurdurchgang bleibt unbeobachtbar. Er ist von Nord- und Südamerika mit Ausnahme der östlichsten Gebiete, vom Pazifischen Raum, Australien und der Antarktis beobachtbar. Da das Merkurscheibchen zum Transit nur 10″ scheinbaren Durchmesser aufweist (das sind rund ein Zweihundertstel des Sonnendurchmessers), kann man Merkur mit bloßen Augen nicht erkennen. Um das dunkle Merkurpünktchen vor der Sonne zu sehen, benötigt man ein Fernrohr. Vor unvorsichtigen Sonnenbeobachtungen *ohne* ausreichende Schutzmaßnahmen sei an dieser Stelle einmal mehr gewarnt (siehe auch *Monatsthema: Wie beobachtet man eine Sonnenfinsternis?* auf Seite 134).

JANUAR 1999

Am frühen Abendhimmel sind Venus, Jupiter und Saturn am Südwesthimmel gut zu sehen – ein eindrucksvoller Himmelsanblick. Am 3. erreicht die Erde mit 147 Millionen km ihren Minimalabstand von der Sonne. Am 31. tritt der Vollmond in den Halbschatten der Erde.

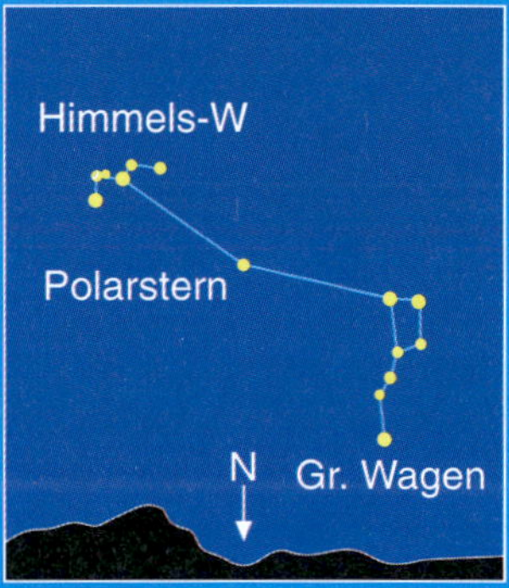

1.1: Planetengruppe mit Mond am frühen Abendhimmel: Am 19. erkennt man die extrem schmale Sichel des zunehmenden Mondes nahe Venus knapp über dem Horizont, am 21. steht die Mondsichel bei Jupiter.

Sonnenlauf

20.1. 5ʰ
Sonne tritt in das Sternbild Steinbock
20.1. 13ʰ
Sonne tritt in das Tierkreiszeichen Wassermann

Julianisches Datum
am 1. Januar, 1ʰ MEZ:
2451179,5

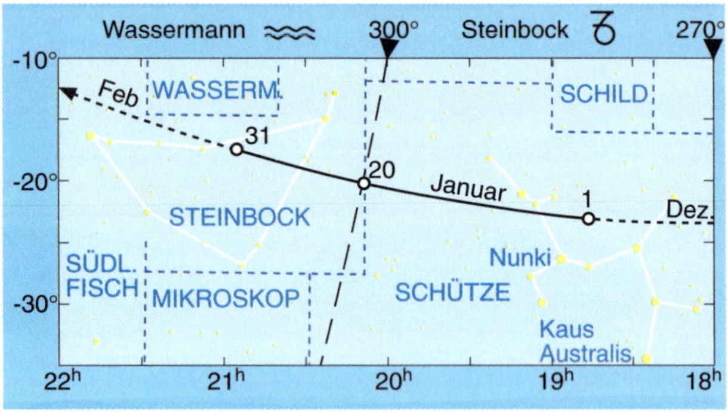

Tag	Dämmerg. Anfang	Aufgang MEZ	Kulmination	Untergang MEZ	Dämmerg. Ende	Mittagshöhe	Zeitgleichg.	Rektaszension	Deklination
	h m	h m	h m	h m	h m	°	m	h m	°
1.	6 59	8 19	12 23	16 28	17 48	17,0	– 3	18 44	–23,1
5.	6 59	8 18	12 25	16 33	17 52	17,4	– 5	19 02	–22,7
10.	6 58	8 16	12 27	16 39	17 57	18,0	– 7	19 24	–22,1
15.	6 56	8 13	12 29	16 46	18 03	18,8	– 9	19 45	–21,2
20.	6 52	8 09	12 31	16 54	18 10	19,8	–11	20 07	–20,3
25.	6 48	8 03	12 32	17 02	18 17	21,0	–12	20 28	–19,1
31.	6 42	7 56	12 33	17 12	18 26	22,6	–13	20 52	–17,6

Tages- und Nachtstunden

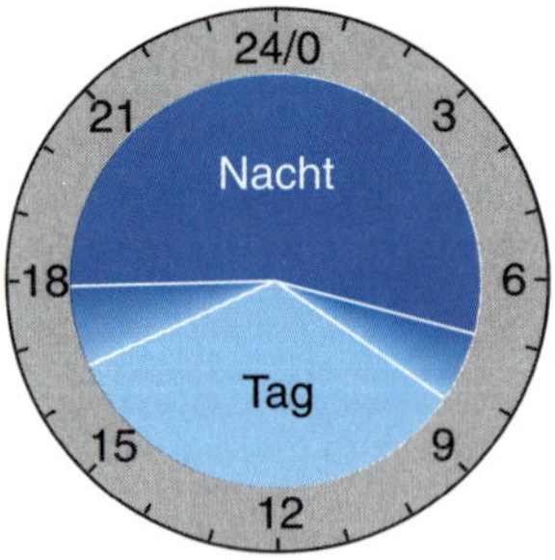

5. Januar

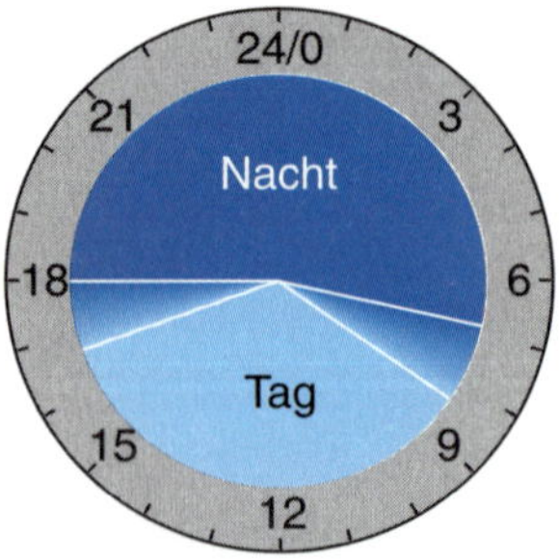

15. Januar

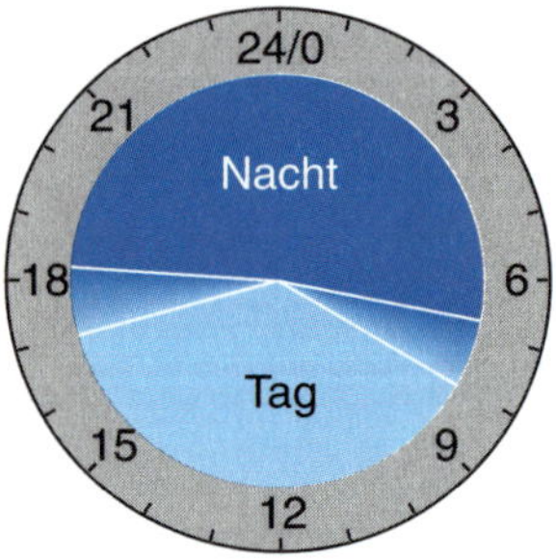

25. Januar

Mondlauf

Datum	Aufg. MEZ	Kulmination	Unterg. MEZ	Rektaszension	Deklination	Sterne und Sternbilder	Phase	MEZ
	h m	h m	h m	h m	°			
Fr 1.	16 16	–	7 10	5 39	+19,0	Stier		
Sa 2.	17 17	0 14	8 12	6 40	+19,6	Alhena	**Vollmond**	**3^h49^m**
So 3.	18 24	1 13	9 03	7 41	+18,9	Zwillinge		
Mo 4.	19 33	2 09	9 45	8 39	+17,0	Krebs, Krippe		
Di 5.	20 42	3 02	10 20	9 35	+14,3	Löwe	Aufsteigender Knoten	
							Libration West	
Mi 6.	21 50	3 52	10 50	10 27	+10,9	Löwe, Regulus		
Do 7.	22 56	4 38	11 15	11 16	+ 7,1	⋆Löwe		
Fr 8.	24 00	5 23	11 39	12 03	+ 3,1	Jungfrau		
Sa 9.	–	6 06	12 02	12 49	– 1,0	Jungfrau	**Letztes Viertel**	**15^h22^m**
So 10.	1 02	6 48	12 25	13 34	– 4,9	Spica		
Mo 11.	2 04	7 31	12 49	14 20	– 8,7	Jungfrau	Erdferne 405/29′,5	13^h
Di 12.	3 06	8 14	13 16	15 06	–12,0	Waage	Größte Nordbreite	
Mi 13.	4 07	9 00	13 47	15 53	–14,9	Waage		
Do 14.	5 07	9 47	14 23	16 42	–17,3	Schlangenträger		
Fr 15.	6 05	10 36	15 05	17 33	–18,8	Schlangenträger		
Sa 16.	6 59	11 27	15 56	18 25	–19,5	Schütze		
So 17.	7 47	12 19	16 53	19 19	–19,3	Schütze	**Neumond**	**16^h46^m**
Mo 18.	8 30	13 11	17 57	20 13	–18,0	Steinbock	Libration Ost	
Di 19.	9 07	14 03	19 06	21 08	–15,8	Steinbock	Absteigender Knoten	
Mi 20.	9 40	14 54	20 17	22 01	–12,7	Wassermann		
Do 21.	10 09	15 44	21 30	22 54	– 8,9	⋆Wassermann		
Fr 22.	10 36	16 35	22 44	23 47	– 4,6	Wassermann		
Sa 23.	11 03	17 25	23 59	0 39	0,0	Walfisch		
So 24.	11 31	18 16	–	1 32	+ 4,7	Fische	**Erstes Viertel**	**20^h15^m**
Mo 25.	12 02	19 09	1 14	2 26	+ 9,1	⋆Walfisch		
Di 26.	12 36	20 04	2 29	3 21	+13,0	⋆Widder	Erdnähe 369/32′,4	22^h
							Größte Südbreite	
Mi 27.	13 16	21 01	3 43	4 19	+16,2	⋆Stier, Hyaden		
Do 28.	14 04	21 59	4 53	5 18	+18,4	Stier		
Fr 29.	15 00	22 58	5 57	6 18	+19,5	Alhena		
Sa 30.	16 03	23 54	6 52	7 17	+19,3	Zwillinge		
So 31.	17 11	–	7 38	8 16	+17,9	Krebs, Krippe	**Vollmond**	**17^h06^m**

Planetenlauf

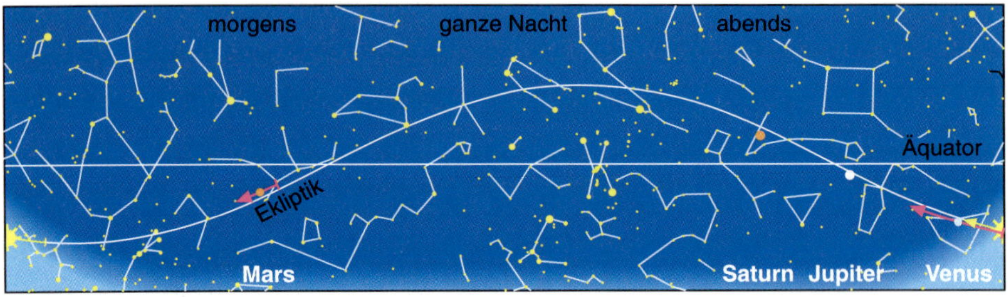

Merkur bescherte uns zum Jahresausklang eine Morgensichtbarkeit. Mit 21°38′ Winkelabstand erreichte er am 20. Dezember des Vorjahres seine größte westliche Elongation von der Sonne. Bis 28. war er noch relativ gut beobachtbar. Zu Jahresanfang können versierte Sternfreunde den flinken und sonnennahen Planeten noch tief am Südosthimmel vor Sonnenaufgang – möglichst mit Fernglas – aufstöbern. Am 1. erfolgt der Aufgang des $-0{,}^{m}4$ hellen Merkur um $6^{h}57^{m}$. Kurz darauf setzt die nautische Dämmerung ein. Gegen halb sieben morgens hat Merkur sich über die ärgsten Dunstschichten am Horizont erhoben, so daß er auffindbar wird. Eine Viertelstunde später verblaßt er in der zunehmenden Morgenhelle. Die Merkuraufgänge verspäten sich bis 5. auf $7^{h}10^{m}$, der westliche Elongationswinkel nimmt wieder ab. Denn Merkur eilt der Sonne im Tierkreis nach und strebt seiner oberen Konjunktion zu, die er aber erst Anfang nächsten Monats erreicht. Nach dem 3. wird man vergeblich nach Merkur Ausschau halten. Für den Rest des Monats bleibt er unsichtbar.
Am 15. passiert Merkur den sonnenfernsten Punkt seiner Bahn, das Aphel. An diesem Tag trennen ihn 70 Millionen Kilometer (= 0,468 A. E.) von der Sonne. Die Begegnung mit Neptun am 27., bei der Merkur $2{,}^{\circ}3$ südlich an ihm vorbeizieht, bleibt unbeobachtbar.
Venus setzt sich allmählich am Abendhimmel durch. Die Untergänge des $-3{,}^{m}9$ hellen Abendsterns verspäten sich von $17^{h}39^{m}$ am Monatsbeginn auf $19^{h}11^{m}$ am Monatsende. Venus läuft durch den Steinbock in den Wassermann, wobei sie wieder nördlichere Deklinationen erreicht, was ihrer Sichtbarkeitsdauer zugute kommt.
Am 19. erhält der Abendstern Besuch vom jungen Mond: Die schmale Sichel des zunehmenden Mondes steht nahe Venus tief am Südwesthorizont. Zusammen mit Jupiter und Saturn ergibt sich ein reizvoller Himmelsanblick (siehe auch Abb. 1.1 auf Seite 29). Die Begegnung mit Neptun am 5. bleibt hingegen unbeobachtbar.
Im Fernrohr zeigt sich das nur knapp 11″ kleine Venusscheibchen noch fast vollständig beleuchtet. In den kommenden Monaten wird das Venusscheibchen immer größer, während die Beleuchtungsphase abnimmt. Dieses Phänomen kann schon in einem bescheidenen Teleskop verfolgt werden, eine nette Beobachtungsaufgabe für angehende Sternfreunde.
Mars kann in der zweiten Nachthälfte gesehen werden. Der rote Planet wandert rechtläufig durch die Jungfrau. Am 8. passiert er Spica, den Hauptstern der Jungfrau, 4° nördlich (siehe Abb. 4.4 auf Seite 84). Mars verlagert seine Aufgänge in die Zeit kurz nach Mitternacht. Erfolgt der Marsaufgang am 1. um $1^{h}12^{m}$, so steigt der rote Planet am 31. schon um $0^{h}28^{m}$ über den Horizont.
Während des Monats steigt die Marshelligkeit kräftig von $1{,}^{m}0$ auf $0{,}^{m}5$ an. Der erfahrene Himmelsbeobachter weiß dies zu deuten: Die Opposition ist nicht mehr fern. Sie tritt allerdings erst im April ein.
Im Fernrohr sieht man ein kleines Marsscheibchen, das langsam auf 8″ anwächst. Auch erkennt man eine leichte Phase: 90 % des Planetenscheibchens sind beleuchtet.
Am Morgen des 10. erhält Mars Besuch vom abnehmenden Halbmond. Auf der Nordhalbkugel des Mars beginnt am 29. der Sommer.
Jupiter kann am frühen Abend-

himmel in südlicher Richtung gesehen werden. Nach Untergang der Venus ist er das hellste Gestirn am nächtlichen Abendhimmel – vom Mond abgesehen natürlich. Der Riesenplanet wandert rechtläufig durch Wassermann und Fische. Er verfolgt dabei den Ringplaneten Saturn, den er aber erst im nächsten Jahr einholen wird (siehe Abb. 10.3 auf Seite 179). Am 1. geht Jupiter um $22^{\mathrm{h}}52^{\mathrm{m}}$ unter, am 31. erfolgt der Jupiteruntergang um $21^{\mathrm{h}}24^{\mathrm{m}}$. Während des Monats sinkt die Jupiterhelligkeit um $0^{\mathrm{m}}{,}2$ leicht auf $-2^{\mathrm{m}}{,}1$ ab. Am 31. trennen uns 836 Millionen Kilometer vom Riesenplaneten, dies sind 5,59 A. E. oder gut 46 Minuten Lichtlaufzeit. Im Fernrohr zeigt Jupiter ein relativ großes Planetenscheibchen, dessen Abplattung deutlich zu erkennen ist. Zu Jahresanfang beträgt der scheinbare Äquatordurchmesser $38''{,}1$, der Poldurchmesser hingegen nur $35''{,}6$.

Am Abend des 21. erhält der Riesenplanet Besuch vom zunehmenden Mond. Die Mondsichel steht dabei etwa 4° südwestlich von Jupiter (siehe Abb. 1.1 auf Seite 29).

Saturn ist Planet der ersten Nachthälfte. Nach Einbruch der Dunkelheit kann man den Ringplaneten schon hoch im Süden sehen. Er wandert rechtläufig durch die Fische (siehe Abb. 10.3 auf Seite 179). Die Untergänge von Saturn verfrühen sich während des Monats von $2^{\mathrm{h}}04^{\mathrm{m}}$ am 1. auf $0^{\mathrm{h}}12^{\mathrm{m}}$ am Monatsletzten. Die Saturnhelligkeit geht kaum merkbar um $0^{\mathrm{m}}{,}1$ auf $0^{\mathrm{m}}{,}5$ zurück. Damit ist der Ringplanet immer noch eines der hellsten Gestirne am Nachthimmel. Nur Venus, Jupiter und Sirius übertreffen ihn

1.2: Elongationen der inneren Planeten Merkur und Venus von der Sonne im Jahr 1999. Die Datumsangaben beziehen sich jeweils auf die größten Elongationen und die Konjunktionen. Fettgedrucktes Datum bedeutet: in Mitteleuropa mit freiem Auge sichtbar. Unterbrochener Sonnenbalken weist auf eine untere Konjunktion hin, unterbrochene Planetenlinie auf eine obere Konjunktion.
Im unteren Teil ist die heliozentrische Bewegung der Venus vom 1.1. bis 31.12.1999 relativ zur Erde dargestellt, wodurch der jeweilige Elongationswinkel (Sonne-Erde-Venus) leicht abschätzbar ist.

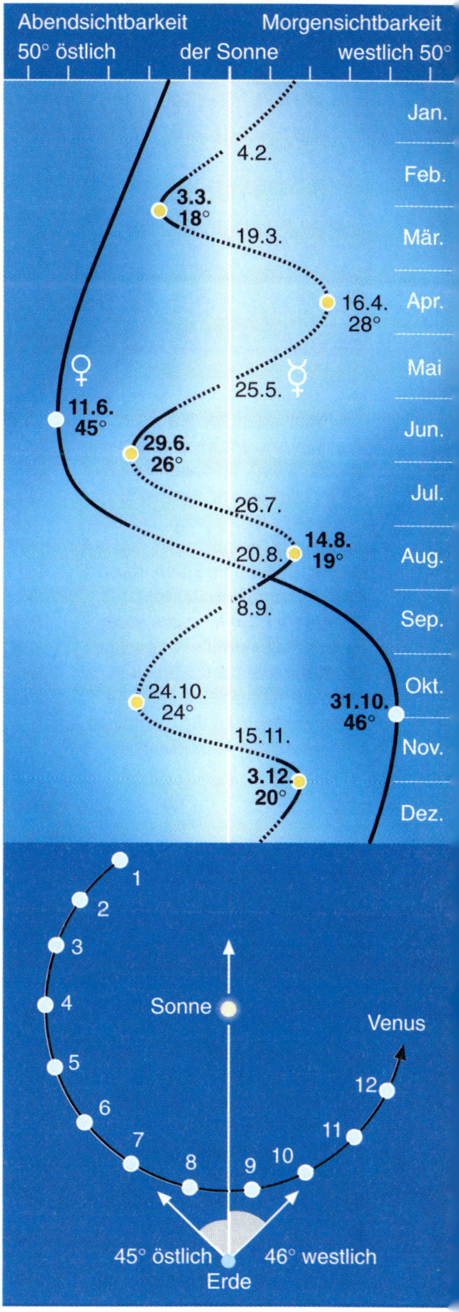

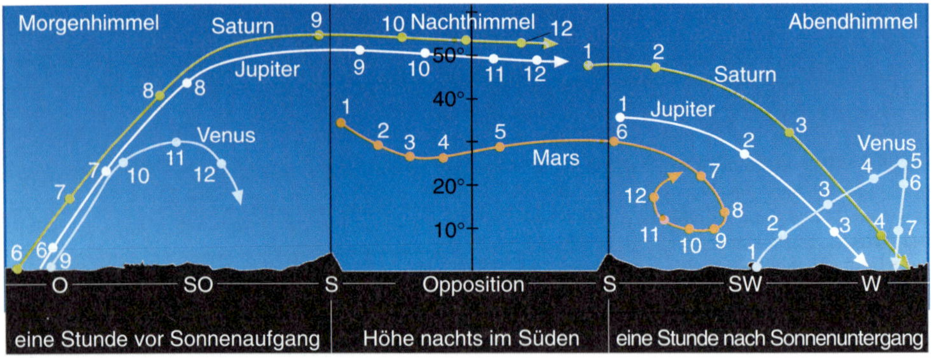

1.3: Stellungen der Planeten Venus, Mars, Jupiter und Saturn im Jahr 1999. Im linken Teil sind die Positionen am Morgenhimmel jeweils eine Stunde vor Sonnenaufgang eingetragen, im rechten Teil die Positionen am Abendhimmel jeweils eine Stunde nach Sonnenuntergang. Im Mittelteil sind die Stellungen um Mitternacht angegeben sowie die Kulminationshöhe. Die Zahlen markieren die Positionen zum jeweiligen Monatsersten.

deutlich an Helligkeit. Während Sirius jedoch meist flackert und funkelt, leuchtet Saturn in ruhigem Glanz.
Mit Venus, Jupiter und der Sichel des zunehmenden Mondes kann man Saturn an den Abenden vom 19. bis 22. über dem Südwesthorizont sehen (siehe Abb. 1.1 auf Seite 29).
Im Fernrohr ab einer Mindestvergrößerung von etwa 30fach kann man den freischwebenden Saturnring erkennen. Seine Öffnung von 14° stellt einen Mittelwert dar. Der scheinbare Längsdurchmesser des Ringes beträgt zu Monatsanfang 42″, am Monatsende knapp 40″. Der scheinbare Äquatordurchmesser des Saturnglobus geht von 18″,6 auf 17″,6 zurück. Am 1. ist Saturn 1 337 Millionen Kilometer (= 8,94 A. E.) von der Erde entfernt. Diese Strecke legt das Licht in einer Stunde und 14 Minuten zurück.
Uranus im Steinbock hat sich vom Abendhimmel zurückgezogen und kann nicht mehr beobachtet werden. Sein östlicher Winkelabstand schrumpft von 31° zu Jahresbeginn auf 1°,3 am Monatsletzten – die Sonne hat den grünlichen Planeten fast eingeholt. Anfang nächsten Monats steht er dann in Konjunktion mit ihr. Am 1. beträgt die Uranusentfernung von der Erde 3 100 Millionen Kilometer (= 20,7 A. E.); dies entspricht einer Lichtlaufzeit von zwei Stunden und 52 Minuten.

Konstellationen und Ereignisse

Datum	MEZ	Ereignis
3.	14ʰ	Erde im Perihel (Sonnennähe), Abstand Erde – Sonne 147,099 Millionen Kilometer
5.	9	Venus bei Neptun, Venus 1°,7 südlich
9.	21	**Mond bei Mars**, Mond 2°,7 nördlich, **Abstand 3°,1 um 2ʰ am 10.**
13.	20	Venus bei Uranus, Venus 0°,9 südlich
15.	22	Merkur im Aphel
16.	18	Mond bei Merkur, Mond 4°,4 nördlich
18.	2	Mond bei Neptun, Mond 1°,5 nördlich
18.	21	Mond bei Uranus, Mond 1°,6 nördlich
19.	9	**Mond bei Venus**, Mond 2°,0 nördlich, **Abstand 4°,5 um 18ʰ**
22.	0	**Mond bei Jupiter**, Mond 1°,8 südlich, **Abstand 4°,0 um 21ʰ am 21.**
22.	9	Neptun in Konjunktion mit der Sonne
24.	7	Mond bei Saturn, Mond 2°,5 südlich
27.	9	Merkur bei Neptun, Merkur 2°,3 südlich

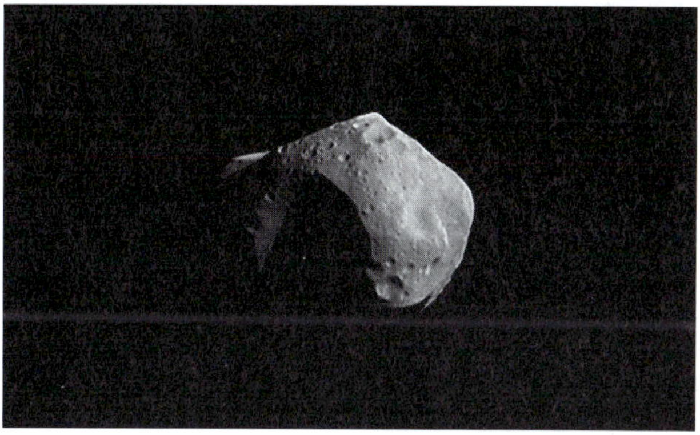

1.4: Der Kleinplanet (253) Mathilde, aufgenommen von der Raumsonde NEAR. (NASA-Foto)

Neptun steht am 22. in Konjunktion mit der Sonne und bleibt unbeobachtbar. Zur Zeit hält Neptun sich im Steinbock auf, und zwar westlich von Uranus (siehe Abb. 7.4 auf Seite 129). Die Begegnung mit Venus am 5. bleibt unbeobachtbar. Am Tag der Konjunktion ist Neptun 4 655 Millionen Kilometer (= 31,12 A. E.) von der Erde entfernt.

Pluto siehe *Planetenlauf* im Februar, März, Mai, August und Dezember sowie *Monatsthema: Pluto wieder fernster Planet* auf Seite 105.

PLANETOIDEN

Ceres – Planetoid Nr. 1 – stand Ende November des Vorjahres in Opposition zur Sonne. Bei ihrer Oppositionsschleife lief sie durch den offenen Sternhaufen der Hyaden im Stier. Im Januar

1.5: Heliozentrischer Anblick des Planetensystems im ersten Jahresviertel 1999. Eingetragen sind links die Positionen der inneren Planeten für den 1. Januar (1), 1. Februar (2) sowie 1. März (3) und 1. April (4). Der rechte Teil zeigt das äußere Planetensystem samt einiger Planetoiden zu Anfang und Ende des ersten Jahresviertels. Die Pfeile deuten die Richtungen zu den ferneren Planeten sowie zum Frühlingspunkt an.

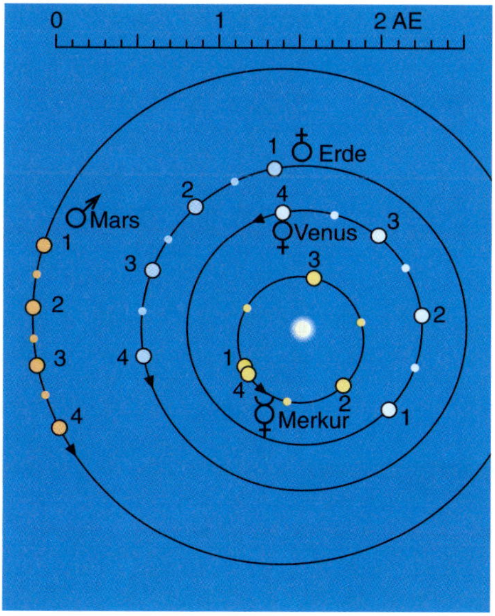

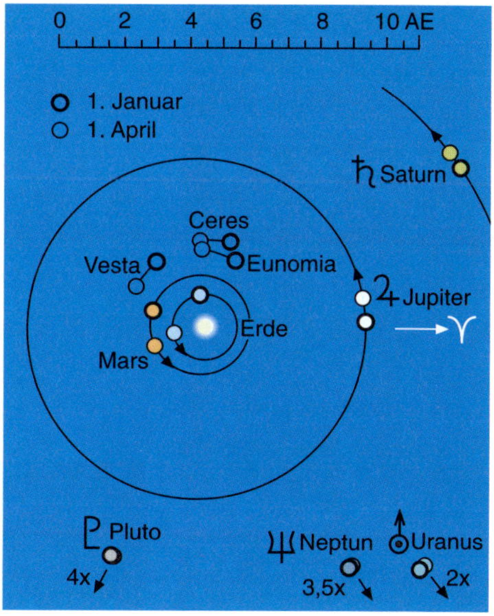

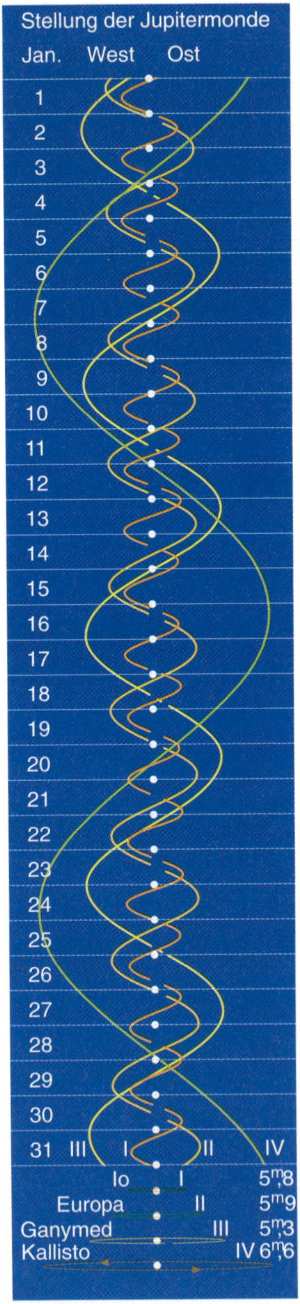

Jupitermond-Erscheinungen

Tag	MEZ		Vorgang
	h m		
2.	20 10	I	DA
	21 27	I	SA
	22 25	I	DE
3.	16 16	IV	DA
	17 20	I	BA
	18 44	IV	DE
	20 50	I	VE
	21 23	II	DA
4.	18 09	I	SE
5.	21 34	II	VE
7.	20 17	III	DA
10.	19 19	I	BA
11.	17 52	I	SA
	18 11	III	VE
	18 54	I	DE
	20 04	I	SE
12.	17 14	I	VE
	19 05	II	BA
14.	18 26	II	SE
17.	21 19	I	BA
18.	17 48	III	BE
	18 40	I	DA
	19 14	III	VA
	19 48	I	SA
	20 54	I	DE
19.	19 10	I	VE
21.	18 26	II	SA
	18 55	II	DE
	21 02	II	SE
25.	18 55	III	BA
	20 40	I	DA
26.	17 49	I	BA
	21 05	I	VE
27.	18 25	I	SE
28.	19 00	II	DA
	21 02	II	SA
30.	18 47	II	VE

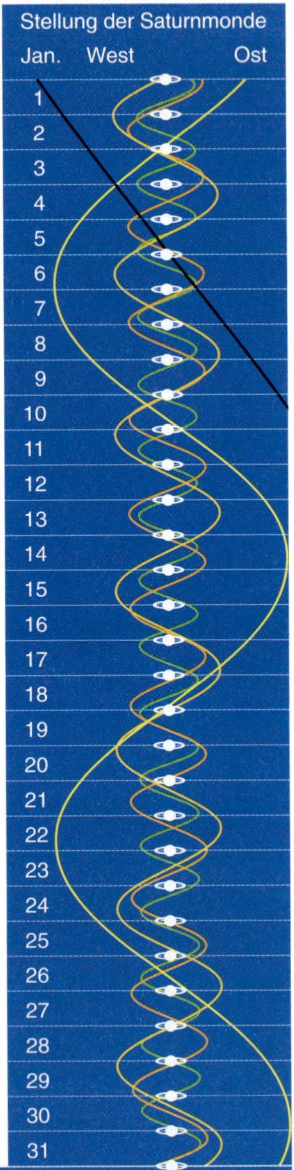

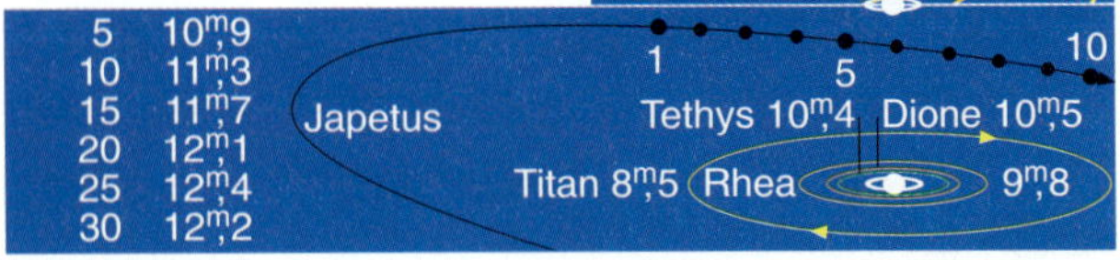

beendet sie nun ihre Oppositionsschleife, wobei sie am 18. im „Goldenen Tor der Ekliptik" etwa 5° südlich der Plejaden stationär wird (siehe Abb. 2.5 auf Seite 53). Das „stationär" bezieht sich lediglich auf ihre Bewegung in Rektaszension, die Deklinationswerte nehmen zu, Ceres strebt nach Norden. Nach dem 18. wachsen auch wieder die Rektaszensionswerte von Ceres an.
Die Cereshelligkeit sinkt von $7\overset{m}{,}7$ auf $8\overset{m}{,}3$ deutlich ab – die Oppositionsperiode geht ihrem Ende entgegen. Wegen ihrer Position in den nördlichen Zonen des Tierkreises ist es allerdings kein Problem, Ceres noch am Abendhimmel selbst im kleinen Fernglas zu finden. Die Kulminationszeiten von Ceres verfrühen sich im Laufe des Monats erheblich. Geht Ceres am 1. um $21^{h}29^{m}$ durch den Meridian und am 15. um $20^{h}30^{m}$, so kulminiert sie am 31. schon um $19^{h}30^{m}$. Die beste Beobachtungszeit liegt wie bei allen lichtschwachen Objekten in der Stunde um die Kulmination.
Am 1. ist Ceres 282 Millionen km (= 1,89 A. E.) von der Erde und 406 Millionen km (= 2,71 A. E.) von der Sonne entfernt.
Vesta – Planetoid Nr. 4 – hat bereits Ende Dezember des Vorjahres zu ihrer Oppositionsschleife angesetzt. Sie bewegt sich rückläufig durch den Löwen und steuert abermals auf den Krebs zu (siehe Abb. 2.6 auf Seite 54). Die Vestahelligkeit steigt während des Monats von $6\overset{m}{,}9$ auf $6\overset{m}{,}2$ an. Damit wird Vesta zu einem ausgesprochen leichten Fernglasobjekt, das auch von Einsteigern leicht gefunden werden kann. Am 1. kulminiert Vesta um $3^{h}21^{m}$, am 31. schon um $1^{h}03^{m}$.

Periodische Sternschnuppenströme

Vom 1. bis 6. Januar sind die **Quadrantiden** (Ausstrahlungspunkt oder Radiant im Sternbild Bootes) in der zweiten Nachthälfte zu erwarten. In der Nacht vom 3. auf 4. Januar ist das spitze Maximum zu erwarten. Leider stört in diesem Jahr helles Mondlicht die Beobachtung. Bis zu hundert Objekte pro Stunde sind im Maximum zu registrieren. In manchen Jahren wurden sogar über zweihundert pro Stunde beobachtet. Helle Sternschnuppen kommen dabei nur selten vor. Ein Erzeugerkomet ist nicht bekannt. Die einzelnen Meteoroide haben mittlere Geschwindigkeiten um 40 Kilometer pro Sekunde. Da der Radiant im Sternbild Bootes liegt, wird dieser Strom auch **Bootiden** genannt.

Der Fixsternhimmel

Klirrende Winterkälte treibt viele in den Abendstunden ins Haus. Während man sich im Sommer häufiger am milden Abend im Freien aufhält und einen Blick auf den Sternenhimmel wirft, sehen an kalten Winterabenden nur wenige, aber echte Sternfreunde die Pracht des glitzernden Firmaments. Dabei bietet der abendliche Wintersternenhimmel einen besonders reizvollen Anblick. Denn zu keiner Jahreszeit zeigt sich der Himmel so reich bestückt mit hellen Sternen. Auch die Milchstraße trägt zu seinem Schmuck bei. Das zart schimmernde Lichtband ist jetzt zur Standardbeobachtungszeit (22^h MEZ zur Monatsmitte) gut zu sehen. Es steigt im Südosten empor, geht durch den Zenit (Scheitelpunkt) und sinkt zum Nordwesthorizont hinab. In unseren Städten und selbst in kleinen Orten hat allerdings die künstliche Lichtflut so sehr zugenommen, daß man die Milchstraße kaum mehr erkennen kann. Selbst weit vom Stadtrand entfernt ist das durch die abgasverschmutzte Atmosphäre hervorgerufene Streulicht so intensiv, daß die Milchstraße kaum sichtbar wird. So bleiben dem heutigen Zivilisationsmenschen nur die hellen Sterne. Sie am Himmel benennen zu können, sollte eigentlich zur Allgemeinbildung gehören. Damit man sich schneller am Sternenhimmel zurechtfindet, enthält jedes Monatskapitel eine Übersichtssternkarte. Sie zeigt den zur Standardbeobachtungszeit sichtbaren Teil des Sternenhimmels in unseren Breiten (50° Nord). Als Standardbeobachtungszeit wurde für die Monatsmitte (15.) 22^h MEZ gewählt. Wer zu Monatsbeginn beobachtet, für den zeigt die Monatssternkarte den Himmelsanblick um 23^h MEZ. Zu Monatsende benutze man die Sternkarte um 21^h MEZ. Man kann die Sternkarten auch für andere Nachtstunden verwenden: So zeigt die Januar-Sternkarte auch den Himmelsanblick, wie er am 1. November um 3^h MEZ dem Betrachter erscheint. Für welche Daten und Uhrzeiten die jeweilige Monatssternkarte gilt, ist in der Bildlegende vermerkt. Allerdings ist zu berücksichtigen, daß die eingetragenen Planetenpositionen nur für den aktuellen Monat gültig sind. Die in anderen Monaten aktuellen Planetenpositionen entnehme man der jeweiligen Graphik vor der Rubrik *Planetenlauf*.
Die ausgezogene Kreislinie markiert den Himmelsäquator. Er teilt das Himmelsgewölbe in eine Nord- und eine Südhalbkugel. In unseren Breiten ist somit auch ein Teil des Südhimmels zu sehen. In 50° Nord sind alle Sterne vom Himmelsnordpol ($\delta = +90°$) bis –40° Deklination sichtbar. Dies gilt zumindest theoretisch. Sterne in der Zone von –30° bis –40° Deklination bleiben meist im horizontnahen Dunst verborgen.
Als strichlierte Linie ist die Ekliptik in den Monatssternkarten eingetragen. Sie ist um $23\frac{1}{2}°$ zum Himmelsäquator geneigt. Die Ekliptik ist die Schnittlinie der Erdbahnebene mit der Himmelskugel. Etwas einfacher ausgedrückt: Die Ekliptik stellt die scheinbare Bahn der Sonne durch die Sternbilder des Tierkreises dar: Trägt man die Position der Sonne für jeden Tag des Jahres in einer Sternkarte ein und verbindet die so entstandenen Punkte durch eine Linie, so erhält man die scheinbare Sonnenbahn. „Scheinbar“ heißt die Sonnenbahn deshalb,

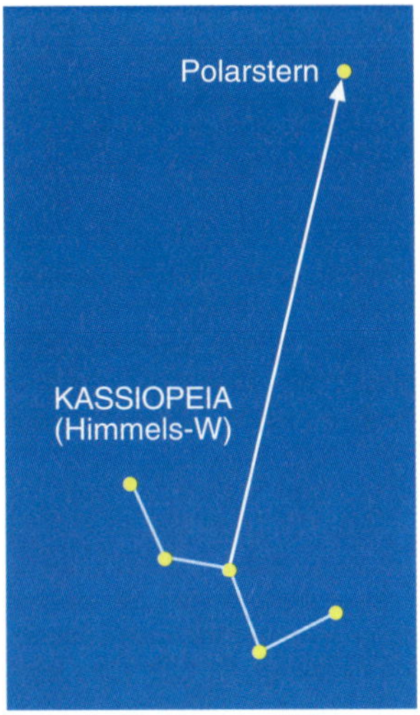

1.6: Das Sternbild Kassiopeia, auch als Himmels-W bekannt, dient als Polweiser.

Veränderliche Sterne

Algol-Minima	14.	4^h16^m	17.	1^h05^m	19.	21^h54^m	22.	18^h43^m				
β-Lyrae-Minima	5.	9^h N	11.	21^h H	18.	8^h N	24.	19^h H	31.	7^h N		
δ-Cephei-Maxima	3.	4^h	8.	13^h	13.	22^h	19.	7^h	24.	16^h	30.	0^h
Mira-Helligkeit	1.	4^m	10.	4^m	20.	4^m	31.	4^m	fallend			

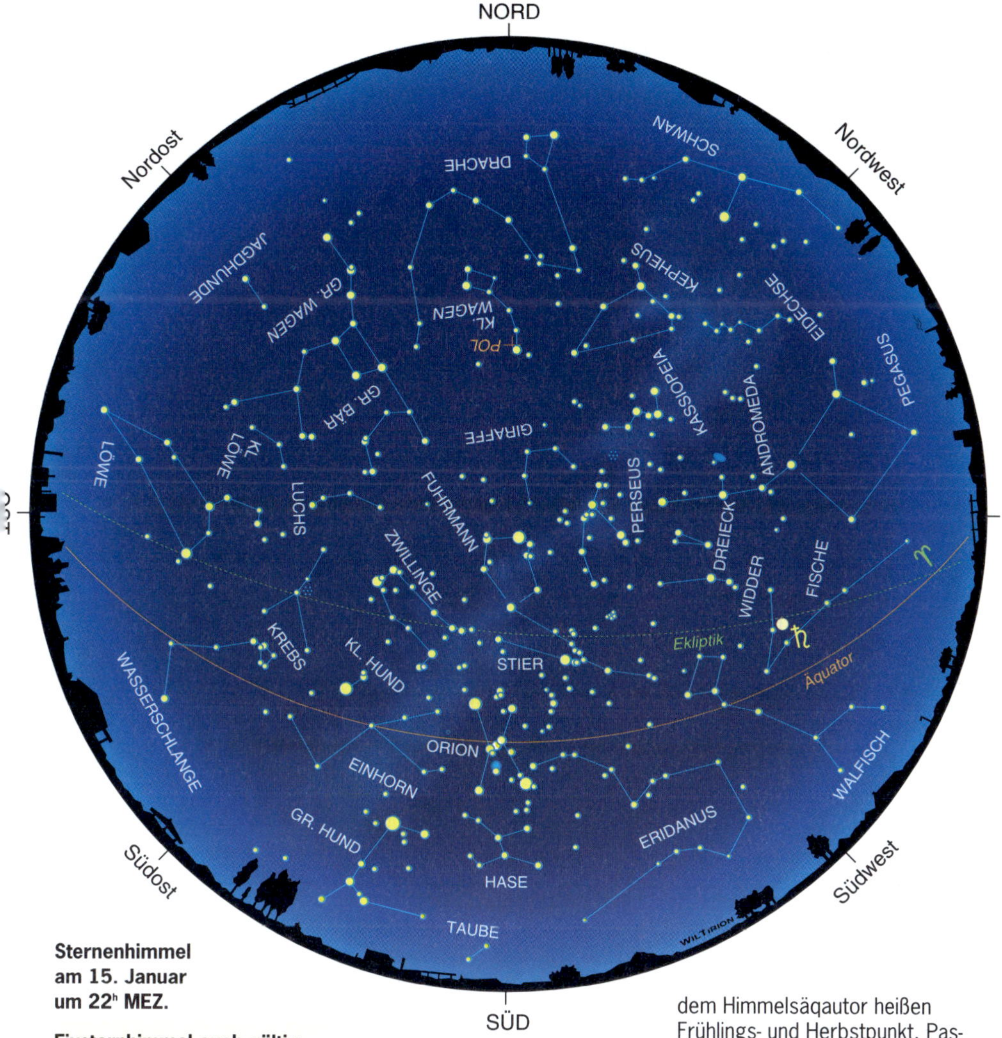

Sternenhimmel am 15. Januar um 22ʰ MEZ.

Fixsternhimmel auch gültig für:

für:	MEZ	MESZ
1.10.	5ʰ	6ʰ
15.10.	4	5
1.11.	3	
15.11.	2	
1.12.	1	
15.12.	0	
1. 1.	**23**	
15. 1.	**22**	
31. 1.	**21**	
15. 2.	20	

weil sich nicht die Sonne bewegt, sondern die Erde um die Sonne läuft. Von der Erde aus betrachtet steht die Sonne zu verschiedenen Jahreszeiten jeweils vor einem anderen Sternenhintergrund. Wann die Sonne welche Sternbilder passiert, wird in der Graphik der Rubrik *Sonnenlauf* erkennbar. Die Schnittpunkte der Ekliptik mit dem Himmelsäqautor heißen Frühlings- und Herbstpunkt. Passiert die Sonne diese Punkte, dann beginnt die entsprechende Jahreszeit.

In der Nähe der Ekliptik stehen die Planeten. Die fünf hellen, mit freiem Auge sichtbaren Planeten (Merkur, Venus, Mars, Jupiter und Saturn) sind mit ihren Symbolen in der Sternkarte eingetragen, wenn sie zur Beobachtungszeit über dem Horizont stehen. Die Symbole sind auf der Umschlagklappe und in Abb. E.13 auf Seite 21 erläutert. Die eingetragenen Planeten sollen gerade den angehenden Sternfreunden (und -freundinnen) helfen, sich nicht verwirren zu lassen. Denn stehen in einem Tierkreissternbild ein oder gar zwei helle Planeten, so ändert sich der Anblick erheblich und kann dem Anfänger, der noch Mühe hat, die Sternbilder zu identifizieren, das Erkennen von Bildern erschweren. Die eingetragenen Planetenpositionen gelten exakt jeweils für die Monatsmitte.

Neben dem Großen Wagen gehört der Orion zu den bekanntesten Sternbildern. Der Sage nach war Orion ein mächtiger Jäger und Krieger. Seine leicht einprägbare Sternenfigur steht jetzt halbhoch im Süden. Orion durchschreitet gerade den Meridian. Seine eine Schulter wird durch einen hellen, rötlichen Stern markiert, der Beteigeuze (α Orionis) heißt. Beteigeuze ist ein roter Überriesenstern und 350 Lichtjahre von uns entfernt.

Ein zweiter Stern erster Größe, der den westlichen Fuß des Jägers darstellen soll, funkelt in bläulich-weißem Licht. Er heißt Rigel (β Orionis), was arabisch Fußstern bedeutet. Von Rigel trennen uns 800 Lichtjahre. Zwischen Beteigeuze und Rigel liegen drei Sterne in einer Reihe, die den Gürtel des Orion bilden. Der westliche Gürtelstern Mintaka (δ Orionis) steht dabei ziemlich genau auf dem Himmelsäquator, wie man sich durch einen Blick auf die Sternkarte überzeugen kann. Da man am natürlichen Firmament keine Hilfslinien aufleuchten lassen kann (wie dies in einem Planetarium möglich ist), kann δ Orionis die Orientierung erleichtern, wenn man weiß, daß er fast 0° Deklination hat.

Apropos Orientierung: Ein Problem macht beginnenden Sternfreunden am meisten zu schaffen, wenn sie Sternbilder am Himmel suchen. Im Kopf oder direkt vor sich haben sie die kleingezeichneten Bilder der Monatssternkarte. Die Sternbilder erscheinen am natürlichen Firmament jedoch wesentlich größer! Man vergleiche einmal das Bild des Orion in der Sternkarte mit dem Orion am Himmel. Wenn man sich einmal diesen Dimensionsunterschied eingeprägt hat, dann findet man auch leicht die anderen Bilder. Wenn man sich am Sternenzelt zurechtfinden will, sollte man zuerst den Polarstern aufsuchen. Er weist uns die Nordrichtung. Bekanntlich findet man den Polarstern das ganze Jahr über stets an derselben Stelle des Firmaments – unabhängig von Datum und Uhrzeit. Er nimmt fast den Platz des Himmelsnordpols ein, um den sich das gesamte Himmelsgewölbe dreht – eine Folge der täglichen Erdrotation.

Um den Polarstern rasch zu finden, bedient man sich des Großen Wagens oder des Himmels-Ws. Die Stellung des Großen Wagens und des Himmels-Ws relativ zur nördlichen Horizontlinie wird deshalb in jedem Monat durch eine kleine Graphik am Beginn der Monatsübersicht verdeutlicht.

Das „Himmels-W" ist kein „offizielles" Sternbild, genauso wenig wie der „Große Wagen", der nur das Hinterteil und den Schwanz des Großen Bären markiert. In der Reihe der klassischen Sternbilder heißt das Himmels-W (so nach seiner geometrischen Sternenanordnung bezeichnet) Kassiopeia. Der griechischen Mythologie nach war die Kassiopeia die legendäre Königin von Äthiopien. Ihr Gemahl, der König Kepheus, ist ebenfalls am Sternenhimmel verewigt, und zwar neben seiner Gemahlin. Allerdings ist das Sternbild Kepheus viel schwieriger auszumachen als die Kassiopeia. Die Sterne des Kepheus sind lichtschwächer, seine ganze Figur ist nicht besonders einprägsam.

Senkrecht über den Köpfen steht ein heller, gelber Stern erster Größenklasse, die Kapella (α Aurigae), Hauptstern im Fuhrmann. Die Entfernung zu Kapella beträgt 42 Lichtjahre. „Kapella" kommt aus dem Lateinischen und bedeutet soviel wie Ziegenstern. Das Sternbild Fuhrmann kann relativ leicht und schnell erkannt werden: ein Fünfeck mit Kapella an der Spitze. Man hat eher den Eindruck eines Sechseckes, wenn man nämlich β Tauri (Al Nath), den Stern gegenüber von Kapella, hinzunimmt. In manchen alten Sternkarten gehört er zum Fuhrmann und trägt die Bezeichnung γ Aurigae. Al Nath stellt die eine Hornspitze des Stieres dar, der gerade den Meridian passiert hat und hoch im Südsüdwesten steht. Sein hellster Stern, der rote Aldebaran, markiert das blutunterlaufene Auge des Stieres. Aldebaran ist 66 Lichtjahre von der Erde entfernt.

Dem Stier folgen im Tierkreis die Zwillinge. Sie werden hauptsächlich von zwei Sternenketten dargestellt, an deren Enden jeweils ein heller Stern steht, nämlich Kastor (α Geminorum) und Pollux (β Geminorum). Kastor ist 52 und Pol-

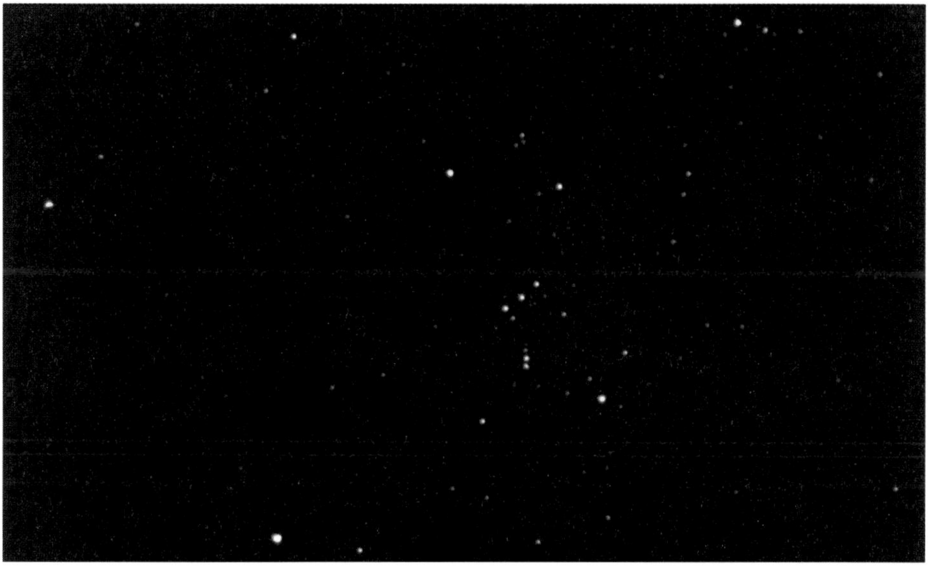

1.7: Ausschnitt des Wintersternhimmels mit Orion, Sirius (links unten) und Aldebaran (rechts oben). (Volkssternwarte Köln)

lux 34 Lichtjahre von uns entfernt. An die Zwillinge schließt sich in östlicher Richtung der unscheinbare Krebs mit dem bekannten offenen Sternhaufen Krippe an.

Südlich der Zwillinge sind die beiden Himmelshunde, die Begleiter des Himmelsjägers Orion, anzutreffen. Tief im Südosten flackert der blauweiße Sirius (α Canis Maioris), Hauptstern des Großen Hundes. Mit $-1^{m}_{,}5$ ist Sirius der hellste Fixstern des irdischen Himmels. Nur noch Venus und Jupiter sowie gelegentlich Mars übertreffen Sirius an Helligkeit. Mit nur 8,6 Lichtjahren Distanz gehört Sirius zu den sonnennächsten Sternen.

Ein wenig höher als Sirius steht der gelbliche Prokyon (α Canis Minoris) im Kleinen Hund. Prokyon bedeutet auf Griechisch soviel wie „Vorhund". Prokyon geht nämlich in unseren Breiten vor Sirius auf. Er kündigt gewissermaßen den Siriusaufgang an. Mit 11,4 Lichtjahren Entfernung gehört auch Prokyon zu den sonnennahen Sternen.

Die hellen Sterne Kapella, Aldebaran, Rigel, Sirius, Prokyon und Pollux bilden das Wintersechseck. Es ist gewissermaßen das Gegenstück zum Sommerdreieck. Manchmal nennt man dieses Sternensechseck auch Halskette.

Etliche Herbstbilder sind noch in der westlichen Himmelshälfte zu finden: Das Pegasusquadrat steht wie eine überdimensionale Vorfahrtstafel tief am Westhorizont. An das Pegasusquadrat schließt sich in Richtung Zenit die Sternenkette der Andromeda an, der Tochter des Königspaares Kassiopeia und Kepheus.

Zu dieser Gruppe gesellt sich noch der Held Perseus, der die Prinzessin Andromeda vor dem Meeresungeheuer Cetus, ebenfalls als Sternbild am Himmel zu finden, rettet. Das Sternbild Perseus ist nun fast im Zenit zu sehen. Im Perseus findet sich der berühmte Bedeckungsveränderliche Algol (β Persei).

Noch relativ hoch im Westen ist der Widder zu erkennen, ein kleines Sternbild, dessen hellster Stern (α Arietis) Hamal heißt. 66 Lichtjahre trennen Hamal von der Erde. Sonst gibt es in dieser Gegend keine helleren Sterne. In diesem Jahr halten sich hier aber die beiden Riesenplaneten Jupiter und Saturn auf.

Am Osthimmel kann man bereits den mächtigen Löwen mit seinem Hauptstern Regulus erspähen. Der Löwe ist ein Vorbote des kommenden Frühlings.

Das Rätsel der dunklen Materie

Zu den großen, noch ungelösten Problemen der modernen Astronomie gehört die Suche nach riesigen Materiemengen, die sich durch ihre Schwerkraftwirkung verraten, die aber nicht zu sehen sind, da sie nicht leuchten. Inzwischen fahnden gut ein Dutzend Forschergruppen nach dieser teilweise mysteriösen dunklen Materie. Ihre Anwesenheit hat offensichtlich die großräumigen Strukturen im Universum entstehen lassen, und sie wird auch das ferne Schicksal des Kosmos entscheidend bestimmen.

Einst glaubte man, das Weltall sei gefüllt mit Myriaden von Sternen und dazwischen herrsche gähnende Leere, das absolute Vakuum gewissermaßen. Doch dann entdeckte man die interstellare Materie, Gas und Staub zwischen den Sternen. Nur in der Nähe heißer Sterne wird die interstellare Materie sichtbar: Die Gaswolken werden zum Leuchten angeregt und glühen als Emissionsnebel auf, Staubwolken werden beleuchtet und sind als Reflexionsnebel sichtbar. Fernab von Sternen macht sich das Gas durch Radiostrahlung bemerkbar (21 cm-Emissionslinie des neutralen Wasserstoffs), der Staub wiederum schattet das Licht der Sterne ab und bewirkt die Dunkelwolken, scheinbar sternleere Gebiete im Lichtband der Milchstraße. Aber auch dort, wo die Staubdichte nicht groß genug ist, um Dunkelwolken zu bilden, wird die Staubkomponente durch Absorption, also Schwächung sowie durch Rötung und Polarisation des Sternenlichtes beobachtbar. Sterne und interstellare Materie machen aber nur einen Bruchteil der Gesamtmasse einer Galaxie beziehungsweise eines Galaxienhaufens aus. Nur etwa zehn Prozent der im Weltall vorhandenen Materie leuchten. Neunzig Prozent der Materie entziehen sich unserer Beobachtung. Man sieht sie weder mit Fernrohren, noch kann man sie mit Radioteleskopen aufspüren. Nur indirekt, nämlich über ihre Schwerkraftwirkung, macht sich diese verborgene Materie bemerkbar. Deshalb spricht man von „Dunkler Materie", eben weil sie nicht sichtbar ist. Sie sendet offensichtlich keine Strahlung aus. Wegen ihrer großen Menge dominiert die dunkle Materie das Weltall. Längst ist den Astronomen klar, daß sie für die Entstehung der großräumigen Strukturen wie Galaxienhaufen verantwortlich zeichnet und das zukünftige Schicksal des Universums bestimmt: ob es für alle Zeiten expandiert oder eines mehr oder minder fernen Tages kollabieren wird.

Die dunkle Materie macht sich durch ihre Schwerkraftwirkung mehrfach bemerkbar. Galaxien rotieren, die Sterne umkreisen die Milchstraßenzentren gemäß den Keplerschen Gesetzen. Aus ihren Umläufen läßt sich die Masse einer Milchstraße bestimmen. Dabei zeigt sich, daß die äußeren Partien aller untersuchten Galaxien wesentlich schneller rotieren als nach der Menge an leuchtender Materie zu erwarten. Dies läßt nur einen Schluß zu: Die Galaxien haben mehr Masse, und zwar erheblich mehr, nämlich im Schnitt zehnmal soviel wie gesehen werden kann. Nur zehn Prozent der Masse einer Galaxie setzen sich also aus Sternen und interstellarer Materie zusammen, neunzig Prozent hingegen entfallen auf die geheimnisvolle, dunkle Materie.

Galaxien zeigen die Eigenschaft, sich zu großen Gruppen zusammenzufinden, sogenannten Galaxienhaufen. In einem solchen Haufen bewegen sich die Galaxien wie Mücken in einem Schwarm hin und her. Im Laufe der Zeit hätten sich die Galaxienhaufen längst auflösen müssen, ihre Mitglieder wären in alle Richtungen davongelaufen. Doch nichts dergleichen wurde beobachtet. Offensichtlich hält die Schwerkraft die Haufen zusammen. Die Masse der leuchtenden Materie ist dafür aber bei weitem nicht ausreichend. Bei den beobachteten Geschwindigkeiten der einzelnen Haufenmitglieder ist eine zehnfach größere Masse erforderlich, um das Zerfallen der Galaxienhaufen zu verhindern. Wieder kommt nur die unsichtbare dunkle Materie in Frage.

Nach der Allgemeinen Relativitätstheorie Einsteins bestimmen die vorhandenen Massen die Geometrie des Raumes. Die Massen krümmen den Raum. Lichtstrahlen folgen diesen Krümmungen. Einsteins Vorhersage wurde glänzend bestätigt: Ein Lichtstrahl, der an der Sonne vorbeizieht, wird abgelenkt. Bei totalen Sonnenfinsternissen kann dies beobachtet werden. Auch die Radiowellen eines Quasars, die ja wie Licht ebenfalls elektromagnetische Wellen sind, werden von der Sonne gebeugt, der Ort eines punktförmigen Quasars nahe der Sonne erscheint verschoben.

Einstein hat noch mehr vorhergesagt, nämlich daß Massen als Gravitationslinsen wirken kön-

1.8: Sterne, Staub- und Gaswolken erfüllen das Weltall. Doch neunzig Prozent der Materie im Universum bleiben optischen Beobachtungen unzugänglich. Diese „dunkle Materie" macht sich nur durch ihre Schwerkraftwirkung bemerkbar. Die Aufnahme zeigt die Milchstraßengebiete um den Stern Sadr (γ Cygni). Sie wurde auf der Sternwarte Welzheim am 27. September 1997 von Martin Gertz gewonnen.

nen. Zieht das Licht eines fernen Quasars an einem Galaxienhaufen vorbei, so wird es gemäß der Masse des Haufens abgelenkt. Es können Doppel- oder Vierfachbilder des Quasars erscheinen oder er kann auch als Ring gesehen werden (siehe *Himmelsjahr* 199**5**, Seite 54, *Gravitationslinsen*).
Das Gravitationslinsenphänomen läßt somit auf die Masse eines Galaxienhaufens Rückschlüsse ziehen. Und auch hier zeigt sich: In den Galaxienhaufen verbirgt sich zehnmal mehr Masse als die leuchtende Materie vermuten läßt.
Wo verbirgt sich die dunkle Materie? Woraus setzt sie sich zusammen? Man möchte schon wissen, woraus 90% der Masse des Universums bestehen, die offenbar unsichtbar ist.
Vielleicht sind es erloschene Sterne, die unsere und andere Galaxien in großer Menge füllen. Möglicherweise gibt es eine große Zahl stellarer Schwarzer Löcher im Weltall, die erheblich zur Gesamtmasse beitragen. Auch Planetoiden und Braune Zwerge könnten sich in den Weiten der Galaxis verborgen halten und nur durch ihre Gesamtmasse auffallen. Braune Zwerge werden zwischen Sternen und Planeten eingeordnet. Sie sind erheblich massereicher als Jupiter, andererseits haben sie weniger als ein Zehntel Sonnenmasse. Dies reicht nicht, um Zentraltemperatur und -dichte so ansteigen zu lassen, daß die Kernfusion zündet. Braune Zwerge sind verhinderte Sterne. Theoretisch könnten auch riesige Mengen von Ziegelsteinen die nicht sichtbare Materie repräsentieren, die sich durch ihre Schwerkraftwirkung verrät. All die erwähnten Objekte faßt man unter der Bezeichnung MACHOs zusammen. MACHO steht für **MA**ssive **C**ompact **H**alo **O**bject, also massereiches, kompaktes Halo-Objekt. Halo bezeichnet in diesem Fall den riesigen, kugelförmigen Raum um eine Galaxie, in dem sich auch die Kugelsternhaufen aufhalten. Da sich die MACHOs aus den Kernbausteinen Protonen und Neutronen zusammensetzen, spricht man auch von *baryonischer* Materie. Die schweren Elementarteilchen werden nämlich Baryonen genannt (griech.: βαρύς = schwer). Auch interstellarer Staub gehört zur baryonischen Materie. Aber dieser macht sich, wie erwähnt, durch Absorption, Polarisation und Streuung (Rötung) des Sternenlichtes bemerkbar.
Gibt es nun die MACHOs und wie kann man sie entdecken? Ziegelsteine werden wohl keine im All schweben. Schon eher Planetoiden. Aber wo sollen solche Mengen von Planetoiden herkommen, daß sie 90% der Masse des Weltalls ausmachen? Die Materie, aus der Planetoiden bestehen (Kohlenstoff, Silikate, Eisen usw.), hätte zuvor in Sternen durch Kernfusion gebildet werden müssen. Denn im Feuerball des Urknalls wurden keine schwereren Atomkerne gebacken. Dies bedeutet aber, daß in früheren Zeiten zehnmal mehr Sterne geleuchtet haben müßten, um in ihrem Todeskampf in Supernovaexplosionen en masse das Weltall mit schwereren Atomkernen anzureichern. Blickt man auf fernere Galaxien, so sind diese jünger, da ein Blick in die Ferne wegen

der langen Lichtlaufzeit auch ein Blick in die Vergangenheit ist. Somit müßten fernere und jüngere Galaxien wesentlich heller leuchten. Auch Supernovae müßten häufiger registriert werden.

Dies ist aber nicht beobachtet worden. Ähnliches gilt für eine große Zahl stellarer Schwarzer Löcher, die die Leichen massereicher Sterne darstellen. Solche massereichen Sterne leben kurz, aber intensiv, das heißt, sie sind sehr hell. Auch sie müßten bei jüngeren Galaxien ganz erheblich zu deren Leuchtkraft beitragen. Solch superstrahlende Milchstraßen wurden aber nie gefunden. Bleiben die Braunen Zwerge. Sollten 90% der Materie einer Galaxie nicht in Sternen und Planeten, sondern in Braunen Zwerge gebunden sein?

Man hat nun ein Verfahren entwickelt, mit dem im Prinzip Braune Zwerge, stellare Schwarze Löcher und sogar Planetoiden fernab ihrer Muttersterne aufzuspüren sind. Grundlage dieser Beobachtungsmethode ist der von Einstein vorhergesagte Gravitationslinseneffekt. Auch relativ kleine Massen lenken Licht ab – allerdings nur sehr wenig. Man spricht daher von „Mikrolinsen". Die Aufspaltung einer punktförmigen Lichtquelle durch einen einzelnen Stern als Gravitationslinse liegt nur bei einer Millionstel bis einer Hundertmillionstel Bogensekunde. Aber selbst so winzige Objekte wie Planetoiden können als Gravitationslinsen wirken. Eine durchschnittliche Planetoidenmasse trennt theoretisch eine Punktquelle in zwei Bilder von nur einer Billiardstel, also 10^{-15} Bogensekunden. 10^{-15} wird mit der Vorsilbe Femto charakterisiert. Da die Aufspaltungen solch winziger Gravitationslinsen in der Größenordnung einer Femtobogensekunde liegen, spricht man auch von Femtogravitationslinsen oder kurz von Femtolinsen. Solch winzige Lichtablenkungen bzw. Bildaufspaltungen kann man selbst mit besten Teleskopen nicht beobachten. Ein anderer Effekt läßt sich hingegen zumindest prinzipiell nachweisen. Wie richtige optische Linsen bündeln auch Mikrogravitationslinsen das Licht einer fernen Quelle. Zieht eine Masse (Stern oder Planet) genau vor einem Hintergrundstern vorbei, so nimmt dessen Helligkeit für die Zeit der Passage zu. Nach solchen Helligkeitsvariationen durch den Mikrolinseneffekt zu suchen ist allerdings keine Aufgabe für Sternfreunde, denn ein solches Suchprogramm erfordert einen gewaltigen technischen Aufwand. Ende der 80er Jahre begann man ernsthaft, nach Mikrolinsen zu fahnden. Man nahm sich dabei die Große Magellansche Wolke vor, unsere Begleitgalaxie in rund 200 000 Lichtjahren Distanz. Sollte unser Milchstraßenhalo voll von MACHOs sein, so müßte nach optimistischsten Schätzungen pro Beobachtungsnacht wenigstens ein Stern von einer Million einen Helligkeitsanstieg infolge des Mikrolinseneffekts zeigen. Mehrere Arbeitsgruppen begannen, Nacht für Nacht von zehn bis zwanzig Millionen Sternen (!) permanent die Helligkeit zu registrieren. Die Daten wurden nach Abspeicherung in leistungsfähigen Rechnern sofort analysiert. Gewissermaßen als Abfallprodukt wurden zahlreiche Veränderliche Sterne aufgespürt. Zwischen Juli 1992 und Juli 1993 wurde man schließlich fündig: Ein namenloser Stern 19,6ter Größenklasse ($\alpha = 5^h14^m44{,}^s5$ und $\delta = -68°40'00''$ J 2000.0) zeigte einen Helligkeitsanstieg, der auf eine Mikrogravitationslinse schließen läßt. Inzwischen wurden weitere mikrolinsenbedingte Helligkeitsvariationen aufgespürt. Ein Helligkeitsanstieg durch den Mikrolinseneffekt läßt sich relativ leicht von Helligkeitsänderungen „normaler" Variabler unterscheiden. Einmal erfolgt der Helligkeitsanstieg einer Mikrolinse in allen Farbbereichen exakt gleich. Dann ist die Lichtkurve absolut symmetrisch im Gegensatz zu Pulsationsveränderlichen und eruptiv Variablen. Und schließlich darf sich das Phänomen des Helligkeitsanstiegs nicht wiederholen. Daß innerhalb von einigen Monaten ein zweites MACHO vor dem gleichen Stern vorbeizieht, ist außerordentlich unwahrscheinlich.

Aus der Dauer des Lichtanstiegs läßt sich die Masse des mikrolinsenden Objektes abschätzen. Ein supermassereiches Schwarzes Loch von einer Million Sonnenmassen bewirkt eine zweihundertjährige Helligkeitszunahme des „gelinsten" Sterns. Ein Neutronenstern mit 1,4 Sonnenmassen läßt den Stern drei Monate lang heller aufleuchten als normal, ein Planet mit einer Erdmasse hingegen drei Stunden, ein größerer Planetoid nur drei Minuten.

Zwar gibt es offensichtlich die MACHOs im galaktischen Halo, allein, sie können das Rätsel der dunklen Materie nicht lösen. Zumindest für unser Milchstraßensystem gilt: Die aufgespürten Mikrogravitationslinseneffekte sind viel zu selten, um neunzig Prozent der Masse der

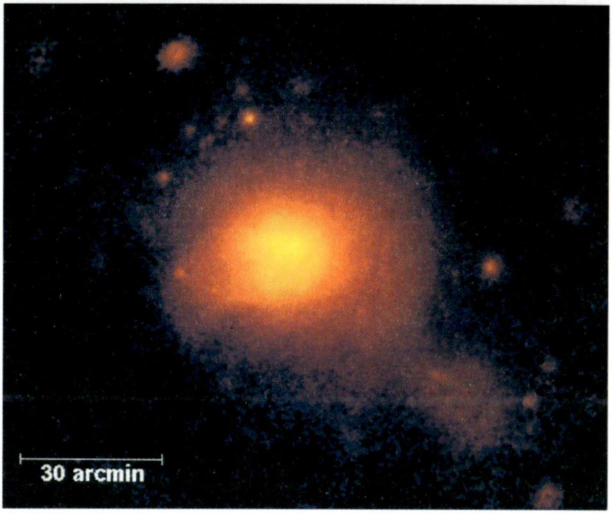

1.9: Das Röntgenbild des Coma-Galaxienhaufens (Falschfarben-Darstellung) verrät den Astronomen die Existenz eines extrem heißen, aber sehr dünnen Gases zwischen den Galaxien; seine Masse übertrifft die der Sterne in den Galaxien des Haufens um ein Mehrfaches, reicht aber zur vollständigen Erklärung der dunklen Materie nicht aus. (ROSAT-Aufnahme, MPI für Extraterrestrische Physik)

Galaxis durch MACHOs zu erklären. Hinzu kommt ein anderes Problem: Mit soviel baryonischer Materie im Universum stimmt unser Urknallszenario nicht mehr. In den ersten drei Minuten der Existenz unseres Universums wurden einfach nicht so viele Baryonen „gebacken". Denn aus dem heute beobachteten Verhältnis der Häufigkeit der leichten Elemente Wasserstoff, Helium und Lithium läßt sich die mittlere Dichte der vorhandenen baryonischen Materie recht gut abschätzen. Danach kann die durch ihre Schwerkraftwirkungen festgestellte Masse nicht allein aus baryonischer Materie bestehen.

Die Elementarteilchenphysiker haben jedoch noch andere Teilchen anzubieten, die zur Gesamtmasse des Universums beitragen könnten. Da sind an erster Stelle die Neutrinos zu nennen, gemeinhin als Geisterteilchen der Physik bezeichnet. Sie wurden zunächst theoretisch gefordert, um Energiebilanz und Erhaltung der Leptonenzahl beim Betazerfall zu sichern. Ein freies Neutron zerfällt im Mittel innerhalb einer Viertelstunde in ein Proton, ein Elektron und ein (Anti-)Neutrino. Neutrinos reagieren kaum mit Materie. Sie können Lichtjahre dicke Bleiwände mühelos durchqueren, ohne gestoppt zu werden. Neutrinos wurden in ungeheurer Zahl beim Urknall produziert. Auf jedes Proton kommt eine Milliarde Neutrinos. Erst in den 50er Jahren gelang es, die Existenz von Neutrinos experimentell nachzuweisen. Lange war man der Ansicht, daß Neutrinos keine Ruhemasse besitzen und sich darum stets mit Lichtgeschwindigkeit durch das Weltall bewegen.

Verschiedene Experimente haben jedoch gezeigt, daß Neutrinos eine zwar kleine, aber eben doch von Null verschiedene Ruhemasse besitzen. Wegen ihrer großen Zahl könnten sie somit einen durchaus beachtenswerten Anteil an der dunklen Materie im Kosmos haben. Da Neutrinos mit hoher Geschwindigkeit durchs All flitzen, spricht man von heißer dunkler Materie (HDM – **H**ot **D**ark **M**atter). Allerdings wurde die Ruhemasse der Neutrinos in den ersten Experimenten stark überschätzt. Inzwischen schätzt man die Ruhemasse eines Neutrinos auf höchstens zwei Milliardstel der Protonenmasse. Damit reicht der Beitrag der Neutrinos zur Gesamtmasse des Universums trotz ihrer großen Zahl bei weitem nicht aus, um die gesamte dunkle Materie zu repräsentieren. Hinzu kommt ein weiterer Punkt: Die dunkle Materie wird gebraucht, um die Entstehung der großräumigen, honigwabenartigen Struktur des Universums zu erklären. Dies geht aber nicht mit HDM, mit heißer, dunkler Materie. Für Klumpungsprozesse benötigt man kalte, dunkle Materie (CDM - **C**old **D**ark **M**atter).

Man vermutet nun, daß die CDM aus sogenannter exotischer Materie besteht, von deren Existenz zahlreiche Hochenergiephysiker überzeugt sind. Zur CDM zählen Axionen, WIMPs und Kosmische Strings, die wohl hypothetischsten Objekte des Kosmos.

Axionen sind hypothetische Partikel, die vor rund zwanzig Jahren konzipiert wurden, um einige ungewöhnliche Eigenschaften des Kernbausteins Neutron zu erklären. Sie haben fast keine Ruhemasse – nur ein Hundertbillionstel (10^{-14}) der Protonenmasse. Wenn sie beim Ur-

knall mit erzeugt wurden, dann sind sie ungeheuer zahlreich: hundert Billionen pro Kubikzentimeter. Wenn sich ihre Existenz herausstellen sollte, dann wären sie die vorherrschende Materieform im Universum. In verschiedenen Labors wird zur Zeit fieberhaft nach Axionen gefahndet.
WIMP ist eine Abkürzung für **W**eakly **I**nteracting **M**assive **P**article, also schwach wechselwirkende, massereiche Teilchen. Tatsächlich liegen die Massen der einzelnen WIMPs zwischen zehn- und hundertfacher Protonenmasse. WIMPs wären auch die idealen Teilchen, um die Klumpungsprozesse zu erklären, die Galaxien und Galaxienhaufen entstehen ließen. Sie zählen zur CDM. Ihre Existenz wurde aufgrund von Symmetrieprinzipien der Physik postuliert. Alle Elementarteilchen lassen sich in zwei große Gruppen einteilen: Die Fermionen und die Bosonen. Die Fermionen haben halbzahlige Spins und unterliegen dem Pauli-Verbot. Sie bilden die uns bekannte Materie (Elektronen, Protonen, Neutronen, Quarks sind Fermionen). Die Bosonen besitzen stets einen ganzzahligen Spin. Bosonen vermitteln die Kräfte zwischen den Fermionen, sind also für die Wechselwirkungen verantwortlich. Zu ihnen zählen die Photonen, die W- und Z-Teilchen der elektroschwachen Wechselwirkung, die π-Mesonen und die noch hypothetischen Gravitonen. Aus Symmetriegründen sollte es zu jedem Teilchen einen Partner geben, der sich durch seinen Spin unterscheidet: der Partner des Elektrons wäre dann das Selektron, des Quarks das s-Quark, des Photons das Photino, die Partner der W- und Z-Bosonen heißen Wino und Zino usw. Die Theorie der Supersymmetrie (SUSY), die diese Teilchen fordert, sagt, daß WIMPs nur über die Gravitation koppeln. Das bedeutet, ihre Schwerkraftwirkung macht sich bemerkbar, aber sonst bleiben sie verborgen: Man kann sie nicht sehen oder gar spüren – durch „normale" Materie laufen sie völlig ungehindert hindurch. Wissenschaftler der Stanford Universität und der Universität von Kalifornien in Berkeley und Santa Barbara versuchen gegenwärtig, WIMPs in einschlägigen Experimenten dingfest zu machen. Auch in England, Japan und Deutschland arbeiten Wissenschaftlergruppen am Nachweis der WIMPs.
Am exotischsten sind wohl die „kosmischen Fäden" (Cosmic Strings). Sie sind topologische Fehlstellen im dreidimensionalen Weltraum. Sie sind äußerst dünn (10^{-33} cm im Durchmesser, zwanzig Zehnerpotenzen kleiner als der Protonendurchmesser), aber viele Millionen Lichtjahre lang – sie ziehen gewissermaßen durch das gesamte Universum. Sie sind beim Urknall entstanden, bereits nach 10^{-35} Sekunden, als sich nach der GUT (**G**rand **U**nification **T**heory) die Kernkraft von der elektromagnetischen und der schwachen Wechselwirkung abkoppelte. Gekrümmte kosmische Strings führen zu gewaltigen Gravitationsfeldern, die uns als von Dunkler Materie erzeugt erscheinen.
Noch kann niemand sagen, woraus die dunkle Materie letztendlich besteht, aus welchem Stoff sich neunzig Prozent der Masse des Universums zusammensetzen. Auf alle Fälle bestimmt sie das Schicksal des Kosmos. Wie es aussieht, bremst sie die Expansion des Kosmos so ab, daß diese nach unendlich langer Zeit zum Stillstand kommen wird. Damit nimmt das Universum den parabolischen Grenzfall zwischen einem permanent expandierenden und einem in späteren Phasen wieder kontrahierenden Weltall ein.
Sollte es gelingen, das Rätsel der dunklen Materie im Kosmos zu lösen, so wäre dies nach Ansicht von Bernard Sadoulet, Direktor des „Center for Particle Astrophysics at the University of California" in Berkeley die „letzte Kopernikanische Revolution". Dann erst werden wir wirklich wissen, woraus der überwiegende Teil des Universums besteht.

Das griechische Alphabet

A	α	Alpha	a	H	η	Eta	e	N	ν	Nü	n	T	τ	Tau	t
B	β	Beta	b	Θ	ϑ	Theta	th	Ξ	ξ	Xi	x	Y	ν	Ypsilon	y
Γ	γ	Gamma	g	I	ι	Jota	i, j	O	o	Omikron	o	Φ	φ	Phi	ph
Δ	δ	Delta	d	K	χ	Kappa	k	Π	π	Pi	p	X	χ	Chi	ch
E	ε	Epsilon	e	Λ	λ	Lambda	l	P	ρ	Rho	r	Ψ	ψ	Psi	ps
Z	ζ	Zeta	z	M	μ	Mü	m	Σ	σ ς	Sigma	s	Ω	ω	Omega	o

FEBRUAR 1999

Venus und Jupiter rücken am Abendhimmel nahe zusammen – ihre engste Begegnung findet am 23. statt. Auch Saturn ist am Abendhimmel vertreten, während Mars die zweite Nachthälfte dominiert. Die ringförmige Sonnenfinsternis vom 16. bleibt bei uns unbeobachtbar.

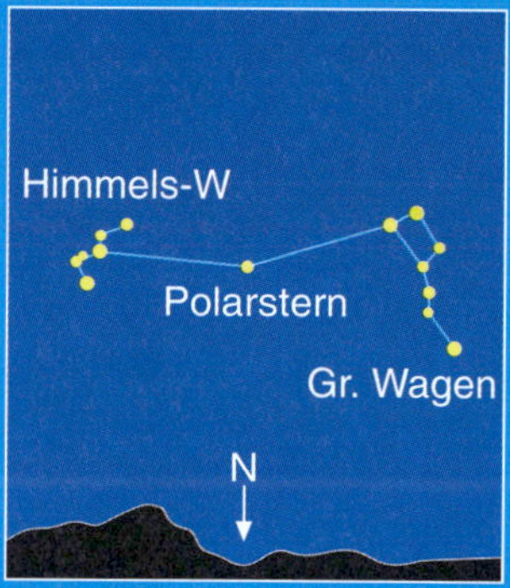

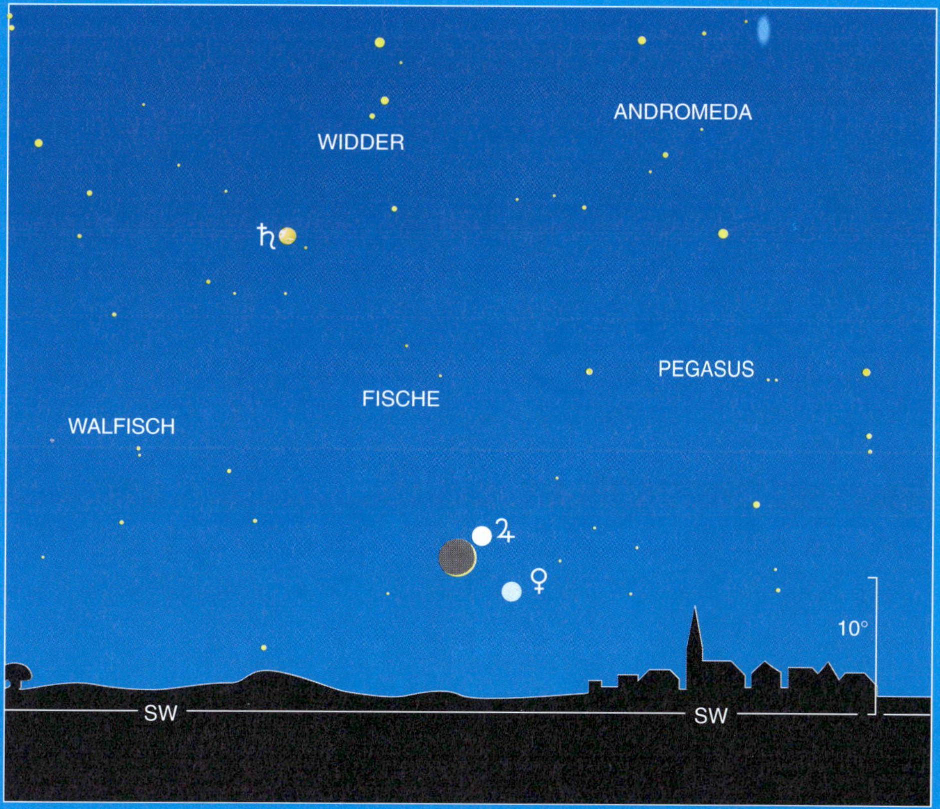

2.1: Himmelsanblick am 18. Februar gegen 19h MEZ. Tief im Westen stehen die beiden hellsten Planeten des Himmels, Venus und Jupiter, zusammen mit der schmalen Sichel des zunehmenden Mondes; links darüber leuchtet Saturn im Gebiet der Sternbilder Fische und Widder.

Sonnenlauf

16.2. 16h
Sonne tritt in das Sternbild Wassermann
19.2. 4h
Sonne tritt in das Tierkreiszeichen Fische

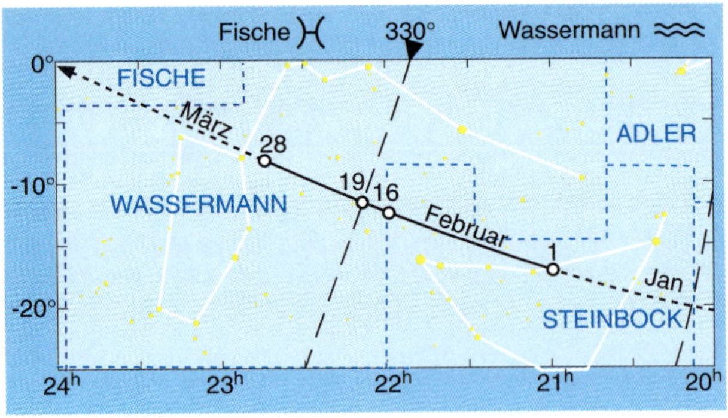

Julianisches Datum
am 1. Februar, 1h MEZ:
2451210,5

Tag	Dämmerg. Anfang	Aufgang MEZ	Kulmination	Untergang MEZ	Dämmerg. Ende	Mittagshöhe	Zeitgleichg.	Rektaszension	Deklination
	h m	h m	h m	h m	h m	o	m	h m	o
1.	6 41	7 54	12 34	17 13	18 27	22,9	–14	20 57	–17,3
5.	6 35	7 48	12 34	17 20	18 33	24,0	–14	21 13	–16,1
10.	6 28	7 40	12 34	17 29	18 41	25,6	–14	21 33	–14,6
15.	6 20	7 32	12 34	17 38	18 49	27,3	–14	21 52	–12,9
20.	6 12	7 22	12 34	17 46	18 57	29,0	–14	22 12	–11,2
25.	6 03	7 13	12 33	17 55	19 05	30,8	–13	22 31	– 9,3
28.	5 57	7 07	12 33	18 00	19 10	32,0	–13	22 42	– 8,2

Tages- und Nachtstunden

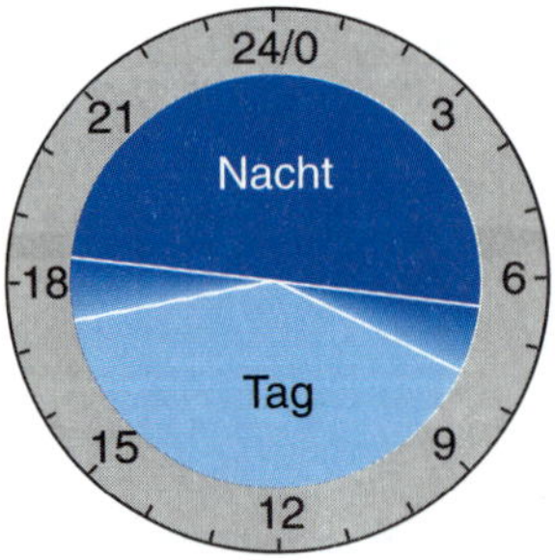

5. Februar

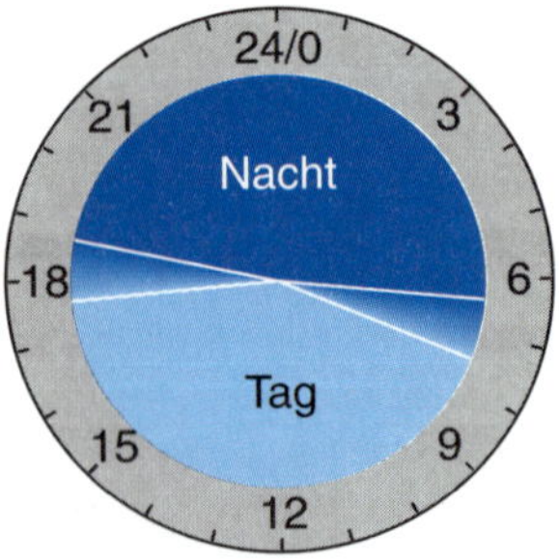

15. Februar

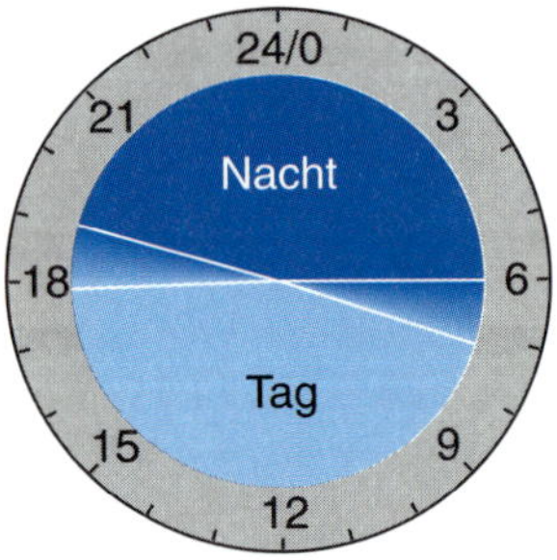

25. Februar

Mondlauf

Datum	Aufg. MEZ	Kulmination	Unterg. MEZ	Rektaszension	Deklination	Sterne und Sternbilder	Phase	MEZ
	h m	h m	h m	h m	°			
Mo 1.	18 21	0 49	8 16	9 12	+15,6	Krebs	Aufsteigender Knoten	
Di 2.	19 30	1 40	8 48	10 06	+12,4	Löwe, Regulus	Libration West	
Mi 3.	20 37	2 29	9 16	10 57	+ 8,7	Löwe		
Do 4.	21 43	3 15	9 41	11 46	+ 4,7	Jungfrau		
Fr 5.	22 47	3 59	10 04	12 33	+ 0,6	Jungfrau		
Sa 6.	23 50	4 42	10 27	13 18	– 3,5	Spica		
So 7.	–	5 25	10 51	14 04	– 7,3	Jungfrau		
Mo 8.	0 52	6 08	11 17	14 50	–10,9	Waage	**Letztes Viertel** Erdferne 404/29′,6 Größte Nordbreite	**12^h58^m** 10^h
Di 9.	1 54	6 53	11 46	15 37	–13,9	Waage		
Mi 10.	2 54	7 39	12 19	16 25	–16,5	Schlangenträger		
Do 11.	3 52	8 27	12 58	17 15	–18,3	Schlangenträger		
Fr 12.	4 47	9 17	13 45	18 06	–19,3	Schütze		
Sa 13.	5 38	10 08	14 39	18 59	–19,4	Schütze, Nunki		
So 14.	6 24	11 00	15 41	19 53	–18,6	Schütze	Libration Ost	
Mo 15.	7 04	11 53	16 48	20 48	–16,7	Steinbock	Absteigender Knoten	
Di 16.	7 39	12 45	18 00	21 43	–13,8	Steinbock	**Neumond**	**7^h39^m**
Mi 17.	8 10	13 38	19 15	22 37	–10,2	Wassermann		
Do 18.	8 39	14 29	20 31	23 31	– 5,9	Wassermann		
Fr 19.	9 07	15 21	21 47	0 25	– 1,2	* Fische		
Sa 20.	9 35	16 13	23 04	1 19	+ 3,5	Fische	Erdnähe 369/32′,4	16^h
So 21.	10 05	17 06	–	2 13	+ 8,1	* Walfisch		
Mo 22.	10 38	18 00	0 20	3 09	+12,2	Widder	Größte Südbreite	
Di 23.	11 16	18 56	1 34	4 06	+15,5	* Stier, Hyaden	**Erstes Viertel**	**3^h43^m**
Mi 24.	12 01	19 53	2 44	5 03	+18,0	Aldebaran		
Do 25.	12 52	20 50	3 49	6 02	+19,3	Orion		
Fr 26.	13 52	21 45	4 46	7 01	+19,5	* Alhena		
Sa 27.	14 56	22 39	5 34	7 58	+18,5	Krebs		
So 28.	16 04	23 31	6 14	8 54	+16,4	Krebs, Krippe	Aufsteigender Knoten Libration West	

Planetenlauf

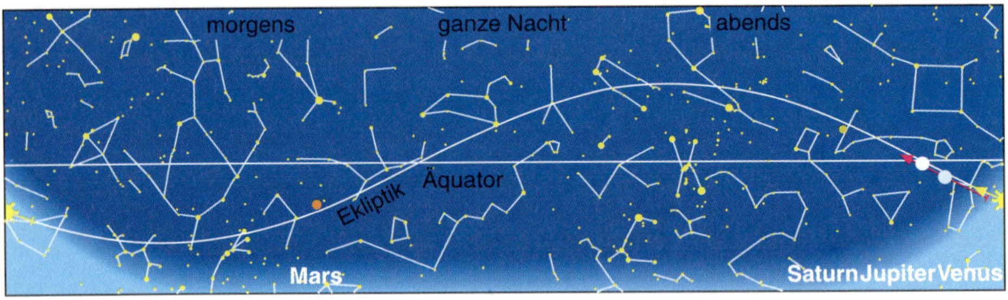

Merkur kommt am 4. in obere Konjunktion mit der Sonne. Er eilt ihr im Tierkreis voraus und erreicht bald einen ansehnlichen östlichen Winkelvorsprung vor ihr. Da die abendliche Ekliptik jetzt steil zum Westhorizont steht, ergibt sich eine Abendsichtbarkeitschance im letzten Monatsdrittel. Am 21. taucht der flinke Merkur am Abendhimmel tief am Westhorizont auf (siehe Abb. 2.2 und 2.3, unten). Der Untergang des $-1^{m},1$ hellen Merkur erfolgt am 21. um $19^{h}02^{m}$, ab $18^{h}15^{m}$ kann man mit Aussicht auf Erfolg versuchen, den sonnennahen Planeten aufzuspüren. Bis Monatsende verspäten sich die Merkuruntergänge auf $19^{h}40^{m}$, die Merkurhelligkeit geht allerdings auf $-0^{m},7$ zurück. Bis 28. wächst sein östlicher Winkelabstand von der Sonne auf knapp 18° an – dies ist fast der Wert der diesmaligen maximalen Elongation, die er Anfang nächsten Monats erreicht.
Im Fernrohr zeigt sich das Merkurscheibchen rundlich. Die Beleuchtungsphase nimmt bis Monatsende auf 60 % ab, der Scheibchendurchmesser wächst auf $6'',7$ an.
Am 28. eilt Merkur durch sein

2.2: Stellung von Merkur und Jupiter über dem Westhorizont zu den angegebenen Daten jeweils eine Stunde nach Sonnenuntergang. Die Pfeile deuten die Bewegung von Sonne, Merkur und Jupiter in der letzten halben Stunde an.

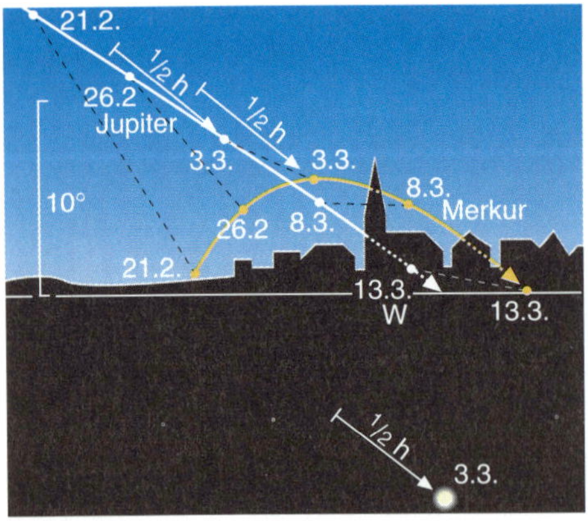

2.3: Sichtbarkeitsdiagramm für Merkur. Es gilt genau für 50° nördlicher Breite und 10° östlicher Länge. Dunkelblaue Fläche: Merkur ist unsichtbar; dunkelgelbe Fläche: Merkur ist unter günstigen Bedingungen zu sehen; hellgelbe Fläche: Merkur ist gut sichtbar.

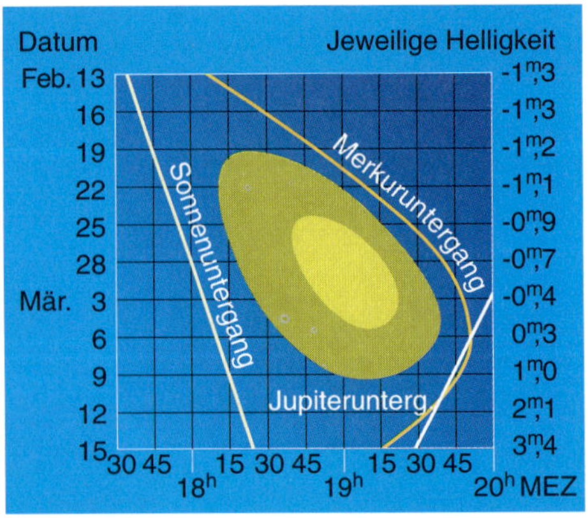

Perihel (sonnennächster Bahnpunkt), wobei ihn dann nur 46 Millionen Kilometer (= 0,307 A. E.) von der Sonne trennen. Von der Erde ist er an diesem Tag 149 Millionen Kilometer (= 0,999 A. E.) entfernt – Merkur und Sonne sind somit an diesem Tag fast gleich weit von der Erde entfernt.

Venus baut ihre Abendsichtbarkeit weiter aus. Der innere Nachbarplanet der Erde gewinnt bis Monatsende fast 29° östlichen Winkelvorsprung vor der Sonne. Venus wandert durch den Wassermann in die Fische, wobei sie am 21. gut ein Grad südlich den Frühlingspunkt passiert und bald darauf den Himmelsäquator in Richtung Nord überschreitet – ihre Deklinationen sind wieder positiv.

Der Venusuntergang erfolgt am 1. um 19^h14^m. Am 28. geht die –4^{m}0 helle Venus erst um 20^h36^m unter. Berücksichtigt man die nun immer später einsetzende Dunkelheit, so ist dies ein Gewinn an Sichtbarkeitsdauer von gut einer Stunde.

Am 23. überholt Venus den Riesenplaneten in nur 0°13 Abstand – ein auffallender Himmelsanblick, den die beiden hellsten Planeten des irdischen Firmaments bieten. Zu ihnen gesellt sich noch am 18. die schmale Sichel des zunehmenden Mondes (siehe Abb. 2.1 auf Seite 47).

Der Durchmesser des Venusscheibchens nimmt nur auf bescheidene 12″ zu, ein leichter Beleuchtungsdefekt macht sich bemerkbar: Ende des Monats erscheinen 88 % des Venusglobus beleuchtet. Noch sieht Venus im Teleskop klein und rundlich aus.

Mars nähert sich seiner Oppositionsstellung. Der rote Planet bremst seine rechtläufige Bewegung merkbar ab, seine Helligkeit nimmt weiter stark zu. Zur Monatsmitte verläßt er die Jungfrau und tritt in das Sternbild Waage (siehe Abb. 4.3 auf Seite 83). Die Aufgänge des roten Planeten verschieben sich in die Zeit vor Mitternacht. Am 1. geht Mars um 0^h26^m auf, am 28. steigt der inzwischen –0^{m}2 helle Nachbarplanet schon um 23^h21^m über die östliche Horizontlinie.

Im Fernrohr zeigt Mars einen scheinbaren Durchmesser von gut 10″ was immer noch recht bescheiden ist. Nur unter starker Vergrößerung sind die wichtigsten Oberflächendetails erkennbar.

Jupiter, rechtläufig in den Fischen, ist noch am Abendhimmel vertreten. Er verkürzt allerdings erheblich seine Sichtbarkeitsdauer. Die Jupiteruntergänge erfolgen immer früher, die Abenddämmerung setzt immer später ein. Allein, seine Tagbögen vergrößern sich, da er durch den aufsteigenden Teil des Tierkreises wandert. Am 13. zieht er 1°1 südlich am Frühlingspunkt vorbei, im letzten Monatsdrittel werden die Jupiterdeklinationen wieder für sechs Jahre positiv – Jupiter wechselt auf die Nordhalbkugel des Firmaments.

Am 1. erfolgt der Jupiteruntergang um 21^h21^m, am 28. geht der –2^{m}1 helle Riesenplanet schon um 20^h08^m unter.

Der Riesenplanet wird von Venus verfolgt. Am späten Abend des 23. überholt unser innerer Nachbarplanet Jupiter in nur 0°13 nördlichem Abstand. Die beiden hellsten Planeten des irdischen Himmels stehen knapp nebeneinander tief am Westhimmel – ein netter Anblick für Naturfreunde sowohl mit bloßen Augen als auch im Fernglas (siehe Abb. 2.4 auf Seite 52).

Am 18. gesellt sich die schmale

Konstellationen und Ereignisse

Datum	MEZ	Ereignis
2.	3^h	Uranus in Konjunktion mit der Sonne
2.	19	Merkur bei Uranus, Merkur 1°5 südlich
4.	6	Merkur in oberer Konjunktion mit der Sonne
7.	5	**Mond bei Mars**, Mond 3°1 nördlich, **Abstand 2°2 um 6^h**
14.	13	Mond bei Neptun, Mond 1°5 nördlich
16.	7	Ringförmige Sonnenfinsternis – in Deutschland unbeobachtbar (siehe Seite 26)
17.	3	Mond bei Merkur, Mond 0°2 südlich
18.	7	**Mond bei Venus**, Mond 1°8 südlich, **Abstand 5°4 um 19^h**
18.	17	**Mond bei Jupiter**, Mond 2°3 südlich, **Abstand 2°7 um 19^h**
20.	16	**Mond bei Saturn**, Mond 2°7 südlich, **Abstand, 3°1 um 19^h**
23.	22	**Venus bei Jupiter**, Venus 0°13 nördlich, **Abstand 0°13 um 20^h**
28.	22	Merkur im Perihel

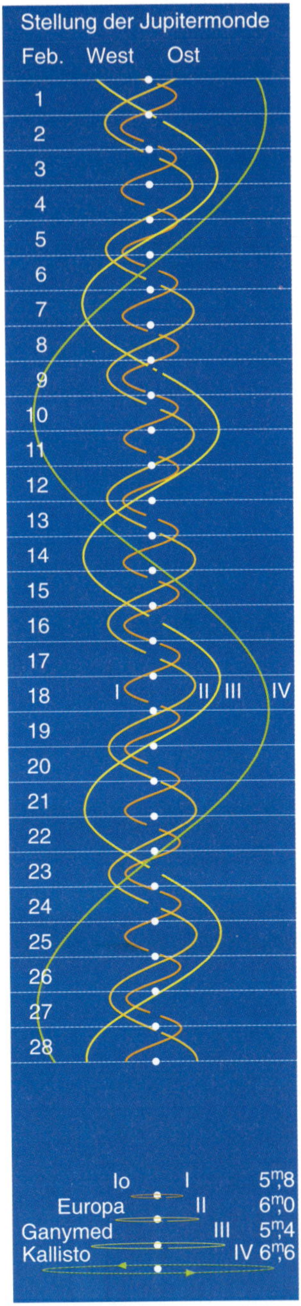

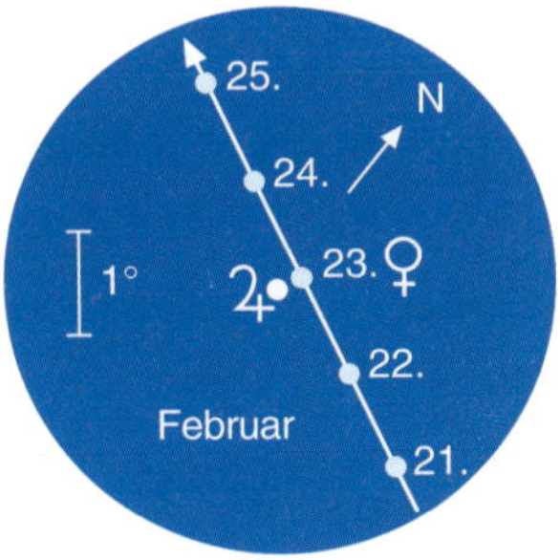

2.4: Venus wandert im letzten Monatsdrittel Februar am Riesenplaneten Jupiter vorbei. Der Gesichtsfelddurchmesser beträgt rund 5°.

Jupitermond-Erscheinungen

Tag	MEZ		Vorgang	
	h	m		
2.	19	50	I	BA
3.	18	08	I	SA
	19	26	I	DE
	20	21	I	SE
5.	20	29	III	SE
10.	19	13	I	DA
	20	04	I	SA
11.	19	24	I	VE
12.	18	14	III	DA
13.	19	47	II	BA
14.	18	48	IV	BA
19.	18	41	I	SE
22.	19	33	II	DE

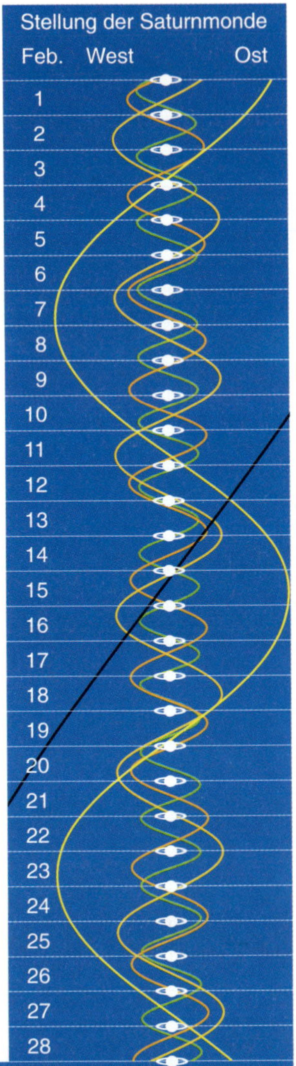

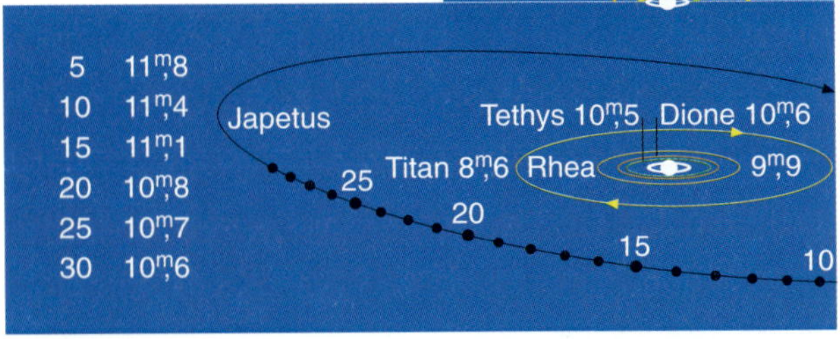

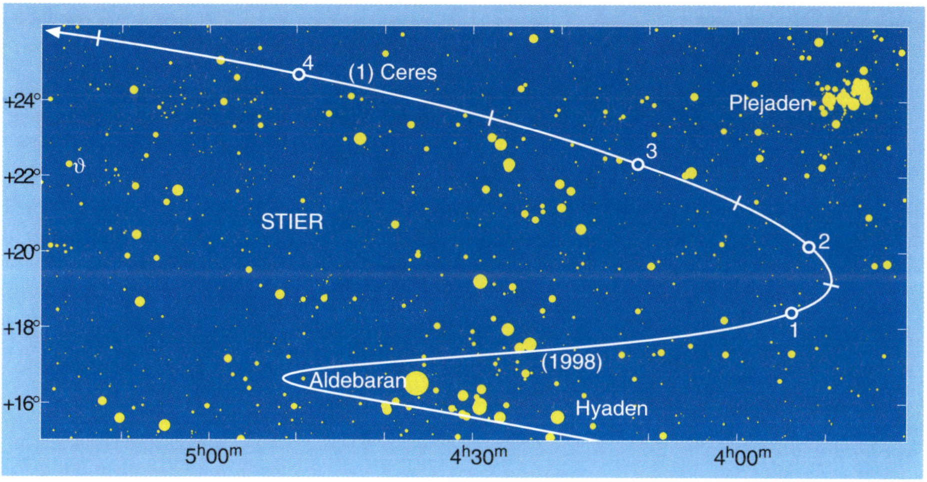

2.5: Scheinbare Bahn des Kleinplaneten Ceres (1) im ersten Jahresviertel 1999 im Goldenen Tor der Ekliptik, das von den beiden Sternhaufen Hyaden und Plejaden im Stier gebildet wird. Die Zahlen markieren die Cerespositionen zum jeweiligen Monatsersten.

Sichel des zunehmenden Mondes zu den beiden hellen Planeten (Abb. 2.1 auf Seite 47).

Saturn, der wie Jupiter rechtläufig durch die Fische wandert, nur weiter östlich, kann am Abendhimmel gesehen werden. Allerdings verkürzt der $0{,}^m5$ helle Ringplanet seine Sichtbarkeitsdauer, indem er seine Untergänge in die Zeit weit vor Mitternacht verlegt. Am 1. geht Saturn um 0^h08^m unter, am 28. aber bereits um 22^h31^m. Damit ist er zu Monatsende etwa dreieinhalb Stunden am Abendhimmel im Südwestquadranten beobachtbar.

Wie im Vormonat ergibt sich wieder ein netter Himmelsanblick mit Venus, Jupiter und zunehmendem Mond, diesmal am Abend des 18. (siehe Abb. 2.1 auf Seite 47). Am 20. zieht der Mond etwa 3° südlich an Saturn vorbei.

Uranus steht am 2. in Konjunktion mit der Sonne und bleibt deshalb unbeobachtbar. Der grünliche Planet, der sich im Steinbock aufhält, ist am Tag der Konjunktion 3 123 Millionen Kilometer (= 20,88 A. E.) von der Erde entfernt.

Neptun im westlichen Gebiet des Sternbildes Steinbock (siehe Abb. 7.4 auf Seite 129) hat seine Konjunktion mit der Sonne gerade hinter sich und bleibt unsichtbar.

Pluto ist am 9. mit 4 507,7 Millionen Kilometer (= 30,13 A. E.) gleich weit wie Neptun von der Sonne entfernt (siehe auch *Monatsthema: Pluto wieder fernster Planet* auf Seite 105). Danach ist Pluto wieder sonnenfernster Planet.

PLANETOIDEN

Ceres (1), wieder rechtläufig im Stier, hat ihre Oppositionsperiode hinter sich, was man auch an der weiter sinkenden Helligkeit bemerkt: Sie geht im Laufe des Februar von $8{,}^m3$ auf $8{,}^m6$ zurück. Planetoid Nr. 1 wandert durch das „Goldene Tor der Ekliptik", wobei die Bewegung deutlich schneller wird (siehe auch Abb. 2.5 auf dieser Seite). Am 21. passiert Ceres den Doppelstern 57/59 Tauri ($4{,}^m4$ und $5{,}^m9$) in nur $0{,}^\circ3$ südlichem Abstand – eine gute Aufsuchhilfe.

Die Kulminationszeiten von Ceres verlagern sich von 19^h26^m zu Monatsanfang auf 17^h59^m zu Monatsende. Am 28. erfolgt der Ceresuntergang um 2^h02^m.

Vesta (4) kommt am 4. in **Opposition** zur Sonne. Mit $6{,}^m1$ Oppositionshelligkeit ist sie ein ausgesprochen leichtes Fernglasobjekt. Für beginnende Planetoidenjäger ist Vesta das ideale Einstiegsobjekt. Vesta wandert rückläufig durch das Gebiet Löwe/Krebs (siehe Abb. 2.6 auf Seite 54).

Am Tag der Opposition geht Vesta um 16^h39^m auf, kulminiert

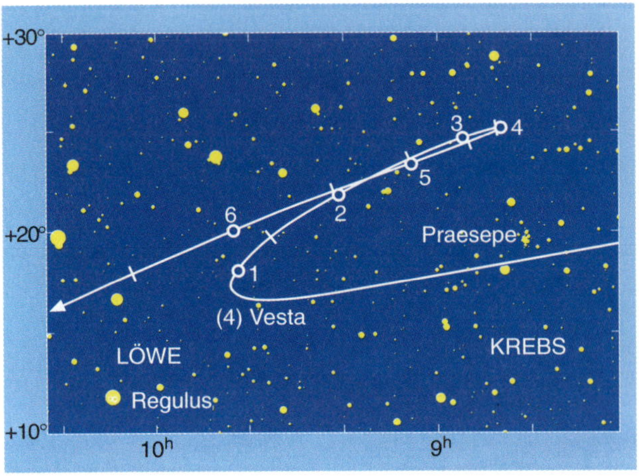

2.6: Scheinbare Bahn des Kleinplaneten Vesta (4) im ersten Halbjahr 1999 im Gebiet der Sternbilder Krebs und Löwe. Die Zahlen markieren die Vestapositionen zum jeweiligen Monatsersten.

um 0^h43^m und geht um 8^h43^m wieder unter. Bis Monatsende verfrüht sich die Kulmination auf 22^h42^m. Am Tag der Opposition ist Vesta 366 Millionen km (= 2,45 A. E.) von der Sonne entfernt. Ihre geringste Distanz von der Erde erreicht sie drei Tage später, nämlich am 7., mit 218 Millionen km (= 1,46 A. E.).

Periodische Sternschnuppenströme

Zwischen 6. und 9. Februar sind die **Alpha-Aurigiden** zu erwarten. Ihr Maximum ist nicht sehr ausgeprägt. Der Ausstrahlungspunkt liegt in der Nähe von Kapella. Nur wenige, aber helle und langsame Meteore tauchen auf. Die beste Beobachtungszeit ist um Mitternacht.

Die **Delta-Leoniden** erreichen ihr Maximum um den 25. Februar. Sie sind ein schwacher Strom, der sich zwischen dem 15. Februar und dem 10. März bemerkbar macht, wobei es sich um langsame Objekte handelt (um 25 Kilometer pro Sekunde).

Zu Monatsende erscheinen die ersten **Virginiden** am Morgenhimmel.

2.7: Drei Ansichten des Mars während der Opposition 1997, aufgenommen mit dem Hubble-Weltraumteleskop. (NASA-Foto)

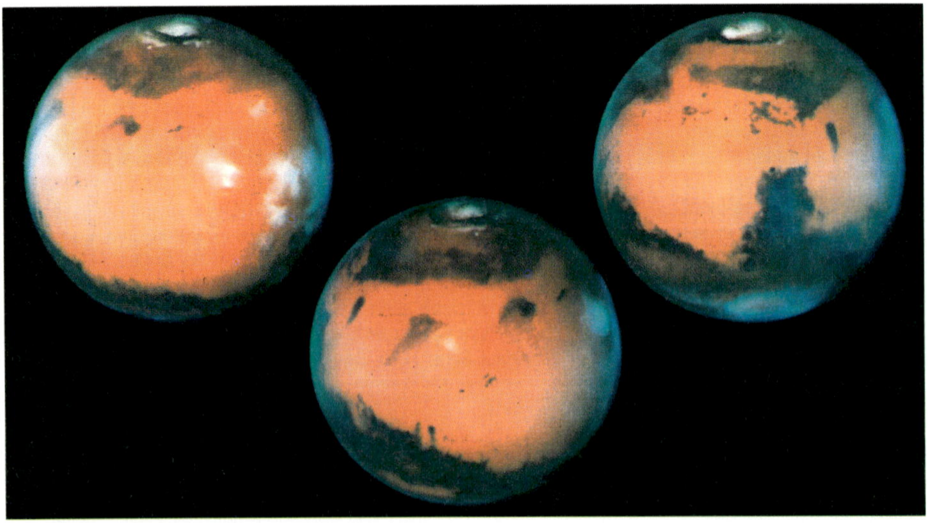

Der Fixsternhimmel

Nach wie vor zeigt der abendliche Sternenhimmel winterlichen Charakter. Der Helligkeitsschwerpunkt hat sich allerdings gegenüber dem Vormonat deutlich nach Westen verschoben. Orion mit Beteigeuze und Rigel, der Stier mit dem roten Aldebaran und der Fuhrmann mit der hellen Kapella haben den Meridian bereits durchschritten. Die Zwillinge mit Kastor und Pollux kulminieren eben. Unter „Kulminieren" versteht man „die höchste Stellung im Süden einnehmen". Das dazugehörige Substantiv heißt „die Kulmination". Ein Gestirn kulminiert, wenn es den Meridian (Mittagslinie) kreuzt.

Ebenfalls im Meridian findet man Prokyon im Kleinen Hund, während Sirius mit dem Großen Hund seine Kulmination schon hinter sich hat. Damit sind die Wintersternbilder zu unserer Standardbeobachtungszeit (22^h MEZ zur Monatsmitte) inzwischen alle in der westlichen Hemisphäre versammelt.

Der Große Wagen hat sich im Nordosten emporgeschoben und ist kaum zu übersehen. Bedenkt man, daß der Große Wagen ein Teil des Großen Bären ist, so zeigt sich, daß der Bär emporklettert und sein Schwanz zum Nordosthorizont herunterhängt. Im Gegensatz dazu zeigt der Schwanz des Kleinen Bären in die Höhe, also vom Nordosthorizont weg. Wie beim Großen Bären der Schwanz der Deichsel des Großen Wagens entspricht, so ist der Schwanz des Kleinen Bären identisch mit der Deichsel des Kleinen Wagens. Der letzte Deichselstern des Kleinen Wagens ist übrigens der Polarstern. Bis auf den Polarstern und die beiden äußeren Kastensterne sind die anderen Sterne des Kleinen Wagens erheblich lichtschwächer als die des Großen. Deshalb ist der Kleine Wagen schwieriger zu erkennen, an einem durch künstliche Beleuchtung aufgehelltem Himmel mitunter auch gar nicht. Das Himmels-W, die Kassiopeia, sinkt im Nordwesten hinab. Fast alle Herbstbilder sind schon untergegangen. Nur noch Perseus und tief im Nordwesten die Andromeda erinnern an vergangene Herbsttage.

Im Südosten fällt in mittlerer Höhe ein Stern erster Größe auf, nämlich Regulus (α Leonis), der hellste Stern im Löwen. Er ist 77 Lichtjahre von uns entfernt. Der Löwe, ein typisches Frühlingssternbild, deutet die kommende Jahreszeit bereits an.

Zwischen den Zwillingen und dem Löwen ist der Krebs (lat.: Cancer) beheimatet. Dem Namen nach ist der Krebs wohlbekannt, gehört er doch zum Tierkreis, also jenen Sternbildern, durch die Sonne, Mond und Planeten hindurchwandern. Allerdings setzt er sich nur aus lichtschwachen Sternen zusammen und ist somit schwierig zu beobachten. Gute Augen erkennen

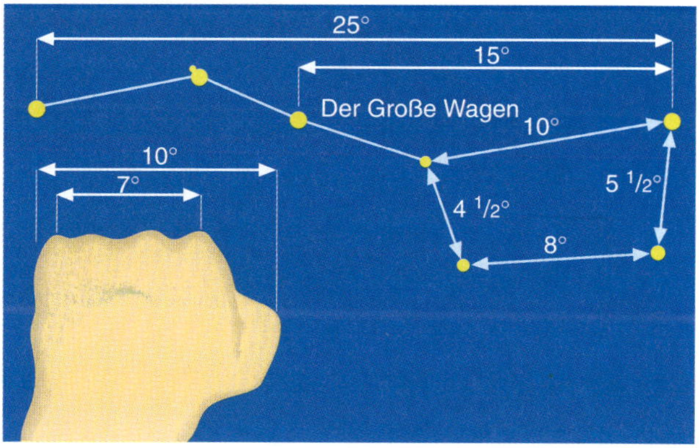

2.8: Als universale Himmels-„Elle" dient der Große Wagen, um Distanzen leichter zu schätzen. Zum Vergleich ist eine ausgestreckte Durchschnittsfaust eingezeichnet.

Veränderliche Sterne

Algol-Minima	6. 2^h50^m	8. 23^h39^m	11. 20^h28^m	14. 17^h18^m	
β-Lyrae-Minima	6. 18^h H	13. 5^h N	19. 16^h H	26. 4^h N	
δ-Cephei-Maxima	4. 9^h	9. 18^h	15. 3^h	20. 12^h	25. 20^h
Mira-Helligkeit	1. 4^m	10. 5^m	20. 5^m	28. 5^m	

FIXSTERNE

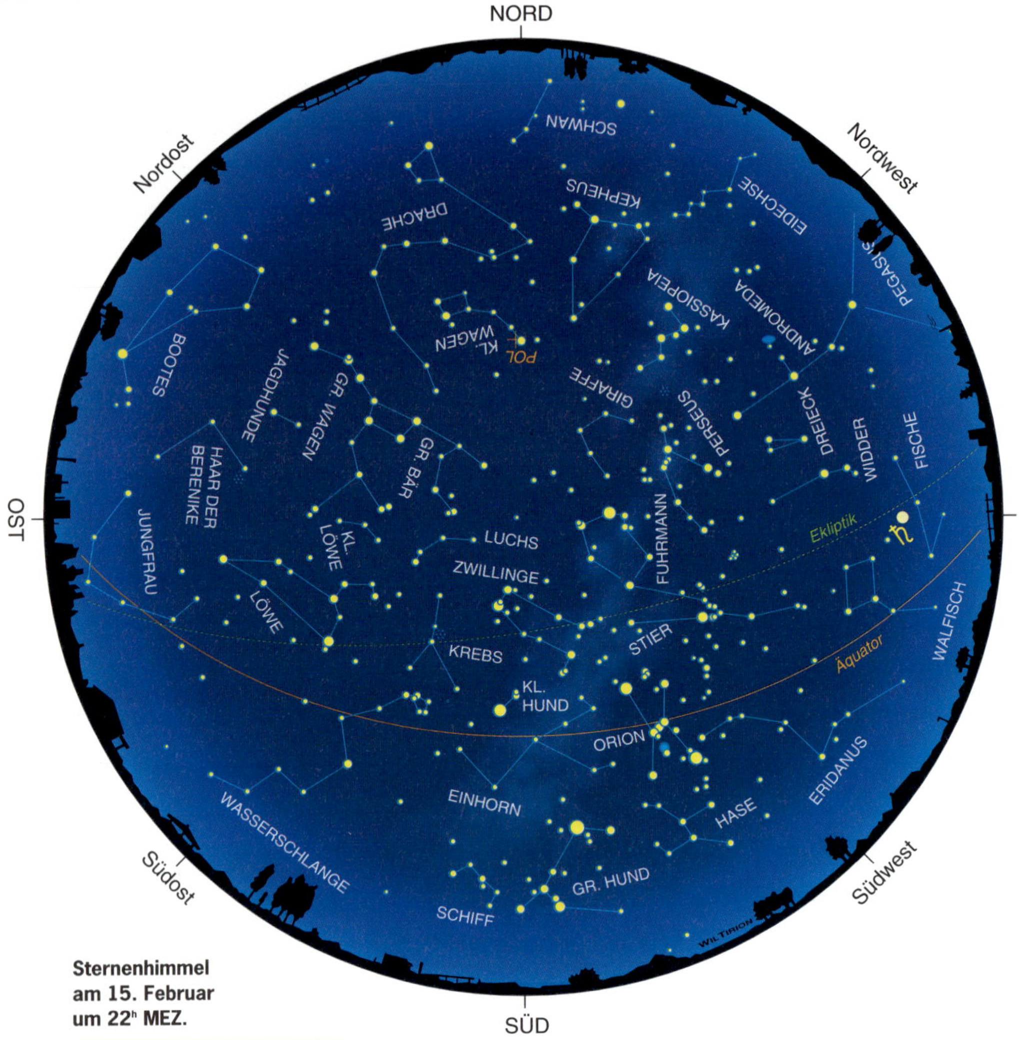

Sternenhimmel am 15. Februar um 22ʰ MEZ.

Fixsternhimmel auch gültig für:	MEZ
1.11.	5ʰ
15.11.	4
1.12.	3
15.12.	2
1. 1.	1
15. 1.	0
1. 2.	**23**
15. 2.	**22**
28. 2.	**21**
15. 3.	20

im Zentrum des Krebses eine kleine Aufhellung, die sich im Fernglas als Anhäufung von Sternen entpuppt. Es handelt sich hier um den offenen Sternhaufen Praesepe (lat., Krippe), der auch unter der Katalogbezeichnung M 44 bekannt ist. Im Areal zwischen Großem Wagen, dem Löwen und den Zwillingen finden sich die weniger bekannten Bilder Luchs (lat.: Lynx) und Kleiner Löwe (lat.: Leo Minor). Wer sich schon einigermaßen am Sternenhimmel zurechtfindet, sollte gelegentlich einmal versuchen, die weniger bekannten, unauffälligen oder lichtschwachen Sternbilder aufzufinden – ein Fernglas mit großem Gesichtsfeld kann dabei gute Dienste leisten.

OBJEKTE FÜR FELDSTECHER UND FERNROHR
Wer noch nie mit einem optischen Instrument den gestirnten Himmel betrachtet hat, sollte zunächst mit einem Fernglas am Sternenhimmel spazieren sehen und sich nicht mit einem Teleskop herumplagen. Die Lichtstärke eines Fernglases und sein relativ großes Gesichtsfeld werden auch den Anfänger oder – wie man modern sagt: den Einsteiger in die Astronomie begeistern. Wer erstmals mit einem Teleskop beobachtet, ist oft enttäuscht, wenn ihm vorher nicht bewußt war, was er zu erwarten hat. Im Gesichtsfeld sind nur ein paar vereinzelte Lichtpünktchen zu sehen. Wer Pech hat und zu stark vergrößert (ein typischer Anfängerfehler), sieht nur einzelne verwaschene Lichtfleckchen. Lediglich der Mond und die hellen Planeten wirken im Teleskop auf Anhieb interessant und vermögen auch Laien zu begeistern. Erst mit fortschreitender Beobachtungserfahrung wird man mit einem Fernrohr Doppelsterne, offene und kugelförmige Sternhaufen, galaktische Nebel sowie Galaxien gezielt aufsuchen. Wer jedoch nur den Sternenhimmel einfach „abgrasen“ will, der sollte zum Feldstecher greifen. Auf alle Fälle sollte man ein Stativ benutzen. Nur ganz kleine Ferngläser sind so leicht, daß man ohne Stativ auskommt. Bei mittleren bis größeren Feldstechern ermüdet freihändiges Beobachten schon nach wenigen Minuten, man beginnt zu zittern und die Sterne tanzen im Gesichtsfeld hin und her. Bei Ferngläsern sollte man jedenfalls ab fünfzehnfacher Vergrößerung nicht ohne Stativ beobachten.
Die Zitterbewegungen der Hände werden schließlich entsprechend mitvergrößert.
Der abendliche Winterhimmel ist nicht nur reich an hellen Sternen, er bietet auch eine Fülle von interessanten und beeindruckenden Beobachtungsobjekten für Fernglas- und Teleskopbesitzer. Zu den schönsten Fernglasobjekten am Winterhimmel gehören die beiden offenen Sternhaufen Hyaden und Plejaden im Stier. Sie fallen schon dem bloßen Auge auf, im Fernglas mit entsprechend großem Gesichtsfeld (rund 5°) wirken sie einfach phantastisch. Die Hyaden sind etwas lockerer gestreut, die Plejaden mehr konzentriert. Der rote Aldebaran steht mitten in den Hyaden. Er ist allerdings ein Vordergrundstern und nicht Mitglied der Hyadensterne. Aldebaran ist nur 66 Lichtjahre entfernt, während die weit gestreuten Hyadensterne im Mittel 140 Lichtjahre weit weg sind. In den Hyaden liegt der interessante Doppelstern ϑ Tauri. Schon mit bloßen Augen sieht man ihn doppelt. ϑ_1 mit $3\overset{m}{,}8$ und ϑ_2 mit $3\overset{m}{,}4$ Helligkeit stehen 340″ auseinander. Ein kleines Fernglas (Opernglas genügt) ist hilfreich, um ϑ im Stier zu finden, denn er steht in der sternreichen Hyadengruppe. Am besten benutze man die Sternkarte E3 im *Atlas für Himmelsbeobachter* von Erich Karkoschka, um sich die Lage von ϑ Tauri einzuprägen. Dichter gedrängt als die Hyaden erscheinen die Plejaden (M 45), auch als Siebengestirn bekannt. Sie sind ebenfalls in der Karte E3 im erwähnten Sternatlas verzeichnet. Mit 390 Lichtjahren Distanz sind die Plejaden mehr als doppelt so weit entfernt wie die Hyaden. Beide Objekte sind ideal für Feldstecherbeobachter, wobei die Hyaden eher ein Objekt für das Opernglas sind. Im Fernrohr sind dagegen nur Ausschnitte aus diesen Haufen zu sehen. In den Plejaden sollte man den Zentralstern, Alkyone (η Tauri), aufs Korn nehmen. Er zeigt sich als Vierfachstern. Besonders eindrucksvoll wirkt der Kontrast zwischen den neun hellsten Plejadensternen und den rund 150 schwächeren Haufenmitgliedern.
Schon schwieriger mit bloßen Augen zu erkennen ist die Krippe oder Praesepe (M 44). Aber bereits im Feldstecher ist M 44 einwandfrei als offener Sternhaufen auszumachen. So richtig zur Geltung kommt die Praesepe allerdings erst im Teleskop bei nicht zu hoher Vergrößerung (um 30x, möglichst nicht über 50x).
Ein weiterer, beeindruckender offener Sternhaufen ist M 35 in den Zwillingen. Er steht am Ende der Sternenkette von Kastor, etwa $2\overset{\circ}{,}5$ nordwestlich von η Geminorum (Tejat Prior oder Propus). Ein ebenfalls sehr schönes Fernglasobjekt ist der große Orionnebel (M 42). Er liegt südlich (etwas unterhalb) der drei Gürtelsterne des Himmelsjägers. Wer ihn von bekannten Farbfotos als rotes Objekt (aufgenommen im Licht der roten Wasserstofflinie $H\alpha$) her kennt, wird vielleicht überrascht sein, wenn sich M 42 im Fernglas als bläulich-weißes Nebelfleckchen zeigt. Es ist vom Staub reflektiertes Sternenlicht. Der Orionnebel ist ein echter Nebel, also kein Milchstraßensystem wie der Andromedanebel, sondern eine Ansammlung interstellarer Gas- und Staubwolken in rund 1 400 Lichtjahren Entfernung.

Eingebettet in die leuchtenden Wolken sind junge, heiße, bläuliche Sterne. Der Orionnebel ist ein Sternentstehungsnest, in dem heute noch neue Sonnen geboren werden. Vor allem mit dem Hubble-Weltraumteleskop sind solche Sternenembryos aufzuspüren. Für Liebhaberastronomen sind sie nicht sichtbar.

Erfahrene Beobachter mögen sich gerne Galaxien vorknöpfen. Im Ostteil des Löwen und in der Jungfrau öffnet sich ein Fenster in die Tiefen des Kosmos. Hier geht der Blick weit aus unserer Milchstraße hinaus zu fernen, extragalaktischen Sternsystemen, eben den Galaxien. Im ausgedehnten Sternbild der Jungfrau stößt man auf besonders viele Galaxien. Etliche von ihnen sind auch in der Messier-Liste enthalten. Die meisten dieser fremden Milchstraßen systeme gehören zum sogenannten Virgo-Galaxienhaufen. Gut 11° westlich von Spica trifft man auf die berühmte Galaxie M 104. Da ihr Aussehen an die bekannte mexikanische Kopfbedeckung erinnert, wird sie auch Sombrero-Nebel genannt.

M 104 ist $8^{\mathrm{m}}\!,3$ hell und nimmt eine Fläche von $4' \times 8'$ ein. Eine große (6′), aber lichtschwach ($9^{\mathrm{m}}\!,7$) erscheinende Galaxie ist M 61. Sie formt mit δ und η Virginis ein gleichseitiges Dreieck. Man blickt gewissermaßen von oben auf M 61, während man die Sombrero-Galaxie von der Kante her, also in Seitenlage sieht.

Halbwegs zwischen δ und o Virginis liegt M 49, eine elliptische Galaxie von $8^{\mathrm{m}}\!,4$ Helligkeit und 6′ Längsausdehnung. Westlich von ε Virginis stößt man auf ein Rudel von Galaxien: M 58, M 59, M 60, M 84, M 86, M 87, M 89 und M 90 – ein Dorado für Galaxienjäger.

Ein Streifzug durch den Ozean der Stürme

Unser kleiner Streifzug durch den Ozean der Stürme führt weder über weite Wassermassen noch sind Orkane zu erwarten, nicht einmal ein laues Lüftchen. Denn der Ozean der Stürme liegt auf dem Mond. Und dort gibt es weder freie Wasseroberflächen noch eine Atmosphäre. Aber die bereits mit bloßen Augen zu erkennenden dunklen Flecken auf dem Mond wurden einst als Meere angesehen. Sie erhielten phantasiereiche Bezeichnungen wie Mare Serenitatis, das Meer der Heiterkeit, oder Mare Imbrium, das Regenmeer. Üblicherweise werden die Mondformationen mit lateinischen Bezeichnungen belegt. Maria sind dabei die Mondmeere (Einzahl: Mare). Der Ozean der Stürme auf dem Mond heißt Oceanus Procellarum. Die Mondmeere sind mit erstarrter, dunkler Lava gefüllte, riesige Tiefebenen. Sie prägen dem Mond das typische Antlitz auf. Die mit Gebirgen, Ringwällen und Kratern besetzten Hochländer leuchten viel heller als die dunklen Flecken der Mondmeere. So gewinnt man den Eindruck, der Mond zeige ein Gesicht. Andere sehen einen Mann im Mond, einen Hasen oder eine Frau. Der Einbildungskraft sind hier keine Grenzen gesetzt. Aber bereits im Fernglas verschwindet der Eindruck eines Mondgesichtes, die Maria treten ebenso deutlich hervor wie Gebirgsstrukturen, große Ringwälle und strahlenbewehrte, helle Krater. Ein Fernrohr zeigt noch wesentlich mehr Mondformationen wie Rillen, Furchen und Grabenbrüche.

Wer mit seinem neuerworbenen Teleskop einen Ausflug in himmlische Gefilde unternehmen will, wählt erfahrungsgemäß als erstes Beobachtungsobjekt den guten, alten Mond der Erde. Kaum ein Beobachter wird dabei enttäuscht, präsentiert sich ihm doch eine Fülle von Oberflächenstrukturen, selbst wenn das Instrument nur mäßige optische Qualität aufweisen sollte. Wie jeder Anfänger schnell feststellen wird, ist bei der Mondbeobachtung keineswegs der Vollmond ideal, um möglichst viel zu sehen. Zwar ist dann die gesamte, der Erde zugekehrte Halbkugel des Mondes vom Sonnenlicht erhellt, aber es sind keine plastischen Strukturen zu erkennen, man sieht nur helle und dunklere Gebiete. Außerdem blendet der Mond bei schwacher oder mittlerer Vergrößerung, weshalb man geeignete Neutralglasfilter benutzen sollte. Nur die sogenannten Strahlenkrater zeigen ihr sternförmiges Aussehen am deutlichsten in der Zeit um die Vollmondphase.

Die übrigen Mondformationen zeigen ihr wahres Aussehen am besten bei zu- oder abnehmendem Mond. Vor allem in der Nähe der Grenze zwischen beleuchtetem und dunklem Mondteil, der Lichtgrenze oder dem Terminator, erscheinen alle Erhebungen richtig plastisch. Denn dort steht die Sonne tief über der Mondlandschaft, und alle Erhebungen werfen lange, tiefschwarze Schlagschatten. Da der Mond keine Atmosphäre hat, erscheinen sie gestochen scharf – kein Mondwetter trübt den Blick auf seine Oberfläche. Man muß nicht als Astronaut zum Mond fliegen, um über den Oceanus Procellarum zu spazieren. Viel bequemer und risikoloser kann man dies mit Auge und Teleskop machen, wobei man seine Wandergeschwindigkeit beliebig wählen kann.

Welche Mondformationen werden uns auf unserem Spaziergang begegnen? Die großen, dunklen Tiefebenen, die Mondmeere, haben wir schon kennengelernt. Dann gibt es langgestreckte Gebirgszüge (lat.: Montes), die nach irdischen Gebirgen benannt wurden, wie Alpen, Kaukasus, Karpaten oder Apenninen. Besonders auffallend sind die vielen Rundformen aller Größen, die zu Tausenden die Mondoberfläche bedecken. Es sind dies die Ringgebirge, Ringwälle und Krater. Man hat sie nach berühmten Philosophen und Wissenschaftlern benannt – von der Antike bis in die Neuzeit: Plato, Aristarch und Archimedes sind ebenso vertreten wie Kepler, Kopernikus, Galilei oder Messier. Die Mondkrater und Ringwälle sind allesamt Spuren kosmischer Kollisionen. Meteoroide, Kometenkerne und Planetoiden haben bei ihrem Sturz auf den Mond diese kreisförmigen Gebilde entstehen lassen.

Kleinere Tiefebenen werden Lacus (See) oder Palus (Sumpf) genannt, wie Lacus Somniorum, der See der Träume, oder Palus Putredinis, der Fäulnissumpf. Buchten werden mit „Sinus“ bezeichnet wie Sinus Iridum, die Regenbogenbucht. Die Spitzen der Buchten bilden meist Kaps, wie Kap Heraklit und Kap Laplace an der Regenbogenbucht. Lateinisch heißt Kap „Promontorium“, man spricht also vom Promontorium Laplace. Täler, Rillen und Furchen werden Valles, Rimae und Rupes genannt, wie das Vallis Alpes, das Alpen-

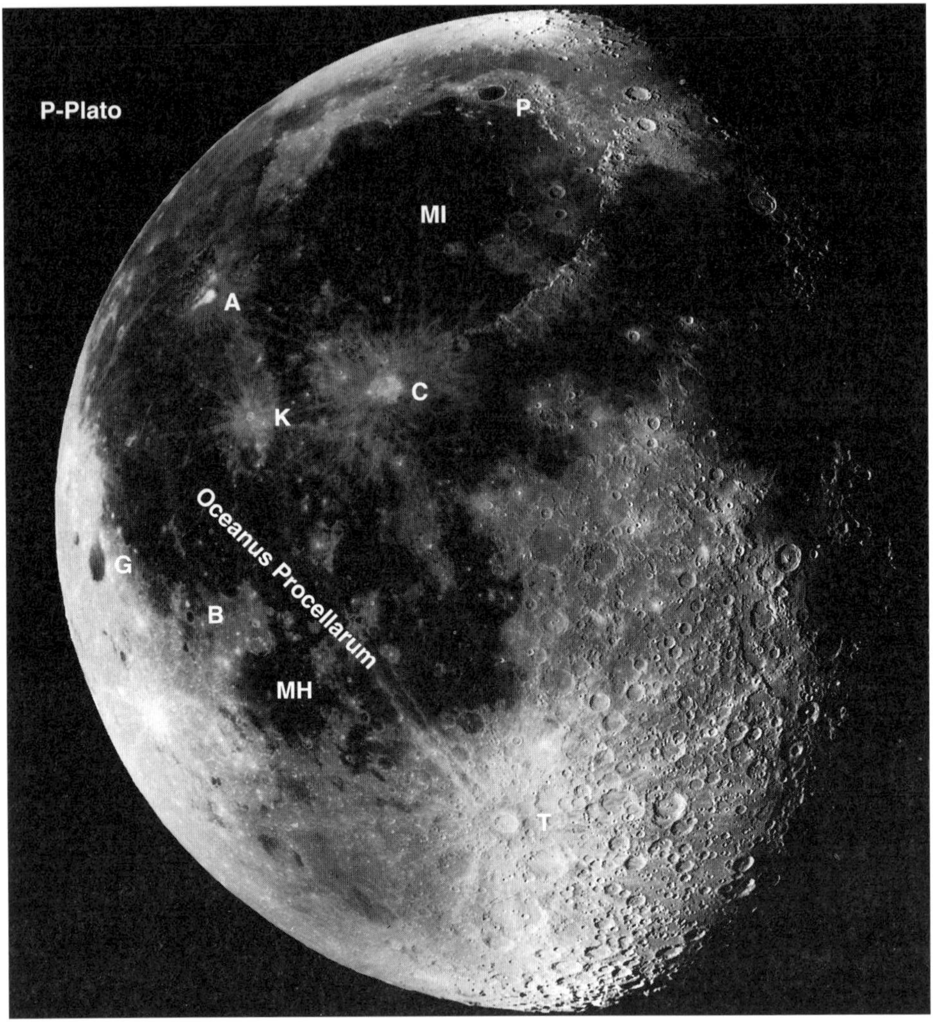

2.9: Karte des Ozeans der Stürme (lat. Oceanus Procellarum) auf dem Mond. Bilderklärung: MI–Mare Imbrium; K–Kepler; B–Billy; A–Aristarch; MH–Mare Humorum; T–Tycho; C–Copernicus; G–Grimaldi (aufgenommen auf der Sternwarte Welzheim von Rudolf Idler).

tal, oder Rima Ariadaeus, die Ariadäusrille. Einzelstehende Berge heißen Mons, beispielsweise der Mons Piton im Regenmeer. Geländerücken, die in den Maria auftauchen, werden als Dorsa (Einzahl: Dorsum) bezeichnet.
Mit bloßen Augen erscheint der Oceanus Procellarum am Westrand des Mondes, das Mare Imbrium im Nordwestquadranten. Es sind die größten zusammenhängenden dunklen Gebiete des Mondes. Deshalb sieht der abnehmende Halbmond nicht so hell aus wie der zunehmende. Steht der Mond in unseren Breiten in Meridiannähe, dann ist der Oceanus

Procellarum der langgestreckte, dunkle Fleck am linken Mondrand, das Mare Imbrium erscheint als kreisrunder Fleck oben, etwas links der Mittellinie (Zentralmeridian). Doch mit „links, rechts, oben, unten“ muß man vorsichtig sein. Im astronomischen Fernrohr wird das Bild umgedreht, oben mit unten und rechts mit links vertauscht. Auch bei der Beobachtung des Mondes in extremen Auf- und Untergangsazimuten oder von anderen Weltgegenden aus (Tropen, Südhalbkugel) sind Angaben wie rechts, links, oben, unten mit Vorsicht zu gebrauchen. In alten Zeiten zeigte der westliche Mondrand am Himmel in die

2.10: Der Oceanus Procellarum im Licht der aufgehenden Sonne (Aufnahme von Rudolf Idler, Sternwarte Welzheim).

Westrichtung, das Mare Crisium lag im Westen, der Oceanus Procellarum aber am Ostrand. Im Zeitalter der Weltraumfahrt hat man die West-Ostrichtung auf dem Mond so festgelegt, daß auch für einen Beobachter auf dem Mond die Sonne im Osten aufgeht. Der Terminator bewegt sich somit von Ost nach West über die Mondscheibe, das Mare Crisium liegt im Osten und der Ozean der Stürme im Westen. Wer im Teleskop nun über die Mondformationen spazieren sehen will, sollte sich daher unbedingt vor dem Start im Klaren sein, wo im Gesichtsfeld des Okulars Norden und Osten ist. Der Oceanus Procellarum ist der größte Lavasee auf dem Mond. Mit 2,1 Millionen Quadratkilometer Fläche ist der Oceanus Procellarum nur wenig kleiner als das Mittelmeer. Während die westliche und nördliche Grenze gut ausgeprägt sind, erscheinen das südliche und erst recht das östliche Ende einigermaßen verwischt. Im Unterschied zu den anderen Mondmeeren ist der Ozean der Stürme nicht durch einen einzigen Einschlag eines planetoidengroßen Körpers entstanden. Dieses langgestreckte, stark strukturierte Gebilde ist das Ergebnis mehrerer Impakte. Ein einzelner Einschlag dieser Größenordnung hätte den Mond sicher in Stücke gerissen. Der Oceanus Procellarum gehört zu den ältesten Mondformationen. Er wurde vor rund 4,2 Milliarden Jahren gebildet. In ähnlicher Zeit entstanden auch die anderen großen Mondbecken, die bald darauf gefüllt mit erstarrter Lava zu den heute zu beobachtenden Maria wurden. In späterer Zeit entstanden neue Einschlagkrater in den Tiefebenen, die so ihr Aussehen in einzelnen Regionen veränderten. Ein typisches Beispiel ist der Einschlagkrater Aristarch am Nordrand des Oceanus Procellarum. Hier wollen wir unseren Streifzug beginnen.

Denn Aristarch ist der hellste Fleck auf der Mondoberfläche. Schon in einem kleinen Fernglas fällt er als glänzender, weißer Punkt auf und ist somit auch von Anfängern in der Mondbeobachtung leicht zu finden. Aristarch ist vor rund 250 Millionen Jahren durch den Einschlag eines Kleinplaneten geformt worden. Er gehört damit zu den jüngsten geologischen Formationen. Er wurde nach dem griechischen Gelehrten Aristarch von Samos (310–230 vor Chr.) benannt, der schon im Altertum lehrte, daß sich die Erde um ihre eigene Achse dreht und gemeinsam mit dem Mond um die Sonne kreist. Der Krater Aristarch besitzt einen Zentralberg und hat 40 km Durchmesser. Sein Ringwall erhebt sich 3 km über die Ebene des Ozeans der Stürme. Knapp neben Aristarch liegt in westlicher Richtung der Ringwall Herodot, benannt nach dem berühmten Geschichtsschreiber der Antike. Herodot ist zehnmal älter als Aristarch. Er ist kurz nach Bildung des Oceanus Procellarum entstanden. Sein im Durchmesser 35 km großer Kraterboden ist mit erstarrter Lava gefüllt. Knapp davor sieht man einen etwa fünf Kilometer langen Bergrücken, den Mons Herodot. Nördlich von Krater Herodot erkennt man im umkehrenden Teleskop eine U-förmige Formation, das bekannte Schrötertal. Das Vallis Schröteri ist das größte sinusförmige Tal auf dem Mond. Benannt wurde es nach dem deutschen Mondforscher Johann H. Schröter (1745–1816), der als Selenograph zahlreiche Rillen und Furchen sowie das nach ihm benannte Tal entdeckt hat. Nach Schröter wurde auch ein Krater am Ostrand des Oceanus Procellarum und nahe der Mondmitte (Sinus Medii) benannt. Das Schrötertal beginnt rund 20 km nördlich von Herodot und windet sich stellenweise 10 km breit und etwa 160 km lang durch die Mondlandschaft, die es etwa einen Kilometer tief einschneidet.

Die Grenze zwischen dem Regenmeer und dem Ozean der Stürme wird durch die Verbindungslinie Aristarch-Mayer gebildet, einem Krater am Westende der Mondkarpaten. Nördlich der Karpaten stoßen wir auf den riesigen, stark strukturierten Ringwall Kopernikus, benannt nach Nikolaus Kopernikus (1473–1543), dem Begründer der modernen Himmelskunde mit der Sonne im Zentrum des Planetensystems. Die terrassenförmigen Ringwälle erheben sich bis 3800 m über den Kraterboden, der wesentlich tiefer liegt als die Umgebung. In der Mitte des 93 km im Durchmesser großen Kopernikuskraters erhebt sich eine ganze Gruppe von Zentralbergen rund 1200 m hoch über den Kraterboden.

Etwa 500 km westlich vom Riesenringwall Kopernikus stoßen wir auf den Krater Kepler, der mitten im Oceanus Procellarum liegt. Mit nur 32 km Durchmesser ist er weit weniger imposant als Kopernikus. Trotzdem ist er gut erkennbar. Kepler zeigt einen recht buckligen, unebenen Kraterboden. Er gehört zu den wenigen Formationen, die erst bei Vollmond richtig zur Geltung kommen. Kepler ist nämlich das Zentrum eines radialen Strahlenmusters ähnlich wie der weit im Süden liegenden Tycho, der größte und auffälligste Strahlenkrater, der schon in einem Fern-

glas bei Vollmond kaum zu übersehen ist. Tycho Brahe und Johannes Kepler waren beide Astronomen am Kaiserhof zu Prag. Während Kopernikus durch einen mächtigen Ringwall und Kepler durch einen immerhin auffälligen Strahlenkrater auf dem Mond verewigt wurden, fiel für den großen Physiker Galileo Galilei nur ein recht unscheinbarer Krater als Gedenkstätte ab. Nahe dem Westrand des Ozeans der Stürme liegt der unauffällige, kreisrunde Krater Galilei (auch als Galilaei bezeichnet), der wegen seiner Position am Mondrand elliptisch verzerrt erscheint. Der scharfumrandete Krater Galilei hat nur einen Durchmesser von 15 km. Etwa 40 km südlich von Galilei findet sich der Landeplatz von LUNA 8.

Wandern wir weiter von Galilei am Westrand des Oceanus Procellarum entlang, so kommen wir an den großen Ringwällen Hevelius und Grimaldi vorbei, die wegen ihrer Nähe zum westlichen Mondrand schon stark verzerrt erscheinen, aber dennoch gut in ihrer Form zu erkennen sind. Hevelius zeigt im Kraterboden ein ausgeprägtes Rillensystem (Rimae Hevelius). Am Südende des Ozeans der Stürme liegen die Krater Billy und Hansteen sowie der halbversunkene Ringwall Letronne. Nach dem französischen Archäologen und Ägyptologen Jean Antoine Letronne (1787–1848) wurde der halbkreisförmige Krater von 120 km Durchmesser benannt, dessen Nordrand im Lavasee des Oceanus Procellarum versunken ist.

Billy gehört zu den dunkelsten Flecken auf dem Mond und fällt dadurch ebenso leicht auf wie Aristarch durch seinen herausragenden Glanz. Benannt wurde dieser 46 km große Mondkrater nach dem französischen Jesuiten und Astronomen Jacques de Billy (1602–1679), einem entschiedenen Gegner der Astrologie, die er als Aberglaube bezeichnete und nicht zur Wissenschaft zählte. Auch wies er die Furcht vor dem bösartigen Einfluß der Kometen als abergläubische Vorstellung zurück, was im 17. Jahrhundert keine Selbstverständlichkeit war.

Billy kontrastiert mit seinem dunklen, ebenen Kraterboden zu Hansteen mit einem heller gefärbten und hügeligen Kraterboden. Mit 45 km Durchmesser ist Hansteen fast genauso groß wie Billy. Benannt wurde dieser Krater nach dem norwegischen Geophysiker Christopher Hansteen (1784–1873), der die Lage des magnetischen Nordpols der Erde entdeckt hat.

Billy, Hansteen und Herodot gehören zu den Kraterformationen, die nach ihrer Entstehung mit Lava überflutet wurden und mit vulkanischer Asche bedeckt sind. Ihr Alter wird auf über 3,2 Milliarden Jahre geschätzt. Sie sind etwa gleichzeitig mit dem Ozean der Stürme entstanden. Schon in einem guten Fernglas ist der auffällige Kontrast zwischen dem dunklen, alten Billy und dem hellen, jungen Aristarch leicht auszumachen.

Nördlich von Billy stößt man auf das dreieckige Bergmassiv des Mons Hansteen, dessen eine Längsseite rund 30 km mißt. In größeren Teleskopen sieht man außerhalb des Westrandes von Hansteen eine etwa 25 km lange, etwa zwei km breite Furche, Rima Hansteen genannt. Sie eignet sich gut, um die Leistungsfähigkeit der benutzten Optik zu testen. Im Südosten wird der Ozean der Stürme durch die beiden kleinen Gebirgszüge Riphaeus und Ural begrenzt. Jenseits der Riphaeen liegt das winzige Mare Cognitum, das Meer der Erkenntnis. Es wurde erst im Jahre 1964 so benannt, nachdem die Raumsonde Ranger 7 vor ihrem harten Aufschlag zahlreiche Bilder, vor allem Nahaufnahmen, dieser Gegend lieferte. Bei unserem ersten Streifzug durch den Oceanus Procellarum haben wir nur einige wenige interessante Stationen erwähnt. Allein, in dieser Mondregion gibt es noch viel zu entdecken. Vor allem sollte man seine Spaziergänge öfters machen, am besten bei unterschiedlichen Beleuchtungsverhältnissen: Einmal, wenn die Sonne dort gerade aufgeht, dann kurz vor ihrem Untergang und schließlich in der Vollmondzeit. Man wird staunen, wie abwechslungsreich sich die Mondformationen darbieten. Zunächst verschaffe man sich einen Überblick mit einem Fernglas, das den gesamten Mond im Gesichtsfeld zeigt. Dann gehe man mit dem Teleskop erst bei mäßiger Vergrößerung spazieren, um die einzelnen Formationen und ihre Umgebung kennenzulernen. Erst dann versuche man, bestimmte Regionen unter starker Vergrößerung zu betrachten wie das Schrötertal oder die Hansteen-Rille. Unerläßlich ist dabei ein guter Wanderführer, sprich ein Mondatlas. Besonders empfehlenswert ist der Mondatlas von Antonin Rükl, dem Direktor des Planetariums Prag, der im Verlag Werner Dausien, Hanau, erschienen ist und, in mehrere Sprachen übersetzt, weltweite Verbreitung gefunden hat.

MÄRZ 1999

Die Sonne wechselt am 21. um 2^h46^m MEZ von der Süd- auf die Nordhälfte des Himmels. Venus zieht in der Abenddämmerung am 20. an Saturn vorbei, wobei sich noch die schmale Sichel des zunehmenden Mondes hinzugesellt. Mars wird zum dominierenden Gestirn des Nachthimmels.

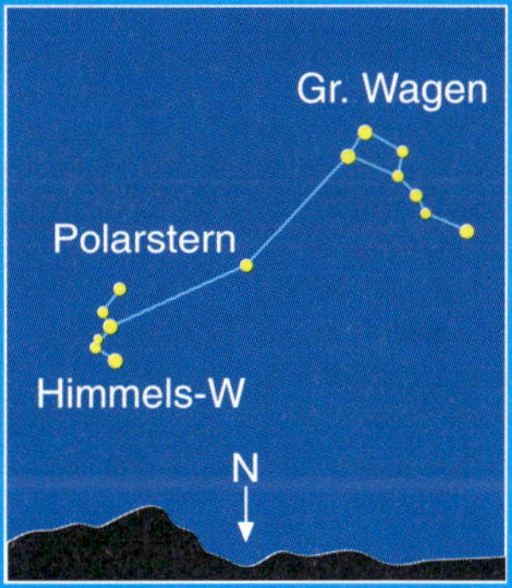

3.1: Himmelsanblick am 20. März gegen 20^h MEZ. Knapp über dem Westhorizont sind Venus und Saturn sowie die zunehmende Mondsichel zu erkennen.

Elemente der Sonnenrotation

Neigung der Sonnenachse zur Ekliptik i = 7°15′
Länge des aufsteigenden Knotens: 75°46′ + 84′ · T (Epoche 2000.0)
T: Julianische Jahrhunderte (36 525 mittlere Sonnentage)

	Siderische Rotation	*Synodische Rotation*
Mittelwert (±16°)	25 Tage 9 Stunden	27 Tage 7 Stunden
in heliographischer Breite		
0°	25 Tage 0 Stunden	26 Tage 20 Stunden
±10°	25 Tage 5 Stunden	27 Tage 2 Stunden
±20°	25 Tage 17 Stunden	27 Tage 16 Stunden
±30°	26 Tage 11 Stunden	28 Tage 13 Stunden
±40°	27 Tage 9 Stunden	29 Tage 14 Stunden
±60°	29 Tage 8 Stunden	31 Tage 21 Stunden
±75°	30 Tage 10 Stunden	33 Tage 4 Stunden
fast ±90°	30 Tage 21 Stunden	33 Tage 17 Stunden

ton seine Messungen und Reduktionen in einem Katalog, der heute noch als Redhill-Katalog den Astrometern wohl bekannt ist.
Unsterblichen Ruhm brachten Carrington jedoch seine Sonnenbeobachtungen ein. Er entdeckte die Zonenwanderung der Sonnenflecken. Schon früher hatten Sonnenbeobachter bemerkt, daß Flecken in verschiedenen heliographischen Breiten auftreten. Die heliographische Breite gibt die Entfernung vom Sonnenäquator an. Punkte auf dem Sonnenäquator haben die heliographische Breite B = 0°, der Sonnennordpol B = 90° und der Sonnensüdpol B = –90°. Nachdem Carrington die Ergebnisse der Beobachtungen von Schwabe in Dessau studiert und mit seinen systematischen Aufzeichnungen verglichen hatte, wurde ihm klar, daß das Auftreten der Sonnenflecken in verschiedenen Breiten kein zufälliges Streuen war. Am 12. November 1858 berichtete er der Royal Astronomical Society über seine Entdeckung, die in den Sitzungsberichten der RAS abgedruckt wurde. In höheren heliographischen Breiten kommen so gut wie keine Flecken vor, die Polkappen bleiben stets fleckenfrei. Nach einem Minimum, also zu Beginn eines neuen Aktivitätszyklus, erscheinen neue Flecken in einer Zone von 30° bis 35° heliographischer Breite, sowohl nördlich als auch südlich des Sonnenäquators.
Mit fortschreitendem Zyklus tauchen neue Flecken in immer geringeren Breiten auf. Die letzten Flecken eines Zyklus treten in ±10° Breite auf. Die Äquatorzone selbst bleibt fleckenfrei. Wenn die letzten Flecken eines Zyklus in Äquatornähe zu sehen sind, tauchen oft in Breiten um 35° bereits die ersten Flecken des *neuen* Zyklus auf. Trägt man die Flecken in ein Diagramm ein, in dem die heliographischen Breiten der Flecken gegenüber der Zeit (Ablauf der Zyklen) eingetragen sind, so erhält man Figuren, die entfernt an Schmetterlingsflügel erinnern. Man spricht daher auch vom Schmetterlingsdiagramm der Sonnenflecken. Auf die Breitenwanderung der Sonnenflecken hat 1860 auch der deutsche Amateurastronom Gustav Spörer hingewiesen, weshalb man gelegentlich vom Spörerschen Gesetz spricht.
Im Jahre 1858 starb Carringtons Vater. Mit 32 Jahren mußte er nun die Brauerei übernehmen, was eine erhebliche, zusätzliche Belastung für ihn darstellte; vermutlich führte dies zu der schweren Erkrankung, die 1865 ausbrach und seine Arbeitskraft mehr und mehr lähmte.
Heute ist es nicht schwierig, die heliographische Länge und Breite eines Sonnenfleckes zu bestimmen. Mitte des 19. Jahrhunderts gab es aber noch kein brauchbares Koordinatennetz für die Sonne. Es wurde erst von Carrington eingeführt, indem er die Rotationselemente der Sonne bestimmte. Zu ihnen zählt neben der siderischen und synodischen Umlaufsperiode auch die Neigung der Sonnenachse zur Senkrechten auf der

Erdbahnebene (Ekliptik), die Carrington zu 7°15′ ermittelte, sowie die Länge des aufsteigenden Knotens des Sonnenäquators, die zusammen mit der Neigung die räumliche Lage der Sonnenrotationsachse festlegt. Dabei entdeckte Carrington auch die differentielle Sonnenrotation. Die Sonne dreht sich nicht wie eine starre Kugel, sondern die Winkelgeschwindigkeit nimmt mit wachsendem Äquatorabstand, also mit zunehmender heliographischer Breite ab (siehe auch Tabelle *Elemente der Sonnenrotation,* vorige Seite). Da die Rotationsachse der Sonne geneigt ist, ist einmal die Nord-, dann wieder die Südhalbkugel der Sonne uns zugekehrt. Auch geht deshalb der Sonnenäquator nicht immer durch den Scheibenmittelpunkt. Die Verhältnisse werden aus Abbildung T.6 auf Seite 234 deutlich. Ferner sind die Werte B_0 und P auf Seite 234 neben der Spalte für den Zentralmeridian vermerkt. B_0 gibt die heliographische Breite des Scheibenmittelpunktes an und P den Positionswinkel des Sonnennordpols. Ist B_0 positiv, so liegt der Scheibenmittelpunkt nördlich des Sonnenäquators, die Nordhalbkugel der Sonne ist uns zugekehrt. Ist der Positionswinkel P positiv, so ist die Sonnenachse gegen die Nord-Süd-Richtung *entgegen* dem Uhrzeigersinn geneigt. Der Positionswinkel schwankt im Laufe eines Jahres um ±26°23′, da außer der Neigung des Sonnenäquators zur Ekliptik (7°15′) noch die Neigung des Erdäquators zur Ekliptik zu berücksichtigen ist.

All diese Daten mußte Carrington erst durch sorgfältige Beobachtungen ermitteln. Dazu montierte er in der Brennebene seines $4^1/_2$ Zoll-Refraktors zwei aufeinander senkrecht stehende, dünne Goldfäden. Er justierte dieses Fadenkreuz so, daß die Fäden unter einem Winkel von 45° zur Nord-Süd bzw. Ost-West-Richtung (Richtung der **täglichen** Sonnenbewegung) standen. Bei feststehendem Teleskop, also ohne es der täglichen Himmelsdrehung nachzuführen, notierte er die Passagezeiten der einzelnen Flecken an den Fäden. Diese Messungen wiederholte er mehrmals täglich, um durch Mittelung möglichst präzise Werte zu erhalten. Auf diese Weise bekam er recht genaue Positionen der Flecken relativ zum Sonnenmittelpunkt. Eine ausführliche Beschreibung der Methode, aus diesen Beobachtungen die Sonnenrotationselemente abzuleiten, hat E. T. Teague im Journal der Britischen Astronomischen Vereinigung angegeben (J. Br. Astron. Assoc. (106) 2/1996, pg. 82).

Carrington sah auch erstmals das Aufflammen einer gewaltigen chromosphärischen Eruption am 1. September 1859, die auch von einem weiteren Beobachter bestätigt wurde. Solche Flares sind nur sehr selten im weißen Integrallicht zu sehen, wenn sie außergewöhnliche Intensitäten erreichen. Normalerweise beobachtet man sie im monochromatischen Licht.

Carrington erfuhr schon zu Lebzeiten zahlreiche Ehrungen. Er wurde Mitglied der Royal Astronomical Society und der ganz exklusiven Royal Society. Im Jahre 1856 bereiste er den europäischen Kontinent, wobei er die Observatorien in Bonn, Göttingen, Gotha, Leipzig, Halle, Dessau, Berlin und Hamburg-Altona besuchte. Im folgenden Jahr begab er sich im Auftrag der Royal Astronomical Society abermals nach Dessau, um dem alternden Schwabe die Ehrenmedaille für die Entdeckung des elfjährigen Sonnenzyklus zu überreichen.

Am 18. August 1871 kam es in Redhill zu einem schweren Zwischenfall. William Rodway tauchte erneut auf und verlangt von Rose in Abwesenheit von Christopher Carrington Geld und verschiedene Gegenstände. Rose war bereit, alles zu geben, nicht jedoch den Hund ihres Ehegatten. Daraufhin kam es zum Streit. William zog ein Messer und stach es in Roses Arm. Sie versuchte zu fliehen, stürzte und William stach erneut zu, tief in ihr Hinterteil. Rose konnte sich nochmals aufrappeln und laut schreiend in ein Nachbarhaus fliehen. William wurde festgenommen. Sein Anwalt rettete ihn vor dem Strang. Das Gericht fand William Rodway des Mordanschlags schuldig und verurteilte ihn zu zwanzig Jahren Kerker.

Vier Jahre später traf ein neuer Schicksalsschlag Carrington. Am Morgen des 17. November 1875 fand er seine Frau Rose tot im Bett liegen. Sie wies keine äußeren Verletzungen auf, auch Giftspuren waren nicht zu entdecken. Lediglich ein Schlafmittel auf Chloridhydratbasis war auf ihrem Nachttisch zu entdecken. Die Obduktion ergab Ersticken mit unbekannter Ursache. Carrington wurde beschuldigt, sich nicht genügend um seine Frau gekümmert zu haben. Das Verhör fand am 21. November statt. An diesem Tag verließ Carrington sein Haus in Redhill. Erst eine Woche später, am 27., kehrte er nach Hause zurück und mußte feststellen, daß alle seine Dienstboten Redhill verlassen hatten. Einige Zeugen sahen, wie Carrington heimkehrte. Sie waren die letzten, die ihn lebend sahen. Nach einigen Tagen erschien die Polizei, um noch einige Nachforschungen wegen Roses Tod anzustellen. Auf ihr Klopfen wurde nicht geöffnet. Schließlich brach man das Tor auf. In einem verlassenen Dienstbotenzimmer fand man Carrington tot auf einer Matratze liegen, um den Kopf ein Taschentuch gewunden, als ob er damit Kopfschmerzen lindern wollte. Die Ärzte kamen zum Schluß, daß er einen Schlaganfall erlitten hatte. Doch Rätsel um seinen Tod blieben. Wieso lag er in einer verlassenen Dienerkammer? Auch mehrere leere Flaschen eines Schlafmittels fand man. Hat Carrington den Freitod gesucht? Der Leichenbeschauer fand eine teelöffelgroße Wunde am linken Ohr. Die offizielle Version lautete schließlich: „Plötzlicher Tod natürlicher Ursache“. Sein früher und mysteriöser Tod verhinderte seine Berufung zum Astronomer Royal als Nachfolger von Sir George Bidell Airy. Carrington vermachte der Royal Astronomical Society ein Legat von zweitausend Pfund – eine ansehnliche Summe. Unsterblichen Ruhm aber erlangte Richard Christopher Carrington durch seine Erforschung der Sonnenrotation. Die von ihm gefundenen Rotationselemente werden heute noch benutzt, denn bessere Werte gibt es bislang nicht.

APRIL 1999

Venus bleibt strahlender Abendstern und erreicht die nördlichsten Bezirke des Tierkreises. Berücksichtigt man die Sommerzeit, so ist Venus bis etwa Mitternacht am Nordwesthimmel zu sehen. Mars steht am 24. in Opposition zur Sonne und bleibt die ganze Nacht über am Firmament.

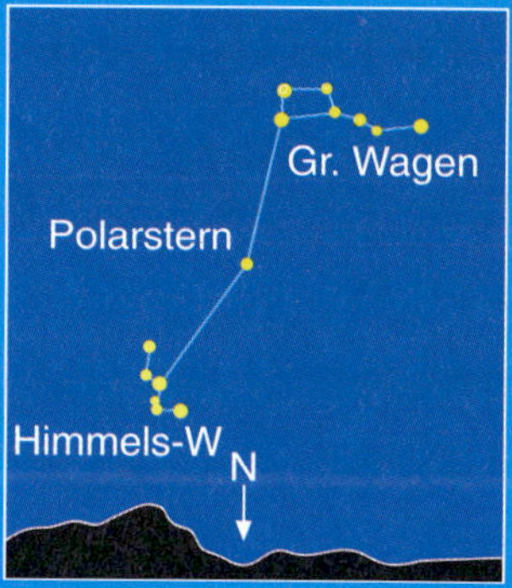

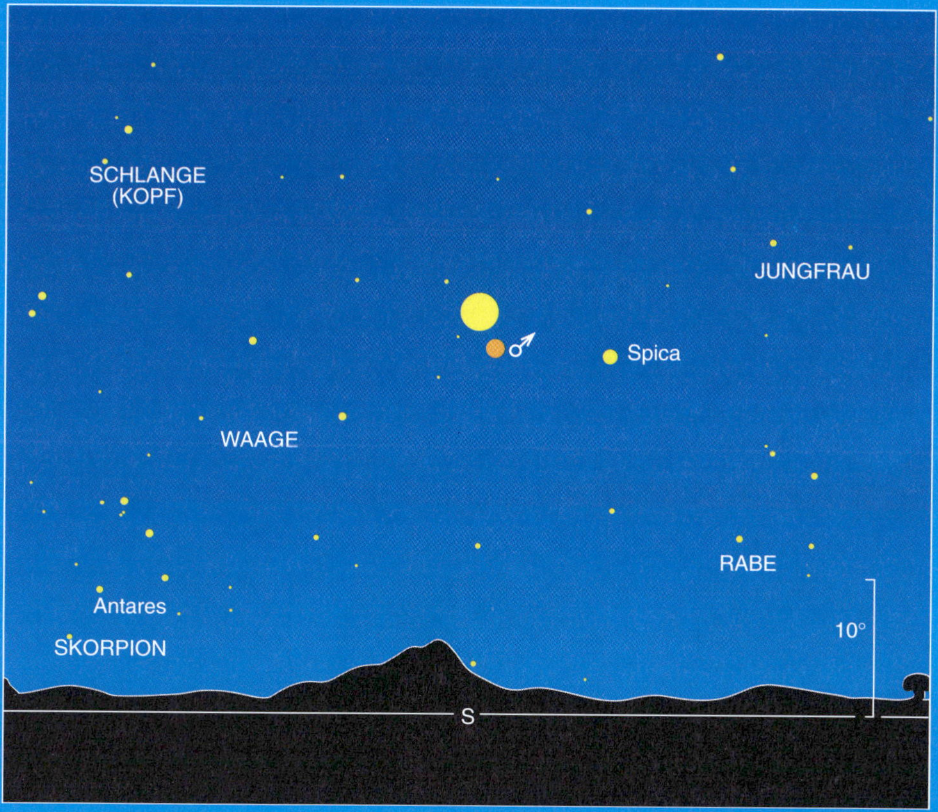

4.1: Anblick des mitternächtlichen Sternenhimmels zu Monatsende. Am 29. April sieht man gegen 24^h MEZ (= 1^h MESZ am 30.) neben dem Vollmond den erdnahen Planeten Mars über dem Südhorizont. Beide Himmelskörper stehen in Opposition zur Sonne.

Sonnenlauf

19.4. 5ʰ
Sonne tritt in das Sternbild Widder

20.4. 14ʰ
Sonne tritt in das Tierkreiszeichen Stier

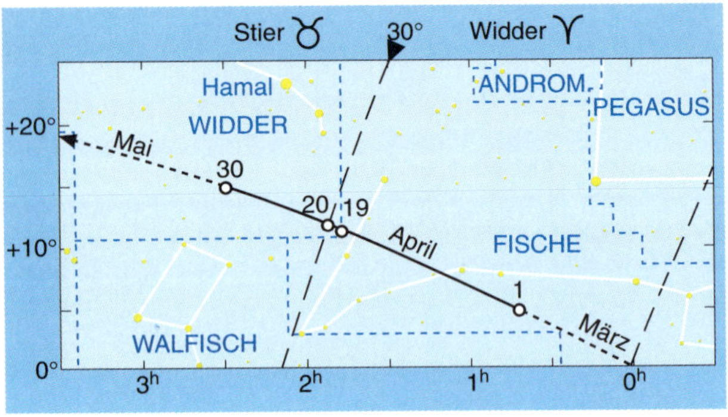

Julianisches Datum
am 1. April, 1ʰ MEZ:
2451269,5

Tag	Dämmerg. Anfang	Aufgang MEZ	Kulmination	Untergang MEZ	Dämmerg. Ende	Mittagshöhe	Zeitgleichg.	Rektaszension	Deklination
	h m	h m	h m	h m	h m	°	m	h m	°
1.	4 46	5 58	12 24	18 51	20 03	44,5	−4	0 40	+ 4,3
5.	4 37	5 49	12 23	18 57	20 11	46,0	−3	0 54	+ 5,8
10.	4 25	5 39	12 21	19 05	20 20	47,9	−1	1 13	+ 7,7
15.	4 12	5 28	12 20	19 13	20 29	49,7	0	1 31	+ 9,5
20.	4 00	5 18	12 19	19 21	20 39	51,5	+1	1 50	+11,3
25.	3 49	5 09	12 18	19 29	20 49	53,1	+2	2 08	+13,0
30.	3 37	4 59	12 17	19 36	20 59	54,7	+3	2 27	+14,6

Tages- und Nachtstunden

5. April

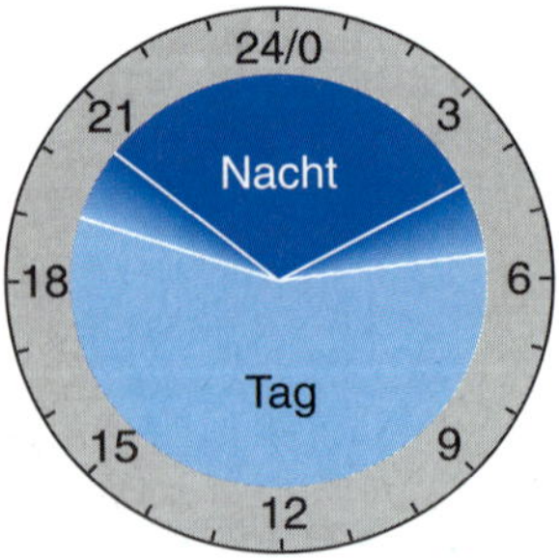

15. April

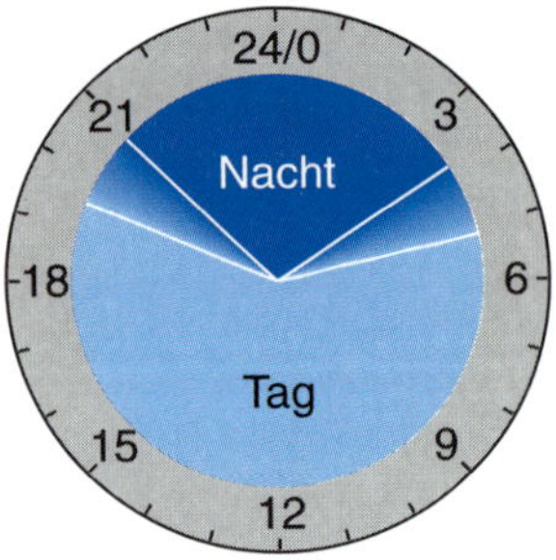

25. April

Mondlauf

Datum	Aufg. MEZ	Kulmination	Unterg. MEZ	Rektaszension	Deklination	Sterne und Sternbilder	Phase	MEZ
	h m	h m	h m	h m	°			
Do 1.	19 24	0 31	6 33	12 48	− 0,9	Jungfrau		
Fr 2.	20 28	1 15	6 56	13 34	− 4,9	Spica		
Sa 3.	21 30	1 58	7 20	14 20	− 8,8	Jungfrau		
So 4.	22 32	2 42	7 46	15 06	−12,2	Waage	Erdferne 406/29,'5 Größte Nordbreite	23^h
Mo 5.	23 31	3 26	8 15	15 53	−15,1	Waage		
Di 6.	–	4 12	8 49	16 42	−17,4	Schlangenträger		
Mi 7.	0 28	5 00	9 29	17 31	−19,0	Schlangenträger		
Do 8.	1 21	5 48	10 15	18 22	−19,7	* Schütze		
Fr 9.	2 10	6 38	11 08	19 14	−19,6	Schütze, Nunki	**Letztes Viertel**	3^h51^m
Sa 10.	2 53	7 28	12 08	20 06	−18,4	Schütze		
So 11.	3 31	8 19	13 14	20 59	−16,4	Steinbock	Absteigender Knoten Libration Ost	
Mo 12.	4 05	9 11	14 25	21 53	−13,4	Steinbock		
Di 13.	4 35	10 02	15 40	22 46	− 9,6	Wassermann		
Mi 14.	5 04	10 55	16 57	23 41	− 5,1	Wassermann		
Do 15.	5 32	11 48	18 17	0 36	− 0,3	Walfisch		
Fr 16.	6 01	12 43	19 39	1 32	+ 4,8	Fische	**Neumond**	5^h22^m
Sa 17.	6 33	13 40	21 00	2 29	+ 9,5	Walfisch	Erdnähe 359/33,'3 Größte Südbreite	6^h
So 18.	7 09	14 38	22 19	3 29	+13,7	Stier		
Mo 19.	7 51	15 38	23 32	4 29	+17,0	Stier, Hyaden		
Di 20.	8 40	16 37	–	5 31	+19,1	Stier		
Mi 21.	9 37	17 36	0 37	6 32	+19,9	Alhena		
Do 22.	10 39	18 32	1 32	7 31	+19,4	Zwillinge	**Erstes Viertel**	20^h02^m
Fr 23.	11 45	19 24	2 17	8 28	+17,8	* Krebs, Krippe	Libration West	
Sa 24.	12 53	20 14	2 54	9 22	+15,3	* Krebs	Aufsteigender Knoten	
So 25.	14 00	21 01	3 25	10 14	+12,1	Löwe, Regulus		
Mo 26.	15 06	21 46	3 51	11 03	+ 8,4	* Löwe		
Di 27.	16 11	22 30	4 15	11 50	+ 4,4	Jungfrau		
Mi 28.	17 15	23 13	4 38	12 36	+ 0,2	Jungfrau		
Do 29.	18 19	23 56	5 00	13 22	− 3,9	Spica		
Fr 30.	19 22	–	5 24	14 07	− 7,8	Jungfrau	**Vollmond**	15^h55^m

Planetenlauf

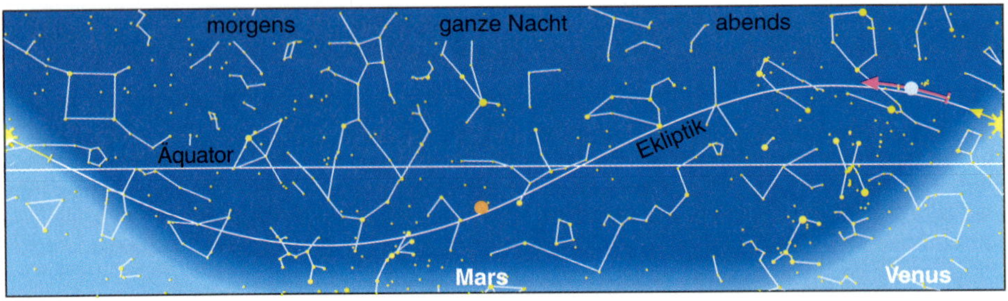

Merkur beendet am 1. seine Rückläufigkeit und wird wieder rechtläufig. Die Sonne ist zunächst noch schneller, so daß seine westlichen Winkelabstände von ihr noch anwachsen. Am 16. steht Merkur schließlich in größter westlicher Elongation. Seine maximale westliche Elongation fällt mit 27°35′ recht groß aus, da er nur drei Tage vorher das Aphel passiert. Am 13. trennen Merkur 70 Millionen Kilometer (0,468 A. E.) von der Sonne.

Trotz des großen Elongationswinkels kommt es nicht zu einer Morgensichtbarkeit. Die Sonne hat fast zwölf Grad nördlichere Deklination, weshalb sie entsprechend früh aufgeht. Der Merkuraufgang erfolgt am 16. um 4^h51^m (= 5^h51^m Sommerzeit), die Sonne überschreitet bereits um 5^h26^m (= 6^h26^m Sommerzeit) die Horizontlinie. Dies reicht nicht, um den $0\overset{m}{,}4$ hellen Merkur in der Morgendämmerung sichtbar werden zu lassen. Fazit: Merkur bleibt im April unbeobachtbar. Spezialisten mit lichtstarker Optik mögen Merkur in den Fischen aufstöbern (siehe Abb. 4.2 unten).

Venus dominiert den frühen Abendhimmel. Sie erreicht die nördlichsten Bezirke des Tierkreises. Am 8. verläßt sie den Widder und wechselt in den Stier. Am 21. zieht sie 7° nördlich von Aldebaran vorbei und erreicht zu Monatsende eine Position knapp südlich von Al Nath (β Tauri, siehe auch Abb. 4.2 unten).

Die Venusuntergänge verspäten sich abermals erheblich. Geht sie zu Monatsanfang um 22^h14^m

4.2: Scheinbare Bahnen von Merkur und Venus im März und April 1999 im Gebiet der Sternbilder Fische, Widder und Stier. Die Zahlen markieren die Positionen der Planeten zum jeweiligen Monatsersten.

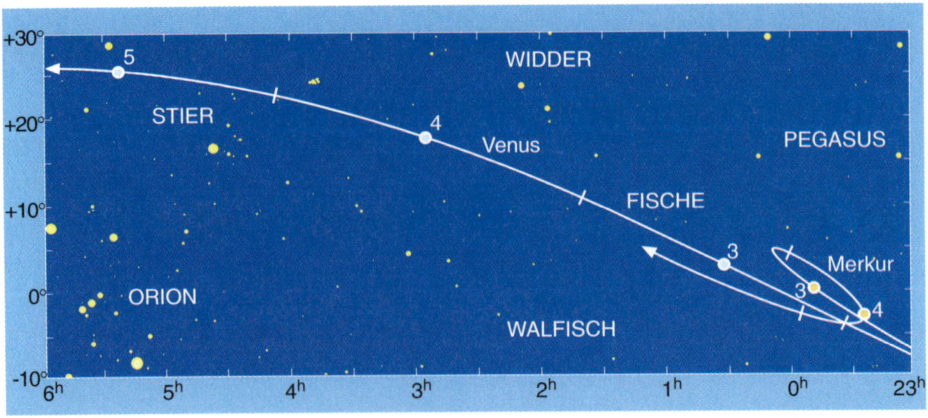

4.3: Scheinbare Bahn des Planeten Mars von Januar bis August 1999. Der rote Planet zieht seine Oppositionsschleife im Gebiet der Sternbilder Jungfrau und Waage.

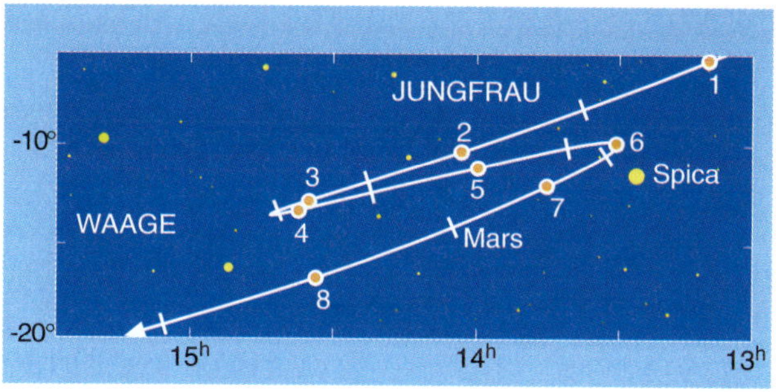

(= 23^h14^m Sommerzeit) unter, so sinkt die inzwischen $-4{,}^m1$ helle Venus am Monatsletzten erst um 23^h30^m unter den Horizont. Berücksichtigt man die Sommerzeit, so erfolgt der Venusuntergang Ende April gar erst eine halbe Stunde nach Mitternacht.
Zur Monatsmitte zeigt sich das knapp 15″ große Venusscheibchen zu 75 % beleuchtet.
Am 20. geht Venus durch das Perihel ihrer fast kreisrunden Bahn, wobei sie 107 Millionen Kilometer (= 0,715 A. E.) von der Sonne trennen.
Mars läuft im April zu seiner Hochform auf: In den frühen Abendstunden des 24. steht der rote Planet in **Opposition** zur Sonne. Somit ist Mars die ganze Nacht über am Sternenhimmel vertreten. Zur Oppositionszeit erreicht er seine geringste Entfernung von der Erde und damit seine größte Helligkeit und den größten scheinbaren Durchmesser.
Mars wandert rückläufig durch die Waage und wechselt zur Monatsmitte wieder in das Sternbild Jungfrau, wobei er auf Spica zusteuert (siehe Abb. 4.3 oben). Vom Monatsbeginn bis zur Opposition am 24. steigt die Marshelligkeit nochmals kräftig von $-1{,}^m1$ auf $-1{,}^m7$ an. Damit ist Mars nach Untergang der Venus das hellste und auffälligste Gestirn am nächtlichen Frühlingshimmel.
Am Tag der Opposition geht Mars um 19^h13^m (= 20^h13^m Sommerzeit) auf, kulminiert um 0^h24^m und geht um 5^h30^m unter. Bis Monatsende verfrüht sich der Marsaufgang auf 18^h38^m und der Untergang auf 5^h00^m.
Im Teleskop zeigt Mars ein Planetenscheibchen von $16{,}''2$ scheinbarem Durchmesser. Dies ist ein eher kleinerer Durchmesser für eine Opposition. In günstigen Oppositionen wird das Marsscheibchen bis 25″ groß (siehe auch Abb. 4.8 auf Seite 90). Eine solch günstige Opposition wird Ende August 2003 eintreten (siehe Abb. 4.7 auf Seite 89), wobei er bis auf 55,8 Millionen Kilometer an die Erde herankommen wird. Diesmal bleibt Mars zur Oppositionszeit 86,5 Millionen Kilometer (= 0,578 A. E.) von uns entfernt. Wegen der stark elliptischen Bahn des Mars wird die geringste Entfernung von der Erde nicht am Tag der Opposition erreicht, sondern erst am 1. Mai.
Am 29. wandert der Vollmond

Konstellationen und Ereignisse

Datum	MEZ	Ereignis
1.	7^h	Merkur im Stillstand, anschließend rechtläufig
1.	7	Jupiter in Konjunktion mit der Sonne
3.	9	**Mond bei Mars**, Mond $3{,}^\circ2$ nördlich, **Abstand $3{,}^\circ8$ um 5^h**
10.	10	Mond bei Neptun, Mond $1{,}^\circ1$ nördlich
11.	8	Mond bei Uranus, Mond $1{,}^\circ0$ nördlich
13.	22	Merkur im Aphel
14.	5	Mond bei Merkur, Mond $1{,}^\circ1$ südlich
15.	9	Mond bei Jupiter, Mond $3{,}^\circ2$ südlich
16.	17	Merkur in größter westlicher Elongation (28°)
16.	19	Mond bei Saturn, Mond $2{,}^\circ8$ südlich
18.	22	Mond bei Venus, Mond $6{,}^\circ6$ südlich
20.	7	Venus im Perihel
24.	19	**Mars in Opposition zur Sonne**
27.	12	Saturn in Konjunktion mit der Sonne
29.	22	**Mond bei Mars**, Mond $3{,}^\circ9$ nördlich, **Abstand $2{,}^\circ9$ um 24^h**

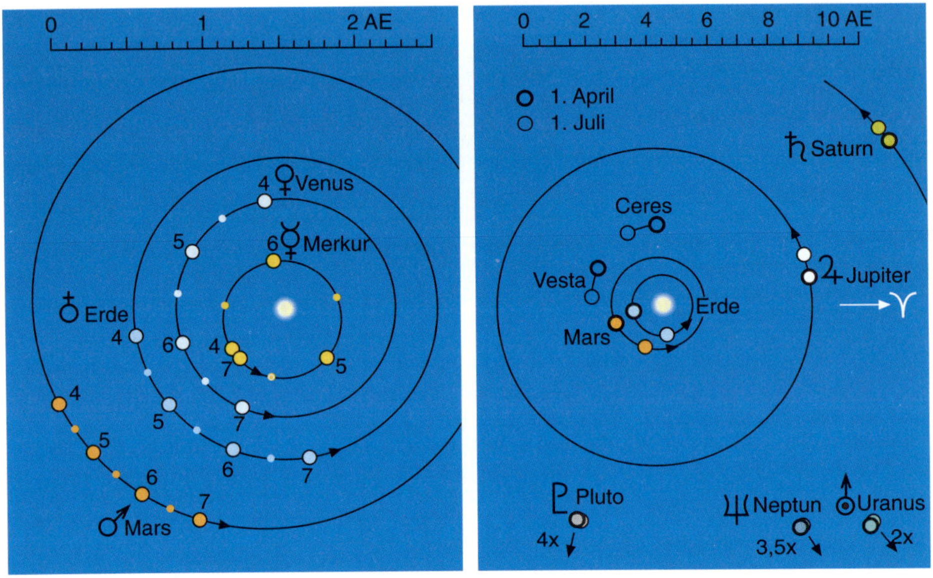

4.4: Heliozentrischer Anblick des Planetensystems im zweiten Jahresviertel 1999. Eingetragen sind links die Positionen der inneren Planeten für den 1. April (4), 1. Mai (5), 1. Juni (6) und 1. Juli (7). Der rechte Teil zeigt das äußere Planetensystem samt einiger Planetoiden zu Anfang und Ende des zweiten Jahresviertels. Die Pfeile deuten die Richtungen zu den ferneren Planeten sowie zum Frühlingspunkt an.

rund 3° nördlich an Mars vorbei (siehe Abb. 4.1 auf Seite 81).
Jupiter in den Fischen wird am 1. von der Sonne überholt. Er steht in Konjunktion mit ihr und bleibt nachts unter dem Horizont. Bis Monatsende ist sein westlicher Winkelabstand erst auf 22° angewachsen. Dies reicht noch nicht für eine Morgensichtbarkeit. Der Riesenplanet bleibt im April unbeobachtbar.
Am 1. beträgt seine Entfernung von der Erde 890 Millionen Kilometer, das sind 5,949 A. E.
Saturn im Sternbild Widder hat sich vom Abendhimmel zurückgezogen. Am 27. holt die Sonne den Ringplaneten ein, er steht in Konjunktion mit ihr am Taghimmel und bleibt nachts unbeobachtbar.
Spezialisten mögen den Ringplaneten noch zu Monatsbeginn mit Ferngläsern tief am Westhorizont aufstöbern. Am 1. geht der $0^{m},4$ helle Saturn um $20^{h}45^{m}$ (= $21^{h}45^{m}$ Sommerzeit) unter.
Am Tag der Konjunktion erreicht Saturn seine größte Entfernung von der Erde: 1533 Millionen Kilometer, das sind 10,25 A. E.; Saturn ist somit über zehnmal so weit entfernt von uns wie die Sonne. Dies entspricht einer Lichtlaufzeit von einer Stunde und 25 Minuten.
Uranus kann unter guten Sichtbedingungen zu Monatsende von erfahrenen Beobachtern mit lichtstarker Optik am Morgenhimmel aufgefunden werden. Der grünliche, $5^{m},8$ helle Planet bewegt sich kaum im Steinbock – der oppositionsbedingte Stillstand ist nicht mehr fern (siehe Aufsuchkärtchen Abb. 7.4 auf Seite 129). Am 30. geht Uranus um $2^{h}26^{m}$ (= $3^{h}26^{m}$ Sommerzeit) tief im Südosten auf, rund zweieinhalb Stunden vor der Sonne. Frühestens eine Stunde nach Aufgang lohnt es sich, nach Uranus Ausschau zu halten. Bald danach beginnt die Morgendämmerung.
Neptun im Steinbock läßt sich immer noch nicht am Morgenhimmel mit Fernglas oder Teleskop aufstöbern. Der lichtschwache Planet bleibt weiterhin unsichtbar.

PLANETOIDEN

Pallas – Planetoid Nr. 2 – kommt in den Abendstunden des 20. in Konjunktion mit der Sonne und steht unbeobachtbar mit ihr am Taghimmel. Von der Sonne ist sie am Konjunktionstag 389 Millionen km (= 2,60 A. E.) entfernt, von der Erde immerhin 531 Millionen km (= 3,55 A. E.).

Vesta (4), wieder rechtläufig im Krebs, hat ihre Oppositionsperiode beendet. Ihre Helligkeit sinkt bis Monatsende auf $7^m{,}5$ ab. Dennoch kann man den 4. Planetoiden noch relativ leicht auffinden (siehe auch Aufsuchkärtchen 2.6 auf Seite 54). Am 1. geht Vesta um $20^h\,28^m$ (= $21^h 28^m$ Sommerzeit) durch den Meridian, am 30. schon um $18^h 53^m$.

Periodische Sternschnuppenströme

Um den 3. April erreichen die **Virginiden** ihr wenig ausgeprägtes Maximum. Einzelne Virginiden-Meteore sind bis ins erste Maidrittel zu verfolgen.

In der Zeit vom 16. bis 25. April werden die **Lyriden** aktiv. Ihr Ausstrahlungspunkt liegt in der Leier, etwa 7° südwestlich von Wega. Manche Beobachter vermuten mehrere Radianten. Die Lyriden-Objekte sind schnell – im Mittel liegt die Geschwindigkeit um 50 km/s. Günstigste Beobachtungszeit: 22^h bis 4^h. Das Maximum am 22. April ist nicht sehr ausgeprägt. Rund zehn bis zwanzig Meteore, darunter einige helle Exemplare, leuchten dann pro Stunde auf. In seltenen Fällen sind bis zu neunzig Sternschnuppen pro Stunde zu registrieren.

Um den 17. April erreichen die **Sigma-Leoniden** ihr Maximum. Vereinzelte Objekte dieses schwachen Stromes sind noch bis Mitte Mai nachweisbar.

Der Fixsternhimmel

Die Tage werden nun merkbar länger, die Nächte hingegen etwas milder. Durch die Umstellung auf Sommerzeit wird es jetzt auch später dunkel. Zu unserer Standardbeobachtungszeit (am 1. um 23^h MEZ = 24^h Sommerzeit, am 15. um 22^h MEZ = 23^h Sommerzeit) ist es jedoch längst dunkel genug, um einen Ausflug in die Sternenwelt wagen zu können. Wer jetzt steil nach oben blickt, wird die sieben Sterne des Großen Wagens auf Anhieb erkennen. Sie stehen jetzt direkt über unseren Köpfen fast im Zenit. Der Große Wagen ist nur ein Teil der viel größeren Sternenfigur des Großen Bären (Ursa Maior). Zur Zeit ist die Gelegenheit günstig zu versuchen, die Gesamtgestalt des Großen Bären zu erfassen: Kopf und Pranken werden von vergleichsweise lichtschwachen Sternen angedeutet, während der Wagenkasten das Hinterteil und die drei Deichselsterne den Schwanz des Bären markieren. Rein zoologisch betrachtet ist der Bärenschwanz viel zu lange. Bären haben bekanntermaßen Stummelschwänze. Dies wußten auch schon die antiken Sagenerzähler. Aber sie hatten eine Erklärung parat, warum der Große Bär am Sternenhimmel einen so langen Schwanz hat: Genaugenommen ist es eine Bärin, nämlich Kallisto, die Gespielin des Götterbosses Zeus. Um sie vor seiner eifersüchtigen Gattin Hera zu verbergen, verwandelte Zeus die Kallisto in eine Bärin. Um sie unter die Sterne zu versetzen, packte er sie am Schwanz und schleuderte sie mit großem Schwung ans Firmament. Bei dieser Prozedur wurde der Schwanz der Bärin gedehnt.

Hoch im Meridian und damit in Gipfelposition findet man den Löwen mit seinem hellen Hauptstern Regulus (α Leonis). Ein großes Sternentrapez markiert den Rumpf, ein kleines, aufgesetztes den Kopf dieses königlichen Tieres. Der Löwe ist Mitglied im ausgewählten Zirkel der Tierkreisbilder. Regulus liegt fast genau auf der Ekliptik. So kommt es, daß Regulus von Zeit zu Zeit vom Mond oder sogar von einem Planeten bedeckt wird.

Am östlichen Ende der Basislinie des Löwentrapezes steht ein Stern zweiter Größe (β Leonis). Sein Eigenname Denebola stammt aus dem Arabischen und bedeutet soviel wie „Schwänzchen“ (des Löwen). Der Halsstern (γ Leonis) ist 2^m hell und wurde von den Arabern

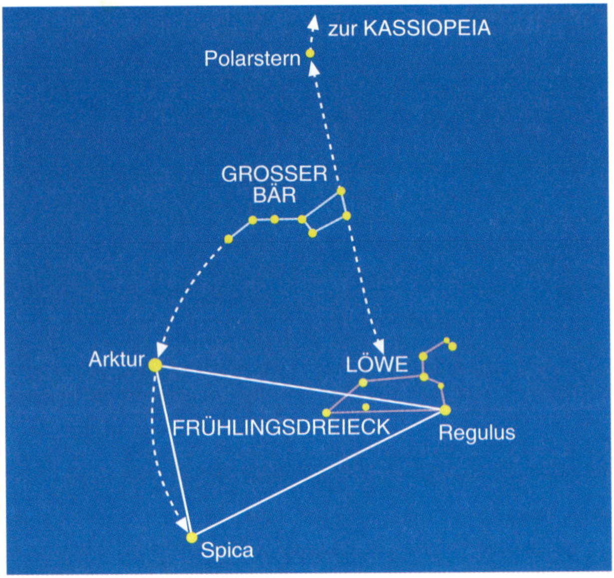

4.5: Das Frühlingsdreieck setzt sich aus den Sternen Arktur im Bootes, Regulus im Löwen und Spica in der Jungfrau zusammen.

Veränderliche Sterne

Algol-Minima	10.	4^h53^m	15.	22^h32^m	18.	19^h21^m				
β-Lyrae-Minima	5.	23^h N	12.	11^h H	18.	22^h N	25.	9^h H		
δ-Cephei-Maxima	4.	10^h	9.	19^h	15.	4^h	20.	12^h	25.	21^h

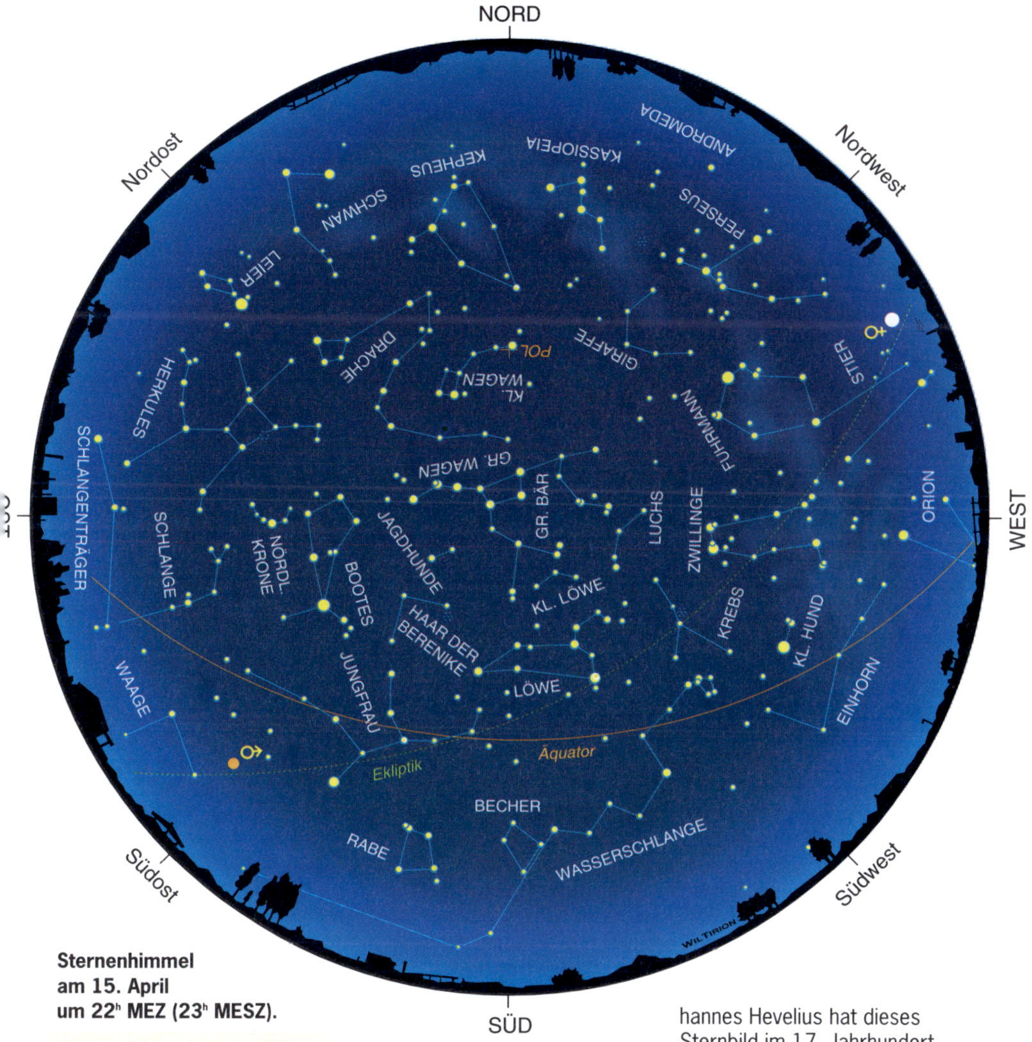

Sternenhimmel am 15. April um 22ʰ MEZ (23ʰ MESZ).

Fixsternhimmel auch gültig für:

	MEZ	MESZ
15.12.	6ʰ	
1. 1.	5	
15. 1.	4	
1. 2.	3	
15. 2.	2	
1. 3.	1	
15. 3.	0	
1. 4.	**23**	**24ʰ**
15. 4.	**22**	**23**
30. 4.	**21**	**22**

Algieba getauft, was „Mähne des Löwen" heißt. Algieba ist ein schöner Doppelstern. Nördlich des Löwen, in Richtung Zenit also, stößt man auf das unscheinbare Sternbild Kleiner Löwe (lat.: Leo Minor). Nur drei Sterne des Kleinen Löwen sind heller als $4^{m}{,}5$. Im Altertum war der Kleine Löwe unbekannt. Erst der Danziger Ratsherr Johannes Hevelius hat dieses Sternbild im 17. Jahrhundert eingeführt.

Im Westen versinken die Winterbilder. Sirius im Großen Hund ist bereits untergegangen, Orion befindet sich gerade im Untergang, ebenso der Stier mit dem roten Aldebaran.

Hoch im Westen sind die Zwillinge mit Kastor und Pollux zu sehen sowie im Südwesten Prokyon im Kleinen Hund. Über dem Nordwesthorizont ist als

4.6: Im Frühjahr 1998 empfing der erste 8-Meter-Spiegel des ESO-Very Large Telescope auf dem 2600 m hohen Cerro Paranal im Norden Chiles sein „First Light". (ESO-Foto)

Relikt des Herbsthimmels noch der Perseus zu erspähen.
Die Kassiopeia, das Himmels-W, bereitet sich auf die untere Kulmination vor. Der Kepheus geht gerade zwischen Himmelsnordpol und Nordpunkt am Horizont durch den Meridian. Diese Position bezeichnet man als „untere Kulmination". Nur Sterne, die zirkumpolar sind, können auch in unterer Konjunktion betrachtet werden. Alle anderen Sterne bleiben in unterer Kulmination unter dem Horizont und sind daher in dieser Stellung unsichtbar.
Hoch im Südosten fällt ein intensiv orange-rot strahlender Stern auf. Es ist Arktur, der Hauptstern im Sternbild Bootes. In Sternkarten ist er als α Bootis vermerkt. Mit $0^{m}{,}0$ Helligkeit gehört Arktur zu den fünf hellsten Fixsternen am Himmel. Berücksichtigt man, daß von unseren Breiten aus die beiden hellen Sterne Kanopus (α Carinae) und Toliman (α Centauri) unsichtbar bleiben, so gehört Arktur an unserem Firmament zu den drei hellsten Sternen. Nur noch Sirius und Wega können sich mit ihm messen.
Knapp 37 Lichtjahre trennen Arktur von der Erde.
Arktur heißt soviel wie Bärenhüter oder Bärenwächter. Arktur folgt nämlich dem Großen Bären im täglichen Himmelsumschwung. Man gewinnt dabei den Eindruck, als ob er den Bären um den Polarstern herumtreibt.
Die Sternenfigur des Bootes sieht aus wie ein großer Papierdrachen. Bootes wiederum bedeutet Rinderhirt. Die alten Römer sahen in den sieben Wagensternen sieben Dreschochsen, die um den Polarstern als Göpel herumwandern. Dabei treibt Bootes sie an, indem er ihnen ständig folgt.
Den Platz im Südosten nimmt das Sternbild Jungfrau ein. Lateinisch heißt die Jungfrau Virgo. Die international genormten Sternbilder werden alle lateinisch bezeichnet. Der hellste Stern in der Jungfrau heißt Spica (α Virginis). Spica kommt ebenfalls aus dem Lateinischen und heißt Kornähre. Die Kornähre galt bei den alten Römern als Symbol der Fruchtbarkeit.
Im Gegensatz zum rötlichen Arktur leuchtet Spica in bläulicher Farbe. Unter den hellen Sternen ist Spica eine relativ weit entfernte Sonne: 260 Lichtjahre trennen uns von ihr. Tief im Südosten leuchet noch ein helles, rötliches Gestirn: Mars, der sich gerade im Grenzgebiet Jungfrau/Waage aufhält und im April 1999 in Opposition zur Sonne steht (siehe auch Rubrik *Planetenlauf.*)
Das Dreieck, das aus den drei Sternen erster Größe Regulus, Arktur und Spica gebildet wird, nennt man Frühlingsdreieck, gewissermaßen als Pendant zum Sommerdreieck, Herbstviereck und Wintersechseck.
Südlich der Jungfrau sind das kleine Sternenviereck des Raben (lat.: Corvus) und der Becher (lat.: Crater) auszumachen. Während der Rabe relativ leicht zu erkennen ist, kann der lichtschwache Becher nur unter sehr günstigen Bedingungen gesehen werden.
In nordöstlicher Richtung ist bereits der Herkules über den Horizont gestiegen, ein ausgedehntes Bild ohne hellere, auffallende Sterne.
Halbhoch im Osten springt der Sternenhalbkreis der Nördlichen Krone förmlich ins Auge. Am Nordosthorizont künden Wega in der Leier und Deneb im Schwan den kommenden Sommer an. Atair im Adler, der dritte Stern des Sommerdreiecks, ist allerdings noch nicht aufgegangen.

Die Erforschung des roten Planeten

Ende April, Anfang Mai dieses Jahres kommt Mars in Erdnähe. Der rötlich-gelb schimmernde Planet ist dabei die ganze Nacht über als auffälliges Gestirn im Sternbild der Jungfrau zu sehen. Die exakte Oppositionsstellung wird am 24. April erreicht. Sonne und Mars stehen für den irdischen Standpunkt am Himmel einander gegenüber. Mit Sonnenuntergang steigt Mars über den Osthorizont, geht um Mitternacht durch den Meridian und versinkt morgens mit Sonnenaufgang unter dem Westhorizont. Zur Opposition erreicht ein Planet seine geringste Entfernung von der Erde. Wegen der stark elliptischen Bahn des Mars fallen seine Erdnähe und die Opposition nicht exakt auf den selben Tag. Erst sieben Tage später, nämlich am 1. Mai, erreicht Mars mit 86,5 Millionen km (= 0,578 A.E.) Distanz seine geringste Distanz von der Erde. Die elliptische Bahn des Mars bewirkt ferner, daß die Oppositionsdistanzen relativ stark schwanken. Sie liegen zwischen knapp 56 und 101 Millionen km. Im Februar 1995 blieb Mars bei seiner Opposition über 101 Millionen km von uns entfernt, während er Ende August 2003 bis auf 55,8 Millionen km an die Erde herankommen wird (siehe auch Abb. 4.7).

Wegen seiner rötlichen Farbe und stark schwankenden Helligkeit – in günstigen Oppositionen übertrifft Mars sogar Jupiter an Glanz – gab man ihm schon im Altertum den Namen des Kriegsgottes. Bei den Griechen hieß er Αρης, bei den Römern eben Mars und bei den Babyloniern Nergal. Seine vergleichsweise kurzfristigen Helligkeitsanstiege um die Oppositionszeit mögen früher an das Auflodern von Bränden erinnert haben.

Aufgrund genauer Messungen der Marsposition durch Tycho Brahe konnte Johannes Kepler die Marsbahn als Ellipse erkennen und so die klassische Vorstellung von den Kreisbahnen der Planeten revidieren. Kepler formulierte sein erstes Gesetz: Die Bahnen der Planeten sind Ellipsen, in deren einem Brennpunkt die Sonne steht.

Die Erforschung des Mars begann erst im Zeitalter der Teleskope. Schon in relativ kleinen Fernrohren läßt der rote Planet auf seiner Oberfläche Details wie helle und dunkle Gebiete, weiße Polkappen, gelbliche Wolken und anderes mehr erkennen im Gegensatz zur Venus, die von einer weißglänzenden Wolkenschicht eingehüllt wird und im sichtbaren Licht strukturlos erscheint.

Mars hat bald das besondere Interesse der Beobachter auf sich gezogen, da er eine Reihe von Eigenschaften aufweist, die ihn als erdähnlichen Planeten ausweisen. Die Neigung seiner Rotationsachse und die Länge eines Marstages haben fast die gleichen Werte wie die der Erde. Die Marsachse ist 25° zur Senkrechten auf die Bahnebene geneigt, ein Marstag dauert nur gut eine halbe Stunde länger als ein irdischer. Durch die Achsneigung gibt es auf Mars ähnliche Jahreszeiten wie auf der Erde. Sie machen sich vor allem in Zu- und Abnahme der Polkappen-

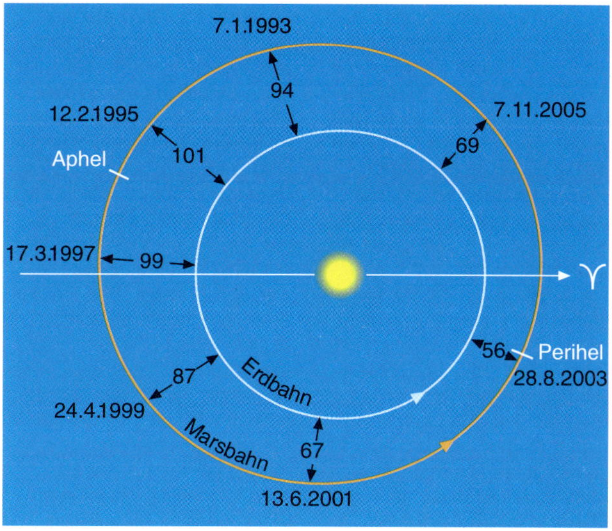

4.7: Die Bahnen von Erde und Mars mit den Oppositionen von 1993 bis 2005. Durch die stark exzentrische Marsbahn ergeben sich beträchtliche Unterschiede in den Oppositionsdistanzen (Entfernungsangaben in Millionen Kilometer).

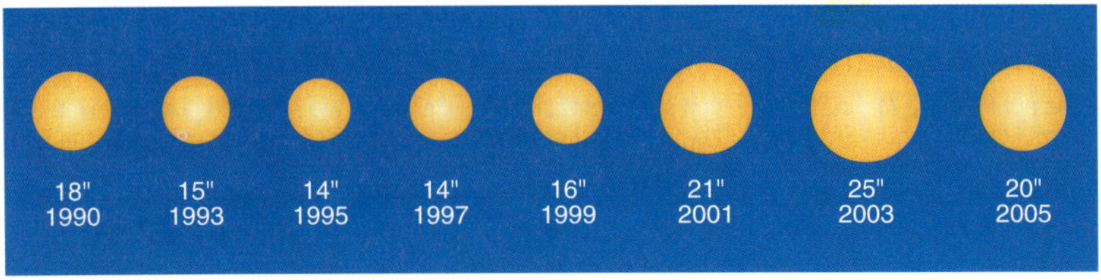

4.8: Die scheinbaren Durchmesser der Marsscheibchen zu den Oppositionen von 1990 bis 2005.

größe bemerkbar. Die Marsjahreszeiten dauern allerdings etwa doppelt so lange wie die irdischen, da ein Marsjahr mit 687 Tagen fast doppelt so lange dauert wie ein irdisches. Alle 780 Tage, das sind zwei Jahre, ein Monat und zwanzig Tage, überholt die Erde den Mars, es kommt zu einer Marsopposition. Die Zeitspanne zwischen zwei aufeinanderfolgenden Oppositionen wird *synodische* Umlaufszeit genannt.
Die Marsbahn ist allerdings wesentlich exzentrischer als die Erdbahn. Im Perihel trennen ihn nur 206,7 Millionen km (= 1,38 A.E.), im Aphel aber 249,2 Millionen km (= 1,67 A.E.) von der Sonne. Dies ist auch der Grund für die eingangs erwähnten stark schwankenden Oppositionsentfernungen von der Erde. Auch mit starker Vergrößerung kann man auf dem mit 6 800 km Durchmesser großen Marsglobus nicht allzuviel erkennen, selbst wenn er in Erdnähe steht. Davon kann sich jeder persönlich überzeugen, wenn er sich Mars auf einer Sternwarte in einem größeren Teleskop ansieht. Immerhin erkennt man genügend Einzelheiten auf dem Marsscheibchen, aus deren Wanderung die Rotationsdauer zu ermitteln war.
Die erste Bestimmung der Länge eines Marstages nahm Christian Huygens (1629–1695) vor, indem er ein dunkles Dreieck beobachtete, das später die Bezeichnung Große Syrte erhielt. Der inzwischen genau ermittelte Wert einer Marsumdrehung, also eines Sterntages auf Mars, beträgt $24^h37^m23^s$. Da Mars in 1,88 Jahren einmal die Sonne umrundet, dauert ein Sonnentag auf Mars $24^h39^m36^s$. Dies ist die Zeitspanne zwischen zwei aufeinanderfolgenden Meridiandurchgängen der (mittleren) Sonne für einen Standort auf dem Mars. Ein Sonnentag auf dem Mars ist damit etwas mehr als zwei Minuten länger als ein Sterntag. Bei der Erde beträgt diese Differenz bekanntlich vier Minuten, da die Erde die Sonne schneller umrundet.
Der erste Direktor des Pariser Observatoriums, Giovanni Domenico Cassini berichtete, bereits 1666 von der Sichtung weißer Polkappen. Wilhelm Herschel, der berühmte Uranus-Entdecker, maß 1784 die Neigung der Marsrotationsachse. Ein bedeutendes Jahr in der Marsforschung war 1877, in dem Mars bei seiner Perihelopposition im August der Erde besonders nahe kam. In der Nacht vom 10. auf den 11. August entdeckte Asaph Hall mit dem großen Refraktor (Öffnung: 26 Zoll = 65 cm) der Marine-Sternwarte in Washington D.C. zwei winzige Möndchen des Mars, die Phobos (Furcht) und Deimos (Schrecken) getauft wurden.
Im gleichen Jahr meldete Giovanni Schiaparelli, seines Zeichens Direktor der Mailänder Sternwarte, die Beobachtung von Linien, die Mars netzartig überziehen. Er nannte sie „canali" – in der deutschen Übersetzung wurden daraus „Kanäle", also künstliche Wasserstraßen. Was man sonst nicht erkennen konnte, ersetzte die blühende Phantasie. Bald tauchten die berüchtigten „kleinen grünen Männchen" auf, die ihren wasserarmen Planeten mit einem gigantischen Bewässerungssystem ausgestattet hatten. Doch schon bald regten sich Zweifel an der Realität der Marskanälen und ihrer technisch versierten Erbauer. Denn in großen Fernrohren und auf Fotografien waren keine Kanäle zu sehen. Schließlich wurde klar: Die „Marskanäle" waren und sind, sofern sie heute noch jemand zu sehen meint, eine optische Täuschung.
Bei den günstigen Marsoppositionen 1909, 1924 und 1939 wurde die außerordentlich dünne Marsatmosphäre studiert. Man fand verschiedene Wolkenstrukturen, beobachtete

Staubstürme und bestimmte den Druck der Marsatmosphäre zu wenigen Promillen des irdischen Luftdruckes.
Von der Erde aus läßt sich Mars nur in beschränktem Umfang beobachten. Der große Durchbruch in der Marsforschung gelang daher erst mit Raumsonden, die den roten Planeten besuchten. Am 15. Juli 1965 passierte Mariner 4 in nur 9846 Kilometer Distanz den Mars und funkte 22 Schwarzweiß-Bilder zur Erde. Die Sensation war perfekt, als man Ringwälle und Einschlagkrater fand, die man bis dato nur von der Mondoberfläche her kannte.
Vier Jahre später folgen Mariner 6 und 7, die beide in nur 3 200 Kilometer Entfernung am roten Planeten vorbeiflogen und insgesamt 201 Funkbilder lieferten. Am 15. November 1971 schwenkte Mariner 9 in eine Umlaufbahn um Mars ein und wurde zu einem künstlichen Marstrabanten. Der erste funktionierende Marsorbiter ermöglichte eine vollständige Kartographie der Marsoberfläche.
Schließlich gelangen zwei weiche Landungen auf dem roten Planeten: Am 20. Juli setzte Viking 1 und am 3. September 1976 Viking 2 sanft auf dem Marsboden auf. Die Wetterstationen an Bord registrierten das rauhe Marsklima. In den Äquatorzonen erreicht das Thermometer am frühen Nachmittag schon mal Werte über dem Gefrierpunkt. In der Marsnacht fällt es wegen der großen Ausstrahlung auf –80° Celsius und darunter ab. Die Landefähren sammelten mit ihren Greifarmen Bodenproben ein, um sie in den mitgeführten Labors zu analysieren. Lebensspuren konnten keine entdeckt werden, schon gar nicht sahen die Kameras kleine grüne Männchen. Dafür lieferten sie fantastische Panoramabilder sowie Nahaufnahmen von Geröll, Schutt und Felsblöcken auf der Marsoberfläche.

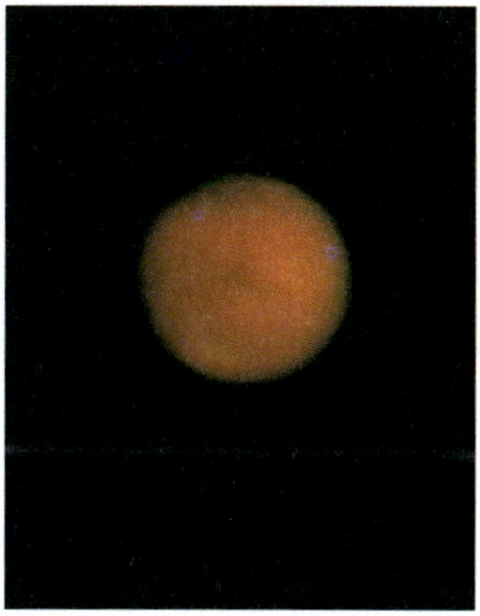

4.9: Marsaufnahme von Gutzeit/Idler (Sternwarte Stuttgart). So sieht Mars in einem größeren Teleskop aus, wenn er in Erdnähe steht.

Während die Landesonden im Marsboden scharrten, sendeten die Viking-Marsorbiter aus ihren Umlaufbahnen tausende Bilder, die erkennen lassen, daß die Marsoberfläche nicht nur von Kratern bedeckt ist, sondern auch von riesigen Grabenbrüchen, tiefen Cañyons und langen, ausgetrockneten Flußläufen durchzogen wird. Zahlreiche Vulkane wurden entdeckt, wobei Olympus Mons, ein 25 km hoher Schildvulkan, wahrscheinlich der größte Vulkan in unserem Sonnensystem ist.
Die Fachleute sprechen bei der Marsoberfläche von einer „morphologischen Dichotomie“. Damit ist gemeint, daß die beiden Marshalbkugeln unterschiedliche Oberflächenstrukturen aufweisen. Hauptsächlich die südliche Hemisphäre zeigt eine relativ hohe Dichte von Einschlagkratern, sie ist geologisch (besser: planetologisch) gesehen älter. Die Nordhälfte hat eine wesentlich geringere Kraterhäufigkeit und läßt Spuren endogener Tektonik erkennen. Vier große Vulkane sind hier zu finden, ein mehrere tausend Kilometer langer, mehrfacher Grabenbruch, Valles Marineris genannt, sowie Ablagerungen und Flußbetten, die darauf hindeuten, daß früher hier etwas geflossen sein mußte, höchstwahrscheinlich Wasser. Auch Spuren von Lavaströmen sind auf zahlreichen Aufnahmen zu sehen. Heute gibt es kein flüssiges Wasser mehr auf Mars, vermutlich ist es als Permafrost knapp unter der Oberfläche gespeichert.
Aus seismologischen Untersuchungen sowie beobachteten Schwereanomalien und der mittleren Dichte des Mars folgert man auf einen 3600 km im Durchmesser großen Marskern aus Eisen und Eisensulfid. Der Marskern ist vermutlich noch vollständig flüssig. Umschlossen wird der Kern vom Marsmantel, der diverse Eisenoxide enthält. Über dem Mantel liegt eine dünne, nur etwa zehn Kilometer dicke Schicht, die basaltische Marskruste. Auch sie enthält Eisenoxide, was dem Planeten seine rostige Farbe verleiht. Die oberste Bodenschicht wird hauptsächlich von Regolith gebildet, wobei die Hauptkomponenten sich wie folgt verteilen: Silizium (SiO_2) 43,4%, Aluminium (Al_2O_3) 7,2%, Eisen (Fe_2O_3) 18,2%, Magnesium (MgO) 6,0% und Kalzium (CaO) 5,8%. Die

4.10: Umgebung des Mars-Pathfinder-Landeplatzes mit dem Minirover Sojourner. (NASA-Foto/MPG-Pressebild)

mittlere Bodentemperatur beträgt –63°C. Die maximale Bodentemperatur um die Mittagszeit im Südsommer wurde zu +20°C gemessen. An den Polen ist es mit –100°C am kältesten.
Die dünne Marsluft setzt sich zu 95% aus Kohlendioxid (CO_2), zu 2,6% aus molekularem Stickstoff (N_2) und zu 1,6% aus dem Edelgas Argon zusammen. Wasserdampf und Sauerstoff kommen nur in Spuren vor. Der Atmosphärendruck in Bodennähe beträgt nicht einmal ein Hundertstel des irdischen Luftdrucks, nämlich nur 7 hPa (Hektopascal, das entspricht 7 Millibar). Der irdische Luftdruck liegt knapp über tausend Hektopascal. Die Marsluft ist staubhaltig. Regelrechte Staubstürme können schon von der Erde aus beobachtet werden. Der Staub streut und absorbiert das Sonnenlicht, weswegen der Marshimmel in einem rosa Licht erscheint. Außer Staubwolken wurden auch dünne Wassereiswolken beobachtetet. Auf den Polkappen finden sich außer Kohlendioxidschnee (Trockeneis) auch Wassereiskristalle. Allerdings handelt es sich bei den Polkappen nicht um dickes Packeis, sondern um eine recht dünne Schicht Rauhreif. Vermutlich herrschte vor rund drei Milliarden Jahren noch eine heftige vulkanische Aktivität auf Mars, die auch die im Boden vorhandenen Eisschichten aufschmelzen ließ, wobei kurzfristig das Schmelzwasser zu reißenden Flüssen wurde, deren Bette und sonstigen Spuren man heute noch beobachtet. Auch Regenfälle dürfte es damals gegeben haben.
Nach den erfolgreichen Landungen der beiden Viking-Sonden gab es einige weitere Missionen, die Mars näher erforschen sollten. Sie scheiterten kläglich. Die amerikanische Sonde Mars Observer, gestartet Ende September 1992, kam zwar am 21. August 1993 beim Mars an, doch kurz vor dem Zünden der Bremstriebwerke riß der Funkkontakt ab. Seitdem gilt der Mars Observer als verschollen. Zu einem Desaster wurde die russische Mission Mars ’96. Am 16. November 1996 zündete die 4. Raketenstufe im Erdorbit – der Schub ging aber in die verkehrte Richtung. Statt auf eine interplanetare Bahn zum Mars zu gelangen, wurde die Marssonde abgebremst und raste auf die Erde zu, wo sie in den Fluten des Pazifiks versank. Einige Teile sollen sogar auf dem südamerikanischen Kontinent niedergegangen sein.
Im Juli 1997 gelang nach 21 Jahren endlich wieder ein Landemanöver. In den frühen Morgenstunden Ortszeit des 4. Juli landete die amerikanische Raumsonde Pathfinder mehr oder minder sanft auf der Marsoberfläche, und zwar im Ares Vallis (19,°4 Nord und 33,°1 West areographischer Breite

und Länge) etwa 840 km südöstlich des Landeplatzes von Viking 1. Am 4. Dezember 1996 um 6^h58^m UT mit einer Delta II-Rakete von Cap Canaveral gestartet, war Pathfinder in einer völlig neuen Missionsstrategie in sieben Monaten zum Mars geflogen, wobei er über 500 Millionen km zurücklegte.

Um Treibstoff und Gewicht zu sparen, verzichtete man diesmal auf das übliche Manöver, die Sonde erst in einen Marsorbit zu bringen und von hier mit dem Abstiegsmanöver zur Marsoberfläche zu beginnen. Pathfinder ging in direktem Flug auf dem Mars nieder. Dabei mußte die interplanetare Reisegeschwindigkeit der mit 870 kg Masse relativ leichten Sonde in recht kurzer Zeit auf Null reduziert werden. Zunächst wurde das Haupttriebwerk gezündet, und 80 kg Hydrazin-Treibstoff verringerten die Anfluggeschwindigkeit von 28 km/s auf 6,1 km/s. In 8 500 km Entfernung wurde die Marschstufe vom eigentlichen Lander (325 kg Masse) abgetrennt, 35 Minuten vor der Landung. Die Marsgravitation beschleunigte den Lander, der sich in freiem Fall Mars näherte, auf 7,48 km/s, das sind fast 27 000 km/h. Mit dieser enormen Geschwindigkeit tauchte Pathfinder am 4. Juli 1997, dem Unabhängigkeitstag (Independence Day) der Vereinigten Staaten von Amerika, um 17^h52^m UT (Weltzeit) fünf Minuten vor der Landung in 125 km Höhe in die Marsatmosphäre ein. In nur drei Minuten bremste die Marsatmosphäre Pathfinder auf 0,37 km/s (1330 Kilometer pro Stunde) ab, wobei das Hitzeschutzschild rotglühend wurde und die Raumsonde vor Schaden bewahrte.

Nun ging der Bremsfallschirm auf. In 7,4 km Höhe wurde das Hitzeschutzschild abgesprengt. Zu diesem Zeitpunkt hatte Pathfinder nur noch 0,1 km/s (= 360 km/h) Geschwindigkeit. Zehn Sekunden vor Bodenberührung wurden in 330 m Höhe vier Kevlar-Airbags (Luftkissen) mit je 5,20 m Durchmesser und 82 m³ Volumen aufgeblasen. Sie dämpften den Aufschlag erheblich.

Kurz vorher, nämlich sechs Sekunden vor dem Aufprall, wurden drei Feststoffbooster mit insgesamt drei Tonnen Schub gezündet. In 20 m Höhe wurde der Fallschirm ausgeklinkt – Pathfinder hatte für einen kurzen Moment die Sinkgeschwindigkeit Null. Dann plumpste Pathfinder mit seinen Airbags aus 20 m Höhe auf den Marsboden. Wegen der geringeren Schwere-

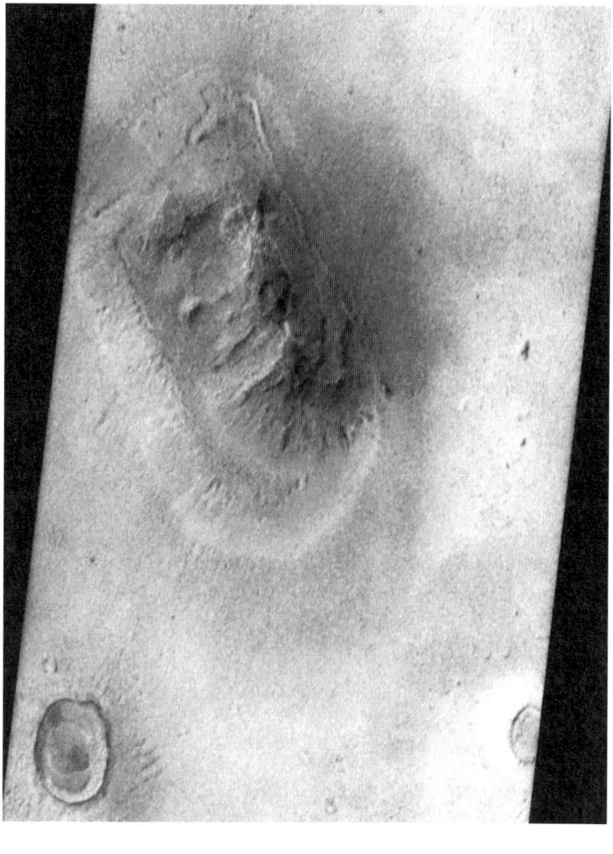

4.11: Das umstrittene „Marsgesicht" erweist sich auf dieser Aufnahme des Mars Global Surveyor als zerklüftete, stark erodierte Hügellandschaft. (NASA/DLR-RPIF)

beschleunigung (rund ein Drittel der irdischen) prallte der Lander mit nur 14 m/s (gut 50 km/h) auf. Die Airbags bewirkten, daß Pathfinder einige Male über den Boden hüpfte und erst nach rund zwei Minuten zum Stillstand kam. Die Landung war perfekt – der Aufschlagpunkt liegt nur 30 km vom Zentrum der Zielellipse entfernt. Dies läßt die hohe Präzision der Navigation erkennen, über die man heute verfügt.

Bald nach der Landung meldete sich Pathfinder per Funk: „Es ist geschafft". Die Luftkissen wurden entleert und per Seil eingezogen. Die Seitenwände wurden ausgeklappt und am folgenden Tag rollte der kleine sechsrädrige Marsrover (63 cm lang, 48 cm breit, 28 cm hoch, Räderdurchmesser 13 cm) die Rampe hinunter von Bord der Station, die später den Namen Sagan Memorial Station erhielt, nach dem verstorbenen, populären amerikanischen Planetenforscher Carl Sagan (1934–1996). Die Station selbst fuhr einen ein Meter hohen Mast mit einer Stereokamera aus und sandte ein fantastisches Panorama der von Geröll übersäten, bizarren Marslandschaft zur Erde. Nach dem ersten Wetterbericht meinte ein NASA-Wissenschaftler: Dort ist es trockener als in Arizona, aber so kalt wie in der Arktis. Tatsächlich zeigte das Thermometer am frühen Nachmittag einen Spitzenwert von –15°C. In der Nacht sank die Temperatur auf –75° bis zum Morgen ab. Der Luftdruck schwankte zwischen 6 und 7 hPa. Wenig Staub wurde in der felsigen Gegend ausgemacht, dafür Spuren einer großen Überflutung. Neben scharfkantigen Gesteinsbrocken sahen die Kameras auch runde, abgeschliffene Steine. Derweil erkundete der Marsrover die nähere Umgebung. Er ist eigentlich eine „Sie", denn man taufte das Vehikel „Sojourner" nach der dunkelhäutigen, amerikanischen Frauenrechtlerin Sojourner Truth (alias Isabella Van Wagener, 1797–1883). Sojourner heißt im Englischen außerdem Reisender oder Passagier. Sojourner, ein Leichtgewicht von knapp zwölf Kilogramm Masse, hat an Bord ein Alpha-Protonen-Röntgen-Spektrometer (APXS, X steht für X-ray) zur Analyse der Gesteine. Das APXS ist mit Curium 244 bestückt, das α-Teilchen (Heliumatomkerne) aussendet. Aus den atom- und kernphysikalischen Reaktionen läßt sich die Zusammensetzung der Marsgesteine ermitteln. Sojourner steuerte diverse Gesteinsbrocken an, wobei die größeren Objekte Namen von Comic-Figuren wie Barnacle Bill, Yogi, Scooby Doo etc. erhielten. Neu war für die Marsforscher, daß im Unterschied zu den Viking-Proben erstmals Steine entdeckt wurden, die zu einem Drittel aus Quarz und einem weiteren Drittel aus Feldspat bestehen. Sie müssen früher großer Hitze und gewaltigen Drücken ausgesetzt gewesen sein. Es ist das erste Quarzvorkommen außerhalb der Erde im Sonnensystem.

Eine weitere erfolgreiche Marssonde, nämlich der Mars Global Surveyor (MGS), wurde am 7. November 1996 auf den Weg zum roten Planeten gebracht. Sie erreichte voll funktionsfähig am 12. September 1997 ihr Ziel. Zunächst schwenkte sie in eine langgestreckte Umlaufbahn ein mit 56 400 km Distanz im marsfernsten Punkt und zwei Tagen Umlaufszeit. Im Laufe der Zeit wurde die Umlaufbahn durch „Aerobraking" (aerodynamisches Abbremsen in der Marsatmosphäre) in einen fast kreisförmigen, polaren Orbit von 400 km Höhe und einer Umlaufzeit von rund zwei Stunden überführt, um die günstigste Positionierung für eine Gesamtkartographie des roten Planeten zu erhalten. An Bord von MGS sind zwei Weitwinkelkameras mit 7,5 km Auflösung für Übersichtsaufnahmen und eine Kamera mit 280 m Auflösung für spezielle Detailbilder. Ein Thermo-Emissions-Spektrometer (TES) registriert die Wärmestrahlen von Gesteinen, Eis und Wolken.

Inzwischen sind weitere Marsmissionen in Vorbereitung oder in Planung. Sie alle dienen auch zur Vorbereitung einer bemannten Landung auf dem Mars. Der Flug von Menschen zum Mars ist sicher ein faszinierendes Projekt, eine Herausforderung der gesamten irdischen Zivilisation. Davon abgesehen haben uns die unbemannten Marssonden aber ein recht umfangreiches und zutreffendes Bild vom roten Planeten geliefert, wie wir es uns noch vor wenigen Jahrzehnten nicht zu erträumen gehofft haben.

MAI 1999

Mars erreicht am 1. mit 86,5 Millionen Kilometer seine geringste Entfernung von der Erde. Der rote Planet ist als auffälliges Gestirn nahe Spica in der Jungfrau fast die ganze Nacht über sichtbar. Deutlich heller als Mars strahlt Venus am nordwestlichen Abendhimmel.

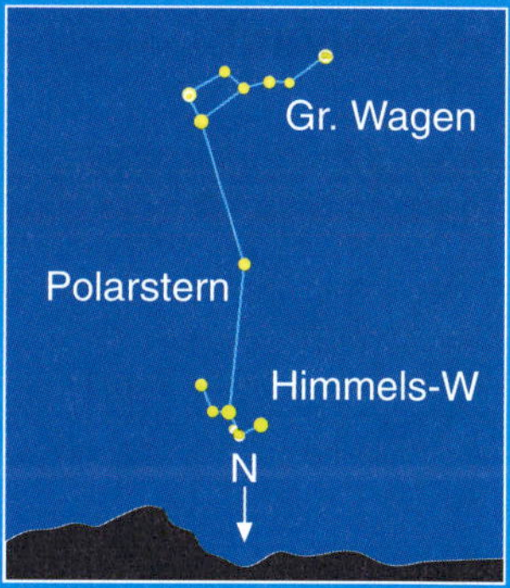

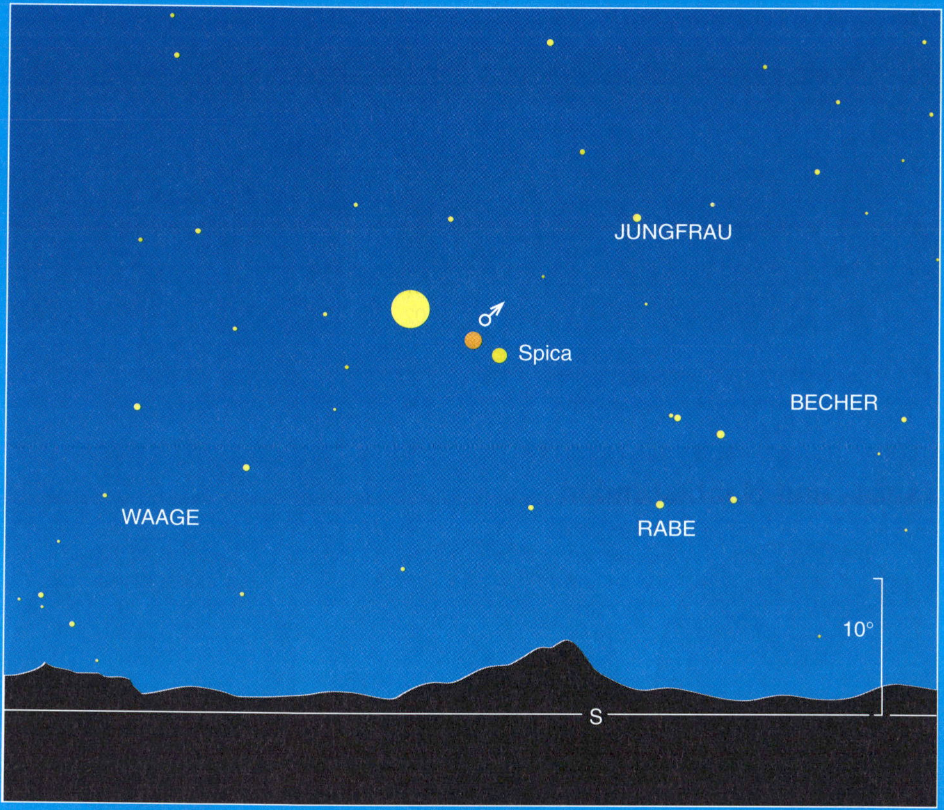

5.1: Himmelsanblick am 26. Mai gegen 21^h MEZ (= 22^h MESZ). Über dem Südhorizont leuchtet der Vollmond, neben ihm erkennt man Mars, den roten Planeten, nahe Spica in der Jungfrau.

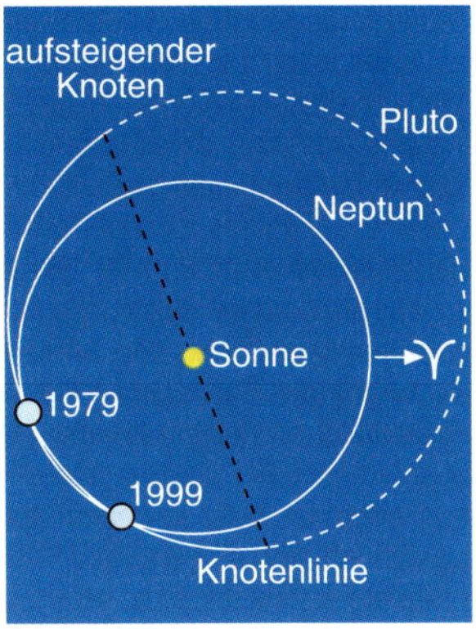

5.5: Neptun- und Plutobahn. Von 1979 bis Februar 1999 war Pluto der Sonne ein wenig näher als Neptun.

Sternbild Zwillinge einen neuen Planeten, der nach längerem Hin und Her schließlich Uranus getauft wurde. Mit der Uranusentdeckung wurde der Durchmesser des Planetensystems fast verdoppelt. Bahnabweichungen von Uranus ließen eine störende Masse, einen achten Planeten vermuten. Unabhängig voneinander berechnete John C. Adams und Urbain J. J. Leverrier die Position des hypothetischen Planeten, der kurz darauf, nämlich im September 1846, von Johann G. Galle und seinem Assistenten Heinrich D'Arrest an der Berliner Sternwarte entdeckt wurde. Er erhielt den Namen des Meeresgottes Neptun. Mit der Entdeckung von Neptun waren allerdings noch nicht alle Bahnabweichungen des Uranus restlos zu erklären. Bereits 1879 vermutete Camille Flammarion daher einen weiteren Planeten außerhalb der Neptunbahn. Bald begann eine mehr oder minder eifrige Suche nach diesem „Planet X". Eine besondere Rolle bei der Suche nach dem neunten Planeten unseres Sonnensystems spielte Percival Lowell (1855–1916), der Gründer und erste Direktor des nach ihm benannten Observatoriums in Flagstaff, Arizona (USA). Lowell, von der Existenz der Marskanäle überzeugt, gründete 1894 in der trockenen und meist klaren Luft Arizonas eine Sternwarte, um Mars zu erforschen und möglichen Bewohnern auf die Spur zu kommen. Weder Marskanäle noch Marsmännchen konnten Lowell und seine Mitarbeiter nachweisen. Da man aber auch andere Beobachtungsarbeiten und Programme durchzog, wurde das Lowell-Observatorium zu einem angesehenen Institut mit internationalem Renommee. Schließlich wurde Pluto auf dieser Sternwarte entdeckt, was Lowell selbst jedoch nicht mehr erlebte. Aber er beschäftigte sich intensiv mit der Suche nach dem Planeten X und versuchte, seine Position zu berechnen, wie vordem Adams und Leverrier die Neptunposition kalkuliert hatten. Schließlich verfaßte Lowell 1915 eine Denkschrift zur Frage nach einem Planeten jenseits der Neptunbahn („Memoir on a Trans-Neptunian Planet"). Die Suche nach Planet X blieb von 1905 bis 1916, dem Todesjahr Lowells, erfolglos, in erster Linie wohl deshalb, weil man ungeeignete Instrumente benutzte. Nach Lowells Tod übernahm Vesto Melvin Slipher (1875–1969) zunächst kommissarisch, ab 1926 dann definitiv die Leitung des Observatoriums in Flagstaff. Er ordnete den Bau eines 13-inch-Refraktors (= 33 cm) an, mit großem Gesichtsfeld für die photographische Jagd nach

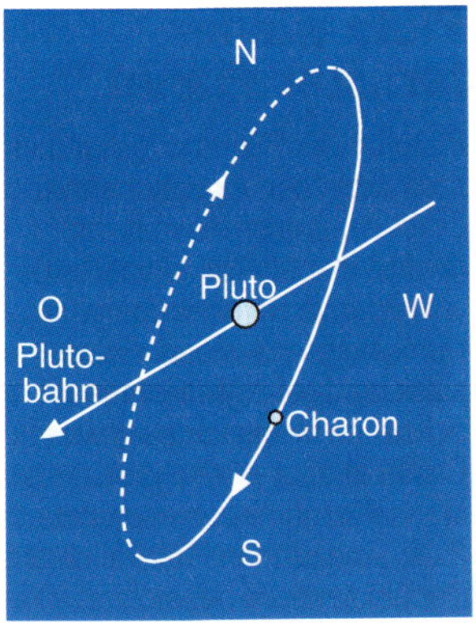

5.6: Charonbahn um Pluto. Sie ist zur Plutobahn stark geneigt.

dem vermuteten, lichtschwachen Planet X. Der Refraktor, nach dem Bruder Lowells als Lawrence-Lowell-Telescope benannt, hatte immerhin ein nutzbares Gesichtsfeld von 164 Quadratgrad – ungewöhnlich groß für einen Refraktor. 1928 wurde das neue Teleskop angeliefert, 1929 ging es voll in Betrieb. Man nahm unzählige Platten von der Ekliptikzone auf. Nun begann die harte Arbeit, die Himmelsaufnahmen nach einem lichtschwachen Objekt abzusuchen, das kein Fixstern, sondern der gesuchte Planet X war. Dazu bediente man sich eines Blinkkomparators. In ihn spannt man zwei Aufnahmen derselben Himmelsgegend ein, die aber zu verschiedenen Zeiten belichtet wurden – beispielsweise mit einer Differenz von zehn Tagen. Abwechselnd wird die linke, dann die rechte Aufnahme in den Strahlengang des Betrachters eingeblendet. Während die Fixsterne ihre Position nicht verändern, springen Objekte, die sich weiterbewegt haben, hin und her. Der Ver-

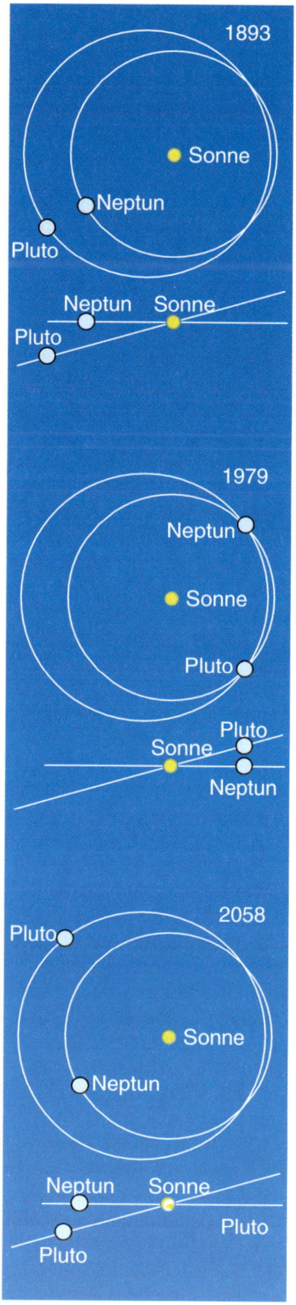

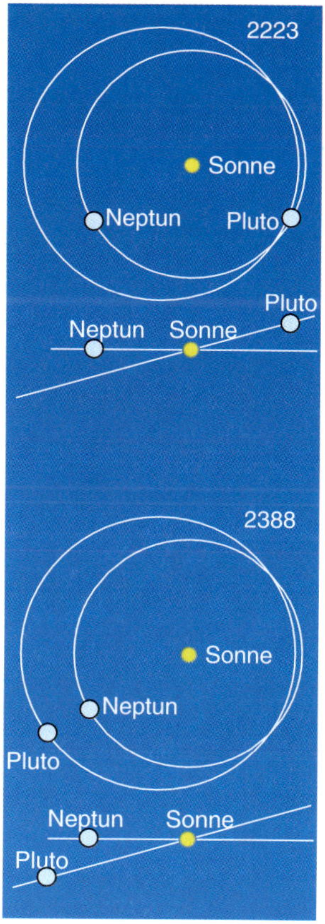

5.7: Pluto und Neptun stoßen niemals zusammen. Zum einen ist die Plutobahn zur Neptunbahn stark geneigt, so daß Pluto an den Kreuzungspunkten weit nördlich der Neptunbahn steht, zum anderen verhält sich die Plutoumlaufsperiode zu der von Neptun wie 2:3. Im Jahre 1893 standen von der Sonne aus gesehen Neptun und Pluto in gleicher Richtung. Nach einem Neptunumlauf (2058) hat Pluto erst 2/3 seiner Bahn zurückgelegt. Nach zwei Neptunumläufen (2223) hat Pluto 1 1/3 Umläufe gemacht, nach drei Neptunjahren ist Pluto zweimal um die Sonne gelaufen, die Situation im Jahre 2388 gleicht der von 1893.

gleich von Aufnahmen im Blinkkomparator ist eine zeitraubende, anstrengende und schnell ermüdende Tätigkeit. Für diese Knochenarbeit fand Slipher in dem jungen Sternfreund und Amateurastronom Clyde William Tombaugh (1906–1997) einen willigen, ja begeisterten Helfer. Tombaugh war auf einer Farm nahe Streator im US-Bundesstaat Illinois aufgewachsen. Mit seinem kleinen Amateurteleskop hatte er Mars- und Jupiterbilder gezeichnet und an das Lowell-Observatory gesandt. Slipher war von der Qualität der Zeichnungen, vom offensichtlichen Fleiß und von der Begeisterung Tombaughs so angetan, daß er ihm einen Job am Lowell-Observatorium anbot. Tombaugh wurde „Mädchen für alles“: Pflanzen gießen, Schnee schippen – und schließlich photographische Aufnahmen im Blinkkomparator zu vergleichen. Gut ein Jahr nach seiner Ankunft am Lowell-Observatorium wurde Tombaugh fündig: Am 18. Februar 1930 fand er auf photographischen Aufnahmen, die am 21., 23. und 29. Januar 1930 gewonnen wurden, ein schwaches Objekt nahe δ Geminorum, das sich weiterbewegt hatte. Aus der geringen mittleren Geschwindigkeit schloß man bald, daß es sich nicht um einen Planetoiden aus dem Gürtel zwischen Mars- und Jupiterbahn handeln konnte – es war der gesuchte Planet X. Slipher hielt die Entdeckung zunächst geheim. Erst am 13. März, dem Geburtstag Lowells, sandte er ein Telegramm an das Harvard-Observatorium, in dem er den Fund bekanntgab und noch anmerkte, daß der neuentdeckte Planet in der Nähe des von Lowell vorausberechneten Ortes aufgespürt wurde. Dies allerdings war eine gehörige Übertreibung. Aus himmelsmechanischen Gründen konnte Lowell die Position des Planeten X gar nicht berechnen. An den Restabweichungen des Uranus von seiner Bahn ist Planet X völlig unbeteiligt, wie sich später aufgrund der geringen Masse von Planet X noch herausstellte. Es ist daher das alleinige Verdienst Tombaughs, den neuen Planeten entdeckt zu haben. Nach der Entdeckung begann eine Diskussion, wie der neue Planet zu benennen wäre. Man einigte sich auf Pluto, den römischen Gott der Unterwelt und Bruder des Meeresgottes Neptun, ein guter Name für einen Planeten in den fernen, dunklen Bezirken des Sonnensystems. Von Pluto aus erscheint die Sonne nicht mehr als Scheibe, sondern sternförmig (für das bloße Auge) unter einem Winkel von einer Bogenminute. Für die Bezeichnung **Pl**uto sprach auch, daß die beiden ersten Buchstaben die Initialen von Percival Lowell sind. Als Zeichen wurde schließlich dessen Monogramm vorgeschlagen: ♇. Bald gelang es, Pluto auch auf älteren Aufnahmen zu finden. So manche Beobachter hatten sich seine Entdeckung entgehen lassen. Aus den einzelnen vermessenen Positionen wurde schließlich seine extrem exzentrische, stark geneigte Bahn bestimmt. Dabei wurde der Verdacht geäußert, Pluto könne ein entsprungener Neptunmond sein. Er ist es nicht, wie himmelsmechanische Untersuchungen erkennen lassen. Im Jahre 1965 wurde die 2:3 Resonanz der Umlaufszeiten entdeckt: Zwei Plutowanderungen um die Sonne entsprechen drei Neptunumläufen. Somit kommen die beiden Planeten einander kaum näher. In den letzten hundert Millionen Jahren war die Entfernung zwischen Pluto und Neptun nie kleiner als 2500 Millionen km. Von der Sonne aus gesehen stehen Pluto und Neptun dann in der gleichen Richtung, wenn Pluto in seinem sonnenfernen Bahnteil, also nahe dem Aphel läuft. Wenn Pluto den Kreuzungspunkt der Neptunbahn passiert, der ihn näher zur Sonne bringt, so sind beide Planeten deutlich voneinander getrennt. Außerdem befindet sich dann Pluto weit nördlich der Neptunbahn (siehe Abb. 5.7 auf Seite 107).

Aus dem periodischen, leichten Lichtwechsel von einer zehntel Größenklasse wurde schon in den 50er Jahren eine Rotationsdauer von 6,38 Tagen abgeleitet. In den 70er Jahren verstärkte sich die Amplitude des Lichtwechsel auf $0\overset{m}{,}2$ – eine Folge der extremen Neigung der Plutorotationsachse.

Eine wichtige Entdeckung gelang 1978 James W. Christy, Astronom am U.S. Naval Observatory in Washington D.C. Christy war aufgefallen, daß bei etlichen photographischen Plutoaufnahmen die Streuscheibchen kleine Ausbuchtungen zeigen – andere nicht. Anderen Astronomen waren diese Abweichungen von der Kreissymmetrie ebenfalls aufgefallen, doch sie dachten an Nachführfehler als Ursache. Christy fiel jedoch eine gewisse Systematik in dem

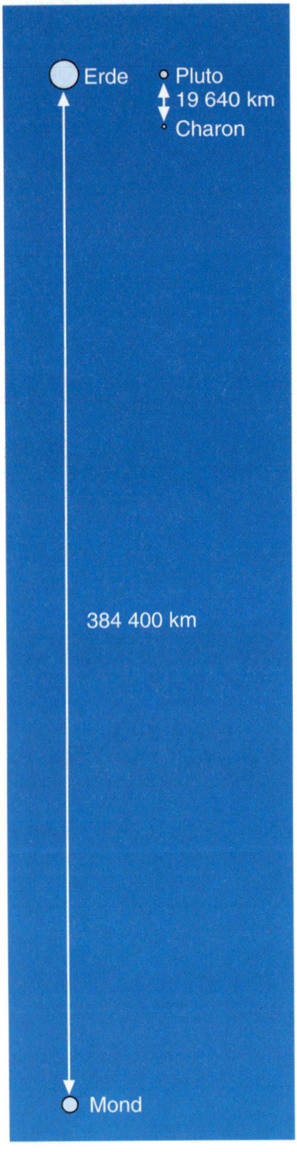

5.8: Das System Pluto – Charon im Größenvergleich zu Erde – Mond.

5.9: Die eisige Welt Plutos, aufgenommen im Sommer 1994 mit dem Hubble-Weltraumteleskop (kleine Bilder oben); durch eine aufwendige Bildrekonstruktion wurden daraus die großen „Ansichten" von Pluto „errechnet".

Auftreten dieser Ausbuchtungen auf – es konnte sich somit nicht um zufällige Beobachtungsfehler handeln. Er tippte richtig auf einen Plutomond als Verursacher dieser Ausbuchtungen. Tatsächlich umkreist der neuentdeckte Trabant in nur knapp 20 000 km Entfernung den Pluto, weshalb er in maximaler Elongation von der Erde aus betrachtet nur 0,″9 von Pluto entfernt erscheint. Erst mit Hilfe eines speziellen Beobachtungsverfahrens (Speckle-Interferometrie) konnten Pluto und sein Mond mit bodengebundenen Teleskopen einwandfrei getrennt werden. Noch besser gelang dies dem Hubble-Weltraumteleskop, das in 500 km Höhe ungestört von der Erdatmosphäre beobachten kann. Das Weltraumteleskop lieferte auch die ersten Bilder von der Plutooberfläche, die zumindest einige Details erkennen lassen.

Der neugefundene Plutomond wurde Charon getauft. Charon ist der Fährmann, der die Seelen der Toten über den Fluß Styx setzt, an dessen anderem Ufer der Hades liegt, Plutos Reich der Unterwelt.

Die Bahnebene von Charon ist ebenso wie die Rotationsachse von Pluto um 118° zur Plutobahnebene geneigt, sie steht also fast senkrecht auf der Umlaufsbahn ähnlich wie die Bahnen der Uranusmonde. Da der Rotationslichtwechsel von Pluto mit 6 Tagen 9 Stunden und 18 Minuten Dauer gleich lang ist wie die Umlaufszeit von Charon um Pluto, folgerte man, daß das Pluto-Charon-System eine doppelt gebundene Rotation aufweist. Das heißt, die Rotationszeiten von Pluto und Charon sind so lang wie der Umlauf von Charon um Pluto. Pluto und Charon wenden sich somit stets die gleichen Seiten zu.

Von 1985 bis 1990 war die Kante der Charonbahn auf Sonne und Erde gerichtet, wo-

bei es zu gegenseitigen Bedeckungen von Pluto und Charon kam. Aus diesen Bedeckungen konnten recht genau ihre Durchmesser bestimmt werden. Für Pluto ergab sich ein Wert von 2 300 km, für Charon von 1 200 km.
Nur wenig ist über die Eiswelten von Pluto und Charon bekannt. Deshalb will die NASA eine Raumsonde zum fernsten Planeten des Sonnensystems entsenden, und zwar möglichst bald. Denn die Zeit drängt, Pluto entfernt sich immer mehr von der Sonne. In Perihelnähe ist die Plutokugel von einer dünnen Stickstoff- und Methangasatmosphäre umhüllt. Nach dem Jahre 2020 wird es dann auf Pluto so kalt, daß das Stickstoff- und Methangasgemisch sich als Rauhreif auf der Plutooberfläche niederschlägt und Pluto damit seine Atmosphäre verliert. Einen weiteren Grund, möglichst schnell zu starten, ist die Achsenlage von Pluto und Charon. Zur Zeit liegt der Plutoäquator in Richtung Sonne, das Gleiche gilt für Charon. Während einer vollen Rotationsperiode empfängt die gesamte Pluto- und die Charonoberfläche Sonnenlicht. Passiert die Raumsonde in Bälde das Pluto-Charon-System, so kann sie die gesamten Oberflächen erfassen. Wenn Pluto und Charon in ihrer Bahn weiterwandern, so erreichen sie eine Position, wo jeweils ein Pol der Sonne zugekehrt ist. Dann liegt jeweils nur eine Halbkugel im Sonnenlicht, die andere aber für Jahrzehnte in absoluter Dunkelheit. „Pluto-Express“, so der Missionsname, soll möglichst im Jahre 2001 starten. Zunächst soll die Raumsonde die Sonne in einer relativ engen Bahn umrunden und 2005 nochmals der Erde nahe kommen, um sie als Gravitationsschleuder zu nutzen und bereits 2006 Jupiter zu passieren. Dessen gewaltige Masse katapultiert den Pluto-Express dann auf den Weg zum neunten Planeten, an dem er bereits 2014 vorbeirasen wird. Eine alternative Route sieht statt der Erdpassage einen dreimaligen Venusencounter vor, anschließend dann den Jupitervorbeiflug. Der Pluto-Express könnte dann bereits im Mai 2013 am Ziel eintreffen. Man erhofft sich Aufschluß über die unterschiedliche Oberflächenbeschaffenheit von Pluto und Charon. Pluto reflektiert 55% des einfallenden Sonnenlichtes, Charon nur 36%. Plutos Oberfläche setzt sich aus den gefrorenen Gasen Methan, Stickstoff, Kohlenmonoxid und Wassereis zusammen, Charon scheint eine Oberfläche nur aus Wassereis zu besitzen. Die Rotationslichtkurve von Pluto zeigt eine 38% Amplitude, die von Charon hat nur 8%. Pluto scheint also fleckiger zu sein. Bei Charon konnte keine Atmosphäre nachgewiesen werden. Nach dem Pluto-Charon-Encounter könnte die Raumsonde (genauer beide Sonden einer Tandemversion) in den noch weitgehend unerforschten Kuiper-Gürtel eindringen und nach Plutinos forschen (siehe auch *Himmelsjahr* 199**8**, *Monatsthema Mai,* Seite 97).

JUNI 1999

Die Sonne erklimmt am 21. um 21^h49^m MESZ den Gipfel ihrer Jahresbahn. Venus erreicht als Abendstern am 11. mit 45° ihren größten östlichen Winkelabstand zur Sonne. Mars ist ein auffälliges Gestirn in der ersten Nachthälfte, während Jupiter den Morgenhimmel dominiert.

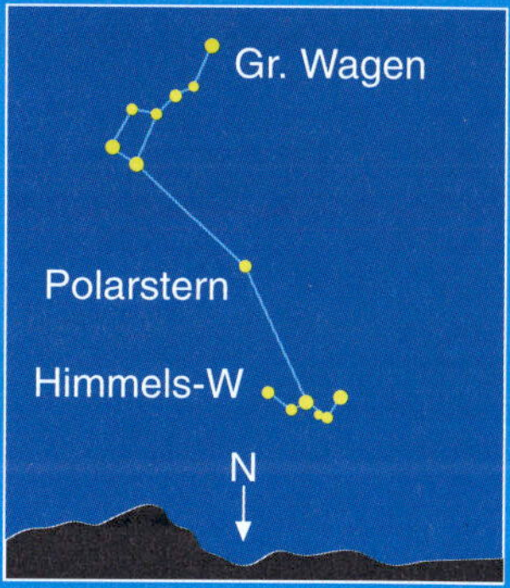

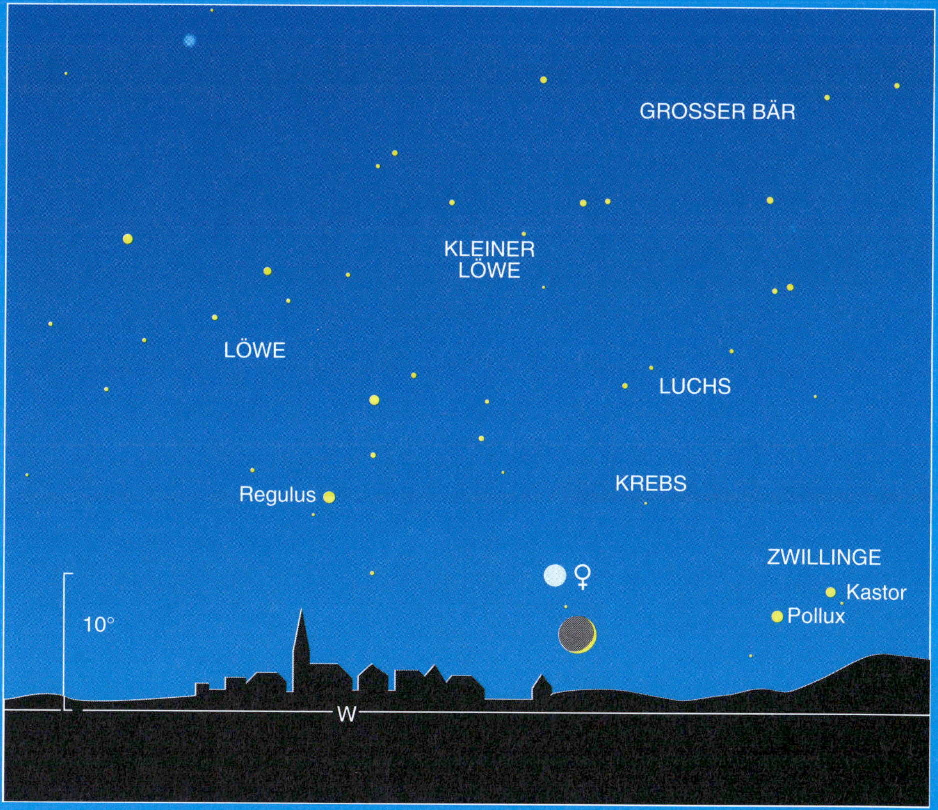

6.1: Himmelsanblick am 16. Juni gegen 22^h MEZ (= 23^h MESZ). Tief am Westhorizont strahlt Venus, unser innerer Nachbarplanet, zu dem sich noch die schmale Sichel des zunehmenden Mondes gesellt.

Sonnenlauf

21.6. 20ʰ49ᵐ
Sonne tritt in das Tierkreiszeichen Krebs
21.6. 24ʰ
Sonne tritt in das Sternbild Zwillinge

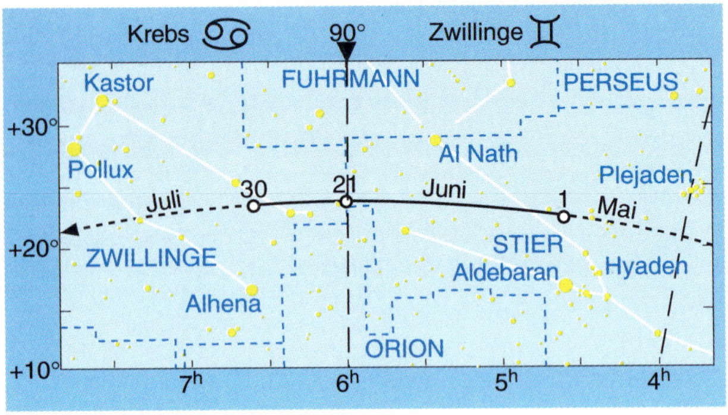

Julianisches Datum
am 1. Juni, 1ʰ MEZ:
2451330,5

Tag	Dämmerg. Anfang	Aufgang MEZ	Kulmination	Untergang MEZ	Dämmerg. Ende	Mittagshöhe	Zeitgleichg.	Rektaszension	Deklination
	h m	h m	h m	h m	h m	°	m	h m	°
1.	2 33	4 16	12 18	20 20	22 03	62,0	+2	4 34	+22,0
5.	2 28	4 14	12 18	20 24	22 09	62,5	+2	4 50	+22,5
10.	2 24	4 11	12 19	20 28	22 16	63,0	+1	5 11	+23,0
15.	2 21	4 10	12 20	20 31	22 20	63,3	0	5 32	+23,3
20.	2 20	4 10	12 21	20 33	22 23	63,4	−1	5 52	+23,4
25.	2 21	4 12	12 23	20 33	22 23	63,4	−3	6 13	+23,4
30.	2 25	4 14	12 24	20 33	22 22	63,2	−4	6 34	+23,2

Tages- und Nachtstunden

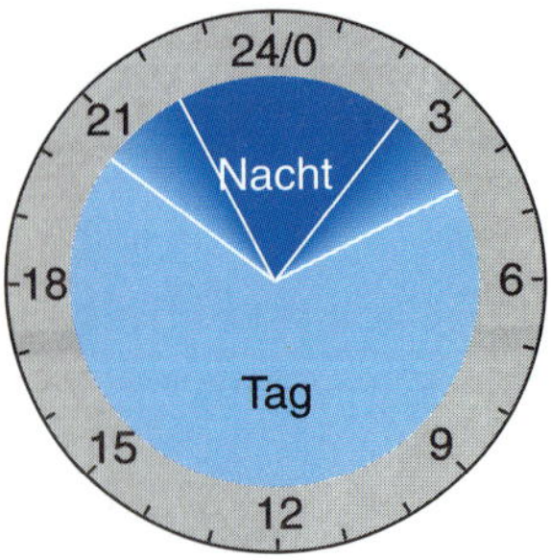

5. Juni

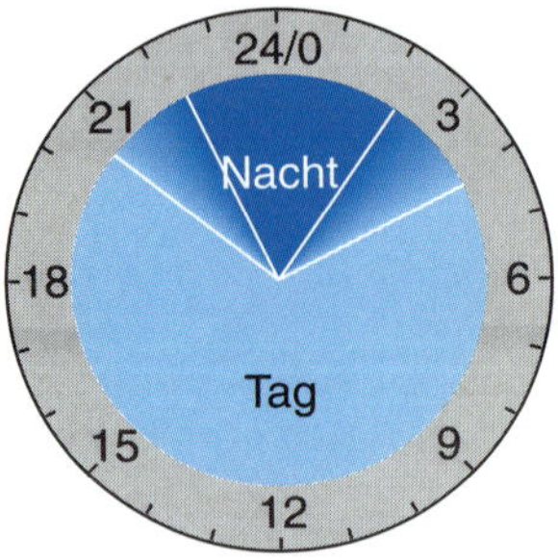

15. Juni

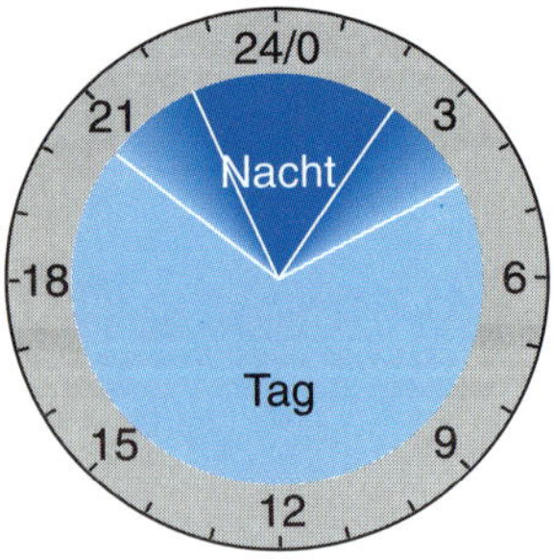

25. Juni

Mondlauf

Datum		Aufg. MEZ	Kulmination	Unterg. MEZ	Rektaszension	Deklination	Sterne und Sternbilder	Phase	MEZ
		h m	h m	h m	h m	°			
Di	1.	22 05	1 41	6 06	17 56	−19,8	Schütze		
Mi	2.	22 52	2 30	6 54	18 47	−20,2	Schütze, Nunki		
Do	3.	23 32	3 19	7 48	19 38	−19,6	Schütze		
Fr	4.	–	4 08	8 49	20 30	−18,1	Steinbock	Absteigender Knoten	
Sa	5.	0 08	4 57	9 53	21 21	−15,8	Steinbock		
So	6.	0 39	5 46	11 02	22 12	−12,6	Wassermann	Libration Ost	
Mo	7.	1 07	6 35	12 12	23 03	− 8,7	Wassermann	**Letztes Viertel**	**5ʰ20ᵐ**
Di	8.	1 33	7 24	13 26	23 55	− 4,3	Wassermann		
Mi	9.	1 59	8 14	14 42	0 47	+ 0,4	Walfisch		
Do	10.	2 26	9 07	16 00	1 41	+ 5,3	Fische		
Fr	11.	2 56	10 02	17 21	2 37	+10,0	Walfisch	Größte Südbreite	
Sa	12.	3 31	11 00	18 41	3 36	+14,2	Stier		
So	13.	4 13	12 01	19 58	4 37	+17,5	Aldebaran	**Neumond**	**20ʰ03ᵐ**
								Erdnähe 358/33ʹ,4	2ʰ
Mo	14.	5 03	13 03	21 06	5 41	+19,5	Stier		
Di	15.	6 03	14 05	22 04	6 44	+20,2	Alhena		
Mi	16.	7 10	15 05	22 51	7 47	+19,5	Zwillinge		
Do	17.	8 21	16 01	23 29	8 47	+17,5	Krebs, Krippe	Aufsteigender Knoten	
Fr	18.	9 33	16 53	–	9 43	+14,6	Löwe, Regulus	Libration West	
Sa	19.	10 43	17 41	0 00	10 36	+11,0	Löwe, Regulus		
So	20.	11 51	18 27	0 27	11 26	+ 6,9	Löwe	**Erstes Viertel**	**19ʰ13ᵐ**
Mo	21.	12 57	19 10	0 51	12 13	+ 2,7	Jungfrau		
Di	22.	14 02	19 53	1 13	12 59	− 1,5	Jungfrau		
Mi	23.	15 05	20 36	1 35	13 45	− 5,6	Spica		
Do	24.	16 07	21 19	1 58	14 30	− 9,4	Waage	Größte Nordbreite	
Fr	25.	17 09	22 04	2 24	15 17	−12,9	* Waage	Erdferne 406/29ʹ,4	17ʰ
Sa	26.	18 10	22 50	2 52	16 04	−15,8	Skorpion		
So	27.	19 08	23 37	3 25	16 53	−18,0	Schlangenträger		
Mo	28.	20 02	–	4 04	17 43	−19,6	Schlangenträger	**Vollmond**	**22ʰ37ᵐ**
Di	29.	20 51	0 26	4 50	18 34	−20,2	Schütze, Nunki		
Mi	30.	21 34	1 16	5 43	19 26	−19,9	Schütze		

Planetenlauf

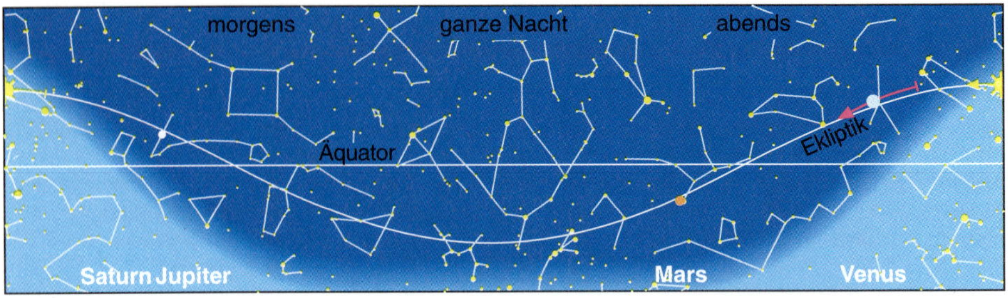

Merkur vergrößert allmählich seinen östlichen Winkelabstand von der Sonne. Um den 10. taucht der sonnennahe Planet am Abendhimmel auf, nachdem er schon am 7. den Sommerpunkt 2° nördlich passiert hat. Erst am Monatsende, nämlich am 29., erreicht Merkur mit 25°33′ Winkelabstand seine größte östliche Elongation von der Sonne.

Am 9. geht der $-0\overset{m}{,}7$ helle Merkur um 21^h55^m (= 22^h55^m Sommerzeit) unter. Kurz nach 21^h macht er sich in der Dämmerung tief am Nordwesthorizont bemerkbar. Gegen 21^h30^m verblaßt er in den horizontnahen Dunstschichten (siehe auch Abb. 6.2 und 6.3 auf der Seite unten). Bis zum 20. nimmt die Helligkeit von Merkur auf $0\overset{m}{,}1$ ab, die Merkuruntergänge verspäten sich leicht auf 22^h12^m (= 23^h12^m Sommerzeit). Noch vor Erreichen der größten östlichen Elongation am 29. beendet Merkur seine bescheidene Abendsichtbarkeitsperiode, weil seine Helligkeit rapide sinkt. Letztmals am 24. kann man mit Aussicht auf Erfolg nach dem flinken Planeten Ausschau halten; an diesem Tag geht der nur noch $0\overset{m}{,}3$ helle Merkur um 22^h07^m (= 23^h07^m Sommerzeit) unter. Am Tag der größten östlichen Elongation ist die Merkurhelligkeit bis auf $0\overset{m}{,}7$ abgesunken.

Im Fernrohr sieht man am 23.

6.2: Stellung von Merkur über dem Nordwesthorizont zu den angegebenen Daten jeweils eine Stunde nach Sonnenuntergang. Die Pfeile geben die Bewegung von Merkur und Sonne während der letzten halben Stunde an.

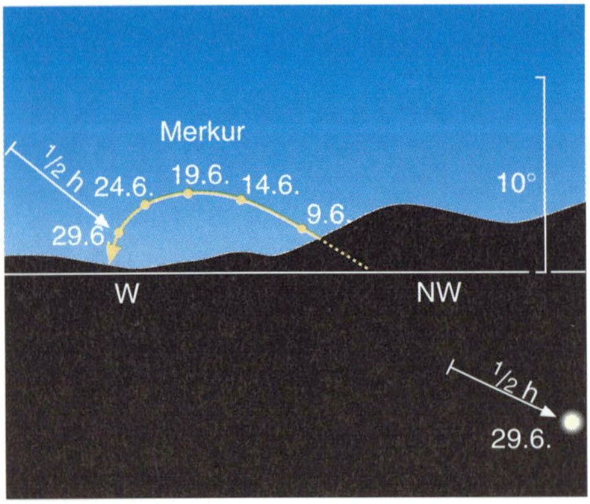

6.3: Sichtbarkeitsdiagramm für Merkur. Es gilt genau für 50° nördlicher Breite und 10° östlicher Länge. Dunkelgelbe Fläche: Unter günstigen Sichtbedingungen kann man Merkur mit bloßen Augen erkennen.

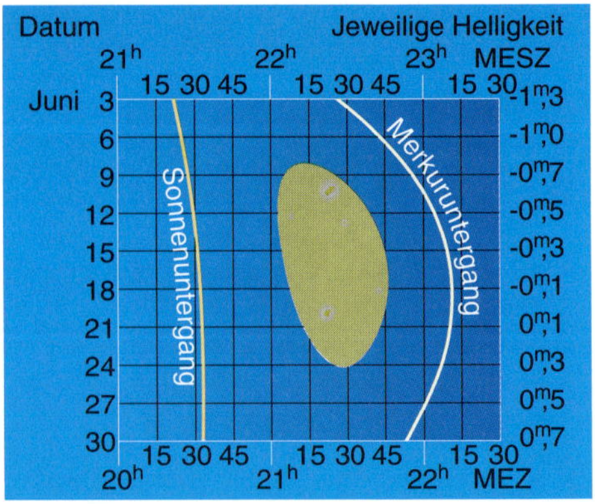

das 7″,3 große Merkurscheibchen halb beleuchtet, die Dichotomie ist eingetreten. Danach entwickelt sich das Merkurscheibchen zu einer Sichel, die untere Konjunktion naht.
Venus erreicht am 11. ihre größte östliche Elongation von der Sonne, wobei ihr Winkelabstand 45°23′ beträgt. Mit seinem Glanz zieht der Abendstern alle Blicke auf sich. Schon mit Sonnenuntergang wird der Abendstern als erster in der beginnenden Dämmerung sichtbar – lange bevor sich die anderen Sterne zeigen. Die Venushelligkeit steigt bis Monatsende auf $-4{,}^m4$ an.
Venus wechselt zu Monatsbeginn aus den Zwillingen in den Krebs. Am 25. verläßt sie ihn wieder und dringt in den Löwen ein, wobei sie direkt auf Regulus zusteuert, an dem sie aber erst im nächsten Monat vorbeiwandert. Dabei verliert sie etwas an Deklination – sie bewegt sich wieder südwärts, was zu früheren Untergangszeiten führt. Am 1. geht Venus um 23^h44^m unter, am 30. bereits um 22^h43^m (= 23^h43^m Sommerzeit), also gut eine Stunde früher.
Im Fernrohr zeigt sich das knapp 24″ große Venusscheibchen am 10. halb beleuchtet, die Dichotomie ist eingetreten. Bis Monatsende geht die Beleuchtungsphase auf 37 % zurück, der scheinbare Venusdurchmesser nimmt auf 31″ zu. Jetzt wird Venus für Fernrohrbesitzer interessant. In den nächsten Wochen wird die Venussichel rasch größer und schmaler.
Mars wird am 5. im Sternbild Jungfrau stationär. Damit beendet er seine Rückläufigkeit, die Oppositionsperiode ist vorbei. Der Umkehrpunkt der Marsbewegung liegt etwa drei Vollmonddurchmesser nordöstlich von Spica (siehe Abb. 4.3 auf Seite 83). Daß die Oppositionsperiode zu Ende geht, wird auch an der stark fallenden Marshelligkeit ersichtlich. Sie sinkt von $-1{,}^m1$ am Monatsanfang auf $-0{,}^m4$ am Monatsende. Aus der zweiten Nachthälfte beginnt Mars sich zurückzuziehen. Die Marsuntergänge verfrühen sich von 2^h31^m (= 3^h31^m Sommerzeit) am 1. auf 1^h34^m am 15. und auf 0^h39^m am 30.; der scheinbare Durchmesser des Marsscheibchens nimmt weiter auf 11″,5 ab.
Jupiter kann am Morgenhimmel aufgefunden werden. Der Riesenplanet wandert rechtläufig durch die Fische und strebt immer nördlicheren Deklinationen zu. Die Jupiteraufgänge verfrühen sich erheblich. Geht der Riesenplanet am 1. noch um 2^h33^m (= 3^h33^m Sommerzeit) auf, so erfolgt sein Aufgang am 15. um 1^h43^m und am 30. schon um 0^h50^m (= 1^h50^m Sommerzeit). Die Jupiterhelligkeit nimmt um $0{,}^m2$ auf $-2{,}^m3$ im Laufe des Monats zu.
Am 10. wandert der abnehmende Mond rund 4° südlich am Riesenplaneten vorbei.
Saturn, rechtläufig im Widder, taucht im zweiten Monatsdrittel am Morgenhimmel auf. Am 10. geht der $0{,}^m4$ helle Riesenplanet um 2^h40^m (= 3^h40^m Sommerzeit) auf. Am 30. erfolgt der Saturnaufgang bereits um 1^h26^m. Damit kann Saturn etwa eineinhalb Stunden am Morgenhimmel gesehen werden. Die Öffnung des Saturnringes ist auf gut 20° angewachsen. Zur Zeit blickt man auf die Südseite der Saturnringe.
Uranus, rückläufig im Steinbock, strebt seiner Oppositionsstellung entgegen, die er aber erst Anfang August erreichen wird. Seine Aufgänge verlagert der $5{,}^m7$ helle, grünliche Planet in die Zeit vor Mitternacht: Geht Uranus am 1. noch um 0^h20^m (= 1^h20^m Sommerzeit) auf, so er-

Konstellationen und Ereignisse

Datum	MEZ	Ereignis
3.	23^h	Mond bei Neptun, Mond 0°,7 nördlich
4.	23	**Mond bei Uranus**, Mond 0°,5 nördlich, **Abstand 1°,8 um 1^h am 5.**
5.	8	Mars im Stillstand, anschließend rechtläufig
10.	1	**Mond bei Jupiter**, Mond 3°,9 südlich, **Abstand 4°,6 um 3^h**
11.	3	Mond bei Saturn, Mond 3°,0 südlich
11.	13	**Venus in größter östlicher Elongation (45°)**
15.	9	Mond bei Merkur, Mond 4°,5 südlich
17.	5	Mond bei Venus, Mond 2°,3 südlich, Abstand 4°,7 um 22^h am 16.
21.	20^h49^m	**Sonne im Sommerpunkt, Sommersonnenwende**
22.	21	Mond bei Mars, Mond 6°,2 nördlich, Abstand 5°,1 um 23^h
29.	0	Merkur in größter östlicher Elongation (26°)

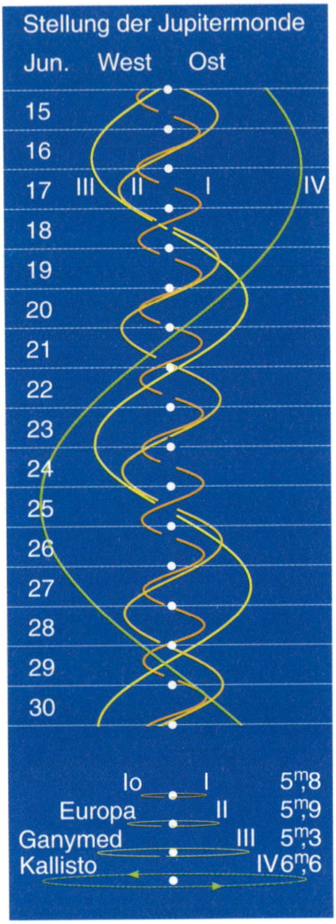

Jupitermond-Erscheinungen

Tag	MEZ		Vorgang	
	h	m		
20.	2	06	I	DA
	3	05	I	SE
	3	59	II	DA
	4	06	II	SE
22.	3	12	III	DA
27.	2	49	I	SA
29.	2	10	III	SA

folgt sein Aufgang am 15. um 23^{h}21^m und am 30. schon um 22^{h}21^m (= 23^{h}21^m Sommerzeit). Erst jeweils eine Stunde nach seinem Aufgang lohnt es sich, nach Uranus zu fahnden, wobei man ein gutes Fernglas oder Teleskop benötigt (siehe Abb. 7.4 auf Seite 129).

Am 4. wird Uranus vom Mond bedeckt. Diese wie auch die anderen neun Uranusbedeckungen in diesem Jahr bleiben in Mitteleuropa unbeobachtbar.

Neptun, rückläufig im Westteil des Steinbocks, nähert sich seiner Opposition zur Sonne, die er aber erst im letzten Drittel des kommenden Monats erreicht (siehe auch Abb. 7.4 auf Seite 129). Am Monatsbeginn stört Mondlicht die Beobachtung des Neptun.

Die Aufgänge des 7^m,9 lichtschwachen Neptuns verlagern sich von 23^{h}38^m am 1. auf 22^{h}43^m am 15. und auf 21^{h}43^m (= 22^{h}43^m Sommerzeit) am 30.; am Monatsende kulminiert Neptun bereits um 2^{h}13^m. Kurz darauf beginnt die nautische Dämmerung.

PLANETOIDEN

Vesta (4) eilt rechtläufig durch den Löwen und passiert kurz nach der Monatsmitte η Leonis, den Bruststern des Löwen (siehe auch Abb. 2.6 auf Seite 54). Mit 7^m,9 Helligkeit ist Vesta inzwischen recht lichtschwach geworden. Am 1. passiert sie um 17^{h}25^m den Meridian und geht um 1^{h}14^m unter. Zum Monatsende geht Vesta um 16^{h}15^m durch den Meridian und bereits um 23^{h}36^m (= 0^{h}36^m Sommerzeit) unter.

Periodische Sternschnuppenströme

Das schwache Maximum des **Scorpius-Sagittarius**-Stromes ist um den 14. Juni zu erwarten. Der Ausstrahlungspunkt oder Radiant liegt bei γ Sagittarii. Der Strom ist während des ganzen Monats aktiv. Wegen der geringen Höhe des Radianten sind Beobachtungen in unseren Breiten schwierig. Die beste Beobachtungszeit sind die Stunden um Mitternacht. Bei diesem Strom sind langsam fliegende Meteore (um 26 km/s) zu registrieren.

Am 3. Juni erreichen die **Tau-Herkuliden** ihr Maximum. Dieser wenig bekannte und unauffällige Strom ist vom 19. Mai bis 14. Juni aktiv.

Am 8. und 9. Juni kann man nach den **Libriden** Ausschau halten. Der Radiant dieses Stromes liegt in der Waage.

Seit etwa zwanzig Jahren werden die **Juni-Lyriden** in der Zeit vom 10. bis 20. Juni beobachtet. Ihr Ausstrahlungspunkt liegt in der Leier. Ein Ursprungskomet ist noch nicht bekannt.

Zwischen dem 25. Juni und dem 2. Juli tauchen die **Corviden** auf, deren Radiant im Sternbild Rabe liegt. Am 27. Juni erreicht die Corvidenaktivität ihr Maximum.

Um den 28. Juni sind die **Juni-Draconiden** zu erwarten. Der Radiant liegt im Sternbild des Drachen. Die Draconiden sind ein kometarischer Strom, der seinen Ursprung auf den Kometen 7P/Pons-Winnecke zurückführt.

Der Fixsternhimmel

Die Umstellung der Sternbilderszenerie auf den Sommerhimmel macht sich allmählich bemerkbar. Die Wintersternbilder sind allesamt verschwunden, wenn man davon absieht, daß tief im Norden die bei uns zirkumpolare Kapella sowie im Nordwesten noch die beiden Zwillingssterne Kastor und Pollux zu erkennen sind. Das Frühlingsdreieck, das sich aus Arktur, Regulus und Spica zusammensetzt, ist in die westliche Hemisphäre des Firmaments gerückt. Nahe Spica hält sich zur Zeit der rote Planet auf. Tief am Westhorizont strahlt noch ein weiterer Planet: Die Venus, die zur Zeit Abendstern ist.
Im Osten ist inzwischen das Sommerdreieck mit Wega, Deneb und Atair komplett aufgegangen.
Immer noch steil über unseren Köpfen steht der Große Wagen. Den Meridian hat er allerdings schon überschritten und bereitet sich auf seinen Abstieg vor. In der nun recht spät einsetzenden Abenddämmerung erscheint hoch im Südwesten als einer der ersten Sterne Arktur im Bootes. Auch dem Laien fällt sofort seine orangerote Farbe auf. Fast gleichzeitig mit Arktur taucht in der beginnenden Dunkelheit die bläulich-weiß strahlende Wega auf. Die Wega ist der Hauptstern der Leier. Sie ist 25 Lichtjahre von uns entfernt.

6.4: Das Sternbild Waage in dem Himmelsatlas von Johann Elert Bode aus dem Jahre 1782.

Arktur und Wega sind somit neben den hellen Planeten die ersten Sterne, die in der hereinbrechenden Abenddämmerung zu sehen sind.
Im Westen neigt sich der Löwe dem Untergang zu. Das Feld im Südwesten wird von der Jungfrau besetzt gehalten. Ihr Hauptstern Spica leuchtet gut sichtbar in bläulichem Licht halbhoch über dem Südwesthorizont.
Ein wenig östlich der Jungfrau stößt man auf die Waage, die eben den Meridian überquert hat.
In der Antike deuteten die Sterne der Waage noch die Scheren des Skorpions an, der der Waage im Tierkreis folgt. Aus dieser Zeit leiten sich auch die arabischen Namen für die beiden hellsten Sterne, α und β Librae, ab. α Librae heißt Zuben el Genubi (oder Eldschenubi), was „südliche Schere" bedeutet, und β Librae wird Zuben el Chamali (oder Elschemali) genannt, was entsprechend „nördliche Schere" heißt.
Auf alten Sternkarten erscheinen geflügelte Wesen – vermutlich Engel, die eine kleine Waage halten. Der Ursprung dieses „Waagenjünglings" geht vermutlich auf die alten Ägypter zurück. In ihren Totenbüchern, die den Verstorbenen beigelegt wurden, taucht der Waagemann als Symbol der Gerechtigkeit auf. Er soll das Gleichgewicht zwischen dem Reich der Toten

Veränderliche Sterne

Algol-Minima	15.	3^h39^m	18.	0^h28^m								
β-Lyrae-Minima	3.	5^h H	9.	16^h N	16.	3^h H	22.	15^h N	29.	2^h H		
δ-Cephei-Maxima	2.	11^h	7.	19^h	13.	4^h	18.	13^h	23.	22^hh	29.	7^h

JUNI 1999
FIXSTERNE

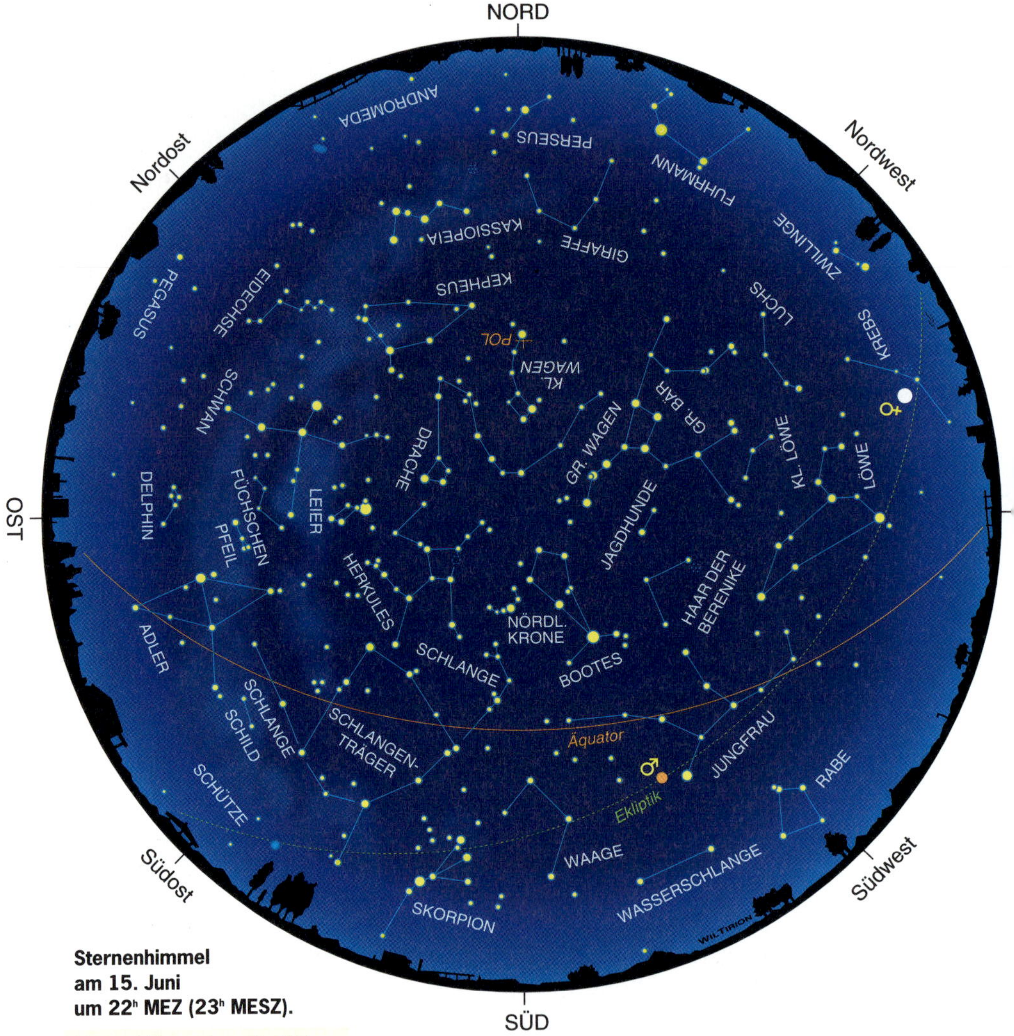

Sternenhimmel am 15. Juni um 22h MEZ (23h MESZ).

Fixsternhimmel auch gültig für:	MEZ	MESZ
15. 2.	6h	
1. 3.	5	
15. 3.	4	
1. 4.	3	4h
15. 4.	2	3
1. 5.	1	2
15. 5.	0	1
1. 6.	**23**	**24**
15. 6.	**22**	**23**

und dem der Lebenden herstellen. Die Kosmische Waage wurde vom ägyptischen Gott Anubis eingesetzt. Das Herz eines eben Verstorbenen wurde in die eine Waagschale gelegt, in die andere eine Pfauenfeder als Symbol der Wahrheitsgöttin Maat. Anubis wog das Herz. War der Verstorbene in seinem Leben ein aufrichtiger Mensch, so bestand das Herz die Prüfung und wurde in eine höhere Lebensstufe aufgenommen. Im Mittelalter entstanden verschiedene Darstellungen, nach denen der Erzengel Michael die Waage in einer Hand hält, um die Seelen der Menschen zu wiegen. Diese Version soll auf eine hebräische Legende zurückgehen.

Im chinesischen Sonnentierkreis wurde an dieser Stelle ein Krokodil gesehen. Das Sternbild wurde im alten China Show Sing genannt, was soviel wie „Gestirn der Langlebigkeit“ bedeutet. Später findet man auch die Bezeichnung Tien Ching, die „Himmelswaage“. Nach babylonischen Vorstellungen zeigten die Sterne der Waage eine Lampe oder ein Rauchfaß an. Auch der Turm von Babel soll hier zu erkennen sein. In der Antike lag der Herbstpunkt im Sternbild Waage, weshalb der Herbstpunkt immer noch Waagepunkt genannt wird. Heute wandert die Sonne vom 31. Oktober bis 23. November durch die Waage.

Tief im Süden krabbelt der Skorpion mit dem intensiv rot leuchtenden Antares den Horizont entlang. Die rote Riesensonne Antares ist 450 Lichtjahre von uns entfernt. Nördlich des Skorpions stößt man auf das ausgedehnte, aber nur aus lichtschwachen Sternen bestehende Bild des Schlangenträgers mit der Schlange. Diese wird durch ihren Träger in zwei Teile zerlegt. Der östliche Teil markiert den Schwanz der Schlange. Er besteht im wesentlichen aus einer Sternenkette, die auf Atair deutet. Der westliche Teil bildet den Kopf der Schlange. Der Schlangenkopf passiert gerade den Meridian und blickt nach Norden zum kleinen, aber einprägsamen Sternbild Nördliche Krone. Die Nördliche Krone (lat.: Corona Borealis) kulminiert ebenfalls gerade. Sie wird durch einen kleinen, aber auffallenden Halbkreis von Sternen dargestellt. Ein Stern in diesem Halbkreis hebt sich durch seine eindeutig größere Helligkeit hervor. Er heißt Gemma (α Coronae Borealis). Gemma (lat.) bedeutet soviel wie Edelstein. Gemma ist 75 Lichtjahre von der Erde entfernt.

Die Sonne – unser nächster Stern

Die Sonne, der gleißend helle Glutball am irdischen Firmament, wird gerne als „Stern des Lebens“ bezeichnet, denn sie ist die Hauptenergiequelle der Erde. Ohne ihr Licht und ihre Wärme wäre Leben auf unserem Planeten weder entstanden noch könnte es erhalten bleiben, ginge die Sonne zugrunde.
Die Sonne ist ein Stern wie die anderen tausenden Lichtpünktchen am klaren nächtlichen Himmel auch. Nur ist dieser grellweiß glühende Gasball im Mittel nur 149,6 Millionen Kilometer von uns entfernt. Diese Strecke überbrückt das Sonnenlicht in 8 1/3 Minuten. Von den anderen Sternen ist das Licht jahre- und jahrhundertelang zu uns unterwegs. Deshalb sehen wir die Sonne als grellen Lichtball am Himmel und nicht nur als schwaches Lichtpünktchen zu nächtlicher Stunde. Die Sonne ist der uns nächste Stern, auf dem wir Oberflächendetails studieren können. Sie ist der Zentralkörper unseres Sonnensystems. Mit ihrer gewaltigen Masse fesselt sie die Erde und weitere acht Planeten samt deren Monde an sich. Tausende Planetoiden und Millionen Kometenkerne umschwirren außerdem die Sonne. Erst 333 000 Erdkugeln zusammengenommen ergeben die Masse der Sonne. Selbst der Riesenplanet Jupiter hat nur ein Tausendstel der Sonnenmasse. Die Sonne ist nicht nur der massereichste, sondern auch der größte Körper des Sonnensystems. Hundertneunmal müßte man den Erdglobus zu einer überdimensionalen, kosmischen Perlenschnur aneinanderreihen, um einmal den Sonnendurchmesser von 1 392 000 km darzustellen.
1 300 000 Erdkugeln fänden bequem im riesigen Gasleib der Sonne Platz. Die mittlere Dichte der Sonne beträgt allerdings nur ein Viertel der Erddichte, woraus zu schließen ist, daß die Sonne aus leichten Stoffen aufgebaut ist. Spektroskopische Untersuchungen bestätigen dies: Die Sonne besteht zu 74% (Massenprozent) aus Wasserstoff, dem leichtesten Element im Universum, und zu 24% aus Helium. In den restlichen zwei Prozent finden sich schwerere Elemente wie Kohlenstoff, Sauerstoff, Stickstoff, Titan, Eisen und auch Gold.
Aus der Entfernung der Sonne und ihrer auf der Erde gemessenen Strahlungsleistung läßt sich die effektive Oberflächentemperatur errechnen. Sie ergibt sich zu rund 5 500° Celsius, etwa 5 800 K (= Kelvin, Einheit der absoluten Temperaturskala). Zum Zentrum hin steigt die Temperatur gewaltig an. Im Sonnenmittelpunkt herrscht eine Hitze von 15 Millionen Kelvin.
Seit fünf Milliarden Jahren strahlt die Sonne in verschwenderischer Weise ihr Licht und ihre Wärme ins All. Den Nachschub für diesen gewaltigen Energieverlust liefern thermonukleare Prozesse im Herzen der Sonne: Leichte Atomkerne werden zu schwereren verschmolzen. Hauptenergiequelle bildet die sogenannte Wasserstofffusion: Jeweils vier Protonen verschmelzen über mehrere Reaktionsschritte zu einem Heliumatomkern. Ein Proton ist ein positiv geladener Atomkernbaustein, ein Nukleon. Aus einem einzelnen Proton besteht auch der Kern eines Wasserstoffatoms. Bei den hohen Temperaturen im Sonneninneren sind die Atomkerne ihrer Elektronenhüllen beraubt, man spricht von vollständiger Ionisation. Das heiße Gemisch aus Elektronen und frei herumschwirrenden Atomkernen wird Plasma genannt. Nur in einem Plasma können Atomkerne einander unter Überwindung der elektrischen Abstoßungskräfte so nahe kommen, daß sie miteinander verschmelzen.
Ein Heliumkern setzt sich aus zwei Protonen und zwei Neutronen (elektrisch neutrale Kernbausteine) zusammen. Vier Protonen (= Wasserstoffatomkerne) sind zusammen aber etwas schwerer als ein Heliumkern. Bei der Verschmelzung von vier Protonen zu einem Heliumkern (auch Alphateilchen genannt) wird die Massendifferenz von 0,7 Prozent, um die ein Heliumkern leichter ist, gemäß der berühmten Einstein- Gleichung $E = mc^2$ (Energie ist gleich Masse mal dem Lichtgeschwindigkeitsquadrat) in pure Energie umgewandelt. Dieser Prozeß ist so ergiebig, daß er die Strahlungsleistung der Sonne von $3{,}86 \times 10^{23}$ kW (in Worten: 386 Trilliarden Kilowatt) ermöglicht. Pro Sekunde wandelt die Sonne dabei vier Millionen Tonnen an Masse in reine Energie um. Ihr Energievorrat reicht auf alle Fälle für die nächsten fünf Milliarden Jahre. Niemand braucht das schnelle Erkalten unseres Lebenssterns zu befürchten. Im Gegenteil: Eines fernen Tages wird die Sonne der Erde den Feuertod bescheren.
Als riesiger Gasball hat die Sonne keine feste Oberfläche. Dennoch erscheint sie uns als scharf begrenzte Scheibe am Himmel und nicht als diffuses

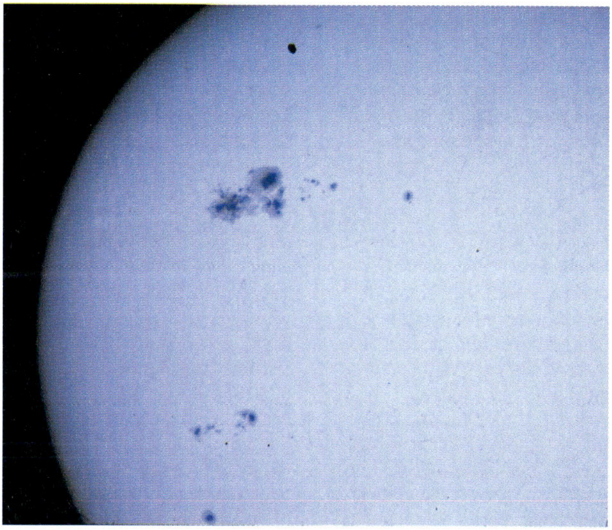

6.5: Sonnenflecken – gewaltige Unwetter auf der Sonnenoberfläche (Aufnahme Gutzeit/Idler, Sternwarte Stuttgart)

Wölkchen. Der Grund ist einfach zu verstehen: Über 99% des sichtbaren Sonnenlichtes stammt aus einer dünnen, nämlich nur 400 km dicken Schicht, der Photosphäre (griech., Lichtschicht). In Sonnenentfernung erscheint eine Strecke von 400 km unter dem winzigen Winkel von einer halben Bogensekunde, also weit unterhalb des Auflösungsvermögens eines menschlichen Auges. Der Sonnenleib selbst ist für sichtbares Licht praktisch undurchlässig. Im Vergleich zum gesamten Sonnendurchmesser ist die Photosphäre eine äußerst dünne Haut.

Die Photosphäre ist die unterste Schicht der Sonnenatmosphäre. In ihr nimmt die Temperatur von 6400 K an der Unterseite bis auf etwa 4000 K am oberen Rand ab. Über ihr liegt die Chromosphäre (griech., Farbschicht) mit einer Dicke von einigen tausend km. In ihr steigt die Temperatur mit zunehmender Höhe wieder an – erst gemächlich, dann ziemlich rasch. Oberhalb der Chromosphäre folgt die Korona als äußerste Schicht der Sonnenatmosphäre. Die Korona ist eine sehr ausgedehnte, wenig dichte aber sehr heiße Schicht. Die Temperaturen erreichen in der Korona Werte von einer bis drei Millionen Kelvin. Trotz der hohen Temperaturen sendet die Korona nur ein Millionstel der Energie aus, die aus der Photosphäre abgestrahlt wird. Chromosphäre und Korona leuchten viel zu schwach, als daß man sie bei Tageslicht sehen könnte. Der helle Strahlenkranz, den man bei klarem Wetter um die Sonnenscheibe herum sieht, wird vom Streulicht in der irdischen Atmosphäre hervorgerufen. Mit speziellen Instrumenten (Protuberanzenfernrohr und Koronograph) lassen sich Chromosphäre und Korona beobachten. Nur in den seltenen Fällen einer totalen Sonnenfinsternis sieht man die Korona mit bloßen Augen.

Ein ständiger Fluß elektrisch geladener Partikel (Protonen, Alphateilchen, Elektronen) strömt von der Korona in den interplanetaren Raum. Dieser sogenannte Sonnenwind erreicht Geschwindigkeiten von 500 bis 1000 km/s. Er ist hauptverantwortlich für die Bildung von Kometenschweifen, von Polarlichtern und magnetischen Stürmen auf der Erde.

Schon in kleinen Teleskopen *) sieht man dann und wann dunkle Flecken auf der Sonne. Häufig treten sie in ganzen Gruppen auf. Diese Sonnenflecken sind Störungen in der Photosphäre, gewissermaßen Unwetter auf der Sonne. Sie wurden bereits vor 400 Jahren unabhängig voneinander von Galileo Galilei, Christoph Scheiner und David Fabricius entdeckt.

Aus der Bewegung der Flecken über die Sonnenscheibe läßt sich die Sonnenrotation bestimmen. Die Sonne dreht sich einmal in 25 Tagen um ihre Achse. Dies gilt für äquatornahe Zonen. In höheren heliographischen Breiten rotiert die Sonne langsamer – in Polnähe dauert eine Rotation mehr als 33 Tage. Sonnenflecken treten periodisch auf. Sie zeigen in der Regel

*) Vor unvorsichtigen Sonnenbeobachtungen sei an dieser Stelle nochmals dringend gewarnt (siehe auch *Monatsthema: Wie beobachtet man eine Sonnenfinsternis?* auf Seite 134).

eine Entwicklung: Aus kleinen Poren mit weniger als zweitausend Kilometer Durchmesser entstehen gelegentlich riesige, komplexe Gruppen, deren Ausdehnung mehreren Erdoberflächen entspricht. Solche Fleckengebiete halten sich einige Wochen, in Ausnahmefällen einige Monate. Die meisten Flecken und Gruppen treten paarweise auf, wobei sie von extrem starken Magnetfeldern begleitet werden, die das Erdmagnetfeld einige tausendmal an Stärke übertreffen.

Wie der Apotheker und Amateurastronom Heinrich Schwabe aus Dessau bereits 1843 entdeckt hat, variiert die Fleckenzahl zyklisch im Laufe der Zeit: Alle elf Jahre stellt sich ein Maximum ein. Zwischen zwei Maxima erscheint die Sonne oft einige Wochen hindurch fleckenlos. Das letzte Sonnenfleckenminimum wurde 1996 registriert. Zur Zeit nimmt die Fleckenzahl wieder zu. Das nächste Maximum wird für die Jahre 2001 und 2002 erwartet.

Flecken sind das auffälligste Merkmal der Sonnenaktivität, deren eigentliche Periode – ein kompletter solarmagnetischer Zyklus – 22 Jahre beträgt. Andere Phänomene begleiten die Fleckenaktivität wie lokale Materie- und Strahlungsausbrüche. Diese Erscheinungen sind unter der Bezeichnung Protuberanzen, Flares, Filamente usw. bekannt. Protuberanzen sind in die Korona hochgeschleuderte, heiße, relativ dichte Gasströme, die von Magnetfeldern geführt werden. Sie schießen aus der Photosphäre in die Chromosphäre und teils weit in die Korona hinein. Da die Protuberanzen dichter und heller als das umgebende Chromosphären- und Koronaplasma sind, so erscheinen sie am Sonnenrand als auffallende Flammenzungen. Andererseits absorbieren sie das Licht aus der Photosphäre. Deshalb erscheinen sie im monochromatischen Licht vor der Sonnenscheibe als dunkle, bandwurmartige Gebilde, die man Filamente nennt.

Ruhige Protuberanzen hängen wie Wolken wochen- oder monatelang in der Chromosphäre, oft ohne auffallende Veränderungen. Eruptive Protuberanzen schießen oft in wenigen Stunden Hunderttausende km in die Höhe und fallen ebenso schnell wieder in sich zusammen.

Flares wiederum sind explosionsartige Freisetzungen gespeicherter Energie in der Chromosphäre und unteren Korona. Sie treten häufig oberhalb komplexer Fleckengruppen auf. Flares senden elektromagnetische Strahlung in der ganzen Bandbreite des Spektrums aus, von harter Gammastrahlung bis hin zu Radiowellen. Begleitet werden diese Ausbrüche von energiereicher Korpuskelstrahlung, wobei Protonen, Alpha-Teilchen und Elektronen bis auf halbe Lichtgeschwindigkeit beschleunigt werden. Koronale Massenkonzentrationen wieder sind riesige Plasmablasen, die aus der Korona in den interplanetaren Raum geschleudert werden.

Die Sonnenaktivitäten wirken sich auch auf die Erde aus. Harte Röntgen- und intensive Ultraviolettstrahlung üben einen beachtlichen Einfluß auf die irdische Ionosphäre aus. Dichteschwankungen in ihr können sogar zum frühzeitigen Absturz erdnaher künstlicher Satelliten führen. Die geladenen Partikel des Sonnenwindes pressen und verformen das irdische Magnetfeld. Wenn sie kaskadenartig in die obere Atmosphäre in der Nähe der magnetischen Pole eindringen, dann flammen die berühmten Polarlichter auf.

Variationen in der Strahlungsleistung der Sonne, im Strom des Sonnenwindes und des interplanetaren Magnetfeldes wirken sich selbst bei kleinen Amplituden auf das irdische Klima aus. Diese solar-terrestrischen Beziehungen sind noch weitgehend unerforscht. Selbst in kosmisch kurzen Zeiten von einigen tausend Jahren kann es durch Sonnenwirkungen zu dramatischen Klimaänderungen auf unserem Planeten kommen. Langfristig gesehen wird aus dem Stern des Lebens jedoch ein Stern des Todes werden. Spätestens in zwei Milliarden Jahren wird die Sonnenleuchtkraft so zugenommen haben, daß sie dem irdischen Leben den Hitzetod beschert, die Ozeane werden verdampfen, die Gebirge schmelzen und unsere Lufthülle wird in den Weltraum hinausdiffundieren.

JULI 1999

Die Erde steht am 7. in Sonnenferne. Venus leuchtet um die Monatsmitte in größtem Glanz. Mars ist nach Einbruch der Dunkelheit im Süden zu sehen. Am Morgenhimmel sind Jupiter und Saturn vertreten. Die partielle Mondfinsternis vom 28. bleibt bei uns unbeobachtbar.

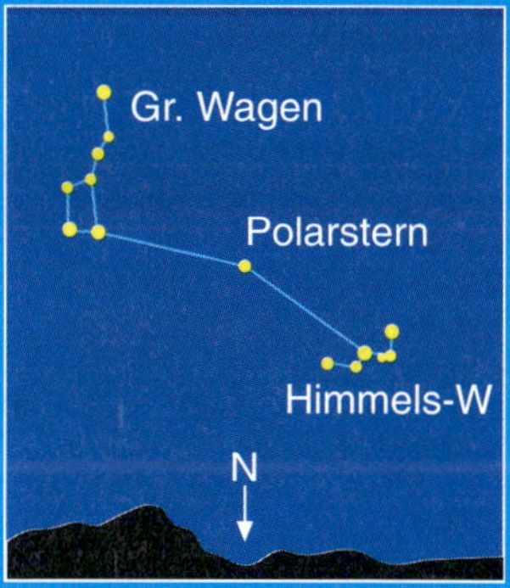

7.1: Anblick des Sternenhimmels am 8. Juli gegen 2ʰ MEZ (= 3ʰ MESZ). Tief am Osthorizont sind die Riesenplaneten Jupiter und Saturn aufgegangen. Zwischen ihnen steht die Sichel des abnehmenden Mondes.

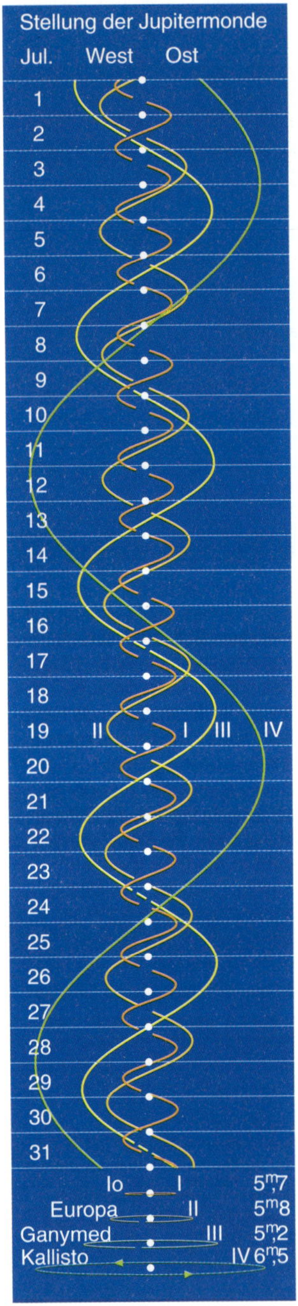

Jupitermond-Erscheinungen

Tag	MEZ h	MEZ m	Vorgang	
5.	1	57	I	VA
6.	1	14	II	VA
	1	21	I	SE
	2	38	I	DE
	3	47	II	VE
8.	1	20	II	DE
10.	1	43	III	BA
	3	52	III	BE
12.	3	52	I	VA
13.	1	05	I	SA
	2	26	I	DA
	3	15	I	SE
	3	49	II	VA
14.	1	54	I	BE
15.	1	16	II	SE
	1	31	II	DA
17.	2	32	III	VE
20.	2	59	I	SA
21.	0	15	I	VA
	3	50	I	BE
22.	0	58	I	DE
	1	20	II	SA
	3	53	II	SE
24.	0	57	II	BE
	4	04	III	VA
28.	0	05	III	DA
	2	02	III	DE
	2	09	I	VA
	23	21	I	SA
29.	0	44	I	DA
	1	30	I	SE
	2	51	I	DE
	3	57	II	SA
30.	0	12	I	BE
31.	0	48	II	VE
	1	03	II	BA
	3	32	II	BE

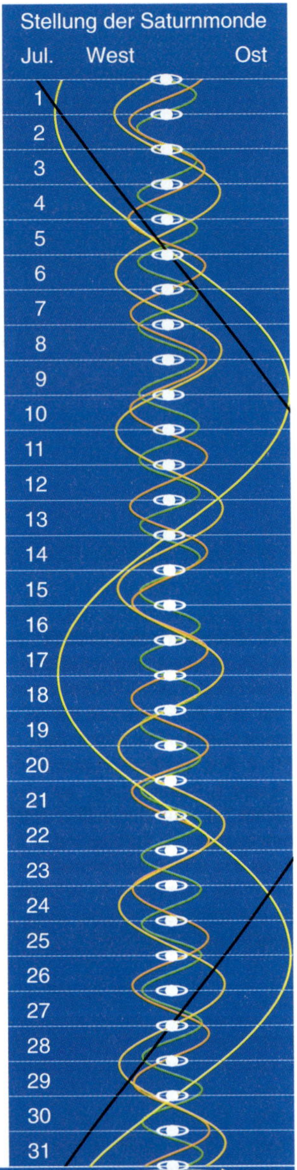

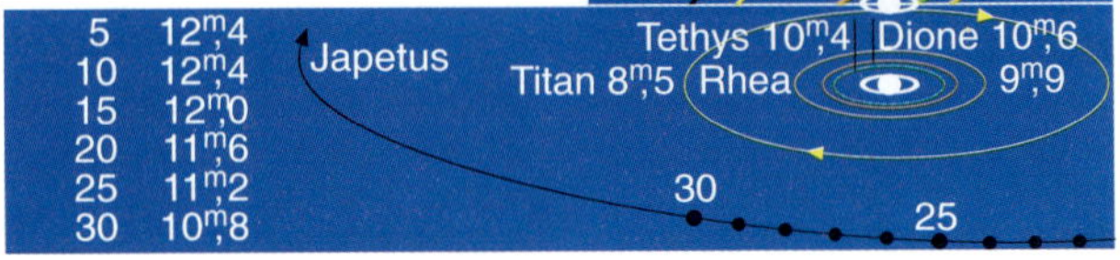

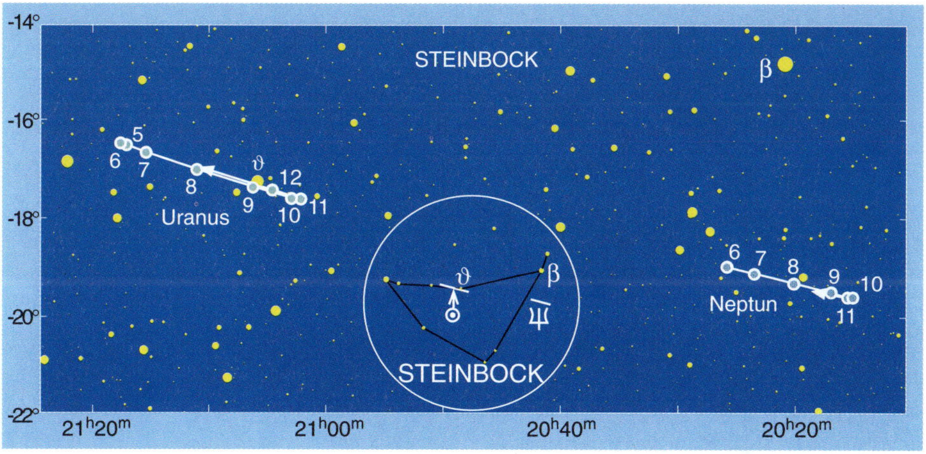

7.4: Die scheinbaren Bahnen der sonnenfernen Planeten Uranus und Neptun im Jahre 1999 im Gebiet des Sternbildes Steinbock. Die Zahlen geben die Planetenpositionen zum jeweiligen Monatsersten an.

Jupiter verfolgt Saturn im Tierkreis, kann ihn aber dieses Jahr noch nicht einholen (siehe auch Abb. 10.3 auf Seite 179).
Am 1. geht Saturn um 1^h23^m auf, am 15. um 0^h31^m und am 31. bereits um 23^h27^m (= 0^h27^m Sommerzeit am 1. August). Bis zum Monatsende steigt die Saturnhelligkeit leicht auf $0^m,3$ an. Am 8. kann man die abnehmende Mondsichel zwischen Jupiter und Saturn knapp über dem Osthorizont gegen 2^h morgens sehen (siehe Abb. 7.1 auf Seite 123).
Uranus, rückläufig im Steinbock, nähert sich seiner Opposition, die im ersten Drittel kommenden Monats eintritt. Die Uranusaufgänge erfolgen immer früher. Zum Monatsende geht der grünliche Planet nur eine knappe Viertelstunde nach Sonnenuntergang auf. Die beste Zeit für eine erfolgreiche Suche bieten die Stunden um seine Kulmination. Am 1. geht Uranus um 3^h01^m (= 4^h01^m Sommerzeit) durch den Meridian, am 15. um 2^h04^m und am 31. bereits um 0^h59^m. Der Aufgang des $5^m,7$ hellen Uranus erfolgt am 1. um 22^h17^m, am 31. schon um 20^h17^m (= 21^h17^m Sommerzeit).
Neptun steht am 26. in **Opposition** zur Sonne. Er wandert gemächlich rückläufig durch den westlichen Teil des Steinbocks (siehe Aufsuchkärtchen Abb. 7.4, oben).
Am Tag der Opposition geht der nur $7^m,8$ helle, bläuliche Planet um 19^h59^m (= 20^h59^m Sommerzeit) auf, kulminiert um 0^h28^m und geht um 4^h53^m unter.
Im Teleskop erkennt man ein winziges, bläuliches Neptunscheibchen von nur $2'',3$ scheinbarem Durchmesser. Auf diesem winzigen Planetenscheibchen sind keine Details auszumachen.
Am 26. trennen Neptun 4 355 Millionen Kilometer von der Erde, dies sind 29,11 A. E. oder vier Stunden und knapp zwei Minuten Lichtlaufzeit. Von der Sonne ist Neptun zum Zeitpunkt der Opposition in diesem Jahr 4 507 Millionen Kilometer (= 30,13 A. E.) entfernt.

PLANETOIDEN
Ceres (1) steht am 24. in Konjunktion mit der Sonne. Ihre Entfernung von der Sonne beträgt an diesem Tag 386 Millionen km (= 2,58 A. E.). Von der Erde trennen sie zur gleichen Zeit 537 Millionen km (= 3,59 A. E.)

Periodische Sternschnuppenströme

Vom 20. bis 30. Juli leuchten die **Delta-Aquariden** auf, die zwischen 3^m und 5^m hell sind, also nicht besonders auffällig. Sie heißen auch **Juli-Aquariden**. Ihr Radiant liegt etwa 3° westlich von δ Aquarii. Das Maximum ist nicht in jedem Jahr am selben Tag zu erwarten. Für

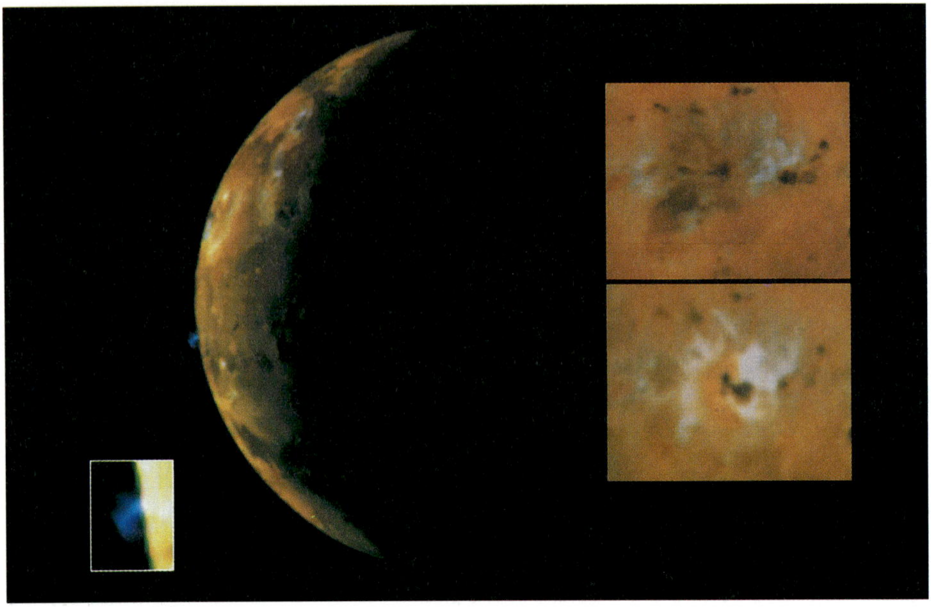

7.5: Im Sommer 1997 konnte die amerikanische Raumsonde Galileo einen Vulkanausbruch auf Io verfolgen. (NASA/ DLR-RPIF)

1999 dürfte es in den Stunden nach Mitternacht am 28. Juli auftreten. Die Geschwindigkeit der Sternschnuppen liegt um 40 km/s. Im Maximum sind etwa dreißig Sternschnuppen pro Stunde zu erwarten.
Vom 15. Juli bis 10. August treten die **Alpha-Capricorniden** (Radiant im Steinbock) auf. Sie sind die ganze Nacht über beobachtbar. Der Ursprungskomet ist 45P/Honda-Mrkoš-Pajdusáková (früher 1948 XII). Um das Maximum am 30. Juli sind nur etwa zwölf Objekte pro Stunde zu erwarten. Es handelt sich um recht langsame Meteore (im Mittel 23 km/s).

Konstellationen und Ereignisse

Datum	MEZ	Ereignis
1.	4^h	**Mond bei Neptun,** Mond 0°,6 nördlich, **Abstand 0°,9 um 2^h**
2.	4	**Mond bei Uranus**, Mond 0°,4 nördlich, **Abstand 0°,6 um 3^h**
7.	0	Erde im Aphel (Sonnenferne), Abstand Erde – Sonne 152,101 Millionen Kilometer
7.	16	Mond bei Jupiter, Mond 4°,1 südlich
8.	16	Mond bei Saturn, Mond 3°,1 südlich
10.	21	Merkur im Aphel
12.	4	Merkur im Stillstand, anschließend rückläufig
14.	10	Mond bei Merkur, Mond 3°,0 nördlich
14.	20	**Venus in größtem Glanz (–4^m,5)**
15.	24	**Mond bei Venus,** Mond 3°,2 nördlich, **Abstand 3°,4 um 21^h**
20.	23	Mond bei Mars, Mond 7°,0 nördlich
26.	11	**Neptun in Opposition zur Sonne**
26.	17	Merkur in unterer Konjunktion mit der Sonne
27.	21	Venus im Stillstand, anschließend rückläufig
28.	9	Mond bei Neptun, Mond 0°,6 nördlich
28.	9	Partielle Mondfinsternis – in Mitteleuropa unbeobachtbar (siehe Seite 27)
29.	8	Mond bei Uranus, Mond 0°,5 nördlich

Der Fixsternhimmel

Milde Sommerabende verlocken so manchen, einen Blick zum Sternenhimmel zu werfen. Allerdings setzt jetzt die Dunkelheit recht spät ein. Zur Standardbeobachtungszeit geht die nautische Dämmerung erst langsam zu Ende. Dennoch erkennt man bald, daß die Umstellung vom Frühlings- zum Sommerszenario nun erfolgt ist. Das Sommerdreieck, bestehend aus Wega, Deneb und Atair, hat zwar seine Meridianstellung noch nicht ganz erreicht, aber die Sommerbilder sind bereits allesamt über dem Horizont, während sich die Frühlingssternbilder im Westen verabschieden. Der Löwe ist im Untergang begriffen und kann als Figur nicht mehr erkannt werden, denn sein Hauptstern Regulus ist bereits unter den Horizont gesunken. Damit ist auch das Frühlingsdreieck aufgelöst, dessen beide anderen Eckpunkte allerdings noch zu sehen sind: Tief im Südwesten steht die bläuliche Spica in der Jungfrau. Ihr Licht wird deutlich von den horizontnahen Dunstschichten geschwächt. Östlich der Jungfrau ist tief am Südwesthorizont die Waage vertreten. Zwischen Waage und Jungfrau leuchtet noch ein Wandelgestirn in rötlichem Licht, nämlich Mars, unser äußerer Nachbarplanet. Wesentlich höher im Südwesten

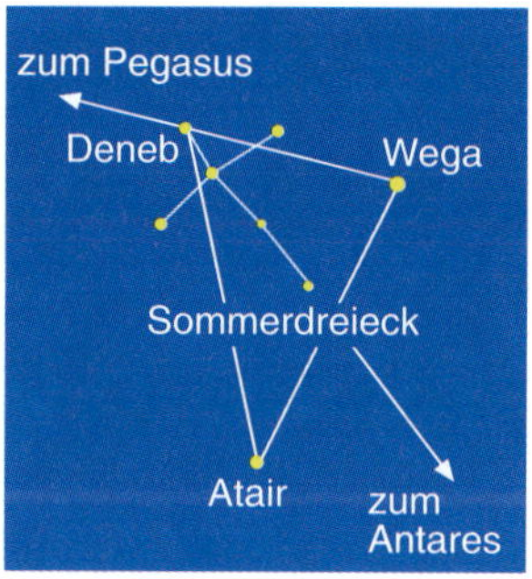

7.6: Das Sommerdreieck wird von den Sternen Wega in der Leier, Deneb im Schwan und Atair im Adler gebildet.

findet man den hellen, orangeroten Arktur im Bootes, der den Helligkeitsschwerpunkt in der westlichen Hemisphäre bildet. Der Große Wagen hat mit seinem Abstieg begonnen. Seine Deichsel zeigt nach oben, der Wagenkasten hängt nach unten. Das Himmels-W, die Kassiopeia, hingegen hat die untere Kulmination hinter sich und beginnt mit dem Aufstieg zum Zenit. Zwischen Zenit, Kleinem Wagen und Großem Wagen schlängelt sich der Drache (lat.: Draco) hindurch. Der Drache ist nicht leicht zu finden. Am ehesten ist noch der Drachenkopf zu erkennen, der aus einem kleinen Sternenviereck gebildet wird, das nun fast exakt im Scheitelpunkt steht.
Schaut man vom Zenit zum Südpunkt am Horizont hinunter, indem man den Blick den Meridian hinuntergleiten läßt, so kommen nacheinander die Sternbilder Herkules und Schlangenträger mit der Schlange ins Gesichtsfeld.
Der Skorpion hat den Meridian bereits überschritten und hält sich knapp über dem Südsüdwesthorizont auf. Auffallend strahlt sein hellster Stern, Antares, in einem intensiven, roten Licht. Antares (α Scorpii) ist ein roter Riesenstern. Er ist so riesengroß, daß unsere Sonne samt der Erdbahn bequem in seinem Inneren Platz fände. Die Bezeichnung Antares stammt aus dem Griechischen und bedeutet soviel wie Gegenspieler des Mars, weil er ihm an Farbe ähnlich ist und in der Nähe der Ekliptik steht, so daß es gegebenenfalls auch zu Verwechslungen kommen kann. Da Mars und Antares gerade beide über dem Horizont stehen, kann man sie gut miteinander vergleichen.
An den Skorpion grenzt im Norden der Schlangenträger, durch den auch ein Teil der Ekliptik verläuft. Genaugenommen gehört somit der Schlangenträger zum Tierkreis, da Sonne, Mond und Planeten auch durch ihn wandern. Der Schlangenträger sowie der Vorder- und der Hinterteil der Schlange sind schwierig auszumachen, denn diese Gruppe ist recht ausgedehnt und ohne markante, hellere Sterne.
Der Helligkeitsschwerpunkt in

Veränderliche Sterne

Algol-Minima	5.	5^h20^m	8.	2^h09^m	10.	22^h58^m	28.	3^h49^m	31.	0^h38^m		
β-Lyrae-Minima	5.	13^h N	12.	0^h H	18.	12^h N	24.	23^h H	31.	10^h N		
δ-Cephei-Maxima	4.	15^h	10.	0^h	15.	9^h	20.	18^h	26.	3^h	31.	11^h
Mira-Helligkeit	1.	10^m	10.	10^m	20.	10^m	31.	9^m	Minimum, ca. 5.			

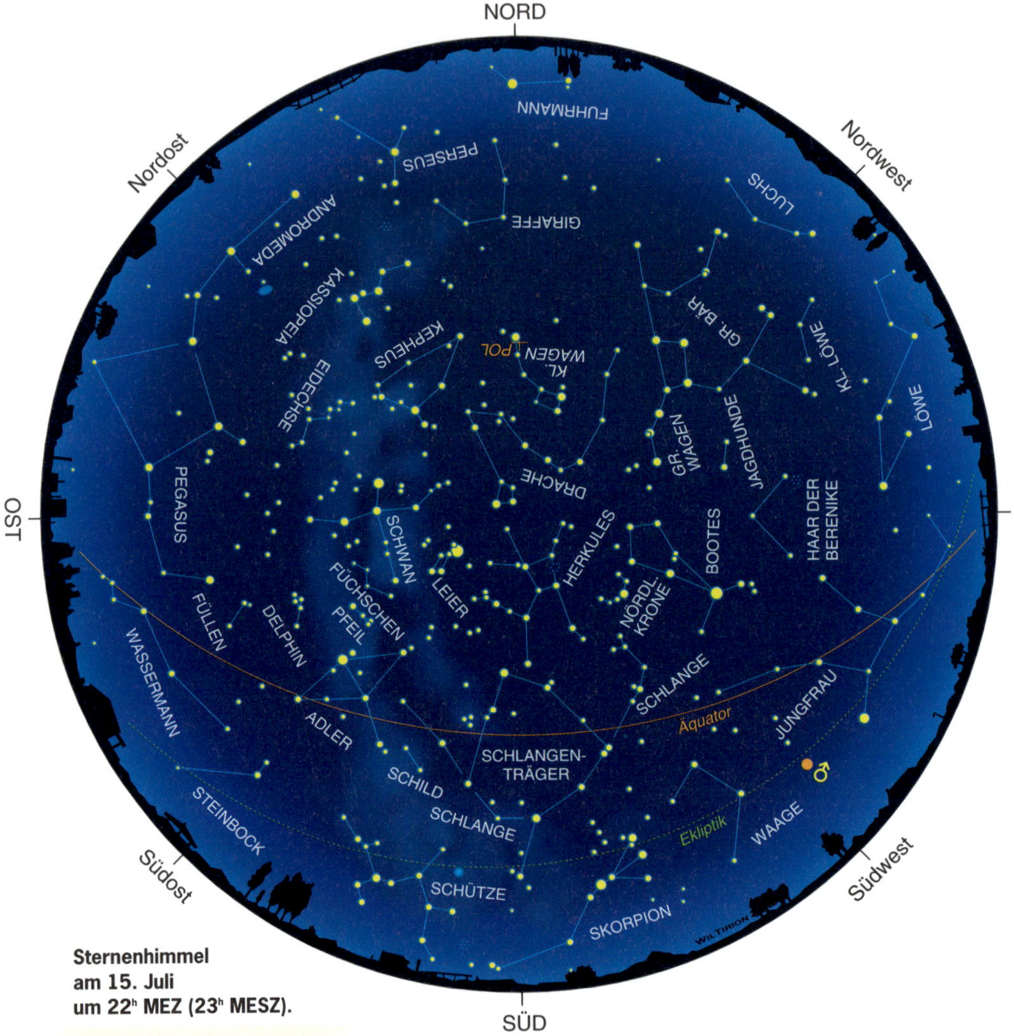

Sternenhimmel am 15. Juli um 22h MEZ (23h MESZ).

Fixsternhimmel auch gültig

für:	MEZ	MESZ
15. 4.	4h	5h
1. 5.	3	4
15. 5.	2	3
1. 6.	1	2
15. 6.	0	1
1. 7.	**23**	**24**
15. 7.	**22**	**23**

der östlichen Himmelshälfte wird vom Sommerdreieck mit Wega in der Leier, Deneb im Schwan und Atair im Adler bestimmt.
Tief im Südosten sind die beiden Tierkreisbilder Schütze und Steinbock zu finden.
Während der Schütze noch verhältnismäßig leicht auszumachen ist, sind der Steinbock und der nachfolgende Wassermann, der eben aufgeht, kaum zu erkennen. Steinbock und Wassermann sind ausgesprochen schwierige Sternbilder.
Im Schützen findet man viele interessante galaktische Objekte wie Gasnebel und Kugelsternhaufen – alles Objekte für Feld-

stecher- und Fernrohrbeobachter. Auch helle Partien der Milchstraße sind hier zu erkennen. In Richtung des Schützen liegt das Zentrum unseres Milchstraßensystems. Im sichtbaren Bereich des elektromagnetischen Spektrums bleibt es allerdings durch die starke Absorption des interstellaren Staubes unbeobachtbar. Aber im infraroten Licht sowie im Bereich der Radiowellen kann man das Milchstraßenzentrum gut beobachten. Es ist rund 28 000 Lichtjahre von uns entfernt.

Tief am Nordhorizont blinkt noch ein heller Stern: Es ist Kapella im Fuhrmann, die bei uns zirkumpolar ist. Sie hat gerade ihre untere Kulmination hinter sich. An Winterabenden steht Kapella dagegen hoch am Firmament und ist kaum zu übersehen.

Wie beobachtet man eine Sonnenfinsternis?

Eine totale Sonnenfinsternis ist das wohl spektakulärste Himmelsschauspiel, das jemand in seinem Leben erfahren kann. Es hinterläßt einen nachhaltigen Eindruck, an den man sich ein Leben lang erinnert. Da für einen bestimmten Ort auf der Erde nur alle paar hundert Jahre eine totale Sonnenfinsternis stattfindet, unternehmen zahlreiche Astronomen, Sternfreunde und naturkundlich interessierte Touristen oft Reisen um den halben Erdball, um wenigstens einmal in ihrem Leben das Phänomen einer total verfinsterten Sonne mit dem Strahlenkranz der Korona samt den Begleiterscheinungen in der unmittelbaren Umgebung zu erleben.
Partielle Sonnenfinsternisse sind längst nicht so spektakulär, dafür bekommt man sie häufiger zu sehen. Denn das Gebiet, in dem eine totale oder ringförmige Sonnenfinsternis als partielle zu verfolgen ist, ist wesentlich größer als die schmale Zone der Totalität oder der ringförmigen Phase.
Wie viele Beobachter übereinstimmend berichten, beeindruckt die total vom Neumond abgedeckte Sonnenscheibe mit der umgebenden, zartrosa schimmernden Korona am meisten, wenn man sie mit bloßen Augen sieht. Aber nur während der wenigen Minuten der Totalität darf man mit ungeschützten Augen zur Sonne blicken!
Zwar weiß man inzwischen, daß man *niemals* mit einem Fernglas oder Teleskop ohne geeignete Schutzmaßnahmen *in die Sonne* blicken darf. Aber auch mit dem bloßen Auge darf man niemals die Sonne direkt ansehen. Auch nicht in der ringförmigen Phase. Selbst wenn der dunkle Mond 99% der Sonne abdeckt, darf man nicht ohne Schutz die messerscharfe Sichel der Sonne, wie sie kurz vor und nach der Totalität erscheint, ansehen. Man riskiert schwere Augenschäden, die bis zur Erblindung führen können. Fehler bei der Sonnenbeobachtung ziehen fast immer einen Verlust an Sehkraft des Auges nach sich.

7.7: Die Camera Obscura – ein sicheres Verfahren zur Sonnenbeobachtung.

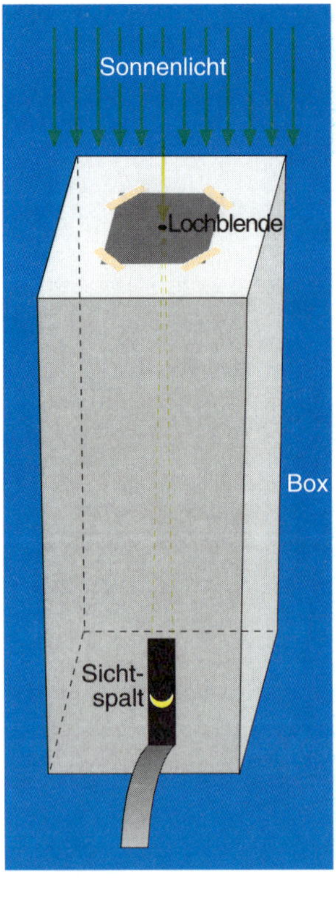

Etwa eine Stunde lang vor und eine Stunde lang nach der Totalität währt die partielle Phase. Selbst wenn man in fortgeschrittener Phase den Eindruck hat, die Sonnensichel blende nicht – vor allem bei leichter Bewölkung – so ist dennoch dringend davon abzuraten, die Sonnensichel ungeschützt zu betrachten. Denn die Augenlinsen fokussieren die Sonnenstrahlen auf die Netzhaut. Vor allem der ultraviolette und der infrarote Anteil der Sonnenstrahlen erzeugen Brennflecken auf der Netzhaut und zerstören irreparabel einen Teil der Stäbchen und Zapfen in der Netzhaut, deren photochemische Reaktionen den angeschlossenen Nerven erst den Seheindruck vermitteln. Zum Teil liegt die Gefahr auch darin, daß die Netzhaut schmerzunempfindlich ist. Der schädliche Lichteinfall wird deshalb nicht sofort bemerkt – man spürt eben zunächst nichts, keinen Schmerz, kein Kribbeln – nichts. Wenn man feststellt, daß etwas nicht stimmt, dann ist es schon zu spät. Wie sich gezeigt hat, sind vor allem Kinder und junge Erwachsene gefährdet, weil sie allzu sorglos in die nur teilweise verfinsterte Sonne blicken. Bei der totalen Sonnenfinsternis vom 7. März 1970 wurden in den USA 145 Fälle bekannt, bei denen Menschen durch ihre unvorsichtigen Sonnenbeobachtungen das Augenlicht ganz oder fast vollständig verloren haben.
Selbst die üblichen „Hausmittel" wie doppelte Sonnenbrillen, berußte Gläser oder geschwärzte Filme bieten bei weitem *keinen* ausreichenden *Schutz*. Vor allem die Wärmestrahlen der Sonne zerstören die Stäbchen und Zapfen und erzeugen einen

blinden Fleck auf der Netzhaut. Der subjektive Eindruck, daß die Sonne nicht blendet und man sie ungestört beobachten kann, ist keine Garantie für sicheres Beobachten.
Zur sicheren Sonnenbeobachtung benötigt man geeignete Filter. Sie sollen im sichtbaren Bereich des Spektrums (3800 Å bis 7800 Å / 1 Å = ein hundertmillionstel Zentimeter) höchstens 0,01% des Sonnenlichtes durchlassen und im nahen Infrarot (7800 Å bis 14 000 Å) nicht mehr als ein halbes Prozent Transmission aufweisen. Selbst berußte Gläser erreichen nicht die nötige Dichtigkeit und Gleichförmigkeit. Die Silberkörner eines belichteten Fotonegativs wirken zwar als gute Filter, allein heute werden sie oft durch Farbstoffe ersetzt, die diese guten Filtereigenschaften nicht besitzen. Daher ist von der Verwendung geschwärzter Filme abzuraten. Sicher sind hingegen sogenannte Schweißerbrillen.
Professionelle Sonnenfilter sind mit einer Gold-, Chrom- oder Aluminiumschicht bedampfte, planparallele Glasplatten oder – wesentlich billiger – aluminiumbeschichtete Mylarfolien. Solche metallbeschichteten Kunststoff-Folien werden häufig in Papprahmen als Sonnenbeobachtungsbrillen angeboten. Sie sind sicher und sehr preisgünstig: In der Regel sind sie unter fünf Mark das Stück zu haben. Diesem Jahrgang des KOSMOS-HIMMELSJAHRES liegt eine solche Pappbrille mit Folie bei.
Eine weitere, sichere Methode für Sonnenfinsternisbeobachter ohne optische Geräte ist das Camera-obscura-Verfahren. Eine kleine Lochblende erzeugt auf einem Schirm ein Abbild der Sonne – in fortgeschrittener Phase sieht man ohne weiteres eine Sichel. Mit etwas bastlerischem Geschick kann man sich aus einfachem Pappkarton eine kleine Kiste mit Lochblende fabrizieren (siehe Abb. 7.7). Ein solcher Lochblendenprojektor hat den Vorteil, daß mehrere Personen gleichzeitig den Verlauf der Sonnenfinsternis verfolgen können. Tritt die Totalität schließlich ein, kann man völlig unbesorgt direkt zur verdunkelten Sonne blicken.
Will man mit Ferngläsern oder Teleskopen die Sonne beobachten, so bieten sich vier Methoden an, die einen geeigneten Schutz vor dem grellen Sonnenlicht ermöglichen:

1. Projektionsmethode
2. Okularfilter
3. Objektivfilter
4. Spezielle Sonnenokulare (Helioskope)

Eine sehr sichere Beobachtungsart ist die Projektionsmethode. Dabei wird hinter dem Okular eines auf die Sonne gerichteten Teleskops ein ebener Projektionsschirm senkrecht zur optischen Achse in den Strahlengang eingebracht. Im einfachsten Fall hält man ein Stück weißen Karton hinter das Okular, komfortabler ist eine mattweiß lackierte Aluminiumtafel, die mit einer Halterung an das Teleskop angeflanscht wird. Das Okular projiziert dabei ein Sonnenbild auf den Schirm. Die Größe des Sonnenbildes hängt von der Entfernung a des Schirmes vom Okularende ab. Je weiter man den Schirm entfernt, desto blasser wird allerdings das projizierte Sonnenbild. Ist F die Objektivbrennweite des Teleskops, f die Brennweite des benutzten Okulars, so ergibt sich der Durch-

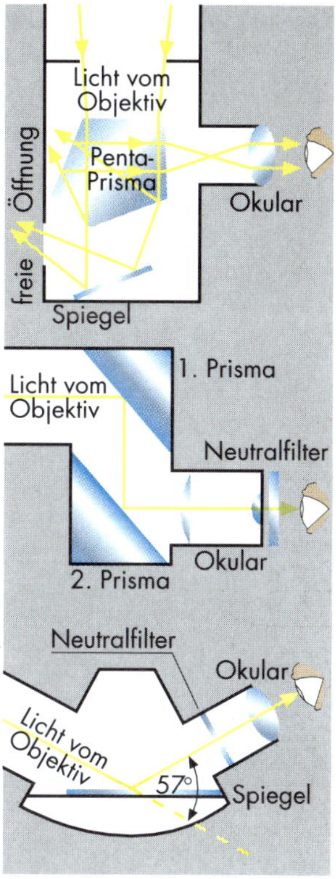

7.8: Drei Bautypen von Sonnenokularen.

messer D des Sonnenbildes im Abstand a zu:
$D = a \cdot F / (100 f)$.
Obige Näherungsformel gilt unter der Voraussetzung, daß a erheblich größer als f ist. Ein Beispiel: Man benutzt ein Fernrohr von einem Meter Brennweite und ein Okular von 25 mm Brennweite. Dann hat das Sonnenbild in einem Abstand von 50 cm vom Okular einen Durchmesser von 20 cm. Um das Sonnenbild scharf zu stellen, muß man das Okular

entsprechend extrafokal einstellen, was durch Probieren schnell zu erledigen ist.
Bei der Projektionsmethode wird das Sonnenbild umso kontrastreicher, je dunkler die Umgebung ist. Ein dunkler Raum, aus dem nur das Teleskop herausragt, ist der Idealfall. Ein Vorteil der Projektionsmethode liegt darin, daß mehrere Personen gleichzeitig die partielle Phase der Finsternis sehen können. Bei Laienpublikum ist allerdings strikt darauf zu achten, daß niemand versucht, durchs Okular zu schauen! Da die Strahlen der Sonne im Okularbereich außerordentlich eng gebündelt sind, wird das Okular stark aufgeheizt. Man sollte daher keine verkitteten Okulare benutzen und keine Objektivöffnungen über 10 cm bzw. größere Objektive entsprechend abblenden. Nach etwa fünf Minuten sollte das Objektiv geschlossen werden, um das Teleskop für etwa den gleichen Zeitraum abkühlen zu lassen. So manche Okulare platzten schon durch Überhitzung.
Billig sind auch Okularfilter, die auf das Okular gesteckt oder geschraubt werden. Sie werden meist als Zubehör zu kleinen Amateurfernrohren mitgeliefert. Bei ihnen besteht die Gefahr des Platzens infolge Überhitzung. Platzt das Okularfilter, dann ist das Auge verloren! Denn das gleißende Sonnenlicht ruiniert das Auge schneller, als man den Kopf abwenden kann. Daher darf man nur qualitativ hochwertige, verspiegelte Okularfilter einsetzen. Dabei ist zu beachten, daß das Okularfilter richtig aufgesetzt wird: mit der verspiegelten Fläche zum Objektiv, die dunkle Fläche zeigt zur Augenseite. Ferner sollte man Okularfilter nur bis zu einer maximalen Öffnung von 6 cm bei Refraktoren (Linsenfernrohre) und 8 cm bei Spiegelteleskopen einsetzen. Größere Instrumente müssen entsprechend abgeblendet werden.
Auch sollte man mit Okularfiltern nie länger als zwei bis drei Minuten die Sonne beobachten und dann das Instrument wieder abkühlen lassen. Bei großer Bedeckungsphase, also kurz vor und nach der Totalität, kann man die Beobachtungsperioden entsprechend verlängern. Sicherer sind doppelte Okularfilter. Wenn das erste platzt, dann kann man noch rechtzeitig den Kopf vom Okular wegwenden ohne gleich einen Augenschaden zu erleiden.
Bei Okularfiltern muß man unbedingt auf höchste Qualität achten. Auf alle Fälle müssen sie neben der ausreichend absorbierenden Wirkung absolut planparallel sein. Empfehlenswert ist das Neutralfilter von Schott NG1, das eine Transmission von nur 0,011% aufweist. Noch besser ist die Verwendung von zwei NG2-Filtern, die hohe Wärmeresistenz besitzen. Die Transmission von NG2 beträgt 0,36% in Kombination als Doppelfilter somit 0,0013%.
Wesentlich sicherer als Okularfilter, aber auch erheblich teurer, sind Objektivfilter. Sie werden, wie ihr Name verräte, *vor* das Objektiv gesetzt. Ihr großer Vorteil besteht darin, daß keine Erwärmung des Instruments erfolgt, da die Filterung noch vor dem Objektiv erfolgt und somit bei einer Transmission von 0,01% nur ein Zehntausendstel des Sonnenlichtes ins Teleskop eindringt. Da sich Objektivfilter nicht wesentlich erwärmen, so besteht auch keine Gefahr des Platzens. Die Okulare erwärmen sich ebenfalls nur unwesentlich, weshalb man auch verkittete bedenkenlos einsetzen kann.
Wegen der großen Fläche – die Filter müssen das ganze Objektiv abdecken – sind die Objektivfilter gegenüber den kleinen Okularfiltern erheblich teurer. In der Regel werden absolut planparallele Glasscheiben, die mit einer Aluminium- oder Chromschicht bedampft sind, als Objektiv verwendet. Werden nicht hohe Ansprüche an die Bildqualität gestellt, so eignen sich auch Kunststoffolien mit einer Aluminiumbeschichtung. Solche Folienfilter sind unbedingt über den Fachhandel zu beziehen.
Vor Verwendung irgendwelcher Folien als Objektivfilter sei gewarnt. Folienfilter sind erheblich billiger als Glasfilter. Durch ungleichmäßige Beschichtung und mikroskopisch kleine Löcher, die Streulicht verursachen, ist ihre optische Qualität allerdings schlechter als die von Glasfiltern.
Professionelle Sonnenbeobachter, zu denen auch erfahrene Amateurastronomen zählen, benutzen spezielle Sonnenokulare, auch Helioskope genannt.
Durch mehrfache Reflexion an Prismen und sonstigen Glasflächen sowie unter Ausnutzung des Polarisationseffektes wird der Großteil des Sonnenlichtes aus dem Strahlengang zum Okular ausgeblendet. Dennoch wird meist noch ein allerdings schwaches Dämpfglas in Okularnähe benötigt. Drei Beispiele von Sonnenokularen sind in Abb. 7.8 dargestellt.
Stimmt die Ausrüstung, so kann man getrost die Sonnenfinsternis beobachten – vorausgesetzt, das Wetter spielt mit. Die einen genießen das kosmische

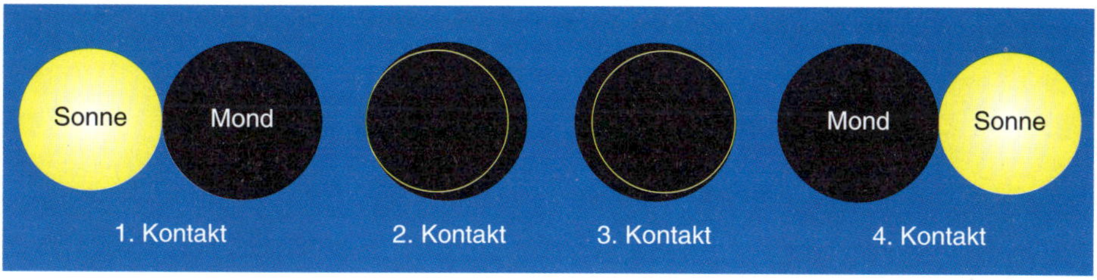

7.9: Prinzipieller Verlauf einer totalen Sonnenfinsternis: 1. Kontakt – die Mondscheibe berührt von Westen kommend den Sonnenball erstmals von außen; 2. Kontakt – Beginn der totalen Verfinsterung; 3. Kontakt – Ende der totalen Verfinsterung; 4. Kontakt – der dunkle Neumond berührt zum letzten Mal die Sonnenscheibe von außen, die Finsternis ist zu Ende.

Schattenspiel als Naturbeobachter, andere spulen ein komplettes Beobachtungsprogramm ab, von der Registrierung der Kontaktzeiten über Serienaufnahmen der einzelnen Phasen, Fotografie der Korona während der totalen Phase, Gewinnung eines Flashspektrums der Chromosphäre und anderes mehr.

Eine totale Sonnenfinsternis nimmt folgenden Verlauf: Die Finsternis beginnt, wenn die dunkle Neumondscheibe von Westen her kommend den Sonnenrand von außen berührt. Man spricht vom 1. Kontakt. Kurz darauf erkennt man eine kleine Einbuchtung am Sonnenrand, der Mond beginnt die Sonne abzudecken. Langsam schiebt sich der Mond immer weiter über die gleißend helle Sonnenscheibe. Jetzt ist die Zeit gekommen, Serienaufnahmen von der zunehmenden partiellen Phase zu gewinnen. Allmählich wird der Himmel in ein immer dunkleres Blau getaucht. Es wird merklich kühler. Von fünf zu fünf Minuten wird das Thermometer abgelesen. Bis zur Finsternismitte kann die Temperatur um vier bis fünf Grad abfallen. Die zurückgehende globale Himmelshelligkeit ist ebenfalls zu registrieren. Kurz vor der Totalität treten recht plötzlich heftige Böen auf. Dieser Finsterniswind reißt gelegentlich den bedeckten Himmel auf und gibt den Blick auf die Sonnensichel frei. Schließlich leuchtet die messerscharfe Sonnensichel am Firmament – der zweite Kontakt steht unmittelbar bevor. Jetzt beginnen sich die Ereignisse fast zu überstürzen, es wird dramatisch. Bei sehr klarem Wetter wird Venus schon zehn Minuten vor der Totalität sichtbar. Die Umwelt reagiert auf das seltene Schattenspiel: Blüten schließen ihre Kelche, mancherorts bilden sich Tautropfen auf Gräsern und Blättern. Winzige Sonnensicheln bedecken den Boden dort, wo die restlichen Strahlen des Sonnenlichtes durch Blätter und Äste scheinen – eine Folge des Lochblendeneffektes. Haustiere werden unruhig und verkriechen sich, Vögel suchen ihre Schlafplätze auf, Hühner verstecken sich und ziehen die Köpfe ein, Fledermäuse und Nachtfalter hingegen werden aktiv. Etwa zwei bis drei Minuten vor dem 2. Kontakt, der den Beginn der Totaliät markiert, tauchen die „Fliegenden Schatten" (engl.: shadow bands) auf. Auf hellen Flächen wie weißen Sandstränden oder weißgetünchten Hauswänden sieht man ein wellenartiges Muster von hellen und dunklen Streifen von etwa 20 cm Breite und einen halben Meter pro Sekunde Geschwindigkeit entlang huschen. Sie sind ein Szintillationseffekt: Das Licht der extrem schmalen Sonnensichel wird durch Luftschlieren unterschiedlich stark gebrochen und absorbiert. Erstmals beschrieben hat das Phänomen der Fliegenden Schatten der britische Börsenmakler und Amateurastronom Sir Francis Baily (1774–1844) bei der Beobachtung der totalen Sonnenfinsternis vom 8. Juli 1842 in Pavia, Norditalien. Baily hat noch ein anderes Phänomen erwähnt, das er bei der ringförmigen Sonnenfinsternis vom 15. Mai 1836 bemerkt hat. Im Angelsächsischen wird es heute noch nach ihm als „Baily's Beads" bezeichnet, wir nennen es das Perlenschnurphänomen. Es tritt in den letzten Sekunden vor und nach der Totalität auf: Die

7.10: Größe des reellen Sonnenbildes in Abhängigkeit von der effektiven Brennweite des Objektives. Bei zwei Meter Brennweite geht die Sonne noch vollständig auf das Format eines Kleinbildfilmes, die Korona wird jedoch beschnitten.

dünne Sonnensichel zerfällt in einzelne helle Lichtpunkte. Sie sehen aus wie die glitzernden Perlen einer Schmuckkette. Gebirge und Tiefebenen auf dem Erdtrabanten bewirken einen unregelmäßig gewellten Mondrand. Während die Mondgebirge die Sonne bereits vollständig abdecken, leuchtet die Photosphäre noch durch die Mondtäler. Kurz darauf leuchet nur noch ein Lichtpunkt am Mondrand auf, während bereits die Korona rundherum um die verdunkelte Sonne aufleuchetet – man spricht vom Diamantringphänomen. Einen Augenblick später ist die Totalität eingetreten. Kurz vorher kann der aufmerksame Beobachter in westlicher Richtung das Heranrasen des Mondschattens sehen, ein etwas unheimliches Schauspiel. Wer erstmals die total verfinsterte Sonne erlebt, ist in der Regel überwältigt von diesem grandiosen Himmelsschauspiel. Emotionale Reaktionen sind nicht auszuschließen: Man vergißt, den Auslöser seiner Kamera zu drücken, das Meßprogramm wird vernachläßigt. Das Beobachtungsprogramm sollte daher nicht zu dicht gedrängt sein. Man sollte sich unbedingt Zeit nehmen zum – Schauen! Um die schwarze Neumondscheibe leuchtet der Strahlenkranz der Sonnenkorona mit ihren unterschiedlichen Formen je nach Stadium im Aktivitätszyklus (Minimums- bzw. Maximumskorona). Jetzt kann man unbesorgt ohne Filter die total verfinsterte Sonne ansehen – mit freiem Auge, im Fernglas und im Teleskop. Im Feldstecher, noch besser im Fernrohr natürlich, erkennt man hellrote Flammenzungen am durch den Mond verdeckten Sonnenrand. Es sind die sogenannten Protuberanzen, heiße Gasmassen, die von der Sonnenoberfläche zigtausende Kilometer hochgeschleudert werden.

Während der Totalität leuchten die hellsten Sterne und Planeten auf. Um sich schneller zurechtzufinden – die Totalität dauert nur wenige Minuten – sollte man sich *vor Beginn* der Finsternis die Position der hellen Planeten sowie der Sterne in der Sonnenumgebung einprägen. Zeit für lange Protokollnotizen bleibt nicht, der Einsatz eines Diktiergerätes ist deshalb sehr empfehlenswert. In der Ferne sieht man den aufgehellten Horizont, meist in einem rötlichen Licht. Hervorgerufen wird die Aufhel-

7.11: Totale Sonnenfinsternis vom 11. Juli 1991 in Mexiko (Aufnahme von Ottó Faragó, Sternwarte Stuttgart).

lung durch das Licht der Landschaften, die nicht im Kernschattenbereich liegen. Wer je eine totale Sonnenfinsternis erlebt hat, wird schnell verstehen, weshalb die Völker der Antike von Schrecken und Unruhe befallen wurden und durch allerlei Kulthandlungen versuchten, das Sonnenlicht zurückzugewinnen, was ihnen auch jedesmal gelang.

Kurz vor Ende der Totalität sollte man sich wieder der Sicherheitsvorkehrungen erinnern – nie ohne Filter die Photosphäre der Sonne beobachten. Ebenso plötzlich wie sie begann ist die Totalität zu Ende, der 3. Kontakt findet statt. Ein heller Punkt flammt am Westrand der Sonne auf, Sekunden später sind es mehrere – Diamantring und Perlenschnur treten erneut auf.

Schon sieht man wieder eine messerscharfe Sonnensichel am noch dunkelblauen Himmelszelt. Der Mond schiebt sich weiter nach Osten und gibt nach und nach ein immer größeres Stück der Sonnenscheibe frei. Die Spannung löst sich, die Fotografen setzen ihre Serienaufnahmen fort. Schnell wird es wieder heller, die Luft erwärmt sich und das touristische, schaulustige Völkchen verstreut sich. Zurück bleiben die ernsthaften Beobachter, die auch noch den 4. Kontakt registrieren wollen, der das Ende der Finsternis markiert: Der Mond gibt die Sonnenscheibe wieder vollständig frei.

Wer die Kontaktzeiten festhalten will, muß die geographischen Koordinaten seines Standortes (Länge, Breite, Höhe über NN) genau ermitteln – am besten mit einem GPS-Empfänger (siehe auch nachstehende Checkliste für Finsternisbeobachter). Die Sychronisation der Uhren erfolgt am besten über den Empfang eines Zeitzeichensenders. Wer die Finsternis photographisch dokumentieren will, sollte sich über die Größe der abgebildeten Sonne auf dem Film im Klaren sein. Sie hängt lediglich von der Objektivbrennweite ab und *nicht* vom Durchmesser des Objektivs. Der Durchmesser D des Sonnenbildes ermittelt sich bei einer Objektivbrennweite von F nach folgender Faustformel:

$D = F/109$

Setzt man ein Teleskop bzw. Teleobjektiv von einem Meter Brennweite ein, so erhält man ein lineares Sonnenbild auf dem Film von 9,2 mm Durchmesser. Ein übliches Fotoobjektiv von 50 mm Brennweite erzeugt ein Sonnenbild von nicht einmal einem halben Millimeter! Um die Korona aufzunehmen, sind daher Brennweiten zwischen 500 mm und 1000 mm empfehlenswert. Will man auf einem Kleinbildfilm (24 mm × 35 mm) die Sonne formatfüllend abbilden, so sollte die Objektivbrennweite zweieinviertel Meter be-

tragen, dann erhält man ein Sonnenbild von 21 mm Durchmesser (siehe auch Abb. 7.10, Seite 138).
Nebenstehende Tabelle gibt einen groben Überblick über empfehlenswerte Belichtungszeiten in Sekunden für einen handelsüblichen Diafarbfilm mit 65 ISO. Die Angaben stellen Mittelwerte dar, die als grobe Richtschnur dienen können.

Öffnungsverhältnis	f/4	f/5	f/8	f/11	f/16
Perlenschnur, Diamantring	–	–	–	1/2000	1/1000
Protuberanzen, Chromosphäre	1/2000	1/1000	1/500	1/250	1/125
Innere Korona	1/500	1/250	1/125	1/60	1/30
Äußere Korona	1/4	1/2	1,00	2,00	4,00
Umgebende Landschaft während der Totalität	1,00	2,00	4,00	8,00	16,00

Checkliste zur Beobachtung einer totalen oder ringförmigen Sonnenfinsternis

Name des/der Beobachter: ______________________________

Organisation: ______________________________

Anschrift/Tel./Fax/e-mail: ______________________________

Standort: λ = ° ' " / φ = ° ' " / Höhe über NN: ____ m
Dauer der Totalität: m s / Sonnenhöhe und -azimut zur Mitte der Finsternis
Mitte d. Finsternis: h m s UT h = ____ ° Az = ____ °

Kontaktzeiten (UT):	berechnet	beobachtet	Uhrensynchronisation
1. Kontakt			
2. Kontakt			
3. Kontakt			
4. Kontakt			

Instrumente: (Öffnung / Brennweite / Filter / Aufstellung (parallaktisch oder azimutal))

1. Kontakt (Beginn der Finsternis)
- ○ Beobachtung der zunehmenden Phase
- ○ Serienaufnahmen
- ○ Abnahme der globalen Helligkeit
- ○ Verhalten der Umwelt (Tiere/Pflanzen)
- ○ Temperatur/Luftdruck/Feuchte
- ○ Fliegende Schatten
- ○ Perlenschnurphänomen
- ○ Diamantringphänomen
- ○ Annäherung des Mondschattens

2. Kontakt (Beginn der Totalität bzw. ringförmigen Phase)
- ○ Protuberanzen
- ○ Chromosphäre
- ○ Korona
- ○ Sterne und Planeten
- ○ Globale Himmelshelligkeit
- ○ Umweltreaktion

3. Kontakt (Ende der Totalität bzw. ringförmigen Phase)
- ○ Diamantringphänomen
- ○ Perlenschnurphänomen
- ○ Fliegende Schatten
- ○ Ansteigende Temperatur
- ○ Umwelt
- ○ Zunahme der Himmelshelligkeit

4. Kontakt (Ende der Finsternis)

Diese Checkliste hilft, das Beobachtungsprogramm für die totale Sonnenfinsternis vorzubereiten.

AUGUST 1999

Am Mittag des 11. zieht der Kernschatten des Neumondes als etwas über 100 km großer Fleck über die Städte Karlsruhe, Stuttgart, Ulm, Augsburg, München, Salzburg und Graz. Es ist die einzige totale Sonnenfinsternis in diesem Jahrhundert, die von Deutschland aus sichtbar ist.

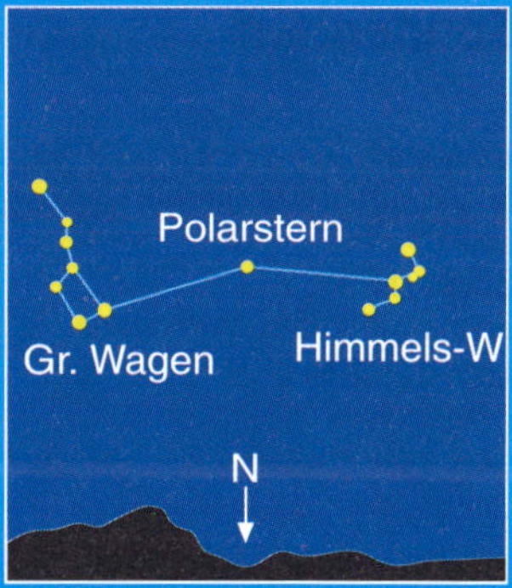

8.1: Himmelsanblick am 4./5. August gegen 2h MEZ (= 3h MESZ). Tief am Osthimmel stehen Jupiter und Saturn. Am 4. wandert der abnehmende Halbmond am Riesenplaneten und am 5. am Ringplaneten vorbei.

8.6: Beginn und Ende der Sonnenfinsternis vom 11. August 1999 in Mitteleuropa. Alle Zeiten MESZ (= Mitteleuropäische Sommerzeit).

verdeckt, deren Durchmesser 1 392 000 km beträgt. Rein zufällig erscheinen am irdischen Himmel Sonne und Mond gleich groß, nämlich unter einem Winkel von einem halben Grad. Zwar hat die Sonne einen 400mal größeren Durchmesser als der Mond, sie ist aber auch 400mal weiter von uns entfernt als er.

Damit der Mond die Sonne verfinstern kann, muß er vor die Sonne treten. Dies passiert nur dann in der Neumondphase, wenn er in der Erdbahnebene (Ekliptikebene) steht. Da die Mondbahn um fünf Grad zur Ekliptik geneigt ist, läuft der Mond in Neumondphase von der Erde aus gesehen zumeist nördlich oder südlich der Sonnenscheibe vorbei, weshalb sein Schatten den Erdglobus nicht trifft. Nur wenn der Neumond in oder nahe den Knoten – so heißen die Schnittpunkte der Mondbahn mit der Ekliptik – steht, verfinstert er ganz oder teilweise die Sonne. Die Knoten werden auch Drachenpunkte genannt. Denn einst glaubten die alten Chinesen, wenn sie eine Finsternis sahen, ein Drache würde Sonne oder Mond verschlingen. Mit Geschrei, Trommelwirbel, Tambourinschlagen und sonstigen Geräuschen gelang es ihnen jedesmal, die Drachen zu vertreiben und Sonne oder Mond zu retten.

Da der Mond in einer Ellipsenbahn die Erde umrundet und auch die Erdbahn um die Sonne elliptisch ist, ändern sich die Entfernungen beider Gestirne von uns und damit auch ihre scheinbaren Größen. Steht der Mond in Erdferne, die Erde aber in Sonnennähe (Anfang Januar), so erscheint die Mondscheibe etwas kleiner als die der Sonne. Dann kann der Mond die Sonne nicht ganz abdecken, es kommt zu einer ringförmigen Sonnenfinsternis. Rein geometrisch betrachtet erreicht die Kernschattenspitze des Mondes dann nicht mehr die Erdoberfläche. Die maximale Totalitätsdauer von 7^m31^s tritt ein, wenn der Mond sich in Erdnähe aufhält, die Sonne aber in Erdferne (Anfang Juli), die Schattenzone den Erdäquator berührt und die Sonnenfinsternis in den Mittagsstunden Ortszeit stattfindet. Diese Maximaldauer wird die totale Sonnenfinsternis vom 16. Juli 2186 mit 7^m29^s fast erreichen. Die längste totale Sonnenfinsternis des 20. Jahrhunderts mit einer Totalität von 7^m08^s fand am 20. Juni 1955 im Südchinesischen Meer statt; die zweitlängste dieses Jahrhunderts war am 30. Juni 1973 mit 7^m04^s zu beobachten, die drittlängste am 8. Juni 1937 mit 7^m03^s Totalitätsdauer.

Außerhalb der schmalen Zone der Totalität sieht man nur eine teilweise Bedeckung der Sonnenscheibe durch den Mond, man erlebt eine partielle Sonnenfinsternis. Beobachter im Gebiet der partiellen Phase befinden sich gleichsam im Halbschatten des Mondes. Die Ausdehnung des Halbschattenge-

8.7: Die einzelnen partiellen Phasen der totalen Sonnenfinsternis vom 11. August 1999 für die Städte Frankfurt (Main), Hamburg und Zürich, die außerhalb der Totalitätszone liegen.

bietes kann bis zu 7000 km groß werden.
Von einer echten partiellen Finsternis spricht man, wenn der Kernschattenkegel des Mondes die Erde gar nicht trifft, sondern knapp an unserem Globus vorbeistreicht. Von einem Teil der Erde sieht man die Sonne teilweise verfinstert. Unter einer zentralen Finsternis versteht man eine, bei der die Achse des Mondschattens die Erdoberfläche kreuzt. Je nach scheinbarer Größe von Sonne und Mond ereignet sich dann eine ringförmige oder eine totale Sonnenfinsternis.
Schon im Altertum war man in der Lage, Sonnen- und Mondfinsternisse vorauszuberechnen. Es war aufgefallen, daß sich die Finsternisabläufe nach 18 Jahren und 10 $^1/_3$ beziehungsweise 11 $^1/_3$ Tagen (je nach Zahl der Schaltjahre) wiederholen. In diesem Zeitabstand wiederholen sich die relativen Positionen der Syzygien (Neu- und Vollmondphasen) zu den Mondbahnknoten, da 223 synodische Monate (= 6585,32 mittlere Sonnentage) fast genau gleich 242 drakonitische Monate (= 6585,35 mittlere Sonnentage) sind. Dieser Zeitraum wird Sarosperiode oder Saroszyklus genannt. Die Sarosperiode war bereits den Chaldäern bekannt. Nicht berücksichtigt ist im Saroszyklus die Erdrotation. So kann sich eine Mondfinsternis wiederholen, ist aber nicht vom gleichen Beobachtungsort sichtbar, da der Mond gerade untergegangen ist. Ebenso überstreicht nach einer Saros-Periode die Kernschattenspitze des Mondes andere Gebiete auf der Erdoberfläche, die Sonne verfinstert sich an anderen Orten.
Die einzelnen Saroszyklen sind durchnumeriert. Die totale Sonnenfinsternis vom 11. August 1999 gehört zum Saroszyklus Nr. 145, der 77 Finsternisse umfaßt. Die erste Sonnenfinsternis dieses Zyklus fand am 4. Januar 1639 statt, die letzte wird sich am 17. April 3009 ereignen.
Sonnenfinsternisse sind faszinierende Himmelsschauspiele, die man nicht so schnell vergißt. Die meisten Menschen werden von einer totalen Sonnenfinsternis emotional berührt. Von ehrfürchtigem Staunen bis zu ängstlichen, depressiven Verstimmungen reicht die lange Skala der Gefühle. Adalbert Stifter, der berühmte Maler und Dichter, hat die totale Sonnen-

8.8: In den letzten Sekunden vor der Totalität und in den ersten Sekunden danach zerfällt der Sonnenrand durch das nicht glatte Mondprofil in einzelne Lichtstreifen und -punkte (Perlschnurphänomen). Eingezeichnet sind die Veränderungen der Sonnensichel (weiß: Photosphäre, rot: Chromosphäre) ab zehn Sekunden vor Beginn der Totalität und bis zehn Sekunden nach der Totalität im Abstand von jeweils zwei Sekunden (die Zeit verläuft von links nach rechts) für die Zentrallinie und Beobachter bis vierzig Kilometer nördlich oder südlich der Zentrallinie.

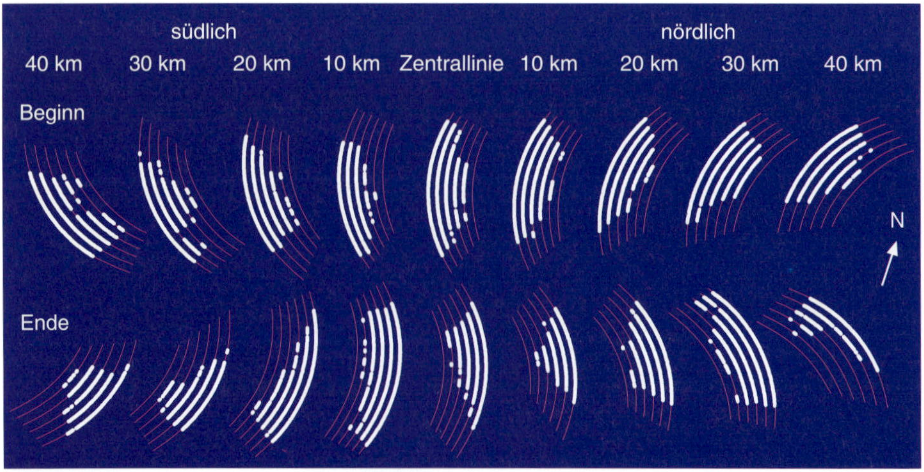

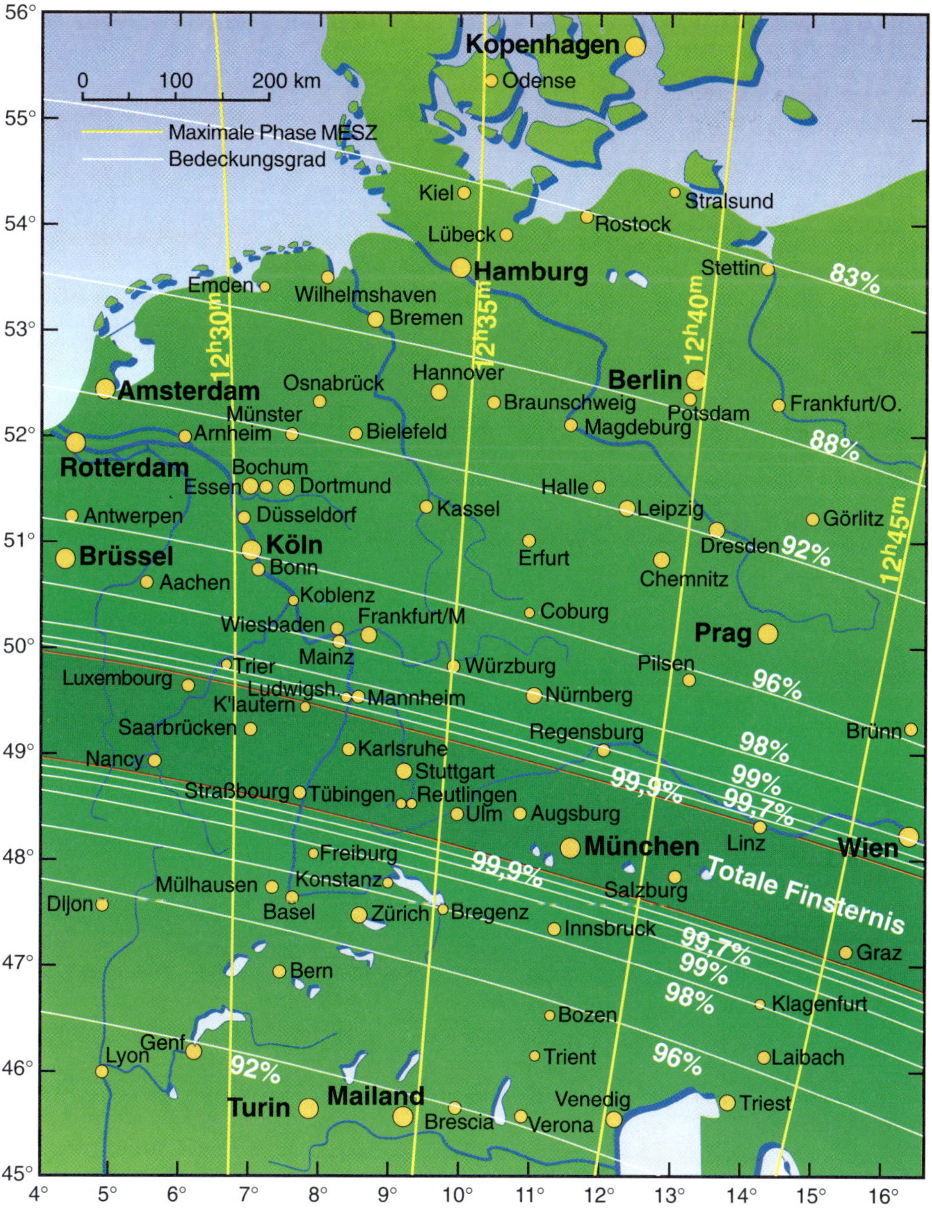

8.9: Verlauf der Totalitätszone und des prozentualen Bedeckungsgrades der totalen Sonnenfinsternis vom 11. August 1999 für Städte außerhalb der Totalitätszone in Mitteleuropa.

Verlauf der totalen Sonnenfinsternis vom 11. August 1999 für Orte in der Totalitätszone Alle Zeiten MESZ (Mitteleuropäische Sommerzeit)

Ort	1. Kontakt	2. Kontakt	3. Kontakt	Totale Phase	Sonnenhöhe zum Maximum	4. Kontakt
Aalen	11^h14^m	$12^h34^m33^s$	$12^h36^m36^s$	2^m03^s	55°	13^h58^m
Augsburg	11 15	12 35 53	12 38 10	2 17	56	14 00
Backnang	11 13	12 33 24	12 35 28	2 04	55	13 57
Baden-Baden	11 12	12 31 23	12 33 34	2 11	54	13 55
Bad Ischl	11 19	12 40 56	12 43 04	2 08	57	14 05
Böblingen	11 13	12 32 41	12 34 55	2 14	55	13 57
Bruchsal	11 12	12 32 03	12 33 59	1 56	54	13 55
Bruck/Mur	11 22	12 43 55	12 46 10	2 15	58	14 08
Dachau	11 16	12 36 55	12 39 11	2 16	56	14 01
Dudelange	11 09	12 27 57	12 29 52	1 55	53	13 51
Esslingen	11 13	12 33 04	12 35 21	2 17	55	13 57
Ettlingen	11 12	12 31 36	12 33 52	2 16	54	13 55
Freising	11 17	12 37 21	12 39 38	2 17	56	14 01
Fürstenfeldbruck	11 16	12 36 41	12 38 45	2 04	56	14 01
Gaggenau	11 12	12 31 29	12 33 43	2 14	54	13 55
Geislingen/Steige	11 14	12 34 03	12 36 20	2 17	55	13 58
Gmunden	11 20	12 41 04	12 43 24	2 20	57	14 05
Göppingen	11 14	12 33 45	12 36 02	2 17	55	13 58
Graz	11 22	12 44 57	12 06 09	1 12	58	14 09
Heidenheim/Brenz	11 14	12 34 33	12 36 49	2 16	55	13 59
Heilbronn	11 13	12 33 20	12 34 49	1 29	54	13 57
Ingolstadt	11 16	12 37 11	12 38 35	1 24	56	14 01
Kaiserslautern	11 12	12 31 11	12 32 06	0 55	54	13 54
Kapfenberg	11 22	12 43 58	12 46 14	2 16	58	14 08
Karlsruhe	11 12	12 31 39	12 33 47	2 08	54	13 55
Kirchheim/Teck	11 13	12 33 24	12 35 40	2 16	55	13 57
Knittelfeld	11 21	12 43 44	12 45 00	1 16	58	14 08
Landau	11 12	12 31 18	12 33 11	1 53	54	13 55
Landshut	11 17	12 38 15	12 04 03	1 48	56	14 02
Leoben	11 22	12 43 43	12 45 50	2 07	58	14 08
Linz/Donau	11 20	12 42 41	12 43 11	0 30	57	14 06
Ludwigsburg	11 13	12 32 57	12 35 09	2 12	55	13 57
Luxembourg	11 10	12 28 21	12 29 41	1 20	53	13 51
München	11 16	12 37 12	12 39 20	2 08	56	14 01
Mürzzuschlag	11 23	12 44 32	12 56 59	2 17	58	14 09
Neunkirchen/N. Ö.	11 23	12 45 24	12 47 14	1 50	57	14 09
Neunkirchen/Saar	11 11	12 29 44	12 31 37	1 53	53	13 53
Neustadt/Weinstraße	11 12	12 31 40	12 32 50	1 10	54	13 55
Neu-Ulm	11 14	12 34 31	12 36 34	2 03	55	13 59
Offenburg	11 11	12 31 43	12 32 21	0 38	55	13 55
Pforzheim	11 13	12 32 07	12 34 22	2 15	54	13 56
Pirmasens	11 11	12 30 21	12 32 25	2 04	54	13 54
Rastatt	11 12	12 31 17	12 33 32	2 15	54	13 55
Reutlingen	11 13	12 33 09	12 35 05	1 56	55	13 57

Ort	1. Kontakt	2. Kontakt	3. Kontakt	Totale Phase	Sonnenhöhe zum Maximum	4. Kontakt
Ried/Innkreis	11h19m	12h40m35s	12h42m36s	2m01s	57°	14h04m
Rosenheim	11 17	12 38 33	12 40 06	1 33	57	14 03
Rottenburg/Neckar	11 13	12 32 49	12 34 33	1 44	55	13 57
Saarbrücken	11 10	12 29 18	12 31 27	2 09	53	13 53
Saarlouis	11 10	12 28 59	12 30 59	2 00	53	13 52
Salzburg	11 18	12 39 55	12 41 57	2 02	57	14 04
Schwäbisch Gmünd	11 14	12 33 58	12 36 10	2 12	55	13 58
Sindelfingen	11 13	12 32 38	12 34 53	2 15	55	13 57
Sinsheim	11 13	12 32 58	12 34 01	1 03	54	13 56
Speyer	11 12	12 32 12	12 33 17	1 05	54	13 55
Steyr	11 21	12 42 16	12 44 13	1 57	57	14 06
Strasbourg	11 11	12 30 59	12 32 23	1 24	54	13 55
Stuttgart	11 13	12 32 55	12 35 12	2 17	55	13 57
Tübingen	11 13	12 32 52	12 34 49	1 57	55	13 57
Ulm	11 14	12 34 29	12 36 34	2 05	55	13 59
Wels	11 20	12 41 37	12 43 27	1 50	57	14 05
Wiener Neustadt	11 23	12 46 00	12 47 06	1 06	57	14 09
Zweibrücken	11 11	12 29 57	12 31 59	2 02	54	13 53

Zum Verlauf der Finsternis außerhalb der Totalitätszone siehe nächste Seite.

finsternis vom 8. Juli 1842 über Wien in ergreifenden Worten geschildert. Seine Darstellung ist ein literarisches Kleinod und wohl die enthusiastischste Beschreibung einer Sonnenfinsternis, die je in die deutsche Literatur eingegangen ist.
Wie man eine totale Sonnenfinsternis beobachtet und welche Vorsichtsmaßnahmen man unbedingt ergreifen muß (Gefahr der Erblindung!) ist im *Monatshema Juli: Wie beobachtet man eine Sonnenfinsternis?* auf Seite 134 näher erläutert und beschrieben.

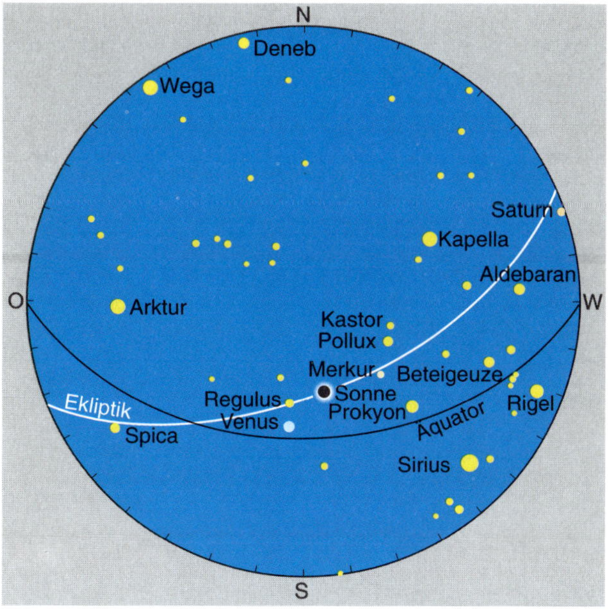

8.10: Der Sternenhimmel um die verfinsterte Sonne am 11. August 1999 von Mitteleuropa aus gesehen. Neben der Sonne stehen Merkur und Venus.

Verlauf der totalen Sonnenfinsternis vom 11. August 1999 für Orte außerhalb der Totalitätszone. Alle Zeiten MESZ (Mitteleuropäische Sommerzeit)

Ort	1. Kontakt	Maximum	Bedekkungsgrad (in %)	Sonnenhöhe	2. Kontakt
Aachen	11^h10^m	12^h29^m	96,6	52°	13^h50^m
Amsterdam	11 10	12 27	91,9	50	13 47
Antwerpen	11 09	12 26	96,1	51	13 47
Basel	11 10	12 31	97,3	55	13 55
Berlin	11 21	12 40	87,2	52	13 59
Bern	11 10	12 29	91,7	56	13 54
Biberach/Riss	11 14	12 35	99,9	56	13 59
Bielefeld	11 14	12 33	91,5	52	13 53
Bochum	11 12	12 31	94,0	52	13 51
Bonn	11 12	12 31	96,6	52	13 52
Bozen	11 15	12 38	96,0	58	14 03
Braunschweig	11 17	12 36	89,6	52	13 56
Bregenz	11 13	12 35	98,2	56	13 59
Bremen	11 16	12 33	87,8	51	13 52
Brünn	11 24	12 46	96,0	56	14 08
Brüssel	11 08	12 26	97,4	51	13 47
Chemnitz	11 20	12 40	93,0	54	14 01
Coburg	11 17	12 37	96,0	54	13 58
Darmstadt	11 13	12 33	98,7	54	13 55
Dortmund	11 13	12 31	93,7	52	13 52
Dresden	11 20	12 41	91,8	54	14 02
Duisburg	11 12	12 30	94,4	51	13 51
Düsseldorf	11 11	12 30	95,1	52	13 51
Ebingen	11 13	12 34	99,9	55	13 57
Eisenach	11 16	12 36	94,0	53	13 57
Erfurt	11 17	12 37	93,8	53	13 58
Erlangen	11 16	12 37	98,3	55	13 59
Essen	11 14	12 32	89,4	51	13 51
Frankfurt/Main	11 13	12 33	97,9	53	13 55
Frankfurt/Oder	11 23	12 42	87,0	53	14 01
Freiburg/Breisg.	11 11	12 32	98,8	55	13 55
Gelsenkirchen	11 12	12 31	93,9	54	13 51
Genf	11 08	12 30	93,1	56	13 54
Gera	11 18	12 38	93,5	54	13 59
Gießen	11 14	12 33	96,3	53	13 54
Göttingen	11 16	12 35	92,4	52	13 55
Halle/Saale	11 19	12 38	91,0	53	13 59
Hamburg	11 17	12 35	85,6	51	13 53
Hannover	11 16	12 34	89,6	52	13 54
Heidelberg	11 13	12 33	99,9	54	13 56
Innsbruck	11 16	12 38	98,5	57	14 02
Jena	11^h18^m	12^h38^m	93,5	53°	13^h59^m
Kassel	11 15	12 34	93,4	52	13 55
Kiel	11 18	12 35	82,9	50	13 53
Klagenfurt	11 20	12 44	98,3	58	14 08
Koblenz	11 12	12 31	97,7	53	13 53
Köln	11 12	12 30	96,0	52	13 52
Konstanz	11 13	12 34	98,4	56	13 58
Krefeld	11 11	12 30	94,8	51	13 51
Leipzig	11 19	12 39	91,8	53	13 59
Lübeck	11 19	12 36	84,2	50	13 54
Ludwigshafen	11 13	12 33	99,8	54	13 55
Lüttich	11 09	12 28	97,6	52	13 50
Magdeburg	11 19	12 37	89,5	52	13 57
Mailand	11 12	12 35	91,0	58	14 00
Mainz	11 13	12 32	98,4	53	13 54
Mannheim	11 13	12 33	99,8	54	13 55
Mönchengladb.	11 11	12 30	95,3	52	13 50
Mülheim/Ruhr	11 12	12 30	94,4	52	13 51
Münster	11 13	12 31	92,2	51	13 52
Nürnberg	11 16	12 37	98,8	55	13 59
Osnabrück	11 14	12 32	90,9	51	13 52
Passau	11 19	12 41	99,9	56	14 04
Potsdam	11 20	12 39	87,7	52	13 59
Prag	11 21	12 42	94,0	55	14 04
Recklinghausen	11 12	12 31	93,6	51	13 51
Regensburg	11 18	12 39	99,5	55	14 01
Remscheid	11 12	12 31	95,0	52	13 52
Rostock	11 21	12 38	82,7	51	13 56
Rotterdam	11 09	12 27	93,6	50	13 47
Salzgitter	11 17	12 36	90,0	52	13 55
Schwerin	11 19	12 37	84,5	51	13 55
Siegen	11 13	12 32	95,7	52	13 53
Solingen	11 12	12 31	95,1	52	13 51
Stralsund	11 22	12 39	81,0	50	13 57
Trier	11 10	12 30	99,8	53	13 52
Wien	11 24	12 46	99,2	57	14 09
Wiesbaden	11 13	12 32	98,2	53	13 54
Wuppertal	11 12	12 31	94,7	52	13 52
Würzburg	11 15	12 35	98,3	54	13 57
Zürich	11 12	12 33	97,2	56	13 57
Zwickau	11 19	12 39	93,7	54	14 00

SEPTEMBER 1999

Die Sonne wechselt am 23. um 13^h31^m MESZ von der Nord- auf die Südhälfte des Himmels. Mars ist am frühen Abend noch im Südwesten zu finden, Jupiter und Saturn beherrschen den Nachthimmel, während Venus als Morgenstern im letzten Monatsdrittel in größtem Glanz erstrahlt.

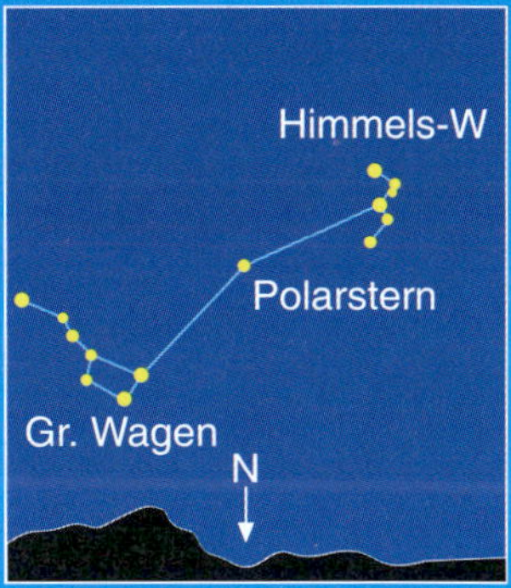

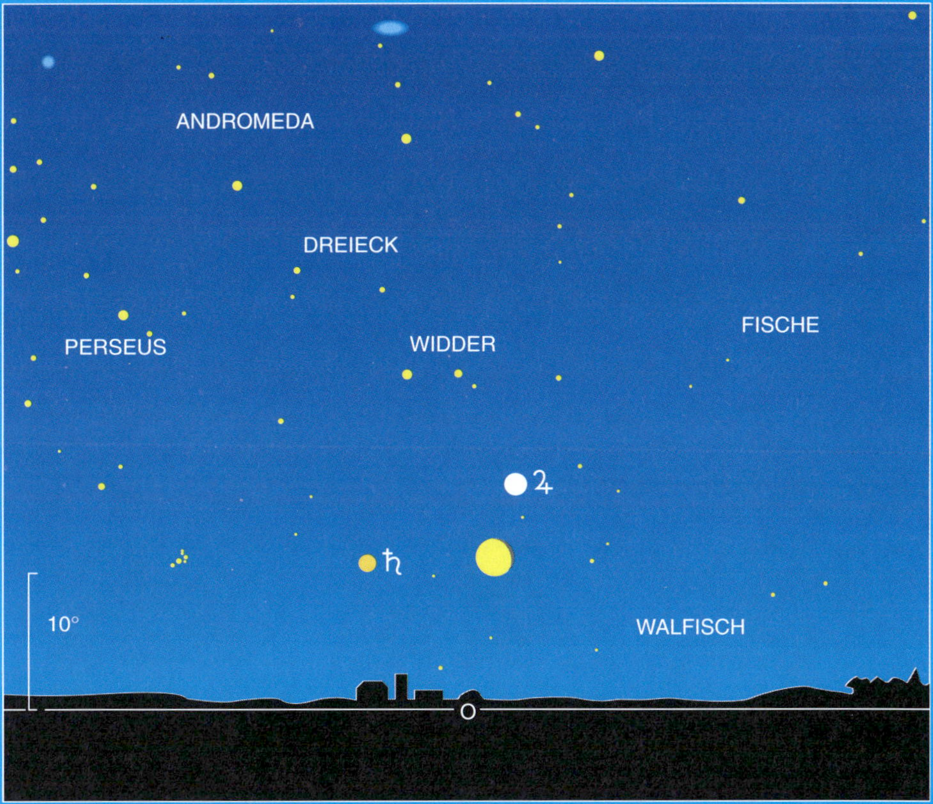

9.1: Anblick des abendlichen Sternenhimmels am 27. September gegen 21^h MEZ (= 22^h MESZ). Tief am Osthimmel stehen die beiden Riesenplaneten Jupiter und Saturn, zwischen ihnen der noch fast volle Mond.

Sonnenlauf

17.9. 5^h
Sonne tritt in das Sternbild Jungfrau
23.9. 12^h31^m
Sonne tritt in das Tierkreiszeichen Waage

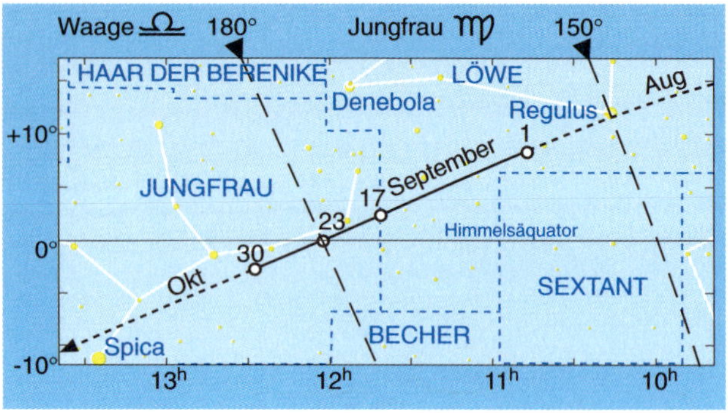

Julianisches Datum
am 1. September, 1^h MEZ: 2451422,5

Tag	Dämmerg. Anfang	Aufgang MEZ	Kulmination	Untergang MEZ	Dämmerg. Ende	Mittagshöhe	Zeitgleichg.	Rektaszension	Deklination
	h m	h m	h m	h m	h m	°	m	h m	°
1.	4 19	5 34	12 20	19 05	20 20	48,4	0	10 39	+8,5
5.	4 26	5 40	12 19	18 57	20 10	46,9	+ 1	10 54	+7,1
10.	4 35	5 47	12 17	18 46	19 58	45,0	+ 3	11 12	+5,2
15.	4 43	5 55	12 15	18 35	19 46	43,1	+ 5	11 30	+3,3
20.	4 52	6 02	12 14	18 24	19 34	41,2	+ 6	11 47	+1,4
25.	5 00	6 10	12 12	18 13	19 23	39,2	+ 8	12 05	−0,6
30.	5 08	6 18	12 10	18 02	19 11	37,3	+10	12 23	−2,5

Tages- und Nachtstunden

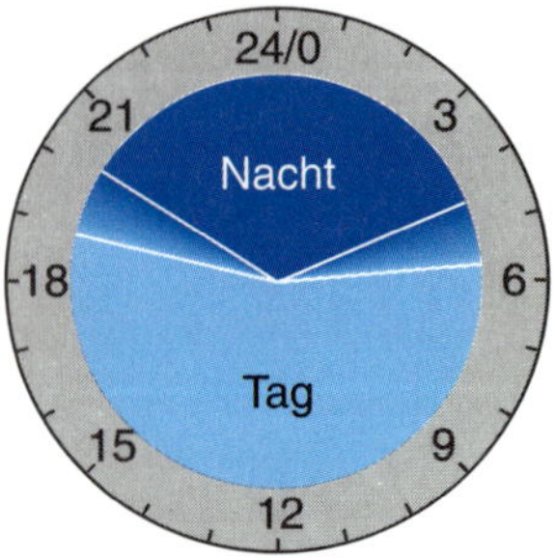

5. September

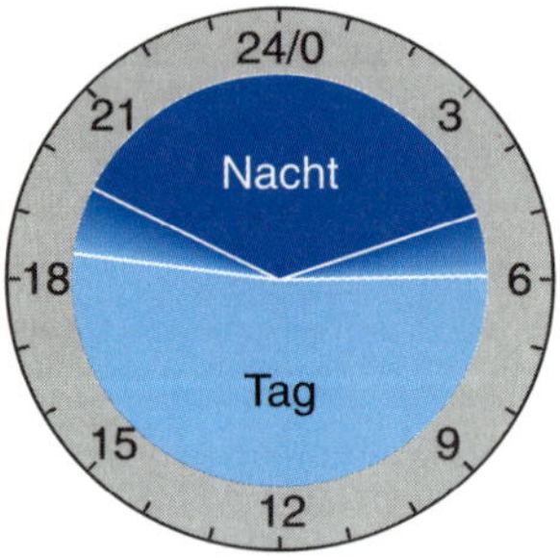

15. September

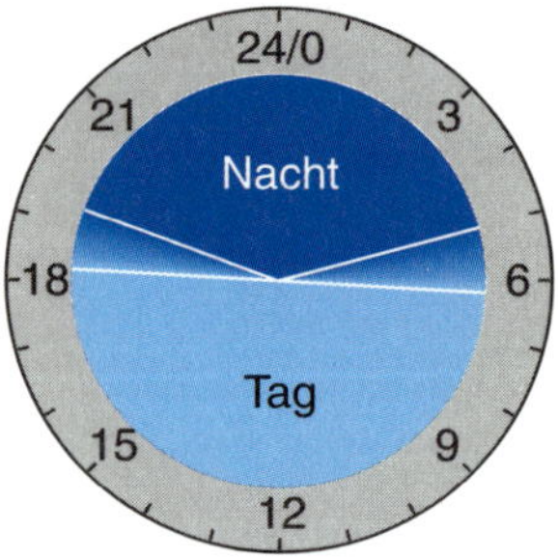

25. September

Mondlauf

Datum	Aufg. MEZ	Kulmination	Unterg. MEZ	Rektaszension	Deklination	Sterne und Sternbilder	Phase	MEZ
	h m	h m	h m	h m	°			
Mi 1.	22 05	4 36	11 51	2 47	+10,6	Widder	Größte Südbreite	
Do 2.	22 42	5 30	13 06	3 43	+14,5	Stier	**Letztes Viertel**	**23h17m**
							Erdnähe 370/32,'3	19h
Fr 3.	23 27	6 26	14 19	4 40	+17,5	Aldebaran		
Sa 4.	–	7 24	15 25	5 40	+19,5	Stier		
So 5.	0 20	8 22	16 23	6 40	+20,2	Alhena		
Mo 6.	1 22	9 20	17 12	7 39	+19,7	Zwillinge		
Di 7.	2 30	10 16	17 52	8 38	+18,0	Krebs, Krippe	Aufsteigender Knoten	
Mi 8.	3 41	11 09	18 26	9 34	+15,2	Löwe		
Do 9.	4 53	12 00	18 55	10 28	+11,7	Löwe, Regulus	**Neumond**	**23h02m**
Fr 10.	6 04	12 48	19 20	11 20	+ 7,6	Löwe	Libration West	
Sa 11.	7 14	13 35	19 44	12 10	+ 3,2	Jungfrau		
So 12.	8 22	14 19	20 07	12 58	– 1,2	Jungfrau		
Mo 13.	9 28	15 04	20 31	13 45	– 5,5	Spica		
Di 14.	10 33	15 48	20 56	14 32	– 9,5	Waage	Größte Nordbreite	
Mi 15.	11 36	16 33	21 24	15 19	–13,0	Waage		
Do 16.	12 37	17 19	21 56	16 06	–15,9	Skorpion	Erdferne 404/29,'5	20h
Fr 17.	13 35	18 06	22 33	16 55	–18,2	Schlangenträger	**Erstes Viertel**	**21h06m**
Sa 18.	14 30	18 54	23 17	17 45	–19,7	Schütze		
So 19.	15 19	19 43	–	18 36	–20,3	Schütze, Nunki		
Mo 20.	16 03	20 33	0 08	19 27	–20,0	Schütze		
Di 21.	16 42	21 23	1 06	20 19	–18,7	* Steinbock	Absteigender Knoten	
Mi 22.	17 16	22 13	2 10	21 12	–16,5	Steinbock	Libration Ost	
Do 23.	17 46	23 03	3 19	22 04	–13,4	* Wassermann		
Fr 24.	18 13	23 54	4 31	22 57	– 9,5	Wassermann		
Sa 25.	18 40	–	5 45	23 49	– 5,0	Wassermann	**Vollmond**	**11h51m**
So 26.	19 06	0 44	7 02	0 42	– 0,1	Walfisch		
Mo 27.	19 34	1 36	8 20	1 36	+ 4,8	* Fische		
Di 28.	20 05	2 29	9 38	2 31	+ 9,5	Walfisch	Erdnähe 366/32,'6	18h
							Größte Südbreite	
Mi 29.	20 42	3 24	10 56	3 28	+13,7	* Stier		
Do 30.	21 24	4 21	12 11	4 26	+17,1	Stier, Hyaden		

Planetenlauf

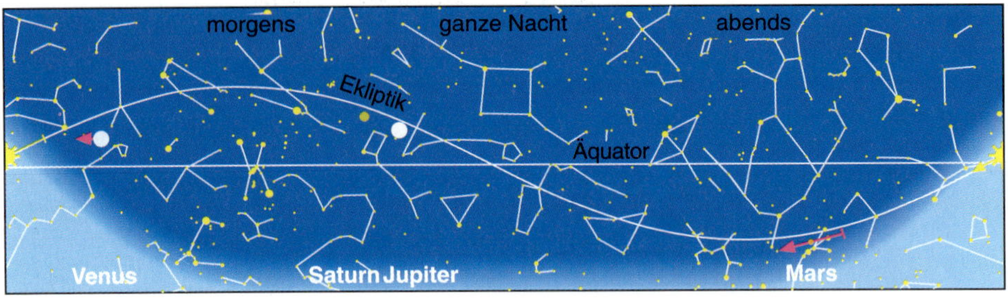

Merkur kommt am 8. in obere Konjunktion mit der Sonne. Er hält sich daher mit ihr am Taghimmel auf und bleibt nachts unsichtbar. Bis Monatsende wächst seine östliche Elongation von der Sonne immerhin auf 16° an. Dennoch zeigt sich Merkur nicht am Abendhimmel. Am 30. geht der $-0\overset{m}{,}3$ helle Merkur um 18^h27^m (= 19^h27^m Sommerzeit) unter. Da die Sonne erst um 18^h02^m (= 19^h02^m Sommerzeit) unter die Horizontlinie sinkt, kann sich Merkur vor seinem Untergang nicht mehr in der Abenddämmerung durchsetzen. Der flinke Planet bleibt den ganzen Monat hindurch unbeobachtbar.

Venus hat ihre untere Konjunktion mit der Sonne gerade hinter sich. Am 9. beendet sie ihre Rückläufigkeit und wird wieder rechtläufig. Relativ schnell setzt sie sich am Morgenhimmel durch. Bereits am 26. strahlt sie mit $-4\overset{m}{,}6$ scheinbarer Helligkeit in größtem Glanz. Da ihr die Sonne auf dem absteigenden Ast des Tierkreises voraneilt, gewinnt sie einen nördlichen Deklinationsvorsprung.
Im Laufe des Monats verfrühen sich die Venusaufgänge erheblich. Am 1. geht Venus um 4^h25^m (= 5^h25^m Sommerzeit) auf, am 30. jedoch schon um 2^h40^m.
Im Fernrohr bemerkt man die rasch abnehmende Größe des Venusscheibchens und die zunehmende Phase. Die zu Monatsanfang extrem schmale Venussichel wird kleiner und dicker. Am 1. sind nur fünf Prozent des 55″ großen Planetenscheibchens beleuchtet, am 23. bereits 25 %, wobei der scheinbare Venusdurchmesser 40″ beträgt. Bis Monatsende steigt der Beleuchtungsgrad auf 31 % an, das Planetenscheibchen schrumpft auf 36″.

Mars kann noch am Abendhimmel gesehen werden, wenn sich auch seine Sichtbarkeitsdauer immer mehr verkürzt. Der rote Planet wechselt am 1. in das Sternbild Skorpion. Er wandert am 6. abends nur $0\overset{\circ}{,}2$ nördlich an δ Scorpii vorbei und passiert am 17. Antares 3° nördlich. Zur Monatsmitte, genau am 15., verläßt er den Skorpion und dringt in den Schlangenträger ein (siehe Abb. 9.2, unten).

9.2: Scheinbare Bahn des roten Planeten von August bis Jahresende 1999 durch die Sternbilder Skorpion, Schütze und Steinbock. Die Zahlen geben die Marspositionen zum jeweiligen Monatsersten an.

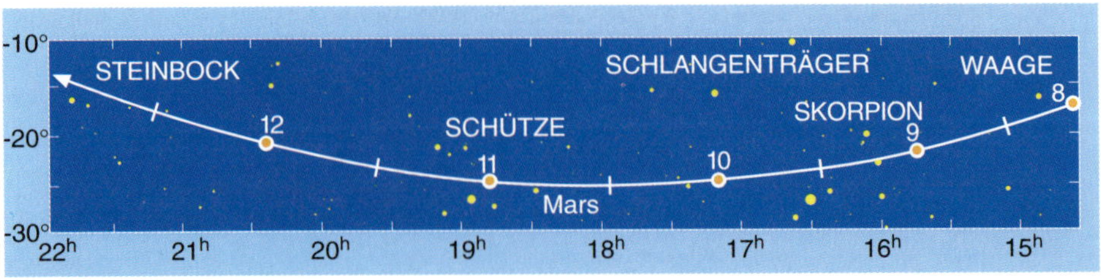

Die Marsuntergänge verfrühen sich von 21^h35^m (= 22^h35^m Sommerzeit) während des Monats auf 20^h44^m. Die Helligkeit des roten Planeten sinkt weiter ab und beträgt am Monatsende $0^m{,}6$. Damit ist Mars immer noch deutlich heller als Antares ($1^m{,}0$). Beide Gestirne lassen sich jetzt gut miteinander vergleichen. Antares heißt soviel wie „marsähnlicher Stern", weil er Mars an Helligkeit und Farbe ähnlich ist.

Am 15. ist Mars 190 Millionen Kilometer (= 1,270 A. E.) von uns entfernt. Das Licht von Mars benötigt nun schon zehneinhalb Minuten, um die Erde zu erreichen.

Jupiter nähert sich seiner Oppositionsstellung, die er aber erst im nächsten Monat erreicht. Er wandert rückläufig durch den Widder (siehe Abb. 10.3 auf Seite 179). Der Riesenplanet ist praktisch fast die ganze Nacht über sichtbar. Am 1. geht er um 20^h49^m (= 21^h49^m Sommerzeit) auf und am 15. um 19^h53^m. Am 30. erfolgt der Aufgang des inzwischen $-2^m{,}9$ hellen Jupiter schon um 18^h51^m, gut eine dreiviertel Stunde nach Sonnenuntergang. Am 27. passiert der noch fast volle Mond den Riesenplaneten in 4° südlichem Abstand. Am Abend ist der Mond schon ein wenig weitergewandert und über 5° von Jupiter entfernt (siehe Abb. 9.1 auf Seite 161).

Saturn, rückläufig im Sternbild Widder, kann fast die ganze Nacht über betrachtet werden. Zu Monatsende erscheint der Ringplanet nur eineinhalb Stunden nach Sonnenuntergang am Osthorizont. Die nahende Opposition macht sich auch in seiner auf $0^m{,}0$ anwachsenden Helligkeit bemerkbar. Damit ist Saturn etwa so hell wie Wega und Kapella. Nur noch Jupiter und am Morgenhimmel Venus übertreffen Saturn am Nachthimmel bei weitem an Glanz.

Uranus stand im Vormonat in Opposition zur Sonne. Der grünliche Planet verzögert seine rückläufige Bewegung im Steinbock. Zum Monatsanfang wandert er nur $0^\circ{,}1$ südlich an ϑ Capricorni vorbei, der mit $4^m{,}1$ den nur $5^m{,}7$ hellen Uranus bei weitem an Helligkeit übertrifft. Man kann ihn jedoch bequem als Aufsuchhilfe nutzen (siehe Abb. 7.4 auf Seite 129).

Vom Morgenhimmel zieht sich Uranus allmählich zurück. Am 1. geht er um 3^h24^m unter, am 15. um 2^h26^m und am 30. schon um 1^h25^m (= 2^h25^m Sommerzeit). Jeweils eine Stunde vor Untergang ist der grünliche Planet vom Beobachtungsprogramm zu streichen.

Neptun bremst seine ohnehin recht langsame rückläufige Bewegung im Steinbock fast ganz ab. Zum Stillstand kommt er aber erst Mitte Oktober (siehe Aufsuchkärtchen 7.4 auf Seite 129).

Der mit $7^m{,}9$ nicht besonders leicht auffindbare, bläuliche Planet verlagert seine Untergänge in die Zeit kurz nach Mitternacht. Am 1. erfolgt der Neptununtergang um 2^h23^m (= 3^h23^m Sommerzeit), am 15. um 1^h26^m und am 30. bereits um 0^h26^m. Etwa zwei Stunden vor Untergang lohnt es nicht mehr, nach Neptun zu suchen. Die Meridianpassagen von Neptun erfolgen am 1. um 21^h55^m, am 15. um 20^h59^m und am 30. um 19^h59^m (= 20^h59^m Sommerzeit). Am 30. ist Neptun 4 443 Millionen Kilometer (= 29,70 A. E.) von der Erde entfernt.

Periodische Sternschnuppenströme

Die **Pisciden** sind im gesamten September aktiv. Ihr Ausstrahlungspunkt liegt in den Fischen.

Konstellationen und Ereignisse

Datum	MEZ	Ereignis
1.	7^h	**Mond bei Saturn**, Mond $2^\circ{,}9$ südlich, **Abstand $4^\circ{,}5$ um 4^h**
7.	17	Mond bei Venus, Mond $8^\circ{,}1$ nördlich
8.	16	Merkur in oberer Konjunktion mit der Sonne
9.	21	Venus im Stillstand, anschließend rechtläufig
10.	0	Mond bei Merkur, Mond $1^\circ{,}5$ nördlich
16.	11	Mond bei Mars, Mond $6^\circ{,}6$ nördlich
20.	23	**Mond bei Neptun,** Mond $0^\circ{,}7$ nördlich, **Abstand $0^\circ{,}5$ um 23^h**
21.	21	**Mond bei Uranus**, Mond $0^\circ{,}6$ nördlich, **Uranusbedeckung** (siehe Seite 236)
23.	12^h31^m	**Sonne im Herbstpunkt, Tagundnachtgleiche**
26.	15	**Venus in größtem Glanz ($-4^m{,}6$)**
27.	14	**Mond bei Jupiter**, Mond $3^\circ{,}7$ südlich, **Abstand $5^\circ{,}2$ um 20^h**
28.	13	Mond bei Saturn, Mond $2^\circ{,}6$ südlich

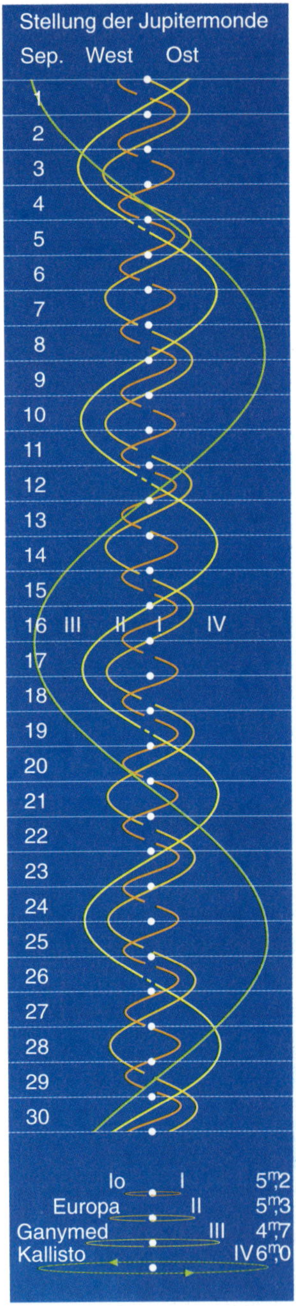

Jupitermond-Erscheinungen

Tag	MEZ h m	Vorgang	
1.	2 41	II	BE
2.	21 46	II	DE
4.	3 18	I	SA
	4 25	I	DA
5.	0 37	I	VA
	3 53	I	BE
	4 11	III	VA
	21 46	I	SA
	22 52	I	DA
	23 56	I	SE
6.	0 59	I	DE
	22 20	I	BE
8.	0 28	II	VA
	5 03	II	BE
	20 38	III	SE
	22 51	III	DA
9.	0 28	III	DE
	21 44	II	DA
	22 09	II	SE
10.	0 09	II	DE
11.	5 12	I	SA
12.	2 32	I	VA
	23 40	I	SA
13.	0 39	I	DA
	1 50	I	SE
	2 46	I	DE
	21 00	I	VA
14.	0 07	I	BE
	20 19	I	SE
	21 13	I	DE
15.	3 03	II	VA
	22 20	III	SA
16.	0 38	III	SE
	2 21	III	DA
	3 57	III	DE
	22 14	II	SA
17.	0 04	II	DA
	0 46	II	SE

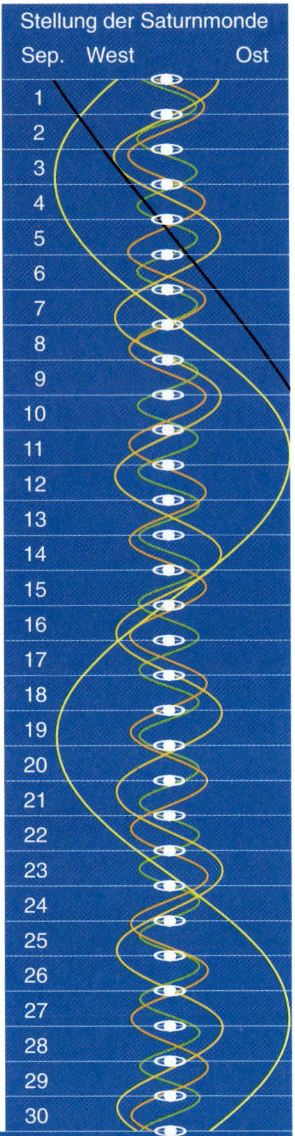

5	$10^m,8$
10	$11^m,2$
15	$11^m,6$
20	$11^m,9$
25	$12^m,1$
30	$11^m,9$

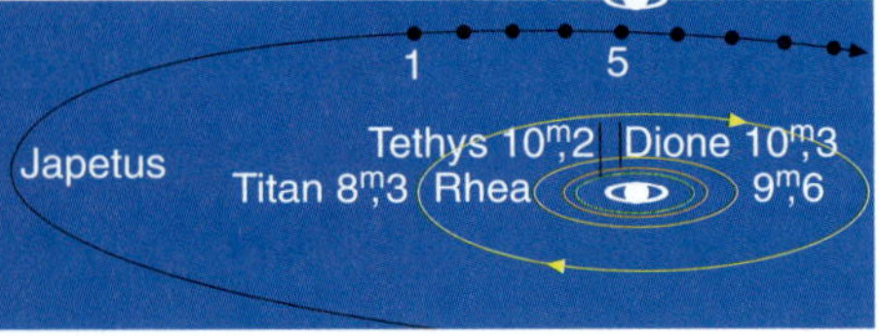

17.	2 29	II	DE
18.	20 34	II	BE
19.	4 26	I	VA
20.	1 34	I	SA
	2 25	I	DA
	3 44	I	SE
	4 32	I	DE
	22 54	I	VA
21.	1 53	I	BE
	20 03	I	SA
	20 51	I	DA
	22 13	I	SE
	22 59	I	DE
22.	20 19	I	BE
23.	2 22	III	SA
	4 38	III	SE
24.	0 50	II	SA
	2 23	II	DA
	3 22	II	SE
	4 48	II	DE
25.	22 52	II	BE
26.	19 22	III	BA
	20 58	III	BE
27.	3 28	I	SA
	4 10	I	DA
28.	0 49	I	VA
	3 38	I	BE
	21 57	I	SA
	22 36	I	DA
29.	0 07	I	SE
	0 44	I	DE
	19 17	I	VA
	22 04	I	BE
30.	19 10	I	DE

Beste Beobachtungszeit ist zwischen 22^h und 4^h morgens. Das Maximum ist um den 20. September zu erwarten, wobei nur etwa fünf bis zehn Meteore pro Stunde auftauchen. Die Geschwindigkeit der Meteore liegt um 25 km/s. Die Pisciden zerfallen in mehrere Teilströme, von denen einer bis Mitte Oktober tätig ist.
Die **Tauriden** tauchen vom letzten Septemberdrittel bis Ende November auf. Ihr Radiant liegt im Stier. Der Tauriden-Strom geht wahrscheinlich auf den Kometen 2P/Encke zurück. Das wenig ausgeprägte Maximum fällt auf den 12. November. Die Objekte sind um 30 km/s schnell, haben also mittlere Geschwindigkeiten.
Ein relativ neuer Strom sind die **Delta-Aurigiden**, dessen Radiant im Fuhrmann nahe δ Aurigae zu finden ist. Es sind schnelle, aber seltene Objekte. Ihre Geschwindigkeit liegt bei 60 km/s. Sie erscheinen vom 5. September bis etwa 10. Oktober, wobei das wenig ausgeprägte Maximum um den 8. September zu erwarten ist. Nur zwei bis drei Meteore sind pro Stunde zu erwarten.

9.3: Das Eis auf dem Jupitermond Europa ist durch innere Spannungen und Meteoriteneinschläge stark zerklüftet. (NASA/DLR-RPIF)

Der Fixsternhimmel

Der abendliche Sternenhimmel trägt noch eindeutig sommerliche Züge. Gegenüber dem Vormonat hat sich nicht allzuviel verändert. Hoch am Firmament entdeckt man das Sommerdreieck, wobei Deneb im Schwan nahe dem Scheitelpunkt oder Zenit steht. Die Leier mit Wega und der Adler mit Atair haben zur Standardbeobachtungszeit (Monatsmitte 22^h MEZ bzw. 23^h Sommerzeit) ihren Meridiandurchgang allerdings längst hinter sich. Das gesamte Sommerdreieck ist in die westliche Hemisphäre gerückt. Arktur im Bootes steht zwar gerade noch über dem Nordwesthorizont, wegen seiner tiefen Stellung kann man ihn jedoch kaum mehr erkennen. Von den Sommerbildern ist der Skorpion bereits verschwunden. Der Schütze geht im Südwesten gerade unter, während der Steinbock eben durch den Meridian trabt. Der Wassermann steht kurz vor seiner Kulmination. Zwischen Steinbock und Schwan stößt man auf halber Höhe auf das kleine, aber sehr markante und darum gut einprägsame Bild des Delphin. Der Delphin liegt östlich von Atair im Adler.

Der Kepheus durchschreitet gerade den Meridian zwischen Zenit und Polarstern. Die schwachen Sterne, die den König von Äthiopien darstellen sollen, sind nicht leicht auszumachen. Der Kepheus ist ein gutes Übungsobjekt für den schon etwas fortgeschrittenen Sternfreund.

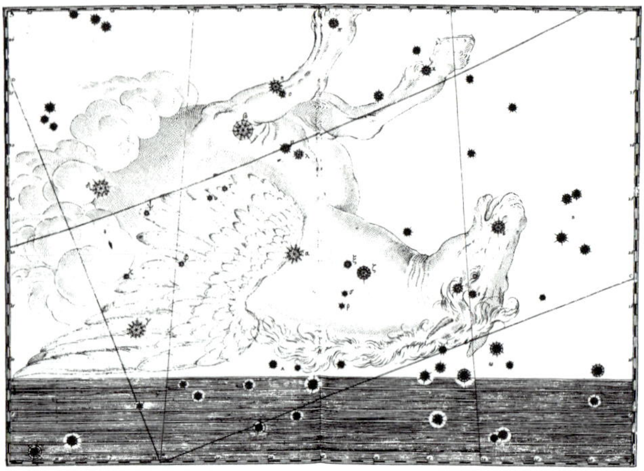

9.4: Der Pegasus – das geflügelte Pferd der Poeten – in der figürlichen Darstellung im Sternatlas *Uranometria* von Johannes Bayer aus dem Jahre 1603.

Lassen wir den Blick nochmals nach Süden zu Steinbock und Wassermann schweifen. Tief im Südsüdosten flackert ein Stern erster Größe, Fomalhaut im Südlichen Fisch (lat.: Piscis Austrinus), der eben aufgegangen ist.

Hoch im Südosten breitet sich der Pegasus aus, das geflügelte Pferd der Dichter. Seine Schnauze, markiert durch Enif (ε Pegasi), berührt bereits den Meridian. Am auffälligsten ist jedoch der zentrale Teil des Pegasus, ein großes Sternenquadrat, das auch Herbstviereck genannt wird. Der Pegasus verhilft den Poeten zu ihren gedanklichen Höhenflügen. Als der schrecklichen Gorgone Medusa von Perseus das Haupt abgeschlagen wurde, entwich ihrem Leib im Todeskampf das Flügelroß. Kaum dem Blute der Medusa entsprungen, entfaltete Pegasus seine Schwingen und flog gen Himmel zu den Göttern, um fortan den Keulenwagen des blitzeschleudernden Götterbosses Zeus zu ziehen. Pegasus erledigte so manche Aufgaben für die feine Göttergesellschaft. So beruhigte er auf Wunsch des zürnenden Poseidon die übermütigen Musen, als sie in den Helikonbergen laut singend ein Fest feierten. Pegasus landete auf Helikon, wobei seine Hufschläge beim Aufsetzen eine Quelle (Hippokrene) hervorsprudeln ließen. Wer aus

Veränderliche Sterne

Algol-Minima	6.	7^h09^m	9.	3^h58^m	12.	0^h46^m	14.	21^h35^m	17.	18^h23^m	29.	5^h38^m
β-Lyrae-Minima	1.	19^h H	8.	6^h N	14.	17^h H	21.	4^h N	27.	16^h H		
δ-Cephei-Maxima	1.	16^h	7.	1^h	12.	10^h	17.	18^h	23.	3^h	28.	12^h
Mira-Helligkeit	1.	8^m	10.	8^m	20.	7^m	30.	6^m				

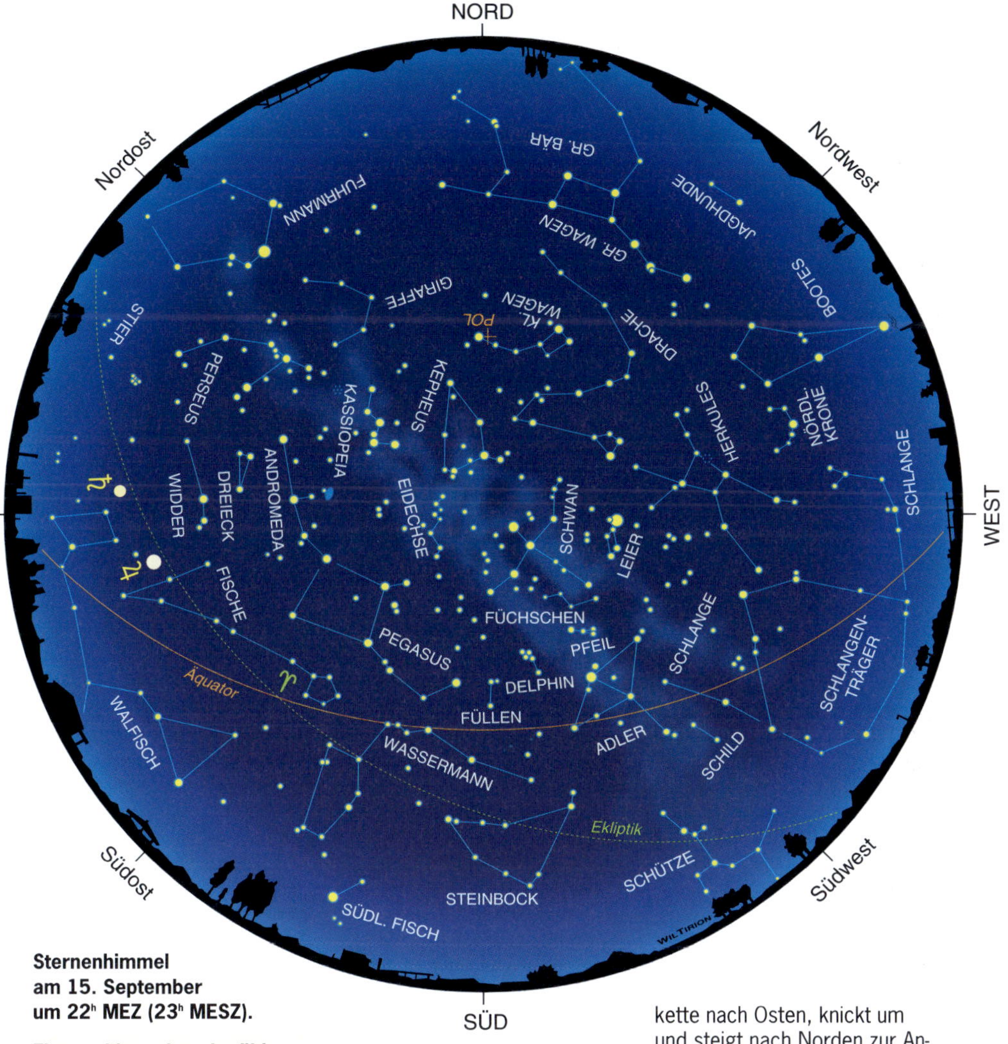

Sternenhimmel am 15. September um 22h MEZ (23h MESZ).

Fixsternhimmel auch gültig für:

für:	MEZ	MESZ
15. 7.	2h	3h
1. 8.	1	2
15. 8.	0	1
1. 9.	**23**	**24**
15. 9.	**22**	**23**
30. 9.	**21**	**22**
15.10.	20	21
31.10.	19	
15.11.	18	

ihr trank, dessen Phantasie bekam Flügel.
Südlich des Pegasus stößt man auf die eine der beiden Fischellipsen. In ihrer Nähe liegt heute der Frühlingspunkt. Ihn passiert die Sonne am 21. März, wenn sie den Himmelsäquator von Süd nach Nord überschreitet. Von der Fischellipse zieht sich eine lichtschwache Sternenkette nach Osten, knickt um und steigt nach Norden zur Andromeda empor, wo die zweite Fischellipse liegt: Die Fische sind nicht leicht zu erkennen, da sie sich nur aus lichtschwachen Sternen zusammensetzen. Wesentlich leichter erkennt man das kleine Bild des Widders (lat.: Aries), das bereits halbhoch im Osten steht. Zwei helle Gestirne leuchten ebenfalls im Osten, Jupiter und Saturn, die sich in diesem Gebiet aufhalten.

Die Trabanten und Ringe des siebenten Planeten

Im Altertum und Mittelalter kannte man sieben Gestirne, die durch die Sternbilder des Tierkreises wandern: Sonne, Mond, Merkur, Venus, Mars, Jupiter und Saturn. Man nannte sie Planeten, was soviel wie „Wandelsterne“ heißt. Damals dachte man, daß diese Wandelgestirne um die Erde laufen. Spätestens seit Nikolaus Kopernikus (1473–1543) wurde klar, daß die Planeten um die Sonne kreisen mit Ausnahme des Mondes, der die Erde umrundet. Die Sonne selbst hält sich im Zentrum des Planetensystems auf. Die Erde hingegen läuft um die Sonne. Seit Galileo Galilei im Jahre 1610 mit seinem selbstgefertigten Teleskop die vier hellen Jupitermonde erstmals sah, wurde klar, daß auch andere Planeten von Monden umkreist werden. Somit schrumpfte die Zahl der Planeten auf sechs: Merkur, Venus, Erde, Mars, Jupiter und Saturn – in der Reihenfolge ihres Sonnenabstandes aufgezählt. Die Sonne wiederum zählt zu den Sternen, jenen glühenden, selbstleuchtenden kugelförmigen Atommeilern im All. Monde umkreisen ihre Planeten – man nennt sie auch Satelliten oder Trabanten.

Bis zum Jahre 1781 kannte man nur sechs Planeten. In diesem Jahr entdeckte Wilhelm Herschel am späten Abend des 13. März rein zufällig einen neuen Planeten. Zunächst war ihm gar nicht bewußt, daß er einen Planeten sah, als er kurz nach 21^h30^m im Sternbild der Zwillinge mit seinem Teleskop von 16 cm Öffnung und 2,10 m Brennweite ein kleines, grünliches Scheibchen sah. Das seltsame Objekt war nicht punktförmig wie die Sterne, ein Nebel oder Sternhaufen war es aber auch nicht. So dachte Herschel an einen Kometen. Er beobachtete am 17. März nochmals die Gegend in den Zwillingen und stellte fest, daß sich das Objekt weiterbewegt hatte. Seltsam war, daß es nicht diffus erschien wie bei Kometen üblich und auch nicht den leisesten Ansatz eines Schweifes erkennen ließ.

Herschel war von Beruf Musiker und beobachtete den Sternenhimmel von seiner Wohnung in der New King Street Nr. 10 in der englischen Stadt Bath aus. Er teilte seine Entdeckung kompetenten Astronomen mit wie Nevil Maskelyne, Astronomer Royal (königlicher Astronom) am Observatorium in Greenwich und Thomas Hornsby, Direktor des Radcliffe Observatoriums in Oxford. Der eigenartige „Komet von Bath“ wurde ausführlich beobachtet. Bald stellte sich heraus, daß dieses Objekt die Sonne in rund 19 A.E. Distanz in einer fast kreisförmigen Bahn umrundet, wobei ein Umlauf 85 Jahre dauert. Herschel hatte somit nicht einen Kometen, sondern einen neuen *Planeten* entdeckt! Er schlug vor, den neuen Planeten zu Ehren von König Georg III. von England und Hannover (dem Geburtsort von Herschel) schlicht „Georgian Sidus“ (Georgsgestirn) zu benennen. Dies stieß auf internationalen Protest. Der Direktor der Berliner Sternwarte, Johann Elert Bode, schlug den Namen Uranus vor, der klassischen Mythologie nach Schöpfer des Universums und Vater von Saturn. In England dauerte es allerdings noch sechzig Jahre, bis sich dieser Name durchsetzte.

Herschels Entdeckung machte ihn über Nacht berühmt und änderte sein Leben. Als Militärmusiker war sein Brötchengeber König Georg III., ein an der Himmelskunde sehr interessierter und aufgeschlossener Monarch. Neben verschiedenen Ehrungen und Auszeichnungen bestellte Georg III. ihn zum königlichen Privatastronomen mit einem Jahresgehalt von zweihundert englischen Pfund, damals eine ansehnliche Summe, mit der es sich sorglos leben ließ. Aus dem Amateurastronom Herschel wurde somit ein angesehener Berufsastronom.

Uranus war der erste Planet, der in der Neuzeit entdeckt wurde. Von der Sonne gezählt ist er der siebente Planet. Und vor kurzem sorgte er wieder für Schlagzeilen: 1997 wurden zwei weitere Monde des Uranus von der Erde aus entdeckt, womit sich die Zahl seiner Trabanten auf siebzehn erhöht hat. Herschel selbst fand die beiden größten Uranusmonde nur knapp sechs Jahre nachdem er den Planeten selbst aufgestöbert hatte. Am 11. Januar 1787 erkannte er zwei Lichtpünktchen 14. Größenklasse, die als Satelliten den Uranus umkreisen. Die neuentdeckten Uranusmonde wurden Titania und Oberon getauft. Sie laufen auf Bahnen um Uranus, die fast senkrecht auf der Ekliptikebene stehen, aber genau in der Ebene des Uranusäquators liegen. Tatsächlich ist die Rotationsachse des Uranus um 98° zur Senkrechten auf seiner Bahnebene geneigt, Uranus ist gewissermaßen umgekippt, seine Drehachse liegt fast in der Ekliptikebene.

Die Uranustrabanten

Bezeichnung	Name	Entfernung km	Umlaufszeit d/h/m	Bahn-neigung °	Num. Exz.	Durch-messer km	Opp. H.-keit m	Entdecker/Jahr
1986 U7 VII	Cordelia	49 770	8:02,4	0,1	0,001	26	24,1	Voyager 2/1986
1986 U8 VII	Ophelia	53 790	9:01,44	0,1	0,01	30	23,8	Voyager 2/1986
1986 U9 VIII	Bianca	59 170	10:26	0,2	0,001	42	23	Voyager 2/1986
1986 U3 IX	Cressida	61 780	11:08	0,0	0,001	62	22,2	Voyager 2/1986
1986 U6 X	Desdemona	62 680	11:23	0,2	0,001	54	22,5	Voyager 2/1986
1986 U2 XI	Juliet	64 356	11:50	0,1	0,001	84	21,5	Voyager 2/1986
1986 U1 XII	Portia	66 090	12:19	0,1	0,001	108	21	Voyager 2/1986
1986 U4 XIII	Rosalind	69 940	13:24	0,3	0,001	54	22,5	Voyager 2/1986
1986 U5 XIV	Belinda	75 260	14:59	0,0	0,001	66	22,1	Voyager 2/1986
1985 U1 XV	Puck	86 010	18:17	0,31	0,001	154	20,2	Voyager 2/1985
V	Miranda	129 390	1 9:55	4,22	0,0027	480	16,3	Kuiper/1948
I	Ariel	191 020	2 12:29	0,31	0,0034	1158	14,2	Lasell/1851
II	Umbriel	266 300	4 3:27	0,36	0,005	1172	14,8	Lasell/1851
III	Titania	435 910	8 16:57	0,14	0,0022	1580	13,7	Herschel/1787
IV	Oberon	583 520	13 11:07	0,10	0,0008	1524	13,9	Herschel/1787
1997 U1	–	6 000 000	654	146	0,2	80	22	Nicholson/1997
1997 U2	–	8 000 000	495	153	0,4	160	20	Nicholson/1997

Lange waren Titania und Oberon die beiden einzigen bekannten Uranustrabanten. Erst Mitte des vorigen Jahrhunderts wurde die Zahl der bekannten Uranussatelliten um zwei erhöht. Von der Mittelmeerinsel Malta aus beobachtete der Amateurastronom William Lassell (1799–1880), der in England eine Privatsternwarte besaß, den siebenten Planeten. Am 24. Oktober 1851 erkannte er zwei weitere Trabanten des Uranus, die lichtschwächer und der Planetenkugel noch näher sind als die von Herschel zuerst gefundenen beiden Monde. Die neuentdeckten Uranussatelliten erhielten die Namen Ariel und Umbriel. Für fast hundert Jahre hatte Uranus damit vier Monde, so stand es jedenfalls in den Lexika und Astronomiebüchern. Schließlich wurde der fünfte Uranustrabant am 15. Februar 1948 von dem renommierten Planetenforscher Gerard P. Kuiper (1905–1973) aufgespürt. Nach einer systematischen Suche wurde Miranda, so der

Die Ringe des Uranus

Ring	Breite km	Radius km
Äquatorradius des Uranus	–	25 559
1986 U2R	2 500	37 000
		39 500
Ring 6	1– 3	41 870
Ring 5	2– 3	42 270
Ring 4	2– 3	42 600
α-Ring	5– 12	44 750
β-Ring	7– 12	45 700
η-Ring	3– 60	47 210
γ-Ring	1– 4	47 660
δ-Ring	3– 9	48 330
λ-Ring (1986 U1R)	1– 2	50 040
ε-Ring	20–100	51 180

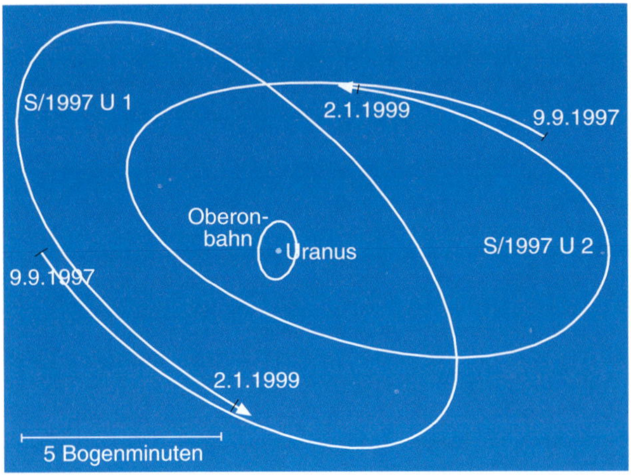

9.5: Die Lage der Bahnen der beiden neuen Uranusmonde.

Name des fünften Uranustrabanten, als winziges Sternpünktchen von nur 16ᵐ5 Helligkeit auf einer photographischen Aufnahme entdeckt, die mit dem 203-cm-Spiegelteleskop des McDonald-Observatoriums in Texas gewonnen wurde. Mit knapp fünfhundert Kilometer Durchmesser ist Miranda der Benjamin unter den fünf Uranusmonden. Mit rund 1 600 Kilometer Durchmesser ist Titania der größte Uranustrabant, die anderen haben Abmessungen zwischen knapp 1 200 und gut 1 500 Kilometer. Die vier großen Uranustrabanten kreisen exakt in der Ebene des Uranusäquators um ihren Mutterplaneten, wobei das Kreisen wörtlich genommen werden kann: Die numerische Exzentrizität ihrer Bahnen ist bei allen kleiner als 0,006 – die Bahnen sind damit praktisch kreisförmig. Auch die Mirandabahn weist nur eine Neigung von vier Grad zum Uranusäquator auf. Sie ist ebenfalls eine kreisförmige Bahn.

Bis zum März 1977 war man der Auffassung, Saturn sei der einzige Planet, der von Ringen umgeben ist. Doch dann entdeckte man, daß auch Uranus ein Ringsystem besitzt, das aus neun sehr dünnen und dunklen Ringen besteht. Zunächst wurden die Uranusringe auf indirektem Weg gefunden. Neun Jahre später gelang es der Raumsonde Voyager 2, Bilder der Uranusringe zur Erde zu funken. Man fand die Uranusringe bei dem Versuch, aus einer Sternbedeckung den genauen Durchmesser der Uranuskugel zu ermitteln. Am 10. März 1977 wurde der Stern SAO 158 687 in der Waage, ein Objekt 9. Größe, von Uranus bedeckt. Diese Bedeckung wurde vom Kuiper-Airborne-Observatorium, einer fliegenden Sternwarte, hoch über dem Indischen Ozean verfolgt. Vierzig Minuten vor der eigentlichen Bedeckung sank die Helligkeit des Sterns plötzlich für kurze Zeit stark ab. Man vermutete eine Wolke, doch der Bordmeteorologe meldete: Himmel völlig wolkenlos! Vier Minuten später der gleiche Effekt. Wieder vermutete man eine atmosphärische Störung, abermals widersprach der Bordmeteorologe. „Dann sind es eben Uranusringe" vermutete einer der anwesenden Astronomen, worauf er prompt ausgelacht wurde. Doch weitere Lichteinbrüche vor und zeitsymmetrisch in gleichen Abständen nach der Bedeckung bestätigten die Vermutungen: Uranus wird von neun schmalen Ringen umschlossen. Ein zehnter und elfter Ring wurden von der Raumsonde Voyager 2 erkannt. Voyager 2 passierte am 24. Januar 1986 das Uranussystem als erste und bisher einzige Raumsonde, die den siebenten Planeten besuchte. Voyager 2 entdeckte auf Anhieb zehn weiter Uranustrabanten. Allerdings entpuppten sich die neugefundenen Trabanten als Minimonde mit Durchmessern weit unter 200 km, die allesamt innerhalb der Mirandabahn Uranus umkreisen. Die zehn neuen Minimonde sind kohlrabenschwarz, vergleichbar mit dem dunklen Kern des Halleyschen Kometen. Sie reflektieren nur vier bis neun Prozent des einfallenden Sonnenlichtes. Der mit 150 km noch größte Minimond heißt Puck, was soviel wie Kobold bedeutet. Er wurde von Voyager 2 als erster der zehn Zwergmonde bereits Monate vor der eigentlichen Passage ausgemacht. Auf Puck wurde ein rund 40 km großer Einschlagkrater gefunden, ein Riesenkrater für einen so kleinen Mond. Man ver-

mutet, daß die Zwergmonde aus verschmutztem Eis bestehen, ähnlich den Kernen von Kometen. Inzwischen erhielten die Minitrabanten außer den provisorischen Bezeichnungen wie 1986/U1 reguläre Namen (siehe Tabelle *Uranustrabanten* auf Seite 171).
Die beiden Minitrabanten Cordelia und Ophelia betätigen sich als Hirten- oder Schäferhundmonde, indem sie den Epsilon-Ring der elf Uranusringe durch ihre Gravitationswirkung gleichsam fokussieren, also zusammenhalten wie Hirten ihre Schafherde.
Das System aus elf Einzelringen erstreckt sich von 37 000 bis 51 160 Kilometer Distanz von Uranus. Der breiteste Ring ist der Epsilon-Ring. An seiner dicksten Stelle mißt er über 100 km. Die anderen Ringe sind nur wenige Kilometer breit. Die einzelnen Ringelemente dürften Brocken von etlichen Metern Größe sein. Vermutlich gibt es noch mehr Minimonde, die die Ringe fokussieren, die aber bisher noch nicht entdeckt wurden. Gleiches gilt für die Zahl der Ringe. Außer den elf bekannten dürfte es nach Ansicht mancher Astronomen mehrere Hunderte von Ringen und Bögen geben, die Uranus umschließen.
Von der Erde aus erscheinen selbst die fünf größten Uranusmonde nur als strukturlose Lichtpunkte. Die Kameras der Voyager 2-Sonde lieferten hingegen phantastische und detailreiche Bilder von den Oberflächen der großen Uranustrabanten. Oberon, der äußerste der großen Uranusmonde, wurde als erster von den Voyager 2-Kameras erfaßt. Seine Oberfläche läßt Einschlagkrater erkennen, von denen helle Strahlen ausgeschleuderten Materials ausgehen. Die Kraterböden zeigen sich häufig als dunkle Flecken. Wahrscheinlich handelt es sich um verschmutztes Wassereis, das nach einem Einschlag austrat, aufschmolz und den Kraterboden füllte. Die Aufsturzenergie schmolz kurzfristig das Eis. Spuren innerer, tektonischer Aktivitäten lassen sich keine erkennen.
Auch Titania, der größte Uranustrabant, weist ebenfalls zahlreiche Einschlagkrater auf. Zusätzlich wird seine Oberfläche von gewaltigen, breiten Grabenbrüchen durchschnitten, die sich Hunderte von Kilometern dahinziehen. Sie sind Spuren vergangener, tektonischer Vorgänge. Diese Gräben sind vermutlich entstanden, als der Wassermantel um den felsigen Titaniakern gefror und die äußerste, bereits erkaltete Hülle sprengte.
Umbriel ist mit 16% Albedo (Rückstrahlungsvermögen) der dunkelste der fünf großen Uranusmonde. Er läßt vergleichsweise wenige Oberflächendetails erkennen – außer eine kraternarbige Oberfläche mit zwei rätselhaften hellen Flecken. Vielleicht trat hier Eis aus dem Inneren aus. Im Gegensatz zu Oberon zeigen die Krater auf Umbriel keine hellen Strahlen. Spektrometermessungen deuten auf eine Wassereisoberfläche hin, vermischt mit gefrorenem Methan (CH_4). Die dunkle Färbung ist vermutlich auf abgelagerten Kohlenstoffstaub zurückzuführen.
Zwar ist Ariel fast genauso groß wie Umbriel, er zeigt jedoch eine völlig andere Oberflächenstruktur. Zum einen ist Ariel mit 38% Albedo der weitaus hellste der großen Uranusmonde, zum anderen ist er von einem Netzwerk sich verzweigender, breiter Täler mit ebenen Böden sowie langen, schmalen Gräben überzogen. Die Gräben dürften von Eismassen und nicht von flüssigem Wasser gebildet worden sein. Daneben gibt es große Ebenen sowie alte kraterübersäte Gegenden.
Die wohl bizarrste Oberfläche besitzt Miranda. Helle und dunkle Furchen, Gräben, Kämme und Grate ziehen über weite Gebiete. Am auffälligsten ist ein riesiges, v-förmiges Talsystem mit vielen parallelen Gräben. Es erinnert entfernt an Rangabzei-

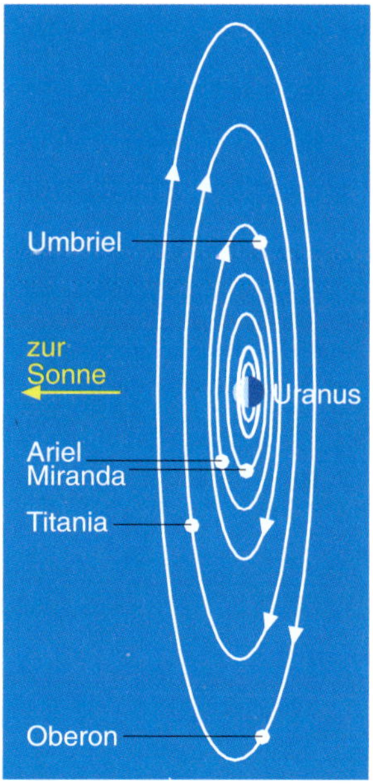

9.6: Die Bahnen der großen Uranusmonde. Sie stehen fast senkrecht auf der Uranusbahnebene.

chen auf Uniformen. Es macht Probleme, die Entstehung der seltsamen und sehr unterschiedlichen Oberflächenstrukturen zu erklären. Möglicherweise zerbrach Miranda in der Frühphase des Sonnensystems durch eine größere Kollision. Die Fragmente lagerten sich dann anschließend wieder aneinander und gaben der Mirandaoberfläche ihr kurioses Aussehen.
Die großen Uranusmonde zu beobachten, stellt eine echte Herausforderung für Amateurastronomen dar. Unter sehr guten Sichtbedingungen wurden Titania und Oberon schon in Teleskopen mit 25 cm freier Öffnung gesehen, bei weniger guten Bedingungen konnten sie selbst in 30-cm-Instrumenten nicht erkannt werden. Noch schwieriger sind Ariel und Umbriel auszumachen. Einmal sind sie näher an Uranus, zum anderen lichtschwächer. Miranda gibt Amateuren keine Chance. Wer die vier helleren Uranustrabanten fotografieren oder mit einer CCD-Kamera erfassen will, tut gut daran, eine möglichst große Brennweite zu wählen. Denn die Brennweite bedingt den Abbildungsmaßstab, und die Monde sind nahe an Uranus. In maximaler Elongation stehen in mittlerer Opposition Oberon 44″ und Titania nur 33″ von Uranus entfernt. Umbriels Elongation beträgt maximal 20″, die von Ariel nur 14″. Miranda gar entfernt sich nie weiter als 10″ vom Zentrum des Uranusscheibchens.
Die zehn Zwergtrabanten und die Ringe des Uranus bleiben gewöhnlichen Teleskopen von der Erde aus unzugänglich. Mit speziellen Beobachtungstechniken ist es allerdings gelungen, einige Minimonde und Ringe auch von bodengebundenen Stationen aus zu erkennen. So konnte beispielsweise der Epsilonring im infraroten Licht aufgenommen werden, wobei deutlich wurde, daß seine Breite nicht konstant ist, sondern variiert. Im breitesten Bereich dehnt sich der Ring über hundert Kilometer aus, wobei er gleichzeitig am weitesten von Uranus entfernt ist. An seiner dem Uranus am nächsten gelegenen Stelle ist der Ring dann am schmalsten. Die breitere und auch hellere Seite wandert einmal in 264 Tagen um Uranus. Da die Umlaufszeit der Ringpartikel nur rund ein Drittel Tag lang ist, ist die Zeitspanne von 264 Tagen die Präzessionsperiode. Es ist die kürzeste Präzessionsperiode, die im Sonnensystem bekannt ist.
Uranus ist allemal für Überraschungen gut. Fast fünfzig Jahre nachdem Kuiper die Miranda fand, wurden zwei neue Uranustrabanten entdeckt – und zwar mit einem erdgebunden Teleskop und nicht mit einer Raumsonde. Somit erhöht sich die Zahl der Uranusmonde auf 17. Nach Saturn ist Uranus damit der mondreichste Planet unseres Sonnensystems. Im September und Oktober 1997 wurden mit dem schon legendären 5-Meter-Reflektor des Palomar Observatoriums – für viele Jahre war es das größte Teleskop der Welt – zwei lichtschwache Objekte 20. und 22. Größe aufgespürt, die Uranus auf stark geneigten und sehr exzentrischen Bahnen umrunden, wobei sie sich rückläufig bewegen. Die neuen Uranustrabanten erhielten die provisorischen Bezeichnungen S/1997 U1 und S/1997 U2. Sie wandern weit außerhalb der Oberonbahn in sechs beziehungsweise acht Millionen km Entfernung um den siebenten Planeten. Es sind die lichtschwächsten Monde, die je von erdgebundenen Teleskopen gesichtet wurden. Der Durchmesser von S/1997 U1 wird zu 80 km geschätzt, der vom etwas helleren U2 auf 160 km. Noch ist nicht sicher, wie stabil die Bahnen der beiden neuen Uranustrabanten sind. Möglicherweise sind sie nur Monde auf Zeit. Die bisher ermittelten Umlaufszeiten von rund eineinhalb Jahren dürften starken Schwankungen unterliegen.
Da in absehbarer Zeit keine weitere Raumsonde zum grünlichen Planeten geplant ist, wird man Uranus, seine Trabanten und sein Ringsystem weiter von der Erde aus erforschen müssen. Möglicherweise werden bald weitere Zwergtrabanten des Uranus gefunden.

OKTOBER 1999

Jupiter kommt am 23. in Opposition zur Sonne und ist als heller Lichtpunkt die ganze Nacht über sichtbar. Östlich von ihm leuchtet der deutlich lichtschwächere Saturn. Venus am Morgenhimmel erreicht am Monatsende mit 46° ihren größten westlichen Winkelabstand von der Sonne.

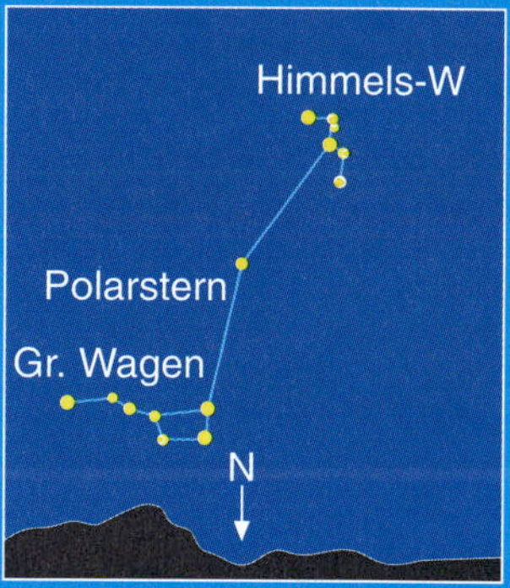

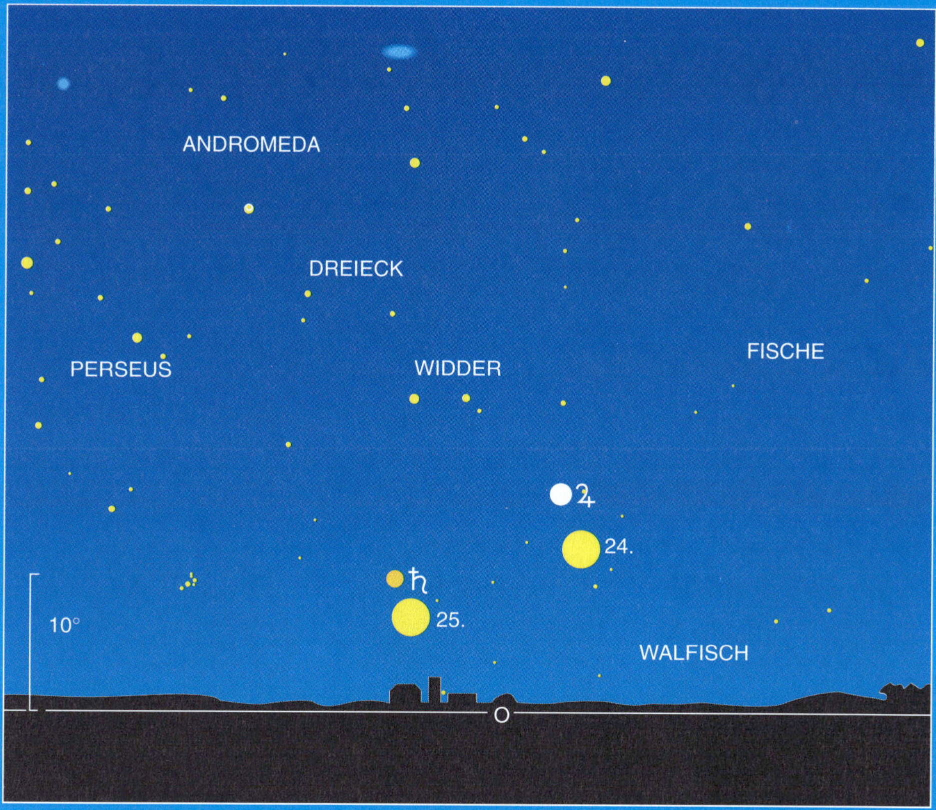

10.1: Anblick des abendlichen Sternenhimmels am 24./25. Oktober gegen 19h MEZ (= 20h MESZ). Jupiter und Saturn stehen knapp über dem Osthorizont. Der Vollmond passiert am 24. den Riesenplaneten, einen Tag später den Ringplaneten knapp südlich.

Sonnenlauf

23.10. 22^h
Sonne tritt in das Tierkreiszeichen Skorpion
31.10. 18^h
Sonne tritt in das Sternbild Waage

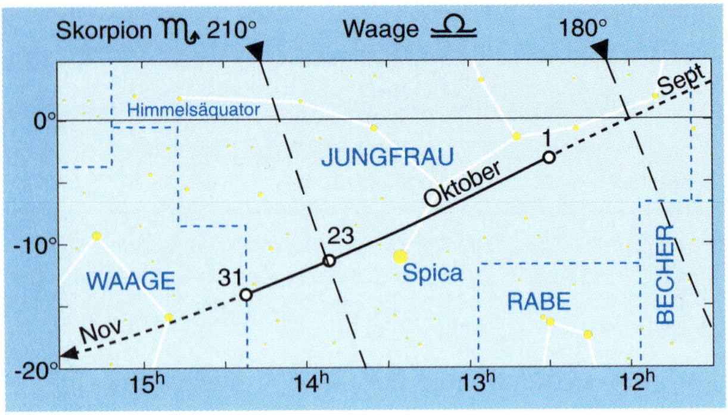

Julianisches Datum
am 1. Oktober, 1^h MEZ:
2451452,5

Tag	Dämmerg. Anfang	Aufgang MEZ	Kulmination	Untergang MEZ	Dämmerg. Ende	Mittagshöhe	Zeitgleichg.	Rektaszension	Deklination
	h m	h m	h m	h m	h m	°	m	h m	°
1.	5 09	6 19	12 10	18 00	19 09	36,9	+10	12 27	– 2,9
5.	5 15	6 25	12 09	17 51	19 01	35,3	+11	12 42	– 4,5
10.	5 23	6 33	12 07	17 40	18 50	33,4	+13	13 00	– 6,4
15.	5 31	6 41	12 06	17 30	18 40	31,6	+14	13 18	– 8,3
20.	5 39	6 49	12 05	17 20	18 30	29,7	+15	13 37	–10,1
25.	5 46	6 57	12 04	17 10	18 21	28,0	+16	13 56	–11,9
31.	5 55	7 07	12 04	16 59	18 11	26,0	+16	14 19	–13,9

Sonntag, 31. 10.: Ende der Sommerzeit!

Tages- und Nachtstunden

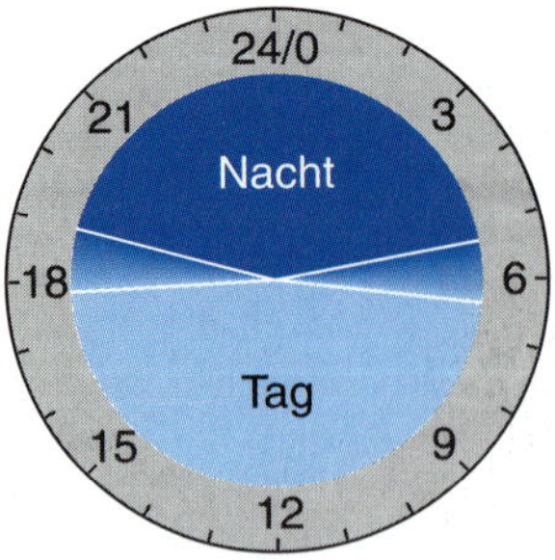

5. Oktober

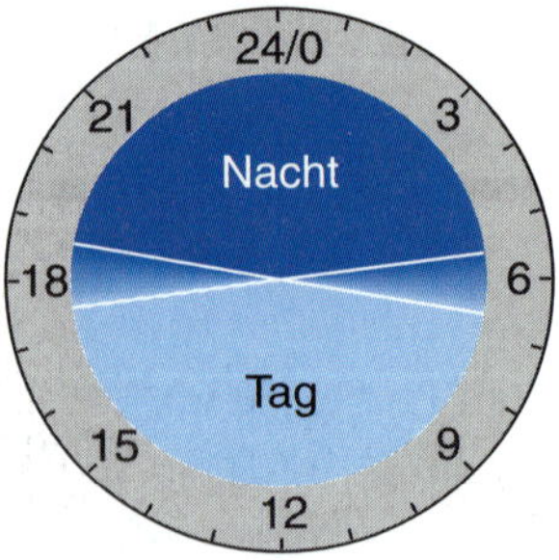

15. Oktober

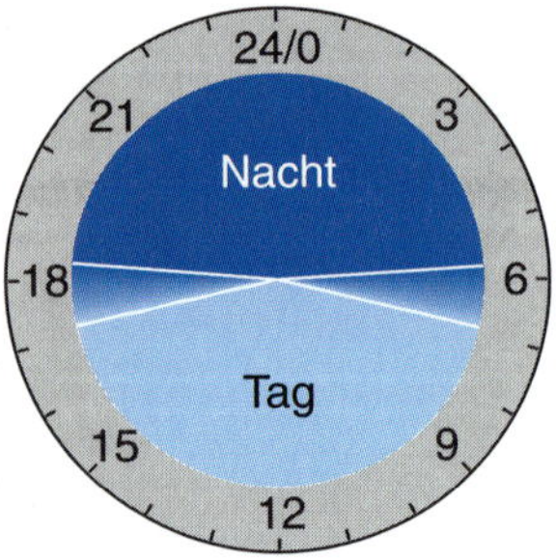

25. Oktober

Mondlauf

Datum	Aufg. MEZ	Kulmination	Unterg. MEZ	Rektaszension	Deklination	Sterne und Sternbilder	Phase	MEZ
	h m	h m	h m	h m	°			
Fr 1.	22 15	5 19	13 20	5 26	+19,3	Stier		
Sa 2.	23 14	6 17	14 20	6 26	+20,4	Alhena	**Letztes Viertel**	**5h02m**
So 3.	–	7 15	15 11	7 26	+20,1	Zwillinge		
Mo 4.	0 19	8 11	15 53	8 24	+18,6	Krebs, Krippe	Aufsteigender Knoten	
Di 5.	1 29	9 04	16 28	9 20	+16,1	Krebs		
Mi 6.	2 39	9 55	16 57	10 14	+12,8	Löwe, Regulus	Libration West	
Do 7.	3 50	10 43	17 23	11 05	+ 8,9	Löwe		
Fr 8.	4 59	11 29	17 47	11 54	+ 4,6	Jungfrau		
Sa 9.	6 07	12 14	18 10	12 42	+ 0,2	Jungfrau	**Neumond**	**12h34m**
So 10.	7 14	12 58	18 32	13 29	– 4,2	Spica		
Mo 11.	8 19	13 42	18 57	14 16	– 8,3	Jungfrau	Größte Nordbreite	
Di 12.	9 24	14 27	19 23	15 03	–12,1	Waage		
Mi 13.	10 26	15 13	19 54	15 51	–15,2	Waage		
Do 14.	11 26	15 59	20 29	16 39	–17,8	Schlangenträger	Erdferne 405/29,′5	15h
Fr 15.	12 22	16 47	21 09	17 29	–19,5	Schlangenträger		
Sa 16.	13 13	17 35	21 57	18 19	–20,4	* Schütze		
So 17.	13 59	18 24	22 51	19 10	–20,4	Schütze, Nunki	**Erstes Viertel**	**16h00m**
Mo 18.	14 39	19 13	23 52	20 01	–19,5	Schütze	Absteigender Knoten	
Di 19.	15 14	20 02	–	20 52	–17,6	Steinbock		
Mi 20.	15 45	20 51	0 57	21 44	–14,9	Steinbock	Libration Ost	
Do 21.	16 13	21 41	2 07	22 36	–11,3	* Wassermann		
Fr 22.	16 39	22 31	3 20	23 27	– 7,0	Wassermann		
Sa 23.	17 05	23 23	4 35	0 20	– 2,3	Fische		
So 24.	17 32	–	5 54	1 14	+ 2,8	Walfisch	**Vollmond**	**22h02m**
Mo 25.	18 02	0 16	7 14	2 09	+ 7,8	Walfisch	Größte Südbreite	
Di 26.	18 37	1 12	8 35	3 07	+12,4	Widder	Erdnähe 361/33,′1	14h
Mi 27.	19 18	2 10	9 54	4 07	+16,2	Stier, Hyaden		
Do 28.	20 07	3 09	11 09	5 08	+19,0	* Aldebaran		
Fr 29.	21 05	4 10	12 15	6 10	+20,4	Alhena		
Sa 30.	22 10	5 10	13 11	7 11	+20,5	Zwillinge		
So 31.	23 19	6 07	13 56	8 11	+19,3	Krebs, Krippe	**Letztes Viertel** Aufsteigender Knoten	**13h04m**

Planetenlauf

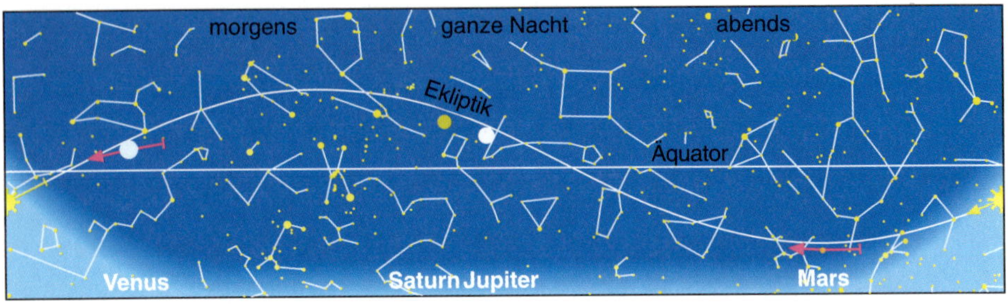

Merkur eilt der Sonne im Tierkreis voraus, sein östlicher Winkelvorsprung vor ihr wächst an. In der Nacht zum 25. erreicht er seine größte östliche Elongation. Trotz eines Winkelabstandes von 24°17′ kommt es nicht zu einer Abendsichtbarkeit. Merkur eilt durch die Waage und den Skorpion, hält sich also in den südlichen Gefilden des Tierkreises auf. Sein Tagbogen fällt erheblich kleiner aus als der der Sonne, die eine um rund 10° nördlichere Deklination aufweist. Am 24. geht der –0,ᵐ1 helle Merkur um 17^h47^m (= 18^h47^m Sommerzeit) unter, also nur gut eine halbe Stunde nach der Sonne. Dies genügt nicht, um Merkur mit bloßen Augen in

10.2: Heliozentrischer Anblick des Planetensystems im letzten Jahresviertel 1999. Eingetragen sind links die Positionen der inneren Planeten für den 1. Oktober (10), den 1. November (11), den 1. Dezember (12) und den 1. Januar 2000 (1). Der rechte Teil zeigt das äußere Planetensystem samt einiger Planetoiden zu Anfang und Ende des letzten Jahresviertels. Die Pfeile deuten die Richtungen zu den ferneren Planeten sowie zum Frühlingspunkt an.

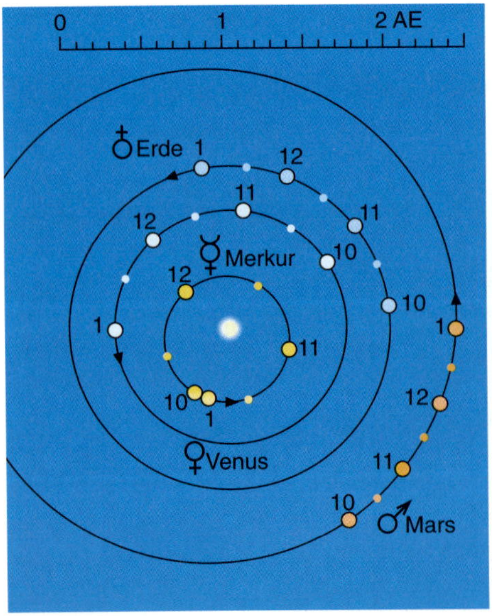

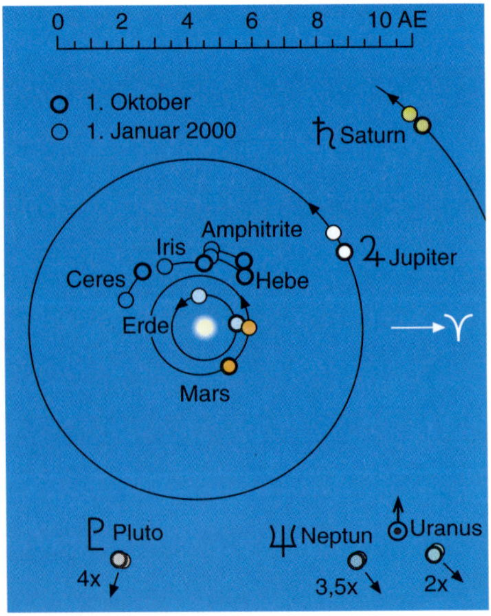

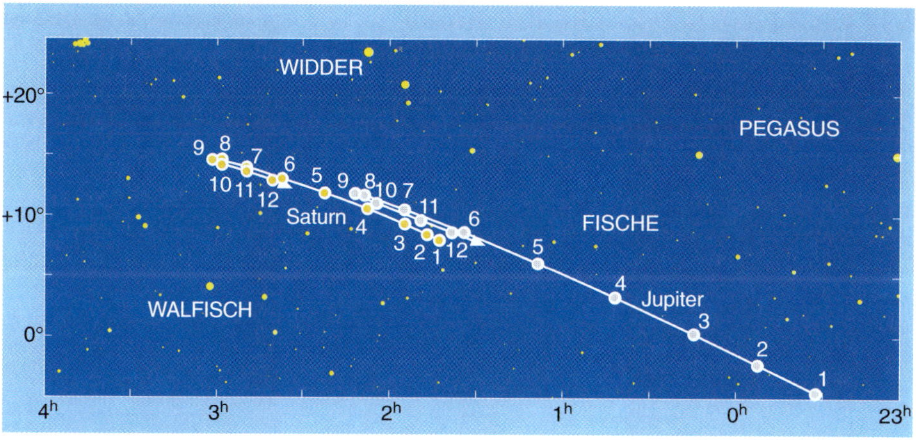

10.3: Die scheinbaren Bahnen der Riesenplaneten Jupiter und Saturn im Jahr 1999 im Gebiet der Sternbilder Fische und Widder. Die Zahlen markieren die Positionen der Planeten zum jeweiligen Monatsersten.

der frühen Abenddämmerung zu erkennen.
Im Teleskop kann man Merkur selbst am Taghimmel beobachten. Am 30. zeigt sich das 7″,4 große Merkurscheibchen halb beleuchtet.
Am 6. passiert Merkur mit 70 Millionen Kilometer (= 0,468 A. E.) Sonnenabstand sein Aphel.
Venus ist auf der morgendlichen Himmelsbühne anzutreffen. Der Morgenstern geht am 1. um 2^h38^m (= 3^h38^m Sommerzeit) auf. Während des Monats verspäten sich die Aufgänge nur unwesentlich auf 2^h48^m am Monatsletzten. Venus wandert durch den Löwen. Am 8. geht sie 3° südlich an Regulus vorbei. Besuch vom abnehmenden Mond erhält der Morgenstern am 5., wobei allerdings der topozentrische Abstand für Beobachter in Mitteleuropa fast 6° beträgt, was die Begegnung nicht so spannend werden läßt. Noch wachsen die westlichen Winkelabstände ein wenig an. Am Monatsletzten steht die $-4^m,4$ helle Venus mit 46°29′ endlich in größter westlicher Elongation von der Sonne. An diesem Tag ist sie fast gleich weit von der Sonne wie von der Erde entfernt (Sonnendistanz: 108 Millionen Kilometer = 0,722 A. E., Erdentfernung: 103 Millionen Kilometer = 0,689 A. E.). Von der Venus ist damit am 31. das Licht fünf Minuten und 43 Sekunden zu uns unterwegs.
Im Fernrohr zeigt sich das 24″,6 große Venusscheibchen am 30. halb beleuchtet, die Venusdichotomie (Halbvenus) ist eingetreten.
Mars kann noch am frühen Abend tief im Südwesten nach Einbruch der Dunkelheit gesehen werden. Er wandert rechtläufig durch den Schlangenträger in den Schützen, wobei er am 11. die Grenze zwischen beiden Tierkreissternbildern überschreitet (siehe Abb. 9.2 auf Seite 164).
Die Marsuntergänge verfrühen sich nur wenig von 20^h43^m (= 21^h43^m Sommerzeit) am 1. auf 20^h21^m am 31. Die Marshelligkeit geht weiter leicht auf $0^m,7$ zurück. Am 30. erreicht Mars mit 1°,8 seine größte ekliptikale Südbreite. In gleichem südlichem Abstand passiert er am 17. den Winterpunkt.
Jupiter steht am 23. im Sternbild Widder in **Opposition** zur Sonne und ist somit die ganze Nacht über beobachtbar. Da er im Mai sein Perihel durchlief, erreicht er diesmal seine maximale Oppositionshelligkeit von $-2^m,9$. Nur noch Venus und Mond sind hellere Gestirne am Nachthimmel. Als auffällig weiß glänzendes Gestirn zieht Jupiter die Blicke auch vieler Laien auf sich.
Am Tag der Opposition geht Jupiter um 17^h15^h (= 18^h15^m Sommerzeit) auf, durchschreitet um 0^h10^m den Meridian und geht um 7^h01^m morgens wieder unter. Bis Monatsende verfrühen

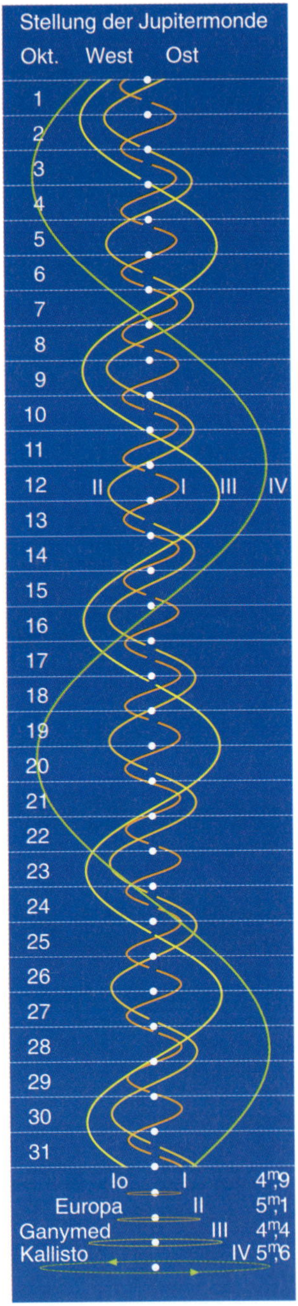

Jupitermond-Erscheinungen

Tag	MEZ		Vorgang	
	h	m		
1.	3	26	II	SA
	4	40	II	DA
2.	21	34	II	VA
3.	1	08	II	BE
	20	17	III	VA
	22	33	III	VE
	22	42	III	BA
4.	0	19	III	BE
	19	16	II	SE
	20	12	II	DE
5.	2	43	I	VA
	23	51	I	SA
6.	0	20	I	DA
	2	02	I	SE
	2	28	I	DE
	21	12	I	VA
	23	48	I	BE
7.	20	30	I	SE
	20	54	I	DE
10.	0	10	II	VA
	3	24	II	BE
11.	0	18	III	VA
	3	37	III	BE
	19	21	II	SA
	20	02	II	DA
	21	52	II	SE
	22	27	II	DE
12.	4	38	I	VA
13.	1	46	I	SA
	2	04	I	DA
	3	56	I	SE
	4	12	I	DE
	23	07	I	VA
14.	1	32	I	BE
	20	15	I	SA
	20	30	I	DA
	22	25	I	SE
	22	38	I	DE
15.	19	57	I	BE

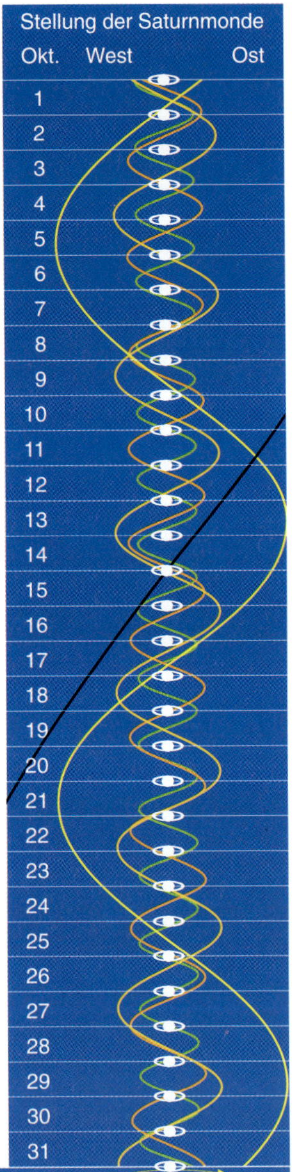

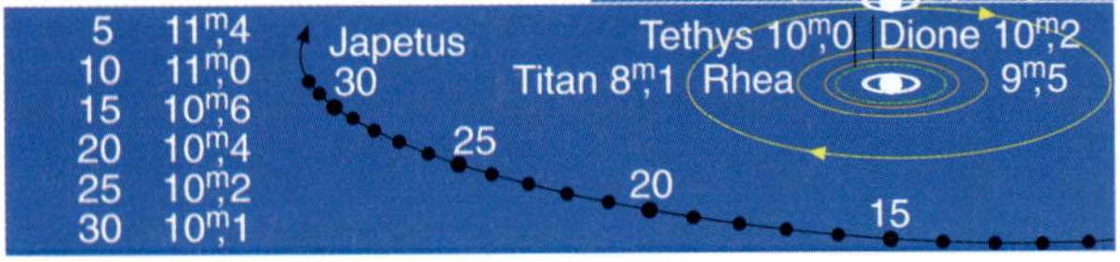

17.	2 47	II	VA
18.	4 20	III	VA
	22 57	II	SA
	22 15	II	DA
19.	0 28	II	SE
	0 41	II	DE
20.	3 41	I	SA
	3 47	I	DA
	18 45	II	BE
21.	1 01	I	VA
	3 15	I	BE
	18 26	III	SA
	18 54	III	DA
	20 36	III	DE
	20 39	III	SE
	22 09	I	SA
	22 13	I	DA
22.	0 20	I	SE
	0 22	I	DE
	19 30	I	VA
	21 41	I	BE
23.	18 48	I	DE
	18 49	I	SE
24.	5 24	II	VA
26.	0 29	II	DA
26.	0 33	II	SA
	2 54	II	DE
	3 05	II	SE
27.	5 31	I	DA
	5 36	I	SA
	18 33	II	BA
	21 15	II	VE
28.	2 50	I	BA
	5 06	I	VE
	22 08	III	DA
	22 29	III	SA
	23 54	III	DE
	23 57	I	DA
29.	0 04	I	SA
	0 41	III	SE
	2 05	I	DE
	2 15	I	SE
	21 16	I	BA
	23 35	I	VE
30.	18 23	I	DA
	18 33	I	SA
	20 31	I	DE
	20 44	I	SE
31.	18 04	I	VE

sich die Jupiteruntergänge auf 6^h24^m.
Seine geringste Distanz von der Erde nimmt der Riesenplanet am 22. Oktober um 15^h mit 593 Millionen Kilometer ein. Er ist dann 3,96mal weiter von uns entfernt als die Sonne. Das Licht benötigt 33 Minuten, um von Jupiter zur Erde zu gelangen. Von der Sonne ist Jupiter zur Opposition 742 Millionen Kilometer entfernt, dies sind 4,96 A. E.
Im Fernrohr zeigt Jupiter ein ovales Planetenscheibchen. Durch seine schnelle Rotation ist der Riesenplanet erheblich abgeplattet. Der scheinbare Äquatordurchmesser beträgt am Tag der Opposition $49''\!.8$, der Poldurchmesser jedoch $46''\!.5$. Schon kleinere Teleskope zeigen die Wolkenbänder auf Jupiter, den GRF (= Großer Roter Fleck) und die vier hellen Jupitermonde.
Am 24. wandert der Vollmond 4° südlich am Riesenplaneten vorbei (siehe Abb. 10.1 auf Seite 175).
Saturn strebt seiner Opposition zur Sonne entgegen, die er aber erst Anfang nächsten Monats erreicht. Der Ringplanet wandert gemächlich rückläufig durch den Widder. Er wird zum Planeten der gesamten Nacht. Am 1. erfolgt der Saturnaufgang um 19^h24^m (= 20^h24^m Sommerzeit), am 15. um 18^h27^m und am 31. bereits um 17^h21^m. Die Saturnhelligkeit nimmt weiter merkbar zu und erreicht am Monatsende $-0^m\!.2$. Damit ist der Ringplanet ein auffälliges Gestirn, das nur noch von Jupiter an Glanz übertroffen wird, der dem Saturn im Tierkreis im nächsten Jahr noch näher rückt (siehe Abb. 10.3 auf Seite 179). Erst am Morgenhimmel läuft Venus dann Saturn und Jupiter hinsichtlich der Helligkeit den Rang ab.
Am 25. passiert der noch fast volle Mond etwa 3° südlich den Ringplaneten (siehe Abb. 10.1 auf Seite 175).
Uranus kommt am 23. im Steinbock zum Stillstand, nachdem er sich schon in den ersten Oktoberwochen kaum mehr bewegt hat. Damit beendet er seine Oppositionsperiode und setzt anschließend seine rechtläufige Wanderung durch den Tierkreis fort (siehe Abb. 7.4 auf Seite 129).
Uranus verlegt seine Untergänge in die Zeit vor Mitternacht. Am 1. sinkt der grünliche Planet um 1^h21^m (= 2^h21^m Sommerzeit) unter die Horizontlinie, und am 15. um 0^h25^m ebenfalls. Am 31. geht der $5^m\!.8$ helle Uranus schon um 23^h18^m unter. An diesem Tag kulminiert er bereits um 18^h44^m. Die günstigste Beobachtungszeit für den grünlichen Planeten fällt jetzt in die frühen Abendstunden.
Neptun kommt am 13. im Westteil des Steinbocks zum Stillstand. Damit beendet er seine Oppositionsschleife und wird wieder rechtläufig (siehe Abb. 7.4 auf Seite 129). Das Ende der Oppositionsperiode wird auch an den rasch schwieriger werdenden Beobachtungsbedingungen deutlich. Die Neptununtergänge verfrühen sich von 0^h22^m (= 1^h22^m Sommerzeit) am Monatsbeginn auf 22^h21^m zum Monatsende. Am 31. geht der ferne, bläuliche, nur $7^m\!.9$ helle Planet bereits um 17^h57^m durch den Meridian,

Konstellationen und Ereignisse

Datum	MEZ	Ereignis
5.	18^h	**Mond bei Venus**, Mond 4°,5 nördlich, **Abstand 5°,7 um 3^h am 6.**
6.	20	Merkur im Aphel
11.	4	Mond bei Merkur, Mond 7°,1 nördlich
14.	0	Neptun im Stillstand, anschließend rechtläufig
15.	14	**Mond bei Mars**, Mond 5°,1 nördlich, **Abstand 4°,6 um 19^h**
18.	8	Mond bei Neptun, Mond 0°,5 nördlich
19.	6	Mond bei Uranus, Mond 0°,4 nördlich
23.	12	Uranus im Stillstand, anschließend rechtläufig
23.	20	**Jupiter in Opposition zur Sonne**
24.	18	**Mond bei Jupiter**, Mond 3°,6 südlich, **Abstand 4°,3 um 20^h**
25.	0	Merkur in größter östlicher Elongation (24°)
25.	19	**Mond bei Saturn**, Mond 2°,5 südlich, **Abstand 3°,3 um 20^h**
31.	0	**Venus in größter westlicher Elongation** (46°)

kurz vor Ende der nautischen Dämmerung.

PLANETOIDEN

Vesta (4) steht in den Morgenstunden des 22. in Konjunktion mit der Sonne. Am Tag der Konjunktion ist Vesta 329 Millionen km (= 2,20 A. E.) von der Sonne und 478 Millionen km (= 3,19 A. E.) von der Erde entfernt.

Hebe – Planetoid Nr. 6 – setzt in den mittleren Zonen des Orion zu ihrer Oppositionsschleife an (siehe Abb. 11.6 auf Seite 198). Am 28. wird sie stationär, was ihre Bewegung in Rektaszension betrifft. Anschließend wandert sie rückläufig durch den Orion. Die Hebehelligkeit nimmt von $9^m,2$ auf $8^m,7$ während des Monats zu. Damit ist Hebe noch kein leichtes Objekt für Sternfreunde. Um sie zu finden, gehört schon einige Übung und Erfahrung dazu.

Am 1. kulminiert Hebe um 5^h08^m (= 6^h08^m Sommerzeit), am 31. bereits um 3^h23^m.

Periodische Sternschnuppenströme

Die **Delta-Draconiden**, auch **Oktober-Draconiden** genannt, sind ein temporärer Strom, deren Radiant im Sternbild des Drachen, etwa 3° östlich von γ Draconis liegt. Die Oktober-Draconiden führen ihren Ursprung auf den Kometen 21P/Giacobini-Zinner (alte Bezeichnung: 1900 III) zurück, weshalb dieser Meteorstrom auch **Giacobiniden** heißt. Vom 7. bis 11. Oktober passiert die Erde relativ nahe den absteigenden Knoten der Bahn des Kometen 21P. Seine Umlaufszeit beträgt 6,5 Jahre. Alle 13 Jahre trifft die Erde auf die recht breit gestreute Trümmerwolke der Auflösungsprodukte des Kometen Giacobini-Zinner. Dann hagelt es nur so Sternschnuppen. Am 8. Oktober 1985 konnten 400 Meteore pro Stunde registriert werden. Da die Trümmerwolke schon recht langgezogen ist und die Meteoroide sich entlang der Bahn verteilt haben, ist mit Überraschungen auch in anderen Jahren zu rechnen.

Vom 14. bis 28. Oktober sind die **Orioniden** aktiv, deren Ursprung auf den Halleyschen Komet deutet. Mit dem Maximum ist am 21. Oktober zu rechnen, wobei etwa zwanzig bis dreißig Meteore pro Stunde zu erwarten sind. Die Frequenz ist von Jahr zu Jahr verschieden. Die beste Beobachtungszeit: Mitternacht bis 5^h morgens. Der Radiant liegt etwa 10° nordöstlich von Beteigeuze. Es handelt sich bei den Orioniden um sehr schnelle Objekte (über 60 km/s).

Der Fixsternhimmel

Noch steht das Sommerdreieck, gebildet aus Wega, Deneb und Atair, hoch am abendlichen Firmament, doch es ist bereits in die westliche Himmelshälfte gerückt. Der Charakter des Sternenhimmels ist nun eindeutig herbstlich. Dies wird vor allem am Herbstviereck ersichtlich: Das Sternenquadrat des Pegasus zieht hoch im Süden die Blicke auf sich. Zur Standardbeobachtungszeit (1. um 23^h MEZ = 24^h Sommerzeit bzw. am 15. um 22^h MEZ) geht der Meridian mitten durch das Pegasusquadrat.
Teile des Bootes mit Arktur, der Skorpion mit Antares sowie der Schütze sind längst untergegangen. Auch der Schlangenträger mit der Schlange versinkt gerade unter der Horizontlinie. Den Großen Wagen wird man vielleicht vergeblich suchen. Zwar ist er in unseren Breiten zirkumpolar und somit stets über dem Horizont anzutreffen, aber er hat jetzt seine Tiefststellung erreicht. Bäume, Häuser oder Berge können ihn leicht in unterer Kulmination verdecken.
Das Himmels-W dagegen steht jetzt hoch über unseren Köpfen kurz vor seiner oberen Kulmination. Blickt man fast senkrecht nach oben, so springt die Sternfigur des „W" förmlich ins Auge.

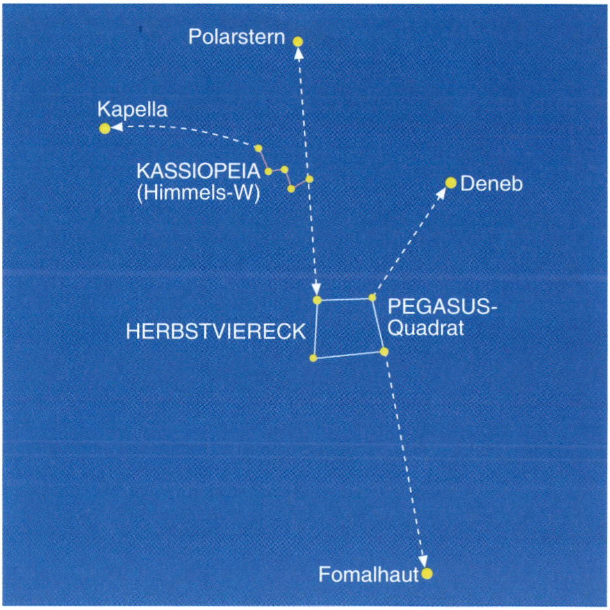

10.4: Vom Herbstviereck (Pegasusquadrat) ausgehend findet man schnell Kassiopeia, Deneb und Fomalhaut.

Südlich des Pegasus hat gerade der Wassermann den Meridian durchschritten, ein lichtschwaches und unscheinbares Sternbild.
Im Südwesten bereitet sich der Steinbock (lat.: Capricornus) auf seinen Untergang vor. Als lichtschwaches Bild kann man ihn kaum noch erkennen.
Tief im Süden, noch in Meridiannähe, flackert ein Stern erster Größe in einer sonst an helleren Sternen armen Gegend. Es ist Fomalhaut, der Hauptstern im Sternbild Südlicher Fisch (α Piscis Austrinus). Fomalhaut ist der südlichste Stern erster Größe, der von Mitteleuropa aus noch gesehen werden kann. Die Bezeichnung Fomalhaut kommt aus dem Arabischen und bedeutet soviel wie „Maul des Fisches". Fomalhaut ist soweit wie die Wega von uns entfernt, nämlich 25 Lichtjahre.
Hoch in der östlichen Himmelshälfte findet man jetzt die typi-

Veränderliche Sterne

Algol-Minima	2.	2^h27^m	4.	23^h15^m	7.	20^h04^m	22.	4^h08^m	25.	0^h56^m	27.	21^h45^m	30.	18^h34^m
β-Lyrae-Minima	4.	3^h N	10.	14^h H	17.	2^h N	23.	13^h H	30.	0^h N				
δ-Cephei-Maxima	3.	21^h	9.	6^h	14.	14^h	19.	23^h	25.	8^h	30.	17^h		
Mira-Helligkeit	1.	6^m	10.	5^m	20.	4^m	31.	3^m						

FIXSTERNE

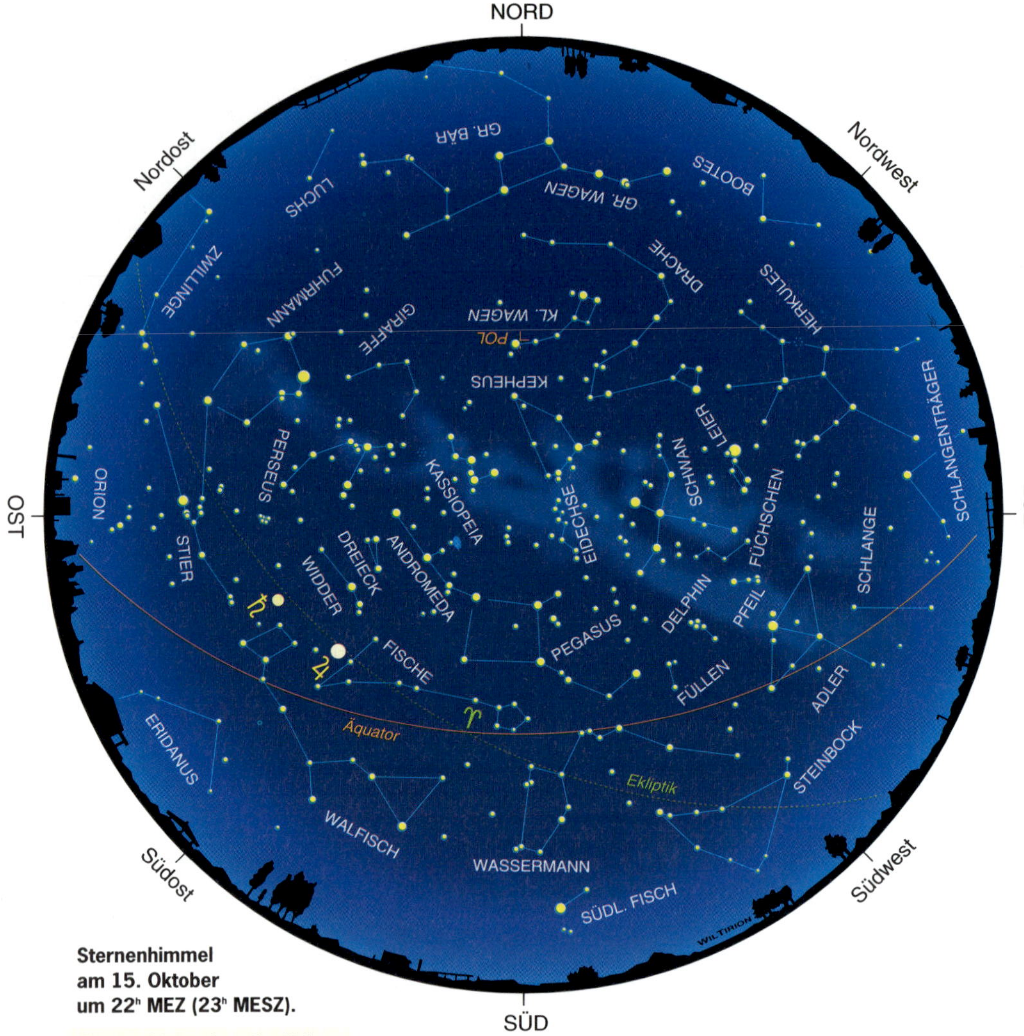

Sternenhimmel am 15. Oktober um 22ʰ MEZ (23ʰ MESZ).

Fixsternhimmel auch gültig für:

	MEZ	MESZ
1. 8.	3ʰ	4ʰ
15. 8.	2	3
1. 9.	1	2
15. 9.	0	1
1.10.	**23**	**0**
15.10.	**22**	**23**
31.10.	**21**	
15.11.	20	
30.11.	19	
15.12.	18	

schen Herbstbilder, die außer dem Pegasus fast alle zur sogenannten Andromeda-Gruppe gehören. Zu ihr zählen Kassiopeia, Kepheus, Andromeda, Perseus und Walfisch. Diese Bilder können, was ihre Helligkeit betrifft, nicht mit denen des Winterhimmels konkurrieren. In ihnen findet sich kein einziger Stern erster Größenklasse. Aber sie haben ihren eigenen Reiz und sind mit Ausnahme des Walfisches leicht zu erkennen.
Die Mythologie verbindet die Andromedagruppe: Das Königspaar Kepheus und Kassiopeia

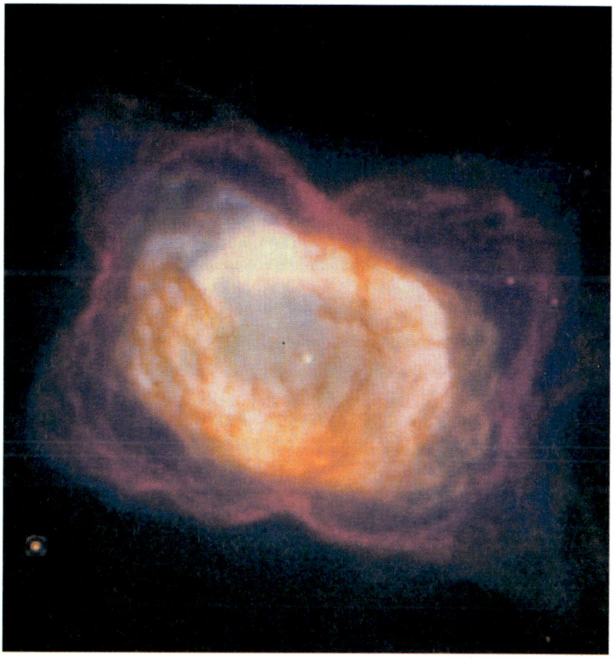

10.5: Dieses Falschfarben-Bild des Planetarischen Nebels NGC 7027 im Sternbild Schwan wurde aus Aufnahmen des Hubble-Weltraumteleskops im sichtbaren Licht und im Infraroten zusammengesetzt. Das heiße Gas im Zentrum leuchtet in beiden Bereichen und erscheint daher „weiß", das kühlere Gas und der Staub in größerer Entfernung sind dagegen nur im Infraroten zu erkennen (pinkfarben und blau). (NASA-Foto)

bangt um seine unglückliche Tochter Andromeda, die an einen Felsen vor den Gestaden Äthiopiens geschmiedet ist, um einem Meeresungeheuer, dem Walfisch (Cetus) nämlich, zum Fraße geopfert zu werden. Der mutige Held Perseus rettet die Andromeda und befreit Äthiopien von dem schrecklichen Meeresungeheuer. Es handelt sich also beim Cetus nicht um einen Walfisch im Sinne der Zoologie, sondern um ein blutrünstiges Fabelwesen.

Perseus selbst hält in der einen Hand ein Schwert, in der anderen das abgeschlagene Gorgonenhaupt der Medusa, aus dem Blutstropfen vom Himmel herab in den Wüstensand fallen. Sie verwandeln sich augenblicklich in giftige Sandvipern.

Im Haupt der Medusa blinkt der Teufelsstern Algol (β Persei). Algol ist der Prototyp einer ganzen Klasse von Bedeckungsveränderlichen. Diese zeigen periodische Helligkeitsschwankungen, weil sich zwei Sterne bei ihrer Wanderung um ihren gemeinsamen Schwerpunkt für den irdischen Beobachter von Zeit zu Zeit verdecken. Genau betrachtet handelt es sich hier um „Sternfinsternisse". Algol ist 93 Lichtjahre von uns entfernt.

Südlich der Andromeda stößt man auf das Sternbild Triangulum (lat., Dreieck) und auf das Tierkreisbild Widder (lat.: Aries). Die drei helleren Sterne des Widders bilden ein stumpfwinkeliges Dreieck. Der Hauptstern heißt Hamal und gehört mit 2,^{m}0 zu den Sternen zweiter Größe. 66 Lichtjahre trennen uns von Hamal. Damit ist Hamal gleich weit entfernt wie Aldebaran im Stier, der an Winterabenden zu beobachten ist und zu unserer Standardbeobachtungszeit bereits tief am Osthimmel gesehen werden kann.

Im Südosten leuchten noch die hellen Riesenplaneten Jupiter und Saturn, die sich in den Fischen beziehungsweise im Widder aufhalten.

Im Nordosten strahlt die Kapella in gelblichem Licht. Sie ist der Hauptstern im Sternenpolygon des Fuhrmanns, dessen südlichster Stern zum Stier gehört und dort die eine Hornspitze markiert.

Im Stier fällt übrigens noch ein dichtgedrängtes Sternengrüppchen auf, das manchmal Anfänger als „Kleinen Wagen" ansehen, nämlich die Plejaden oder das Siebengestirn. Für Feldstecherbesitzer sind die Plejaden ein echter Beobachtungsleckerbissen.

Planetoid Nr. 3753, der unbekannte Begleiter der Erde

Seit Jahrmilliarden wird die Erde von ihrem Mond auf ihrem Weg um die Sonne begleitet. Der treue Mond ist der einzige natürliche Satellit unseres Planeten. Die großen Planeten Jupiter, Saturn, Uranus und Neptun werden hingegen von einer ganzen Trabantenhorde umrundet. Nun werden immer wieder Berichte von einem zweiten Mond der Erde verbreitet. So mancher hofft, ihn dann am Abendhimmel sehen zu können. Doch selbst Fernglas und Teleskop vermögen nicht, einen weiteren Erdmond herbeizuzaubern. Aber wie bei jedem Gerücht, steckt ein wahrer Kern dahinter. Tatsächlich gibt es Himmelskörper, die der Erde immer wieder recht nahe kommen und dies in kalkulierbar periodischen Abständen. Diese regelmäßig sich uns nähernden Himmelskörper werden gerne als „Erdbegleiter" bezeichnet – Monde der Erde sind sie hingegen nicht. Sie gehören vielmehr zur riesigen Schar der Planetoiden, auch als Asteroiden oder Kleinplaneten bezeichnet. Und zwar sind es ganz bestimmte Planetoiden, die zur Gruppe der Erdbahnkreuzer gehören. Sie werden auch Apollos genannt, nach dem ersten Erdbahnkreuzer, der im Jahre 1932 entdeckt und auf den Namen Apollo getauft wurde. Apollo, ein Gesteinsbrocken von etwa 1,4 km mittleren Durchmesser, läuft in 1,78 Jahren um die Sonne, wobei er eine recht exzentrische Ellipse beschreibt. Sein sonnennächster Bahnpunkt liegt innerhalb der Venusbahn, sein sonnenfernster jedoch außerhalb der Marsbahn. Somit kreuzt die Apollobahn in zwei Punkten die Erdbahn. Bald wurden weitere Erdbahnkreuzer aufgespürt. Heute sind weit über hundert erdbahnkreuzende Kleinplaneten bekannt. Jedes Jahr werden neue gefunden.
Ihre Gesamtzahl wird auf einige Tausend geschätzt. Inzwischen teilt man die Erdbahnkreuzer in drei Gruppen ein: Die **Apollo**-Gruppe hat Bahnen, deren Perihel innerhalb der Erdbahn liegt ($p < 1,0$ A.E), deren große Halbachse aber größer als eine Astronomische Einheit ($a > 1$ A.E. = mittlere Entfernung Erde – Sonne) ist. Die Planetoiden der **Amor**-Gruppe haben Bahnen, deren Perihel zwischen 1,0 und 1,3 A.E. liegt. Sie kreuzen zwar nicht die Erdbahn, kommen ihr aber recht nahe. Die dritte Gruppe, die **Aten**-Asteroiden haben Perihelia < 1,0 A.E. und große Halbachsen, die kleiner als 1 A.E. sind. Sie kreuzen die Erdbahn in oder nahe ihren Aphelia.

Neben dem riesigen Schwarm der Planetoiden, die zwischen der Mars- und der Jupiterbahn die Sonne in kreisähnlichen Bahnen umschwirren, und den zahlreichen Erdbahnkreuzern gibt es noch eine besondere Klasse von Kleinplaneten, die sogenannten Trojaner.

Einst glaubte man, kein zweiter Körper könne sich längere Zeit in einer Bahn aufhalten, in der schon ein Planet läuft. Normalerweise trifft dies auch zu – über kurz oder lang würde ein solches Objekt aus einer von einem Planeten bereits besetzten Bahn „hinausgestört". Die Gravitationswirkungen von Sonne und Planet würden einen solchen Störenfried aus der Bahn werfen. Es gibt aber Ausnahmen, wie der große französische Mathematiker und Himmelsmechaniker Joseph Louis Lagrange (1736 – 1813) gezeigt hat. Er entdeckte, daß in bestimmten Fällen das sogenannte Dreikörperproblem einfache Lösungen zuläßt. Besitzt nämlich einer der drei Körper eine im Vergleich zu den beiden anderen vernachlässigbar kleine Masse (eingeschränktes Dreikörperproblem), dann gibt es fünf ausgezeichnete Punkte, in denen ein massearmer Körper eine stabile Bahn beschreiben kann. Diese Punkte werden Librationszentren oder auch Lagrange-Punkte genannt. Zwei dieser Punkte, nämlich die Librationszentren L_4 und L_5 liegen dabei in der Planetenbahn, und zwar von der Sonne aus gesehen 60° vor und 60° nach dem Planeten (siehe Abb. 10.6). Hält sich ein Körper in L_4 oder L_5 auf, so wandert er gemeinsam mit dem Planeten in der gleichen Zeit um die Sonne wie dieser. Der Planet besitzt dann gewissermaßen einen Begleiter (oder auch mehrere) auf seinem Weg um die Sonne. Ein solcher Begleiter ist allerdings kein Mond, da er nicht um den Planeten kreist. Wie genaue Rechnungen im übrigen zeigen, verharren Körper nicht exakt in den Librationspunkten, sondern führen mehr oder minder große periodische Bewegungen um die Punkte L_4 und L_5 aus, ohne aus der Bahn ganz hinauskatapultiert zu werden. Daher auch die Bezeichnung Librationspunkte (von lat.: librare = schwanken).

Zu Lebzeiten Lagranges hielt man die Librationspunkte für mathematisch interessante Lösungen, allerdings ohne praktische Bedeutung. Denn damals war kein Himmelskörper bekannt, der auf irgendeiner Planetenbahn in den Librationspunkten um die Sonne lief. Dies änderte sich erst durch eine Entdeckung des Heidelberger Astronomen Max Wolf (1863 – 1932), der im Februar 1906 einen Kleinplaneten aufspürte, dessen Umlaufszeit gleich der von Jupiter ist, nämlich zwölf Jahre. Nach dem dritten Keplerschen Gesetz bedeutet dies aber, daß dieser Kleinplanet die gleich große Bahnachse wie Jupiter haben muß. Tatsächlich läuft Achilles, so wurde dieser merkwürdige Planetoid schließlich getauft, in der Jupiterbahn um die Sonne, wobei er von der Sonne aus betrachtet 60° vor Jupiter einherläuft. Er hält dabei nicht exakt die Position von L_4 ein, sondern wandert in langgestreckter Bahn um L_4 herum. Noch innerhalb von Jahresfrist wurde ein weiterer Planetoid entdeckt, der Jupiter in seiner Bahn in 60° Winkeldistanz nachfolgt, also um den Librationspunkt L_5 zu finden ist. Inzwischen wurden einige Dutzend Kleinplaneten gefunden, die Jupiter in den Punkten L_4 und L_5 auf seinem Weg um die Sonne begleiten. Sie wurden nach den Helden des Trojanischen Krieges benannt, die Homer in der Ilias besungen hat. Heute spricht man ganz allgemein von den Trojanern.

Im Sommer 1990 wurde der erste Trojaner entdeckt, der nicht in der Jupiterbahn, sondern um den Librationspunkt L_5 der Marsbahn die Sonne umrundet. Dieser erste Mars-Trojaner erhielt die vorläufige Bezeichnung 1990 MB und wurde schließlich Eureka benannt. Kleinplanet Eureka (5261), dessen Durchmesser auf drei km geschätzt wird, pendelt ähnlich den Trojanern in der Jupiterbahn auf einer langgestreckten, tropfenförmigen Bahn um L_5.

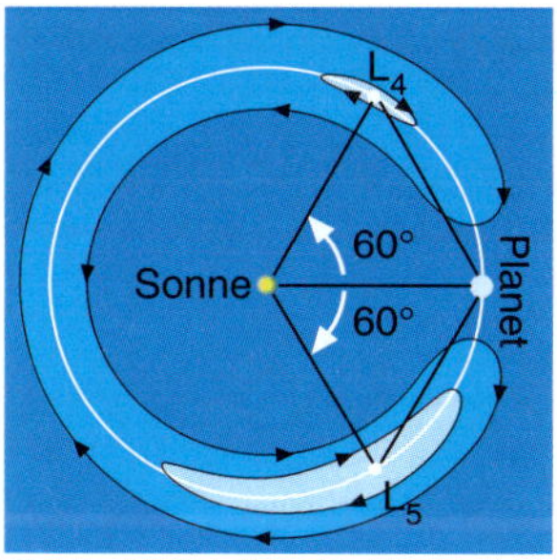

10.6: Mögliche Bahnen von Kleinplaneten um die Librationszentren L_4 und L_5 (auch Lagrange-Punkte genannt). Nähere Erläuterungen siehe Text.

Bis dato ist noch kein Trojaner in der Erdbahn gefunden worden. Trotzdem geistern immer wieder Berichte durch den Blätterwald von einem „zweiten Mond der Erde“. Diese Meldungen beziehen sich auf erdbegleitende Planetoiden ganz anderer Art. Es handelt sich dabei weder um echte Monde noch um Trojaner, sondern um erdbahnkreuzende Kleinplaneten, deren Umlaufszeiten in einem kleinen, ganzzahligen Verhältnis zum siderischen Jahr (Erdumlauf) stehen, weshalb es zu periodischen Begegnungen der Erde mit diesen Asteroiden kommt. Ein solcher Planetoid ist Toro. Er gehört zur Apollo-Gruppe und wurde im Juli 1948 auf dem Lick-Observatorium in Kalifornien entdeckt. Nach der definitiven Bahnbestimmung wurde er mit Nummer 1685 in das Verzeichnis der Kleinplaneten aufgenommen. In 584,2 Tagen, das sind 1,60 Jahre, läuft Toro einmal um die Sonne. Fünf Sonnenumläufe von Toro entsprechen somit auf den Tag genau acht Erdenjahre. Man sagt, Erdenjahr und Toroumlaufszeit sind kommensurabel. Alle vier Jahre kommt es zu einer Begegnung der Erde mit Toro, einmal im Januar, vier Jahre später im August. In diesem Sinne ist Toro ein permanenter Begleiter der Erde (siehe auch KOSMOS-*Himmelsjahr 1987,* Seite 199f: *Monatsthema: TORO – ein zweiter Mond der Erde?*). Die Kommensurabilität der Umlaufszeiten der Erde und von Toro ist kein Zufall, sondern gravitationsbedingt. Die Erdmasse beeinflußt die Torobewegung, es kommt zu Resonanzerscheinung. Daraus folgerten die Astronomen, daß Toro wohl nicht der einzige Planetoidenbegleiter der Erde sei.

Am 10. Oktober 1986 wurde am Siding Spring Observatorium in Australien ein Planetoid entdeckt, der die vorläufige Bezeichnung 1986 TO und kurz darauf nach der definitiven Bahnbestimmung die endgültige Planetoidennummer 3753 erhielt. Zwar war das Objekt schon vorher gesichtet worden, aber die Entdeckung wurde erst relevant, als aus den Beobachtungsdaten die Bahn ermittelt werden konnte. Danach gehört Planetoid (3753) zu den Erdbahnkreuzern, gehört also zu den Apollos. Da seine große Halbachse mit 0,9978 A.E. (= 149,27 Millionen km) eine Spur kleiner ist als die der Erdbahn, gehört er zu der Gruppe der Aten-Planetoiden. Seine Umlaufszeit folgt daraus zu 364,027 Tagen, also zu einem

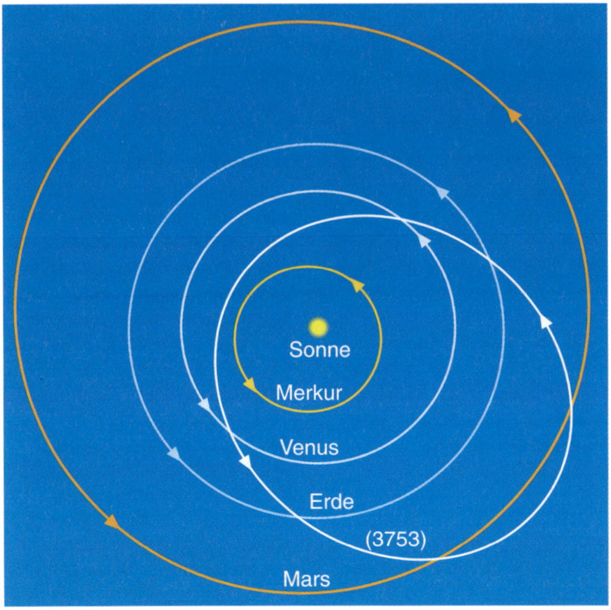

10.7: Heliozentrische Bahn von Planetoid (3753) = 1986 TO.

knappen Jahr. Planetoid (3753) läuft aber nicht in einer erdnahen, kreisähnlichen Bahn, sondern in einer relativ langgestreckten Ellipse mit einer numerischen Exzentrizität von 0,51. Dies bedingt einen Perihelabstand von 0,484 A.E. (= 72,4 Millionen km) und einer Apheldistanz von 1,511 A.E. (= 226,1 Millionen km). Im Perihel kommt Planetoid (3753) somit nahe an die Merkurbahn heran, im Aphel tangiert er die Marsbahn, gelegentlich kreuzt er sie. Die große Halbachse der Marsbahn mißt 1,524 A.E. (= 227,9 Millionen km). Da Mars aber eine stark elliptische Bahn vollführt, so kommt er im Perihel auf einen Sonnenabstand von nur 1,38 A.E. (= 206,4 Millionen km). In der sonnennahen Bahnkurve des Mars kreuzt also Planetoid (3753) die Marsbahn. Bei einem Umlauf um die Sonne kreuzt Planetoid (3753) stets zweimal die Venus- und die Erdbahn sowie gelegentlich auch die Marsbahn (siehe Abb. 10.7). Über kurz oder lang muß es wohl zu einer Kollision mit Venus, Erde oder Mars kommen – so suggeriert die Abb. 10.7. Doch kreuzen ist nicht schneiden. Schneiden einander zwei Bahnen, dann besitzen sie einen gemeinsamen Schnittpunkt. Beim Kreuzen haben sie einen solchen nicht im Raum, sondern nur in der Projektion auf die Ekliptikebene. Durch die starke Neigung der Planetoidenbahn von (3753) von fast 20° ist die Gefahr einer Kollision mit einem Planeten viel geringer als man zunächst vermuten mag. Gegenwärtig liegt die Bahn von Planetoid (3753) so, daß sie weder die Venus- noch die Erdbahn und auch nicht die Marsbahn schneidet. Zur Zeit liegt der aufsteigende Knoten zwischen den Bahnen von Merkur und Venus, der absteigende Knoten hingegen zwischen Erd- und Marsbahn. Somit besteht zur Zeit keinerlei Gefahr eines Zusammenstoßes. Allerdings dreht sich die Planetoidenbahn von (3753) langsam im Raum, der Fachmann sagt, das Perihelargument wächst pro Jahrhundert um $+0{,}^\circ 6$. Demnach wird in 2750 Jahren die Bahn von Planetoid (3753) die Erdbahn schneiden, in etwa 8000 Jahren die der Venus und vor 2500 Jahren schnitt sie bereits die Marsbahn – ohne daß es zu einem Zusammenstoß gekommen wäre.

In unserem Jahrhundert traten die beiden geringsten Entfernungen von der Erde am 18. Juli 1902 mit 0,094 A.E. (= 14 Millionen km oder 36 facher Monddistanz) und am 28. November 1995 mit 0,307 A.E. (46 Millionen km oder 120 facher Monddistanz) ein. Es besteht auch für die nächste Zukunft keine Gefahr, daß uns der rund fünf km im Durchmesser große Asteroid auf den Kopf fällt. Für die Beobachter aus Sternfreundekreisen ist Planetoid (3753) kein leichtes Objekt, denn seine absolute visuelle Helligkeit beträgt nur $15{,}^m5$. In den seltenen Fällen einer Annäherung an die Erde auf 0,1 A.E. Distanz wird er zu einem Lichtpunkt mit 11^m.

Wenn in fernerer Zukunft die Bahn von Planetoid (3753) die Erd- bzw. die Venusbahn schnei-

10.8: Bewegung von Planetoid (3753) relativ zur Basislinie Erde – Sonne. Nähere Erläuterungen siehe Text.

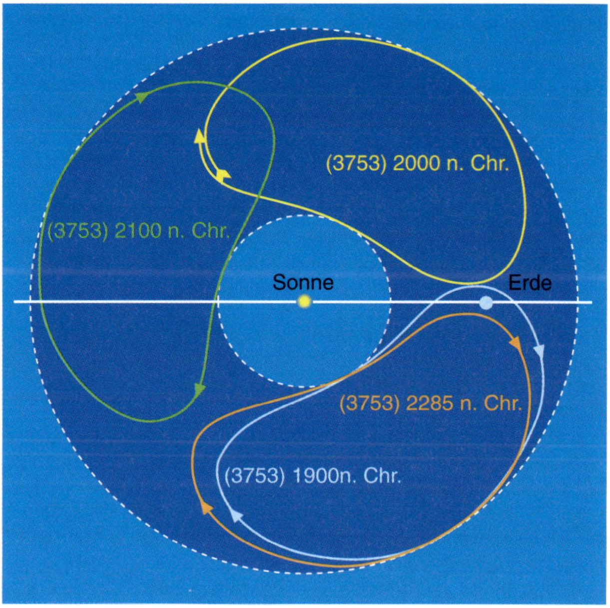

det, so ist damit noch keineswegs sicher, daß es dann zu einer Kollsion kommen wird. Denn dazu müßten beide Körper zur selben Zeit im Schnittpunkt der Bahnen eintreffen. Viel wahrscheinlicher ist eine enge Begegnung. Ein solches Ereignis ändert aber in erheblichem Maße die Planetoidenbahn, wodurch die Wahrscheinlichkeit einer Kollision mit anderen Planeten wieder ansteigen oder auch abnehmen kann.

Um den Lauf von Planetoid (3753) auch in fernerer Zukunft zu erforschen, haben Himmelsmechaniker umfangreiche Kalkulationen mit speziell entwickelten Programmen vorgenommen. Dabei entdeckten sie, daß Planetoid (3753) ein interessantes Resonanzverhalten zum Erdumlauf zeigt, was ihm die Bezeichnung „Begleiter der Erde" eingebracht hat, obwohl man darüber geteilter Meinung sein kann. Planetoid (3753) läuft zwar im langjährigen Mittel in gleicher Zeit wie die Erde um die Sonne (Resonanzverhältnis 1:1), aber wegen seiner stark exzentrischen Bahn bewegt er sich in Sonnennähe wesentlich schneller und in Sonnenferne erheblich langsamer als die Erde. Dadurch gerät er in eine periodische Bewegung relativ zur Erde, die am besten erkennbar wird, wenn man die Positionen in ein Koordinatensystem einträgt, das mit der Winkelgeschwindigkeit des Erdbahnumlaufes um die Sonne rotiert. Relativ zur Basislinie Erde – Sonne beschreibt dann Planetoid (3753) eine bohnenähnliche Kurve (siehe Abb. 10.8). Wohlgemerkt, natürlich läuft Planetoid (3753) weiterhin in einer Ellipse um die Sonne, nur bezüglich der koordinatenmäßig festgehaltenen Erde bewegt er sich in genannter Bohnenform. Passiert der Planetoid die Verbindungslinie Sonne – Erde, so befindet er sich in unterer Konjunktion, jenseits der Sonne auf gleicher Linie in oberer Konjunktion bzw. auf der der Sonne abgewandten Seite der Erde dann in Opposition. Man kann auch erkennen, wann Planetoid (3753) am Abendhimmel und wann am Morgenhimmel zu sehen ist. Durchläuft er die Kurve „2000" so ist er am Morgenhimmel sichtbar.

Wäre die Umlaufszeit von Planetoid (3753) exakt gleich der der Erde, so bliebe die bohnenförmige Kurve stets in der gleichen Position zur Erde. Der Erdumlauf ist aber etwa 1,2 Tage länger. Deshalb entfernt sich die Kurve langsam von der Erde, bis sie schließlich die Position der Kurve „2100" in Abb. 10.8 erreicht. Die Erde verspätet sich gewissermaßen jedes Jahr bis sie den Kreuzungspunkt der Planetoiden- mit der Erdbahn wieder erreicht. Danach würde die bohnenförmige Schleife nach gut 300 Jahren wieder dieselbe Position relativ zur Erde einnehmen. Doch so einfach sind die Verhältnisse nicht. Denn die Gravitationswirkung der Erde verändert die Bahnelemente des Planetoiden (3753) bei nahen Begegnungen erheblich. Läuft der Planetoid in der Kurve „2000" also vor der Erde bei gemeinsamen Lauf um

die Sonne, so wird er etwas abgebremst. Als Folge verkleinert sich die große Halbachse seiner Bahn etwas auf 0,9971 A.E. (= 149,17 Millionen km) und die Umlaufszeit wird kürzer, nämlich 363,67 Tage. Kommt die Bohnenschleife aber von hinten an die Erde heran wie im Falle der Kurve „2285" dann wird Planetoid (3753) durch die Erdanziehung in seiner Bahn beschleunigt. Dies bewirkt eine Zunahme der großen Halbachse auf 1,0029 A.E. (= 150,04 Millionen km) und damit eine Verlängerung der Umlaufszeit auf 366,85 Tage. Dies bedeutet aber eine längere Umlaufszeit als die Erde – weshalb nun Planetoid (3753) hinter der Erde zurück bleibt und sich die Bohnenschleife entgegengesetzt bewegt, nämlich in unserem Diagramm (Abb. 10.8, vorige Seite) dann in Uhrzeigerrichtung bis sie wieder die Position der Kurve „1900" erreicht. Dann stoppt die Bohnenschleife wieder und wandert in Richtung des allgemeinen Umlaufssinns im Sonnensystem, von Norden her betrachtet also entgegen dem Uhrzeigersinn. Die Bohnenschleife wandert also einmal vor, dann wieder zurück. Ein voller Zyklus dauert 770 Jahre. Alle 385 Jahre kommt die Bohnenschleife an die Erde heran, stoppt und kehrt die Bewegung wieder um. Die letzten Umkehrungen fanden 1515 und 1900 statt, die nächsten sind 2285 und 2670 zu erwarten. Dieses Vor- und Zurückwandern der Bohnenschleife ist eine typische Situation für eine sogenannte 1:1 Resonanz mit der Erde.
Aus der Abb. 10.8, vorige Seite, sind noch weitere interessante Details zu entnehmen. So kommt es in den nächsten Jahren weder zu einer Opposition noch zu einer Konjunktion des Planetoiden (3753). Die letzte Opposition fand am 8. November 1995 und die untere Konjunktion am 30. November des gleichen Jahres statt. Die nächste Opposition wird es erst in der zweiten Hälfte des 26. Jahrhunderts geben. Die nächste obere Konjunktion findet am 27. Dezember 2046 statt. Von da an gibt es bis zum Jahre 2234 jährlich zwei obere Konjunktionen wie Kurve „2100" erkennen läßt.
Das schwingende Verhalten des in der Öffentlichkeit unbekannten Erdbegleiters (3753) wird sich allerdings nicht ewig halten. Die typische Lebensdauer solcher Resonanzprozesse liegt bei hundert Millionen Jahren. Vermutlich wird Planetoid (3753) aber schon wesentlich früher aus seiner jetzigen Bahn katapultiert werden. Nach wie vor ungeklärt ist der Ursprung der jetzigen Resonanzbahn. Auf alle Fälle besteht auf lange Sicht keine Gefahr für die Erde. Zwischen 2050 und 2224 wird Planetoid (3753) von der Erde stets weiter als die Sonne entfernt bleiben. Die nächste minimale Annäherung an die Erde ist für den 23. Juli 2292 zu erwarten, wo sich dieser seltsame Erdbegleiter uns bis auf 0,084 A.E. (= 12,5 Millionen km), das sind knapp das 33 fache der Monddistanz, nähern wird – immer noch eine respektable und sichere Entfernung.

NOVEMBER 1999

Am 6. kommt Saturn in Opposition zur Sonne. Westlich von ihm steht der wesentlich hellere Jupiter. Venus bleibt Morgenstern. Am frühen Morgen des 18. ist mit einem Meteorschauer der Leoniden zu rechnen. Der Merkurdurchgang am 15. bleibt bei uns unbeobachtbar.

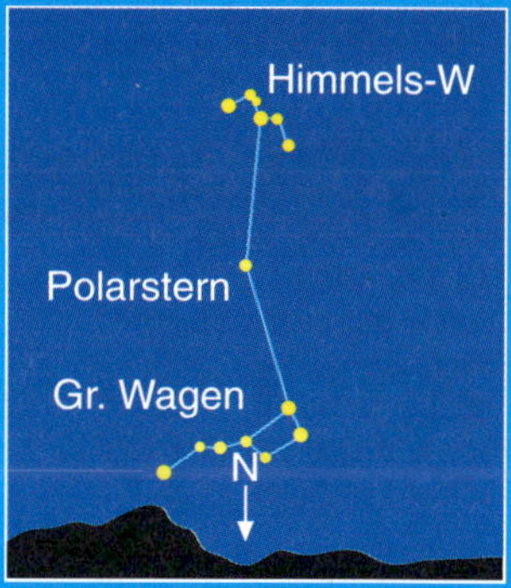

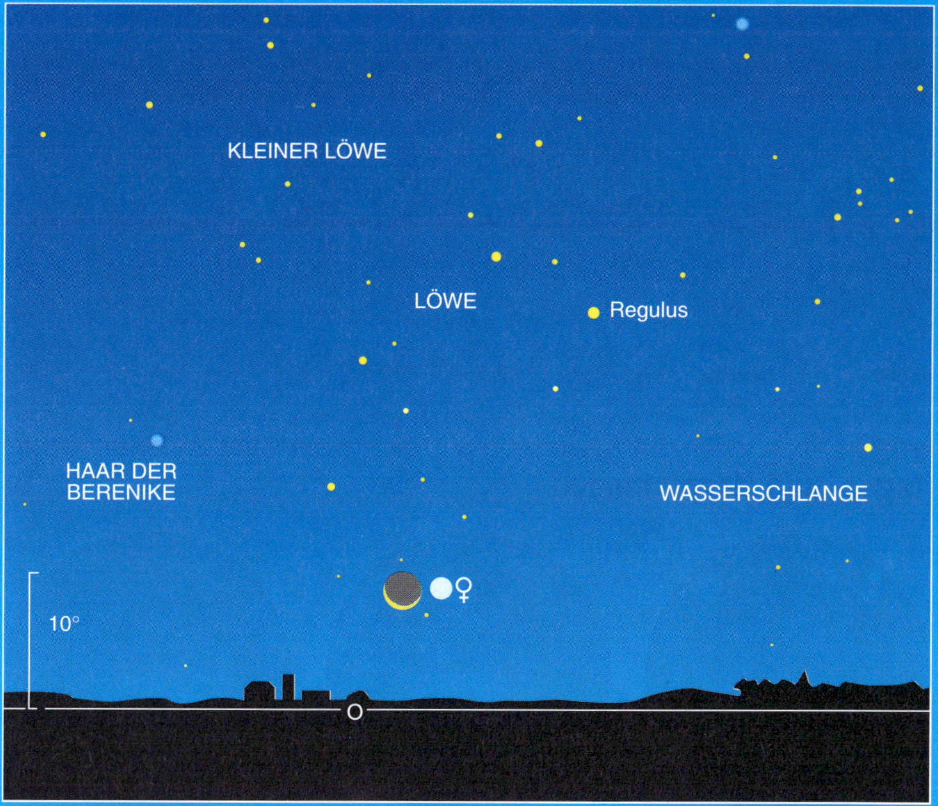

11.1: Himmelsanblick am 4. November gegen 4h MEZ. Tief am Osthorizont leuchten Venus und die schmale Sichel des abnehmenden Mondes.

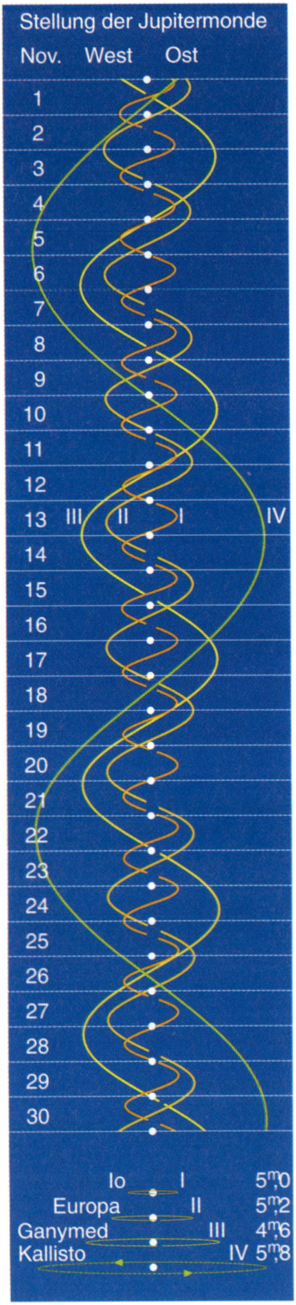

Jupitermond-Erscheinungen

Tag	MEZ h m		Vorgang	
2.	2	42	II	DA
	3	09	II	SA
	5	08	II	DE
3.	20	47	II	BA
	23	53	II	VE
4.	4	34	I	BA
5.	1	22	III	DA
	1	41	I	DA
	2	00	I	SA
	2	31	III	SA
	3	12	III	DE
	3	50	I	DE
	4	10	I	SE
	4	42	III	SE
	18	15	II	DE
	18	58	II	SE
	23	00	I	BA
6.	1	30	I	VE
	20	07	I	DA
	20	28	I	SA
	22	16	I	DE
	22	39	I	SE
7.	17	26	I	BA
	19	58	I	VE
8.	18	37	III	VE
10.	23	02	II	BA
11.	2	31	II	VE
12.	3	25	I	DA
	3	55	I	SA
	4	39	III	DA
	18	04	II	DA
	19	04	II	SA
	20	31	II	DE
	21	34	II	SE
13.	0	44	I	BA
	3	25	I	VE
	21	51	I	DA
	22	24	I	SA

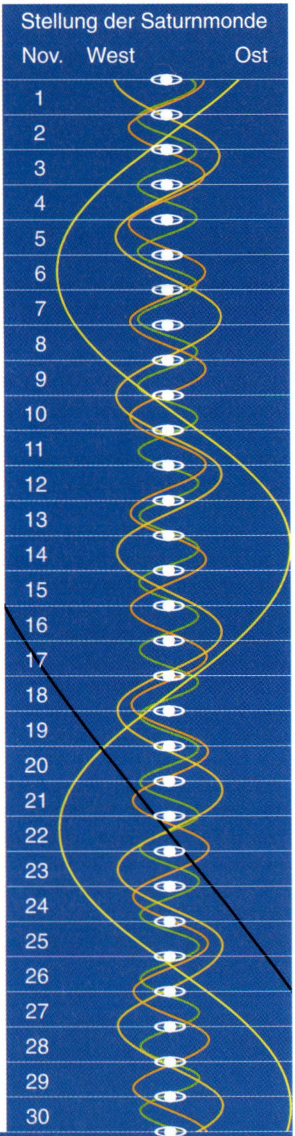

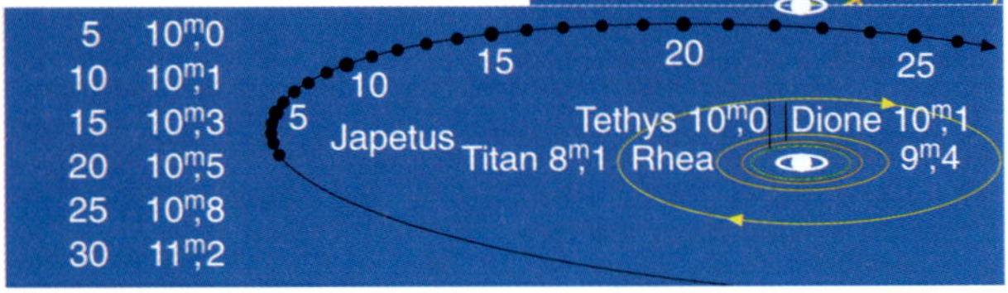

14.	0 00	I	DE
	0 34	I	SE
	19 10	I	BA
	21 53	I	VE
15.	18 09	III	BA
	18 27	I	DE
	19 03	I	SE
	20 08	III	BE
	20 27	III	VA
	22 38	III	VE
18.	1 19	II	BA
19.	20 20	II	DA
	21 40	II	SA
	22 48	II	DE
20.	0 10	II	SE
	2 29	I	BA
	23 37	I	DA
21.	0 19	I	SA
	1 46	I	DE
	2 29	I	SE
	18 28	II	VE
	20 55	I	BA
	23 48	I	VE
22.	18 04	I	DA
	18 48	I	SA
	20 13	I	DE
	20 58	I	SE
	21 30	III	BA
	23 33	III	BE
23.	0 29	III	VA
	2 39	III	VE
	18 17	I	VE
26.	22 38	II	DA
27.	0 16	II	SA
	1 06	II	DE
	2 46	II	SE
28.	1 24	I	DA
	2 15	I	SA
	16 49	II	BA
	21 07	II	VE
	22 42	I	BA
29.	1 43	I	VE
	19 51	I	DA
	20 44	I	SA
	22 00	I	DE
	22 54	I	SE
30.	0 55	III	BA
	3 02	III	BE
	17 08	I	BA
	20 12	I	VE

20^h20^m unter, am 30. nur vier Minuten später. Die immer früher einsetzende Abenddämmerung beschert ihm damit einen kleinen Sichtbarkeitszuwachs. Allerdings geht die Marshelligkeit weiter auf $0{,}^m9$ zurück, was das Auffinden in der Abenddämmerung erschwert. Der scheinbare Durchmesser schrumpft unter 6″ – auf dem Marsscheibchen ist im Teleskop kaum mehr etwas zu erkennen. Lediglich die größer werdende nördliche Polkappe mag noch auffallen.

Am 25. passiert Mars das Perihel seiner Bahn. An diesem Tag trennen ihn 206,67 Millionen Kilometer (= 1,381 A. E.) von der Sonne. Im Aphel wird der rote Planet dann am 2. November 2000 mit einer Sonnendistanz von 249,2 Millionen Kilometer (= 1,666 A. E.) stehen.

Jupiter hat seine Opposition zur Sonne gerade hinter sich. Er ist als auffälliges Gestirn fast die ganze Nacht hindurch sichtbar. Der Riesenplanet wandert rückläufig im Sternbild Fische (siehe Abb. 10.3 auf Seite 179). Am 9. steht er nur sieben Bogenminuten nördlich von ο Piscium, einem Stern mit $4{,}^m3$ Helligkeit. An diesem Stern läßt sich gut die tägliche Jupiterbewegung im Fernglas verfolgen.

Vom Morgenhimmel beginnt Jupiter sich allmählich zurückzuziehen. Am 1. erfolgt der Jupiteruntergang um 6^h19^m und am 15. um 5^h15^m. Am 30. geht der $-2{,}^m8$ hell leuchtende Riesenplanet schon um 4^h09^m unter.

Der fast volle Mond besucht Jupiter am 21., wobei er rund 4° südlich an ihm vorbeizieht.

Saturn kommt in den Nachmittagsstunden des 6. in **Opposition** zur Sonne. Er bewegt sich rückläufig im Widder. Am Tag der Opposition geht der $-0{,}^m2$ helle Ringplanet um 16^h56^m auf, erreicht um 0^h09^m seine Höchststellung im Süden und geht um 7^h18^m unter. Für 50° nördlicher Breite beträgt die Kulminationshöhe von Saturn immerhin $53{,}^\circ5$. Damit läßt sich Saturn auch in unseren Breiten hervorragend beobachten.

Zur Opposition erreicht Saturn auch seine geringste Entfernung von der Erde – nur zwei Stunden vor dem exakten Oppositionstermin. Saturn ist dann 1 228 Millionen Kilometer oder 8,21 A. E. von uns entfernt. Das Saturnlicht benötigt damit eine Stunde und acht Minuten, um zur Erde zu gelangen.

Von der Sonne ist Saturn am Tag der Opposition 1 376 Millionen Kilometer (= 9,20 A. E.) entfernt. Die Lichtlaufzeit von der Sonne zu Saturn beträgt somit eine Stunde und knapp 17 Minuten.

Im Teleskop erkennt man die starke Abplattung der Saturnkugel (1:10). Das ovale Saturnscheibchen weist einen Äquatordurchmesser von $20{,}''2$ und einen Poldurchmesser von $18{,}''3$ auf. Der fast 20° geöffnete Ring hat eine scheinbare Längsachse von $46{,}''0$ und eine senkrechte Querachse von $15{,}''7$. Schon in mittleren Amateurteleskopen kann man jetzt einwandfrei die Cassini-Teilungslinie zwischen innerem und äußerem Ring erkennen.

Bis zum Monatsende verfrüht sich der Saturnuntergang auf 5^h34^m, die Saturnhelligkeit geht kaum merkbar auf $-0{,}^m1$ zurück.

Uranus, wieder rechtläufig im Steinbock, kann durch die immer früher einsetzende Dunkelheit noch am Abendhimmel aufgefunden werden. Zum Monats-

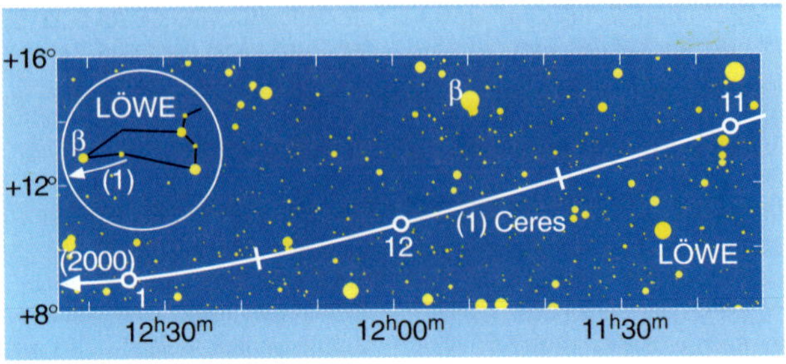

11.5: Die scheinbare Bahn des Kleinplaneten Ceres (1) im November und Dezember 1999 im Gebiet des Sternbildes Löwe. Die Zahlen geben die Cerespositionen zum jeweiligen Monatsersten an.

anfang steht er mit Einbruch der Dunkelheit in Meridiannähe, gegen Monatsende hat er dann seinen Meridiandurchgang längst hinter sich. Am 1. kulminiert Uranus um 18^h40^m, am 30. bereits um 16^h48^m. Jeweils etwa eine Stunde vor seinem Untergang wird Uranus in der Regel unbeobachtbar. Am 1. geht Uranus um 23^h14^m unter und am 15. um 22^h21^m. Am 30. erfolgt der Untergang des $5\overset{m}{,}9$ hellen, grünlichen Planeten schon um 21^h24^m.

Neptun, wieder rechtläufig im Steinbock, verkürzt drastisch seine Beobachtungsdauer. Geht der bläuliche Neptun am 1. noch um 22^h17^m und am 15. um 21^h23^m unter, so erfolgt der Untergang des $8\overset{m}{,}0$ lichtschwachen Neptun am 30. bereits um 20^h25^m. Damit bleibt zu Monatsende eine knappe halbe Stunde, in der man mit Aussicht auf Erfolg nach Neptun im Südwesten suchen kann. Die Kulminationszeiten für Neptun lauten: 1.: 17^h53^m, 15.: 16^h59^m und 30.: 16^h02^m.

11.6: Die scheinbare Bahn des Kleinplaneten Hebe (6) von Oktober 1999 bis Jahresbeginn 2000 im Gebiet des Sternbildes Orion. Die Zahlen markieren die Hebepositionen zum jeweiligen Monatsersten.

PLANETOIDEN

Ceres (1) kann wieder am Morgenhimmel aufgefunden werden. Sie wandert durch den Ostteil des Löwen und passiert in der zweiten Monatshälfte Denebola (β Leonis) etwa 3° südlich (siehe Abb. 11.5 links oben). Die Cereshelligkeit nimmt kaum merkbar um $0\overset{m}{,}1$ auf $8\overset{m}{,}6$ zu.
Am 1. geht Ceres um 1^h45^m auf und kulminiert um 8^h55^m. Am Monatsletzten erfolgt der Ceresaufgang schon um 0^h48^m und ihr Meridiandurchgang um 7^h43^m.

Hebe (6) eilt schneller werdend rückläufig durch die zentralen Gebiete des Orion. Am 9. geht sie abends in nur fünf Bogenminuten (= 1/6 Monddurchmesser) nordwestlichem Abstand am mittleren Gürtelstern Alnilam (ε Orionis) vorbei, der als Objekt $1\overset{m}{,}7$ leicht mit bloßen Augen

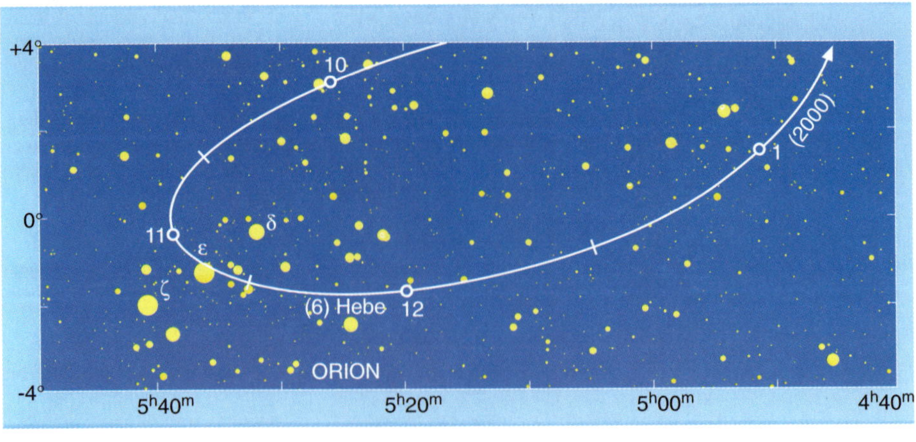

zu sehen ist und gut als Aufsuchhilfe dienen kann (siehe auch Aufsuchkärtchen 11.6 auf Seite 198). Die Helligkeit von Hebe steigt auf $8\overset{m}{.}3$ an, die Opposition ist nicht mehr fern. Am 1. kulminiert Hebe um 3^h19^m, am 30. bereits um 1^h07^m.

Periodische Sternschnuppenströme

Die **Leoniden** treten vom 14. bis 21. November am Morgenhimmel in Aktion. Ihr Radiant liegt im Löwen rund 10° nordöstlich von Regulus. Das spitze Maximum ist in der Nacht vom 17. auf 18. November zu erwarten (gegen 3^h MEZ). Die Sternschnuppen sind außerordentlich schnell (um 70 km/s). Einst waren die Leoniden wesentlich aktiver als heute die Perseiden im August. Im vergangenen Jahrhundert galt daher der November als „der Sternschnuppenmonat" schlechthin. Das Erscheinen der Leoniden geht auf den Kometen 55P/Tempel-Tuttle (alte Bezeichnung: 1866 I) zurück. In diesem Jahr ist mit einem regelrechten Leoniden-Schauer zu rechnen, der die Perseiden im August noch weit in den Schatten stellen kann. Die Leonidenmeteore zu registrieren ist eine reizvolle und lohnenswerte Aufgabe für Sternfreunde und Amateurastronomen (siehe auch *Monatsthema: Die Leoniden – ein spektakulärer Meteorstrom* im Himmelsjahr 19**98** auf Seite 190). Diesmal stört auch kein Mondlicht die Beobachtung, weil der zunehmende Halbmond schon untergegangen ist.

Auf die **Tauriden**, deren Maximum auf den 13. November fällt, wurde schon im September hingewiesen. Zwischen 20^h und 4^h morgens ist mit etwa zehn bis zwanzig Meteoren pro Stunde zu rechnen. In den letzten Jahren hat sich gezeigt, daß die **Tauriden** eigentlich in zwei Teilströme zerfallen. Die **N-Tauriden** haben ihr Maximum am 12. November, die **S-Tauriden** sind etwas früher dran, ihr Höhepunkt fällt auf den 5. November.

Der Fixsternhimmel

Der November zeigt sich häufig in unseren Breiten trübe, feucht und nebelig. Wenn der Himmel aber einmal aufklart, so leuchtet der Sternenhimmel besonders prächtig. Mancher Sternfreund hat dabei den Eindruck, daß die Sommersternbilder nicht weichen wollen. Dies liegt an der nun früh einsetzenden Dunkelheit. Wer um 18^h beobachtet, also vier Stunden vor unserer Standardbeobachtungszeit, sieht den Septemberhimmel. Zur Monatsmitte November um 22^h hingegen neigt sich das Sommerdreieck bereits tief zum Westhorizont. Sein südlichster Punkt, Atair im Adler, steht vor seinem Untergang. Die Bilder hoch im Süden und die um den Zenit wie Kassiopeia, Andromeda, Pegasus, Perseus und Widder prägen den typischen Herbstcharakter des gestirnten Firmaments. Im Osten hingegen kündigt sich der Winter durch eine Reihe heller Sterne an: Kapella im Fuhrmann, Aldebaran im Stier, Beteigeuze und Rigel im Orion, Kastor und Pollux in den Zwillingen. Lediglich der strahlend helle Sirius im Großen Hund und Prokyon im Kleinen Hund sind noch nicht auf der Himmelsbühne erschienen. Dafür stehen zwei andere, helle Gestirne in südlicher Richtung, die nicht zu den Sternbildern gehören und deshalb den Anblick des Sternenhimmels gewissermaßen verfremden. Es sind dies der Riesenplanet Jupiter und der ringgeschmückte Saturn.

Die Kassiopeia schreitet gerade in oberer Kulmination, nämlich zwischen Zenit und Polarstern, durch den Meridian. Die Kassiopeia, auch als Himmels-W bekannt, hilft nicht nur den Polarstern zu finden, sondern erlaubt auch, die Sternzeit grob zu schätzen. Dazu bedient man sich des Sternes β Cassiopeiae am rechten Ende des Ws, der auch Kolurstern genannt wird. Steht der Kolurstern in oberer Kulmination, so ist es 0^h Sternzeit. Zieht man in Gedanken vom Polarstern eine Linie über den Kolurstern, also β Cas, bis hin zum Himmelsäquator (diese Linie ist Teil eines Stundenkreises), so markiert der Schnittpunkt dieser Linie mit dem Himmelsäquator ziemlich genau den Frühlingspunkt, der in den Fischen ein wenig südöstlich der ersten Fischellipse liegt.

Hoch über unseren Köpfen geht gerade die Sternenkette der Andromeda durch den Meridian. Der große Andromedanebel (M 31), unsere Nachbarmilchstraße in rund drei Millionen Lichtjahren Entfernung, steht recht zenitnahe und kann bei günstigen Sichtbedingungen schon mit bloßen Augen als mattes Lichtfleckchen ausgemacht werden.

Auch die Fische haben nun ihre höchste Stellung im Süden erreicht. Sie sind nicht leicht zu erkennen, da diese Sternenfigur nur aus Sternen vierter Größe und schwächer gebildet wird. Zwar kennt fast jeder das Sternbild Fische dem Namen nach, weil es zum Zodiak (Tierkreis) gehört, aber wegen seiner lichtschwachen Sterne haben es nur wenige mit eigenen Augen bewußt am Himmel gesehen. Vermutlich wegen seiner geringen Helligkeit hat man dieses Bild fast immer mit den Mächten der Finsternis oder der Erdmutter Gaia in Zusammenhang gebracht.

Den Fischen folgt im Tierkreis der Widder. Er steht hoch im Süden kurz vor seinem Meridiandurchgang. Ein stumpfwinkeliges Sternendreieck markiert im wesentlichen die Widdergestalt. Sein hellster Stern, α Arietis, wird Hamal genannt.

Der Widder führt als erstes Sternbild den Tierkreis an. Heutzutage wandert die Sonne vom 19. April bis zum 14. Mai durch das Sternbild Widder. Zu Zeiten eines Hipparchos und Ptolemaios, vor über 2000 Jahren also, lag der Frühlingspunkt noch im Sternbild Widder.

Noch heute spricht man vom Widderpunkt, wenn man den Frühlingspunkt meint, obwohl er längst in den Fischen liegt. Im alten Ägypten gehörten die Widdersterne ursprünglich zum Bild des Stieres. Erst später er-

Veränderliche Sterne

Algol-Minima	11. 5^h49^m	14. 2^h38^m	16. 23^h27^m	19. 20^h16^m	22. 17^h05^m
β-Lyrae-Minima	5. 11^h H	11. 23^h N	18. 10^h H	24. 21^h N	
δ-Cephei-Maxima	5. 2^h	10. 10^h	15. 19^h	21. 4^h	26. 13^h
Mira-Helligkeit	1. 3^m	10. 3^m	20. 3^m	30. 4^m	Maximum ca. 10.

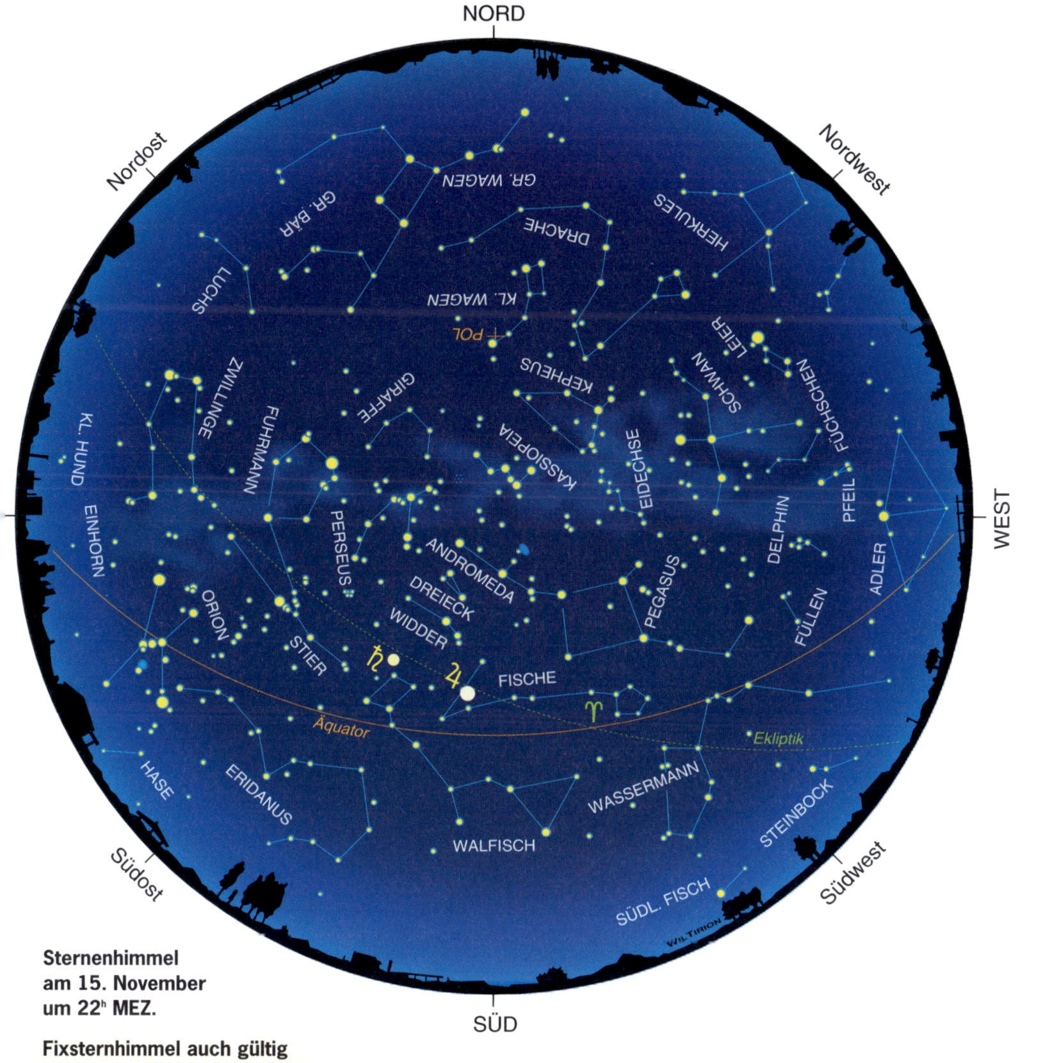

Sternenhimmel am 15. November um 22h MEZ.

Fixsternhimmel auch gültig für:

	MEZ	MESZ
1. 9.	3h	4h
15. 9.	2	3
1.10.	1	2
15.10.	0	1
1.11.	**23**	
15.11.	**22**	
30.11.	**21**	
15.12.	20	
31.12.	19	
15. 1.	18	

kannte man hier den ägyptischen Gott Ammon mit dem Widderkopf.

Im Südwesten steht der Wassermann, der wie die Fische zu den lichtschwachen und darum schwer erkennbaren Sternbildern gehört.

Der Walfisch (lat.: Cetus) passiert eben den Meridian. Es ist nicht leicht, den Walfisch als Sternbild auszumachen, da er eine ausgedehnte, lichtschwache Figur ohne markante geometrische Formen besitzt. Im Walfisch steht auch der berühmte Veränderliche Mira (ο Ceti), der Prototyp einer ganzen Klasse veränderlicher Sterne ist.

Im Südosten sind kaum Sterne zu sehen. Das Gebiet zwischen

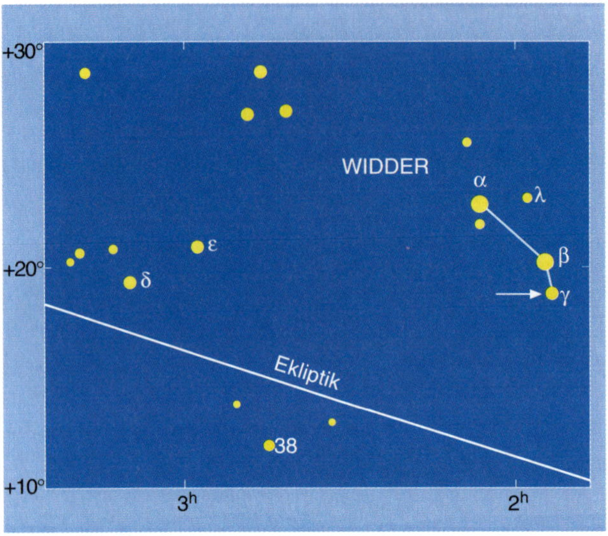

11.7: Das Sternbild Widder (Aries). Der Doppelstern γ Arietis ist mit einem Pfeil markiert.

Walfisch und Orion ist nur von wenigen, lichtschwachen Sternen besetzt. Von Rigel im Orion zieht sich das ausgedehnte Sternbild Fluß Eridanus durch diese Gegend. Der Eridanus schlängelt sich weit nach Süden und ist von unseren Breiten aus nie vollständig zu sehen. Auch der Hauptstern α Eridani, Achernar genannt, mit $0^{m}_{,}5$ scheinbarer Helligkeit einer der zehn hellsten Sterne des irdischen Firmaments, steht so weit südlich (Deklination: $-57^{\circ}_{,}2$), daß er bei uns nie über den Horizont kommt.

OBJEKTE FÜR FELDSTECHER UND FERNROHR

Unsere Nachbarmilchstraße, gemeinhin als großer Andromedanebel bezeichnet, ist in vielen, vor allem älteren Astronomiebüchern als Objekt beschrieben, das leicht mit bloßen Augen zu sehen ist. Auch dem arabischen Astronomen Al Sufi, der um 980 n. Chr. den Nebel im Sternbild Andromeda erstmals beschrieben hat, stand noch kein Teleskop oder Fernglas zur Verfügung. Unter guten Sichtverhältnissen kann man zwar M 31 – so seine Bezeichnung im Nebelkatalog von Charles Messier – noch mit bloßen Augen erkennen. Durch die rapide schlechter werdenden Sichtbedingungen (Luftverschmutzung und immer greller werdende künstliche Beleuchtung) ist M 31 inzwischen zu einem typischen Fernglasobjekt geworden. Selbst in einsamen Gegenden Mitteleuropas, wo man nicht unmittelbar durch irdische Lichter geblendet wird, ist der Himmel längst nicht mehr nachtdunkel, sondern bleibt stets aufgehellt. Wenn nachts Wolken aufziehen, so machen sie sich nicht mehr als dunkle, scheinbar sternleere Flecken bemerkbar, sondern sie leuchten wesentlich heller als die klaren Gebiete, in denen Sterne zu sehen sind.

M 31 ist jetzt am besten mit einem Fernglas zu finden, steht er doch zu unserer abendlichen Beobachtungsstunde fast im Zenit. M 31 erscheint als mattes, spindelförmiges Lichtfleckchen im Feldstecher. Dieses zarte Lichtfleckchen wird immerhin von 200 Milliarden Sonnen hervorgerufen, die rund drei Millionen Lichtjahre von uns entfernt sind. Trotz der riesigen Distanz spricht man beim M 31 von unserer Nachbarmilchstraße. Denn die anderen Galaxien sind noch viel weiter entfernt. In einem größeren Fernrohr zeigt M 31 einen kleinen, fast kreisrunden Kern mit einem spindelförmigen Lichtschleier. Spiralarme, wie sie Aufnahmen großer Teleskope von M 31 zeigen, sind allerdings nicht zu erkennen. Ein weiteres Milchstraßensystem in der Nachbarschaft von M 31 ist die Galaxie M 33, meist als Dreiecksnebel bezeichnet, nicht weil M 33 dreieckig erscheint, sondern weil sie im Sternbild Dreieck (Triangulum) liegt. M 33 ist eine sehr schöne Spirale, auf die wir fast senkrecht draufsehen. Bereits ein Opernglas läßt M 33 erkennen. Die Schönheit der Spiralstruktur wird aber erst in Teleskopen ab 20 cm freier Öffnung sichtbar. M 33 ist etwa gleich weit entfernt wie M 31, nämlich etwa drei Millionen Lichtjahre. Bei einer herbstlichen Himmelsdurchmusterung mit einem Fernglas sollten keinesfalls die beiden nahe beieinander liegenden offenen Sternhaufen h und χ im Perseus ausgelassen wer-

den. Nach Hyaden, Plejaden und Praesepe sind sie die schönsten und beeindruckendsten offenen Haufen am Nordhimmel. Im Feldstecher zeigen sie sich allerdings nur als schwache Lichtfleckchen. Ihre wahre Pracht kommt erst im Teleskop voll zur Geltung. Die Sterne dieser Zwillingshaufen glitzern vor dem dunklen Nachthimmel wie in allen Farben funkelnde Edelsteine auf samtschwarzem Hintergrund – vorausgesetzt, man bedient sich einer lichtstarken Optik. Selbst die schönsten Fotos von h und χ Persei sind nicht in der Lage, den phantastischen Eindruck zu vermitteln, den ein Beobachter am Fernrohr gewinnen kann. Beide Haufen sind etwa 8000 Lichtjahre von uns entfernt.
Man findet h und χ Per schnell, wenn man vom Himmels-W ausgeht und den zweiten Aufstrich des W nach rückwärts in Richtung Algenib im Perseus (α Persei) verlängert. Etwa halbwegs zwischen δ Cassiopeiae und γ Persei liegen h und χ Persei. Die genaue Lage beider Haufen entnehme man der Sternkarte N2 im *Atlas für Himmelsbeobachter* von Erich Karkoschka.
Weniger prominent als h und χ im Perseus, aber als Beobachtungsobjekt durchaus lohnenswert, ist der offene Sternhaufen NGC 752 mit etwa 70 Mitgliedssternen. Er liegt zwischen γ Andromedae und β Trianguli. Man findet NGC 752 in der Karte NO im eben erwähnten Sternatlas. Der Haufen wirkt etwas verstreut und sollte mit geringer Vergrößerung betrachtet werden. Bereits im Fernglas macht NGC 752 einen guten Eindruck und läßt einzelne Sterne leicht erkennen. Die Sterne dieses Haufens sind etwa 1500 Lichtjahre weit weg.
Als Kugelhaufen sei diesmal M 15 beim Kopf des Pegasus empfohlen. Mit einem Fernglas ist M 15 leicht aufzustöbern. Er erscheint dem Betrachter als nebelhaftes Gebilde von rund 4' Durchmesser.
Ein bekannter Doppelstern ist Alamak (γ Andromedae). Mit 10" Distanz ist er kein schwieriges Objekt für einen Zweizöller. Der $2\overset{m}{,}2$ helle, orangegelbe Hauptstern steht in schönem Farbkontrast zum $4\overset{m}{,}9$ hellen, weißblauen Begleiter. Alamak steht in 370 Lichtjahren Distanz. Auch Mesarthim im Widder (γ Arietis) zählt zu den Paradedoppelsternen. Zwei fast gleich helle Sterne ($4\overset{m}{,}6$ und $4\overset{m}{,}7$), beide weiß leuchtend, stehen in 7",5 Abstand. Mesarthim ist zweihundert Lichtjahre von der Erde entfernt.
Erfahrenere Beobachter, denen ein größeres Instrument zur Verfügung steht, sollten einmal versuchen, den berühmten Krabbennebel im Stier aufzufinden. M 1, so die Katalogbezeichnung des Krabbennebels, steht gut ein Grad nordwestlich von ζ Tauri, dem zweiten Stierhorn. Seine Position findet man in der Sternkarte E3 im Atlas von Karkoschka. M 1 ist das Überbleibsel einer Supernovaexplosion, die am 4. Juli 1054 beobachtet wurde. Seine Entfernung beträgt rund 4 000 Lichtjahre. Für das Fernglas ist der Krabbennebel ein schwieriges Objekt. In vielen Büchern wird er als „Krebsnebel" bezeichnet. Diese Benennung ist jedoch irreführend und beruht auf einem Übersetzungsfehler. Im Englischen heißt M 1 schlicht Crab Nebula. Crab ist die Krabbe, Cancer hingegen der Krebs (auch das Sternbild: constellation Cancer!). Bei der Benennung „Krebsnebel" meinen manche, M 1 liege im Sternbild Krebs ähnlich wie der Orionnebel im Orion und der Andromedanebel in der Andromeda zu finden ist. M 1 wurde jedoch nicht nach seiner Lage im Stier, sondern nach seinem Aussehen benannt. In größeren Teleskopen kann man durchaus den Eindruck gewinnen, M 1 habe die Form einer Krabbe. Im Inneren schleudert ein rasch rotierender Neutronenstern (er vollführt alle 33 Millisekunden eine Umdrehung!) seine Radio- und Lichtblitze ins All – für Amateure unbeobachtbar. Solche rasch drehende, Blitze schleudernde Neutronensterne werden allgemein Pulsare genannt.

Ein plötzliches Ende unseres Universums?

Vor rund zwanzig Milliarden Jahren entstand unser Universum aus einem superdichten, überheißen Feuerball. Dieser Geburtsakt des Universums wird allgemein als Urknall (engl.: Big Bang) bezeichnet. Seither befindet sich das Universum in ständiger Expansion – es dehnt sich aus und wird immer größer. Diese Ausdehnung ist ein Beobachtungsbefund. Die großen Galaxienhaufen entfernen sich permanent voneinander. Je weiter ein Milchstraßensystem von uns entfernt ist, desto schneller flieht es vor uns. Dies haben bereits in den zwanziger Jahren unseres Jahrhunderts die beiden Astronomen Edwin P. Hubble und Milton Humason entdeckt. Die Proportionalitätskonstante, die Entfernung und Fluchtgeschwindigkeit miteinander verbindet, wird Hubble-Parameter (manchmal auch Hubble-Konstante) genannt in Erinnerung an den Entdecker der kosmischen Expansion. Die Expansionsgeschwindigkeit ist mit der Zeit veränderlich, sie ist keine Konstante. Denn die im Weltall anwesenden Massen bremsen die Expansion infolge ihrer Gravitation: Massen ziehen einander an. So wie ein hochgeworfener Ball immer langsamer wird, schließlich nicht mehr steigt und dann immer schneller werdend wieder herabfällt, so verlangsamt sich die Ausdehnung des Weltalls im Laufe der Zeit. Wie groß der Verzögerungseffekt exakt ist, kann heute noch nicht angegeben werden. Im Prinzip ist dieser Verzögerungsparameter beobachtbar: Ein Blick in die Tiefen des Universums ist gleichzeitig auch ein Blick in eine ferne Vergangenheit. Wenn das Weltall sich in Zukunft immer langsamer ausdehnt, muß die Expansion in der Vergangenheit schneller erfolgt sein. An den fernsten Galaxien müßte man den größten Wert des Hubble-Parameters messen. Leider sind unsere Beobachtungstechniken heute noch nicht in der Lage, diesen Dezelerationsparameter direkt zu messen. Denn selbst die Bestimmung des Hubble-Parameters bereitet Probleme und ist noch nicht mit befriedigender Genauigkeit möglich.

Noch kann niemand entscheiden, ob sich das Universum für alle Ewigkeit weiter ausdehnen oder ob die Expansion eines mehr oder minder fernen Tages zum Stillstand kommen wird und ähnlich wie ein hochgeworfener Ball stoppt. Anschließend würden die Galaxien beginnen, sich aufeinander zuzubewegen, das Weltall würde sich wieder verkleinern. Anfangs nur langsam schrumpfend, schließlich immer schneller werdend würde der Kosmos kollabieren und schlußendlich in einem gewaltigen Krach, dem sogenannnten Big Crunch, in sich zusammenfallen. Dabei würde ein ähnlicher Zustand wie beim Urknall erreicht: Temperatur und Dichte würden enorm ansteigen, es gäbe wieder einen superheißen, überdichten Feuerball, möglicherweise der Keim eines neuen Universums.

Um zu bestimmen, ob das Weltall sich ewig ausdehnen wird oder ob es nach einer bestimmten Zeit kollabiert, sind zwei Parameter (Größen) zu ermitteln: Die Ausdehnungsrate, also der

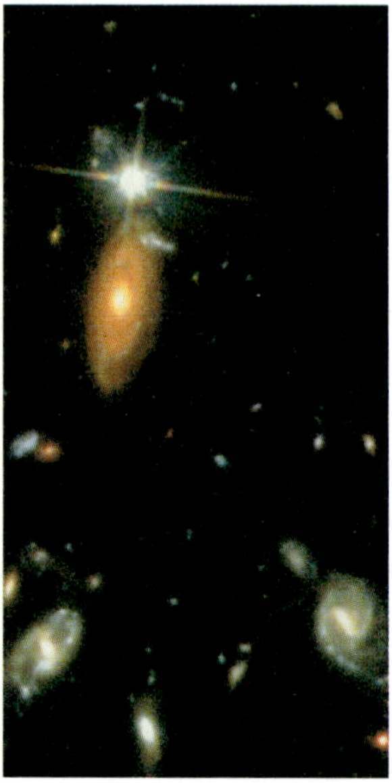

11.8: Das Hubble-Weltraumteleskop läßt Milchstraßensysteme erkennen, die weit mehr als zehn Milliarden Lichtjahre tief im Raum stehen. Dennoch ist dies nur ein kleiner Bereich des gesamten Universums, in dem die gleiche Vakuumenergiedichte herrscht.

Hubble-Parameter, und die mittlere Materiedichte im Weltall. Für jede Ausdehnungsrate gibt es eine kritische Dichte, bei der das Weltall gerade den parabolischen Grenzfall einnimmt: Die Expansion kommt zum Stillstand, aber erst nach unendlich langer Zeit. Sie nähert sich dem Wert Null asymptotisch. Ist die reale Materiedichte im Weltall kleiner als die kritische, so expandiert das Universum in alle Ewigkeit. Ist die mittlere Materiedichte jedoch größer als die kritische, so kommt die Expansion nach endlicher Zeit zum

Stillstand, anschließend stürzt das Weltall wieder in sich zusammen. Da sowohl die im Weltall vorhandene Menge an Materie nur ungenau bekannt ist (siehe auch *Monatsthema: Das Rätsel der dunklen Materie* auf Seite 42) als auch der Hubble-Parameter nicht exakt bestimmt ist, kann man gegenwärtig noch nicht entscheiden, welcher Fall zutrifft. Aber die bisherigen Beobachtungen und Meßdaten lassen erkennen, daß vermutlich der parabolische Fall zutrifft, daß das Universum nahe am Grenzfall expandiert. Sollte dennoch die Gravitation die Oberhand gewinnen und die Expansion in endlicher Zeit zum Stillstand bringen, dann frühestens in etwa 80 Milliarden Jahren, also dem Vierfachen des heutigen Weltalters. Dann würde es nochmals die gleiche Zeitspanne benötigen, bis der Big Crunch eintritt – die minimale „Lebenserwartung" des Weltalls läge somit bei 160 Milliarden Jahren. Längst wären dann auch die letzten Sterne erloschen und füllten als dunkle, kalte Objekte das Universum. Aber bereits nach fünf Milliarden Jahren wird das Ende unserer Erde kommen, wenn sie von der Sonne zu einem feurigen Klumpen zerschmolzen wird.

In der modernen Kosmologie setzt sich langsam die Erkenntnis durch, daß unser Universum auch ganz anders enden könnte, und zwar rascher, als man gemeinhin denkt. Die konsequente Anwendung der Quantenmechanik auf die Kosmologie führt zu dem Schluß, das unser Universum plötzlich und ohne jede Vorwarnung, von einem Augenblick zum anderen gewissermaßen, zusammenbrechen kann. Auf einen Schlag würde das Universum vernichtet werden. Möglicherweise rollt eine solche Vernichtungswelle wahrhaft kosmischen Ausmaßes bereits mit vielfacher Lichtgeschwindigkeit auf uns zu, ohne daß wir das Geringste davon ahnen. Erde, Mond, Sonne, die Planeten unseres Sonnensystems und ihre Satelliten würden in einem Bruchteil einer Sekunde vernichtet, und zwar total und unwiderruflich. Bei einer der üblichen Explosionen, sei es die einer Sprenggranate, einer Atombombe oder einer Supernovadetonation wird zwar viel zerstört – aber nur Strukturen. Die Materie selbst bleibt erhalten beziehungsweise wandelt sich zu einem mehr oder minder großen Anteil in energiereiche Photonen (Gammaquanten) um.

Die Vernichtungswelle, die das Ende unseres Universums herbeiführen könnte, würde aber selbst die elementaren Bausteine der Materie völlig zerstören – Protonen, Elektronen und andere Elementarteilchen würden um ihre Existenz gebracht – sie wären plötzlich nicht mehr da. Für uns Menschen wäre dieser einmalige Vorgang nicht schmerzlich – alles ginge so schnell, daß wir es bewußt gar nicht wahrnehmen würden. Eine andere Frage ist freilich, ob es eine Vorwarnzeit gäbe. Wie macht sich die Vernichtungswelle bemerkbar? Einige Kosmologen meinen, die Vorwarnzeit betrage höchstens drei Minuten – das kann, muß aber nicht sein. Sie kann eventuell erheblich länger sein – möglicherweise Jahre, andererseits kann sie auch ganz fehlen. Von einem Augenblick zum anderen träfe die Erde und ihre Bewohner der absolute Vernichtungsschlag. Vor allem dann, wenn er in einem irdischen Labor von uns selbst ausgelöst wird – was ebenfalls in Betracht zu ziehen ist.

Wer kommt nun auf die Idee, das Universum könnte ein jähes, völlig unerwartetes Ende nehmen? Unter anderem sind es zwei Physiker, Sidney Coleman und Frank de Luccia, die sich mit dem etwas seltsamen klingenden Thema „Vakuumzerfall durch Gravitationswirkungen" schon Anfang der 80er Jahre befaßt haben. Ihre Schlußfolgerungen waren für die Entwicklung der Kosmologie von erheblicher Bedeutung. Das inflationäre Szenario in der Frühphase des Universums geht auf solche Untersuchungen zurück. Gravitation ist ein bekannter Begriff aus der Physik und macht uns anscheinend wenig Kopfzerbrechen. Massen ziehen einander an (Warum sie sich nicht gegenseitig abstoßen, ist schon schwerer zu erklären!). „Vakuumzerfall" scheint ein eher absurder Begriff zu sein, zumindest kann sich der Normalmensch darunter kaum etwas vorstellen: Wie kann das „Nichts" zerfallen? Was sind dann die Teile des Nichts? Beide Begriffe, Gravitation und Vakuum, haben in der modernen Physik eine etwas tiefere und umfangreichere Bedeutung erhalten. Die naive Vorstellung vom Vakuum „als einem absolut leeren Raum" mußte revidiert werden. Ihn gibt es in der Realität gar nicht. Und die Beschreibung der Eigenschaften der Gravitation finden wir heute in der Allgemeinen Relativitätstheorie (ART) von Albert Einstein. Um die moderne Vorstellung vom Vakuum zu begreifen, muß man die Quantenmechanik

berücksichtigen, die zweite große physikalische Theorie unseres Jahrhunderts nach der Relativitätstheorie. Das Quantenvakuum hat eine Reihe bemerkenswerter Eigenschaften, vor allem: Es gibt mehrere Quantenvakua die sich durch ihr Energieniveau voneinander unterscheiden lassen.
Das physikalische Vakuum ist ein Zustand niedrigster Energie. Die Kraftfelder, die überall vorhanden sind, befinden sich im Grundzustand, reale Teilchen sind keine vorhanden. Aber ein dichtes Meer von virtuellen Teilchen aller Art füllt das Vakuum. Keine Macht dieser Welt kann die virtuellen Partikel aus dem Vakuum vertreiben. Virtuelle Teilchen sind der direkten Beobachtung nicht zugänglich. Sie existieren nur für flüchtige Momente innerhalb der von der Heisenbergschen Unschärferelation gezogenen Grenzen, einem Grundprinzip der Quantenmechanik. Man spricht daher auch vom Quantenvakuum. Das Unbestimmtheitsprinzip von Heisenberg besagt: Impuls und Ort eines Teilchens können nicht mit beliebiger Genauigkeit gemessen werden. Je genauer man den Impuls mißt, desto unschärfer, also ungenauer, läßt sich der Ort des Teilchens ermitteln. Ist der Ort sehr genau vermessen, dann ist der Impuls nur entsprechend unscharf angebbar. Das Produkt Unbestimmtheit des Ortes (Δx) mal Unschärfe des Impulses (Δp) ist stets größer oder höchstens gleich einem Wert, der Plancksches Wirkungsquantum (h) genannt wird: $\Delta x \cdot \Delta p \geqq h/4\pi$. Dabei ist das Wirkungsquantum h ein verschwindend kleiner Wert: $h = 6{,}625 \cdot 10^{-27}$ erg · s. Die Plancksche Konstante hat die Dimension einer Wirkung, daher die Bezeichnung „Wirkungsquantum". Ort und Impuls eines Teilchens sind sogenannte komplementäre Größen. Auch die Gesamtenergie E und die Lebensdauer t eines Teilchens sind komplementäre Größen: $\Delta E \cdot \Delta t \geqq h/4\pi$. Deshalb sind Teilchen, die innerhalb der Grenzen der Unschärferelation wieder zerfallen, nicht beobachtbar und werden virtuell genannt. Im Quantenvakuum entstehen spontan Teilchenpaare und verschwinden wieder. Je größer ihre Energie, desto kürzer ihre Lebensspanne in der virtuellen Welt des Vakuums: Ein Elektron-Positronpaar kann 10^{-21} Sekunden virtuell existieren, ein Proton-Antiprotonpaar hingegen nur 10^{-24} Sekunden. Das Vakuum ist voll von virtuellen, also unbeobachtbaren Teilchen, die spontan auftreten und wieder verschwinden. Beim Auftreten starker Gravitationsfelder oder elektrischer Felder können aus virtuellen Teilchen auch reale werden. Solche spontanen Paarbildungen realer Teilchen, wo plötzlich Elektronen und Positronen aus dem Nichts auftauchen, kann man im Labor beobachten.
Ein Vakuum im Sinne der klassischen Physik stünde auch im Widerspruch zur Quantenmechanik. Denn ein wirklich absolut leerer Raum hätte das scharf definierte Energieniveau NULL. Dies gäbe aber einen Konflikt mit dem Unschärfeprinzip. Danach läßt sich ein Energieniveau NULL gar nicht absolut genau bestimmen. Setzt man aber den Grundzustand des Vakuums als Energieniveau Null an, dann schwanken die Meßwerte zwischen kleinen positiven und negativen Werten für die Energiedichte. Deshalb spricht man auch von der Quantenvakuumfluktuation. Im Sinne der Unschärferelation sind auch Raum und Zeit komplementäre Größen. Der Ort irgend eines Ereignisses kann nicht genauer als auf etwa 10^{-33} cm angegeben werden, sein Zeitpunkt nicht genauer als auf 10^{-43} sec. Diese Größen werden Planck-Länge und Planck-Zeit genannt. Auch Raum und Zeit sind nicht kontinuierlich – also prinzipiell beliebig teilbar – sondern gequantelt, das heißt, sie treten in winzigen kleinen Portionen auf.
Das Quantenvakuum spielt in der allerfrühesten Phase des Universums eine sehr wichtige Rolle. Drei Probleme ließen sich mit dem klassischen Standardmodell vom Urknall nicht lösen: Das Horizontproblem, das Flachheitsproblem und das Fehlen sogenannter Magnetischer Monopole. Die offensichtlich extrem hohe Homogenität und Isotropie (Gleichförmigkeit) des Universums läßt sich nicht verstehen, da in der Frühphase ein kausaler Zusammenhang zwischen weiten Bereichen des Kosmos wegen der Endlichkeit der Lichtgeschwindigkeit nicht bestand. Das Weltall hatte in der zur Verfügung stehenden Zeit keine Möglichkeit, Inhomogenitäten auszugleichen. Wodurch wurden Materie und Energie so gleichmäßig über kausal nicht zusammenhängende Bezirke im All verteilt (Horizontproblem, da die Lichtgeschwindigkeit den maximalen Beobachtungs- und Wirkungshorizont bedingt)? Wieso ist das Universum so flach? Die Gesamtkrümmung des Universums ist nahezu Null, die Expansion verläuft nahe dem parabolischen Fall (oder auch genau).
Nach den Großen Vereinigungs-

11.9: In einer sehr frühen Phase blähte sich das Universum exponentiell auf – eine Folge des Übergangs von einem Vakuumzustand höherer Energie in einen niedrigerer Energie. Das beobachtbare Universum ist sehr viel kleiner als der Durchmesser des Raumes mit gleicher Vakuumenergiedichte.

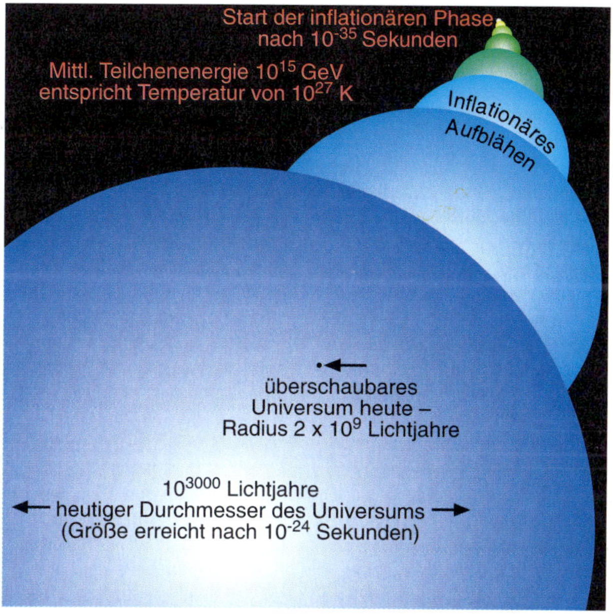

theorien (GUT, **G**rand **U**nified **T**heories), nach der die drei Grundkräfte der Natur, also starke Wechselwirkung, Elektromagnetismus und elektroschwache Kraft, bei sehr hohen Energien bzw. Temperaturen eine gemeinsamen Kopplungsstärke aufweisen und damit als eine einzige Kraft auftreten, müßte es magnetische Monopole geben, die aber bisher nicht beobachtet wurden. Denn in der Frühphase des Universums herrschten entsprechend hohe Energiedichten bzw. Temperaturen.

Eine Lösung dieser Probleme bietet nun das Szenario einer inflationären Phase an, das Anfang der 80er Jahre vorgeschlagen wurde. Zwischen 10^{-35} und 10^{-33} Sekunden nach dem Urknall, also einer unglaublich kurzen Zeitspanne, begann das Universum sich exponentiell aufzublähen. Innerhalb dieser winzigen Zeitspanne nahm das Volumen „unseres" Universums um das 10^{90}fache zu! Aus einem winzigen Bereich von nicht einmal Protonendurchmesser entstand ein Raumbereich (auch „Blase" genannt) von Milliarden Lichtjahren Durchmesser. Dadurch ist der uns überschaubare Bereich des Weltalls (Beobachtungshorizont: Lichtgeschwindigkeit mal Weltalter) praktisch flach, eine Raumkrümmung kann nicht festgestellt werden. Denn das für uns überblickbare Universum ist nur ein verschwindender Bereich der riesigen Weltallblase. Die Inflation (von engl: to inflate = aufblähen) beseitigte auch alle Inhomogenitäten, besser: sie läßt sie gar nicht zu. Auch die Monopole verlieren sich nun in dem riesigen Raumbereich, es sind kaum welche anzutreffen. Die Inflation erfolgte mit vielfacher Überlichtgeschwindigkeit. Dies ist kein Widerspruch zur Relativitätstheorie, denn es wurde weder Energie noch Information transportiert. Die Inflation wird vielmehr durch einen sogenannten Phasenübergang bewirkt, eben dem schon erwähnten „Zerfall des Vakuums". Der Mechanismus der Inflation kann folgendermaßen verdeutlicht werden: Vor der Inflation war das Weltall im Zustand eines Vakuums sehr hoher Energiedichte. Setzt man das Vakuum als Grundzustand Null, dann trat damals eine negative Energiedichte auf, etwas, was in der klassischen Physik nicht vorkommt. Diese negative Energiedichte bewirkte auch einen extremen negativen Druck (Poincarescher Druck). Diese negative Vakuumenergie des ungeheuer heißen Universums führte zur Inflation, als die Temperatur bis auf 10^{27} Kelvin abgefallen war. Nachdem die Gravitation schon vorher abgespalten war, begann das bis dahin noch einheitliche Kraftfeld der GUT sich in die einzelnen Kräfte (starke Wechselwirkung, elektroschwache Kraft und Elektromagnetismus) aufzuteilen – eben wegen sinkender Temperatur. Das bisherige Vakuum mit negativer Energiedichte, gerne als „falsches Vakuum" bezeichnet, ging in ein „echtes Vakuum" über. Die dabei auftretende enorme Expansion bewirkte eine plötzliche Unterkühlung: Die Temperatur sank von 10^{27} K auf nur (!) 10^{22} K ab. Der Phasenübergang vom falschen in das echte Vakuum setzte den Großteil der Energiedichte frei. Diese wurde aber nicht benutzt, um das Weltall aufzublähen – dies wäre ein Verstoß gegen die Relativitätstheorie. Ein Gas, das durch seinen Druck in ein größeres Volumen entspannt, leistet Arbeit, seine Energiedichte und damit die Temperatur sinkt. Nicht so bei der Inflation: Die Energiedichte des falschen Vakuums gebiert beim Übergang zum echten Vakuum eine Unmenge relativistischer, also hochenergetischer Elementarteilchen. Dies ist nichts anderes als eine Wiederaufheizung des Alls auf die ursprünglichen 10^{27} K. Erst nach diesem Augenblick setzt sich die weitere Expansion und Abkühlung des noch jungen Universums gemäß dem Standardmodell fort. Die Energie des falschen Vakuums geht somit in die Bildung echter (realer) Teilchen über. Daher erfolgte auch kein echter Energietransport mit Überlichtgeschwindigkeit. Das ist der Unterschied zum Entspannen eines Gases, wenn beispielsweise Dampf ausströmt gemäß der klassischen Thermodynamik.

Der Phasenübergang vom falschen in das echte Vakuum geht einher mit einer Reihe von Symmetriebrechungen: Kräfte entkoppeln sich, Elementarteilchen treten auf. Dieses ganze Szenario wird als „Zerfall des Vakuums" bezeichnet. Das falsche Vakuum ist ein instabiler Zustand. Nach den Gesetzen der Physik laufen die Vorgänge so ab, daß Zustände höherer Energie sich zu Zuständen niederer Energie entwickeln. Das falsche Vakuum kann als angeregter Zustand höherer Energie angesehen werden, der in einem spontanen Zerfall in den niedrigeren Zustand des echten Vakuums übergegangen ist.

Wer aber sagt denn, das unser „echtes" Vakuum den niedrigsten Energiezustaund aufweist? Vielleicht gibt es Vakua mit noch tieferen Energieniveaus? Sicher, das „falsche" Vakuum zerfiel schon nach 10^{-35} Sekunden, das jetzige dauert nun schon zwanzig Milliarden Jahre. Aber das bedeutet noch nicht, daß es nicht ebenfalls zerfallen könnte! Bei radioaktiven Elementen gibt es auch eine große Spannbreite der Zerfallsraten. Manche Halbwertszeiten liegen im Minutenbereich, andere bei Milliarden Jahren. Möglicherweise handelt es sich beim gegenwärtig herrschenden Vakuum gar nicht um ein echtes mit absolut niedrigstem Energieniveau, sondern um ein langlebiges, aber metastabiles Vakuum. Damit eröffnet sich die Möglichkeit, daß auch das gegenwärtige Vakuum zerfallen kann – über kurz oder lang. Rein zufällig und ohne Grund, spontan und akausal wie die Quantenmechanik lehrt, zerfiele unser gegenwärtiges Vakuum an einem x-beliebigem Punkt im Universum. Gleich danach würde sich dieser erneute Phasenübergang lawinenartig und mit ungeheurer Geschwindigkeit über das ganze Universum ausbreiten. Dabei zerfiele wirklich alles: Nicht nur Sterne, Planeten, Monde, Berge, Menschen usw. sondern auch Elementarteilchen: Protonen würden platzen, die Materie in der uns bekannten Form ginge zugrunde. Dies wäre das Ende für das Universum in seiner jetzigen Struktur, wie wir es kennen. Was danach kommt, können wir nicht sagen. Möglicherweise stellt sich ein Zustand ein, ein neues Vakuum, in dem es keine Elementarteilchen gibt, ein Universum ohne Zeitablauf.

Einige japanische Physiker haben die Möglichkeit diskutiert, daß in den großen Teilchenbeschleunigern, bei denen Teilchen mit sehr hohen Energien aufeinanderprallen, in extremen Fällen ein solcher erneuter Vakuumzerfall ausgelöst werden könnte. Doch dies ist reine Spekulation. Religionsphilosophen könnten dann sagen, damit bewiese der Mensch seine Gottähnlichkeit, indem er die Fähigkeit entwickelt hat, das gesamte Universum mit einem Schlag auszulöschen. Sollte ein solch katalytisch erzeugter Zerfall des gegenwärtigen Vakuums in einem Hochenergielabor stattfinden, dann hätte allerdings niemand mehr die Gelegenheit, darüber zu philosophieren. Selbst von unseren „tollen Fähigkeiten" könnten wir nicht mehr Kenntnis nehmen. In Bruchteilen einer Sekunde gäbe es keine Erde mehr.

Sollte aber in irgendeinem fernen Winkel des Universums der Zerfall des gegenwärtigen Vakuums schon eingesetzt haben – was nicht auszuschließen ist –, dann entkämen wir dieser kosmischen Katastrophe nicht.

DEZEMBER 1999

Am 22. um 8^h44^m MEZ passiert die Sonne den tiefsten Punkt ihrer Jahresbahn. Merkur kann in der ersten Dezemberhälfte am Morgenhimmel erspäht werden, und auch die helle Venus ist am Morgenhimmel vertreten. Jupiter und Saturn dagegen schmücken den Abendhimmel.

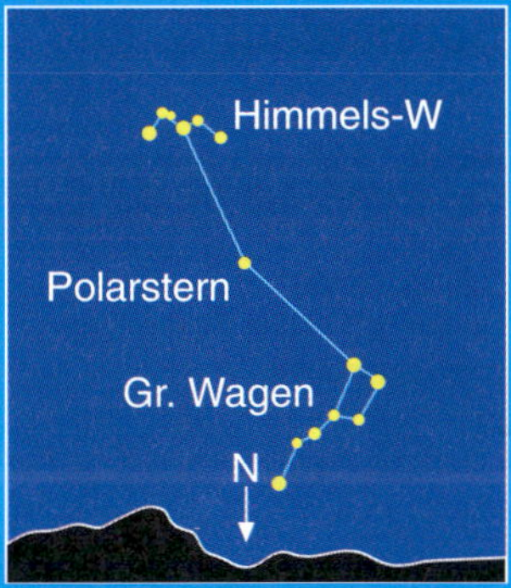

12.1: Anblick des morgendlichen Sternenhimmels am 4. Dezember gegen 5^h MEZ: Tief am Osthimmel sieht man Venus und die schmale abnehmende Mondsichel im Sternbild Jungfrau nahe Spica.

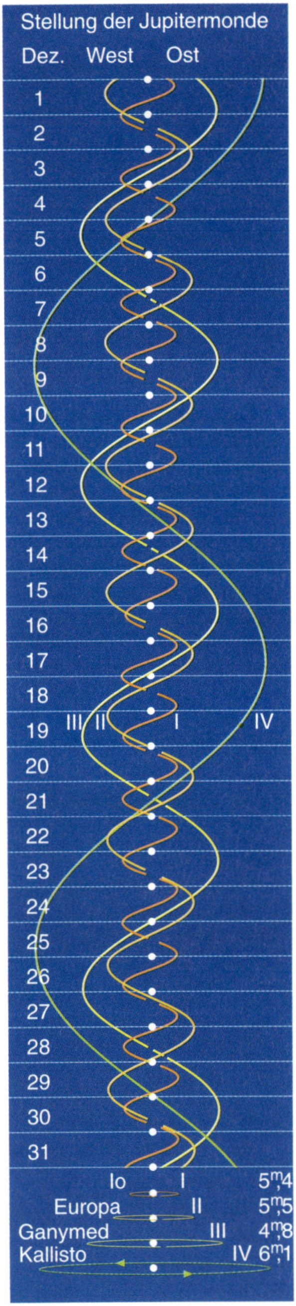

Jupitermond-Erscheinungen

Tag	MEZ			Vorgang
	h	m		
1.	17	22	I	SE
3.	16	53	III	DE
	18	40	III	SA
	20	47	III	SE
4.	0	58	II	DA
5.	19	11	II	BA
	23	45	II	VE
6.	0	29	I	BA
	21	39	I	DA
	22	39	I	SA
	23	48	I	DE
7.	0	49	I	SE
	18	40	II	SE
	18	56	I	BA
	22	07	I	VE
8.	17	08	I	SA
	18	16	I	DE
	19	18	I	SE
10.	18	18	III	DA
	20	29	III	DE
	22	42	III	SA
11.	0	48	III	SE
12.	21	36	II	BA
13.	23	28	I	DA
14.	0	35	I	SA
	1	38	I	DE
	18	46	II	SA
	19	02	II	DE
	20	45	I	BA
	21	16	II	SE
15.	0	03	I	VE
	17	56	I	DA
	19	04	I	SA
	20	05	I	DE
	21	14	I	SE
16.	18	31	I	VE
17.	21	57	III	DA
18.	0	10	III	DE

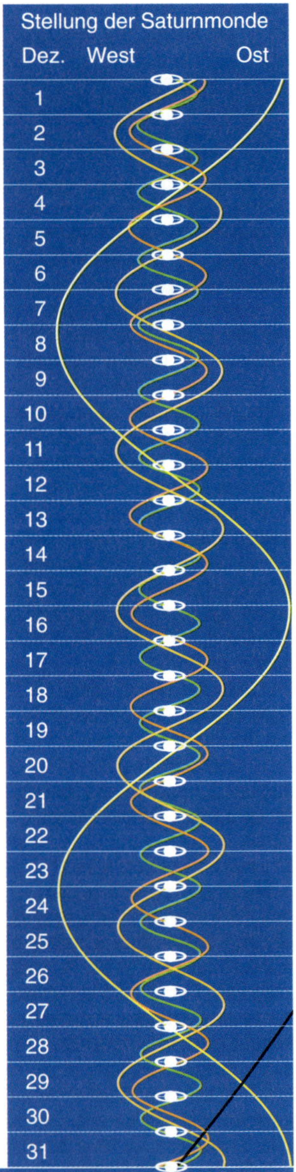

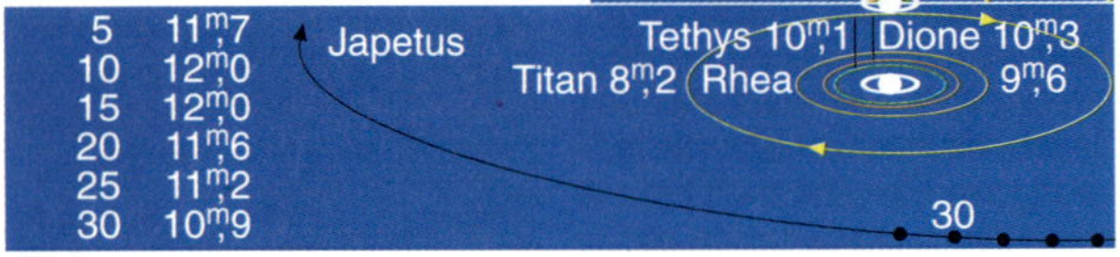

20.	0 03	II	BA
21.	1 19	I	DA
	18 45	III	VE
	18 59	II	DA
	21 22	II	SA
	21 29	II	DE
	22 35	I	BA
	23 52	II	SE
22.	19 47	I	DA
	21 00	I	SA
	21 57	I	DE
	23 10	I	SE
23.	17 03	I	BA
	18 22	II	VE
	20 27	I	VE
24.	17 39	I	SE
28.	17 43	III	BE
	20 41	III	VA
	21 28	II	DA
	22 46	III	VE
	23 58	II	DE
	23 58	II	SA
29.	0 27	I	BA
	21 39	I	DA
	22 56	I	SA
	23 49	I	DE
30.	1 05	I	SE
	18 23	II	BE
	18 28	II	VA
	18 55	I	BA
	21 01	II	VE
	22 22	I	VE
31.	17 25	I	SA
	18 17	I	DE
	19 34	I	SE

um 7^h41^m. Am letzten Tag des Jahres erfolgt der Ceresaufgang bereits um 23^h27^m, die Meridianpassage um 6^h17^m. Am 31. ist Ceres 339 Millionen km (= 2,27 A. E.) von der Erde und 382 Millionen km (= 2,55 A. E.) von der Sonne entfernt.

Juno (3) steht am Abend des 28. in Konjunktion mit der Sonne, von der sie 468 Millionen km (= 3,25 A. E.) entfernt bleibt, während ihre Erddistanz am Tag der Konjunktion stattliche 612 Millionen km (= 4,09 A. E.) erreicht.

Hebe (6) kommt am 9. in den Morgenstunden in **Opposition** zur Sonne. Sie wandert rückläufig durch den Himmelsjäger Orion (siehe Abb. 11.6 auf Seite 198). In Opposition erreicht Hebe eine Helligkeit von $8^m,2$, die bis Monatsende wieder auf $8^m,6$ abfällt. Am Oppositionstag geht Hebe um 18^h22^m auf, kulminiert um 0^h23^m und geht um 6^h19^m wieder unter. Bis Jahresende verfrüht sich die Hebekulmination auf 22^h32^m.
Zur Opposition ist Hebe 314 Millionen km (= 2,10 A. E.) von der Sonne entfernt. Ihre geringste Entfernung von der Erde erreicht sie bereits am 1., wobei sie 173 Millionen km (= 1,16 A. E.) von uns entfernt bleibt.

Amphitrite – Planetoid Nr. 29 – kommt nur zwei Tage nach Hebe, nämlich am 11., in **Opposition** zur Sonne. Mit $8^m,9$ Helligkeit ist sie nicht ganz leicht zu finden. Sie zieht ihre Oppositionsschleife allerdings recht weit nördlich, nämlich im Gebiet des Fuhrmanns, was das Auffinden erleichtert. Am 19. zieht Amphitrite nur $0^\circ,2$ südlich an ι Aurigae, einem Stern von $2^m,7$ Helligkeit, vorbei (siehe auch Abb. 12.3 unten). Bis Monatsende geht die Helligkeit von Amphitrite auf $9^m,2$ zurück. Am 11. geht Amphitrite um 14^h35^m auf, kulminiert um 0^h10^m und geht um 9^h40^m unter. Von der Sonne trennen sie am Oppositionstag 356 Millionen km (= 2,38 A. E.), von der Erde 210 Millionen km (= 1,40 A. E.)

12.3: Scheinbare Bahn des Kleinplaneten Amphitrite (29) von Oktober 1999 bis Januar 2000 im Gebiet des Sternbildes Fuhrmann.

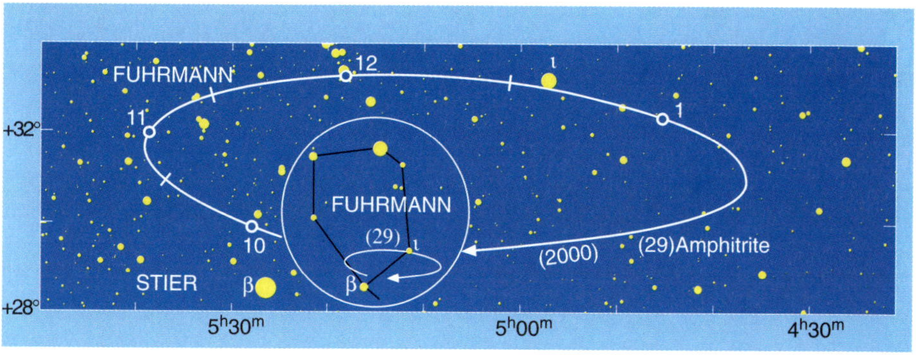

Periodische Sternschnuppenströme

Vom 6. bis 17. Dezember macht sich der ekliptikale Strom der **Geminiden** bemerkbar. Ihr Ausstrahlungspunkt liegt in den Zwillingen, rund 1° südwestlich von Kastor. Das Maximum tritt in den Morgenstunden des 14. Dezember ein, wenn stündlich weit über sechzig Meteore, mitunter auch sehr helle Objekte, über den Himmel huschen. Die Geschwindigkeiten liegen um 35 km/s, Beobachtungszeit: 21^h bis 6^h.

Vom 16. bis 26. Dezember tauchen die **Ursiden** auf, deren Radiant im Sternbild Kleiner Bär zu finden ist. Ihr scharfes Maximum erreichen die Ursiden-Meteore in der Nacht vom 22. auf 23. Dezember gegen Mitternacht. Da der Radiant zirkumpolar ist, können die Ursiden die ganze Nacht beobachtet werden. Der Ursprung der Ursiden wird auf den Kometen 8P/Tuttle (früher 1858 I) zurückgeführt. Die Sternschnuppen haben mittlere Geschwindigkeiten von 35 km/s. In den letzten Jahren wurden rund zehn bis zwanzig, manchmal auch mehr Objekte pro Stunde im Maximum registriert. Die Tendenz ist steigend.

Wenig ergiebig ist der Strom mit dem Namen **Coma Bereniciden**, dessen Radiant im Haar der Berenike liegt und die um die Jahreswende auftreten – etwa von Mitte Dezember bis Mitte Januar.

Es handelt sich um sehr schnelle Objekte (um 65 km/s). Das Maximum liegt um den 20. Dezember, wobei lediglich fünf bis zehn Meteore pro Stunde zu erwarten sind.

12.4: Das Sternbild Stier (Taurus) in der phantasievoll ausgeschmückten Sternkarte von Johann Elert Bode aus dem Jahre 1782.

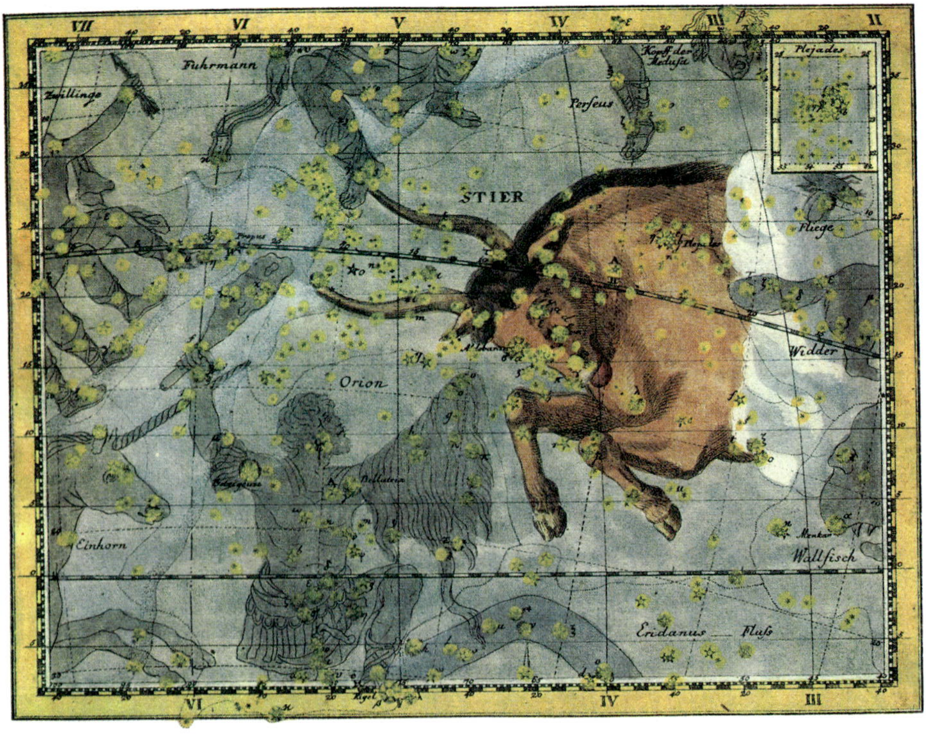

Der Fixsternhimmel

Wer an einem der nun kühlen Dezemberabende zum Sternenhimmel blickt, stellt schnell fest, daß dieser schon winterliche Züge trägt. Mit Ausnahme des Perseus haben alle Herbstbilder den Meridian passiert und befinden sich in der westlichen Himmelshälfte. In der östlichen Hemisphäre des Firmaments dagegen sind bereits die Wintersternbilder vollständig versammelt, der Jahresreigen schließt sich allmählich.
Tief im Nordwesten ist noch das Sternenkreuz des fliegenden Schwans mit dem hellen Stern Deneb zu sehen. Der Schwan ist gewissermaßen ein Relikt des Sommerhimmels. Knapp über dem Nordhorizont flackert die Wega in der Leier, die bei uns nahezu zirkumpolar ist und daher fast das ganze Jahr über in klaren Nächten beobachtbar bleibt.
Noch hoch in westlicher Richtung steht das Herbstviereck, das Pegasusquadrat, dessen eine Spitze zum Horizont deutet. Es erinnert entfernt an eine überdimensionale Vorfahrtstafel. Mit der obersten Ecke hängt das Pegasusquadrat an der Andromeda-Sternenkette, die sich fast vom Zenit her in westlicher Richtung erstreckt.
Den Platz im Zenit nimmt nun Perseus ein, der strahlende Held aus der Andromedasage. Zwischen Perseus und Kassiopeia findet man fast senkrecht über unseren Köpfen die beiden prächtigen offenen Sternhaufen h und χ Persei. Im Fernglas erscheinen sie allerdings nur als matte Lichtfleckchen. Erst im Teleskop erkennt man Hunderte von funkelnden Lichtpünktchen. Ferner sei auf Algol (β Persei) hingewiesen, den berühmten Bedeckungsveränderlichen, der jetzt besonders günstig zu beobachten ist. Die Helligkeitsminima von Algol sind in der monatlichen Tabelle *Veränderliche Sterne* verzeichnet.
Hoch im Süden hat gerade der Widder (lat.: Aries) die Mittagslinie durchschritten. Sein Hauptstern Hamal leuchtet mit $2\overset{m}{.}0$ Helligkeit in orangegelber Farbe und ist 66 Lichtjahre von uns entfernt. Südlich und südwestlich der Widderhauptsterne stehen die großen Planeten Jupiter und Saturn. Somit fehlen helle Sterne in dem Areal, das vom Walfisch und dem langgestreckten Fluß Eridanus eingenommen wird. Umso eindrucksvoller ist dafür der Ost- und Südosthimmel.
Hoch im Osten, fast im Zenit, hält sich die helle, gelbliche Kapella im Fuhrmann auf. Darunter leuchten die beiden Sternenketten der Zwillinge mit Kastor und Pollux. Der Stier mit dem prächtigen Sternhaufen der Hyaden, in dem der rote Aldebaran auffällig glänzt, und dem Siebengestirn, den Plejaden, schreitet munter auf den Meridian zu. Die westlichsten Teile des Stieres haben bereits die Mittagslinie erreicht.
Der Stier gehört zu den frühesten und am häufigsten erwähnten Sternbildern. Dies ist gut verständlich, gehört der Stier doch zum Tierkreis und setzt sich außerdem aus auffälligen Sternen zusammen: Der helle, rötlich funkelnde Aldebaran zieht die Aufmerksamkeit ebenso auf sich wie die beiden offenen Sternhaufen Hyaden und Plejaden, zwischen denen die Sonnenbahn, die Ekliptik, hindurchläuft. Hyaden und Plejaden bilden das sogenannte „Goldene Tor der Ekliptik“. Hinzu kommt, daß der Frühlingspunkt von etwa 4000 bis 1700 vor Chr. im Stier lag und dieses Bild daher als Symbol der Fruchtbarkeit, des Lichtes, des aufstrebenden Lebens, der Stärke und der Kraft angesehen wurde.
Südöstlich des Stieres strahlt unübersehbar der Orion, das bekannteste Wintersternbild, mit den beiden hellen Sternen Beteigeuze und Rigel sowie den in einer Linie stehenden drei Gürtelsternen. Auch dem Anfänger in der Himmelskunde muß dieses Bild förmlich in die Augen springen.
Tief im Südosten ist gerade Sirius im Großen Hund (α Canis

Veränderliche Sterne

Algol-Minima	4.	4^h21^m	7.	1^h10^m	9.	21^h59^m	12.	18^h48^m	24.	6^h05^m	27.	2^h54^m	29.	23^h43^m
β-Lyrae-Minima	1.	8^h H	7.	20^h N	14.	7^h H	20.	18^h N	27.	6^h H				
δ-Cephei-Maxima	1.	22^h	7.	6^h	12.	15^h	17.	24^h	23.	9^h	28.	18^h		
Mira-Helligkeit	1.	4^m	10.	4^m	20.	4^m	31.	4^m	fallend					

FIXSTERNE

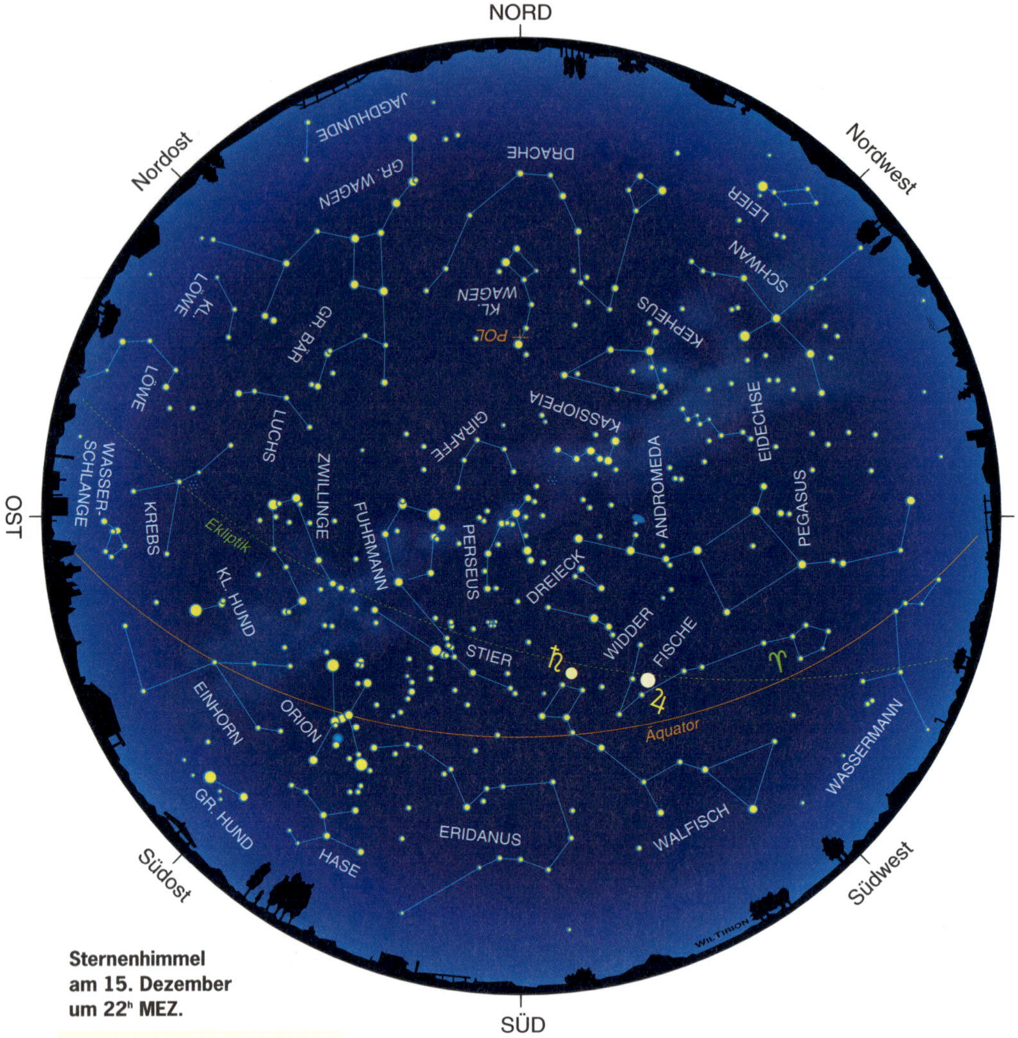

Sternenhimmel am 15. Dezember um 22h MEZ.

Fixsternhimmel auch gültig für:	MEZ	MESZ
15. 9.	4^h	5^h
1.10.	3	4
15.10.	2	3
1.11.	1	
15.11.	0	
1.12.	**23**	
15.12.	**22**	
31.12.	**21**	
15. 1.	20	
31. 1.	19	

Maioris), der hellste Fixstern des Himmels, über die Horizontlinie gestiegen. Auch Prokyon im Kleinen Hund (α Canis Minoris) ist bereits im Osten aufgetaucht. Damit ist das komplette Wintersechseck am Osthimmel vertreten. Es setzt sich aus den hellen Sternen Sirius, Prokyon, Pollux, Kapella, Aldebaran und Rigel zusammen – alles Sterne erster Größe und heller.

Astronomische Literatur für Sternfreunde

Die Beschäftigung mit der Himmelskunde ist ein weitverbreitetes Hobby. Die Astronomie, die Wissenschaft von den Sternen und dem grenzenlosen Weltraum, übt auf viele Menschen eine ungeheure Faszination aus. Fast jeder, der einmal mit der Sternenwelt in nähere Berührung gekommen ist, bleibt ein Leben lang der Himmelskunde eng verbunden. Viele junge Menschen geben als Berufswunsch an, Astronom werden zu wollen. Doch es gibt nur wenige Planstellen für hauptberufliche Astronomen an Sternwarten, Planetarien und sonstigen astronomischen Instituten. Die meisten Astronomiebegeisterten frönen ihrer Leidenschaft in der heute oft reichlich bemessenen Freizeit. Viele Möglichkeiten gibt es heutzutage, sich als Hobbysternfreund zu betätigen. Amateurastronomen gehen mit großer Leidenschaft und Engagement ihrer Tätigkeit nach, die ihnen viel Freude bereitet und Befriedigung schenkt, während professionelle Astronomen oft unter Zeit- und Erfolgsdruck stehen, ganz abgesehen von Problemen der Finanzierung ihrer Forschungsprojekte, was ihre Arbeit eher zur Last denn zur Lust werden läßt.

Manche Sternbegeisterte genießen mehr passiv die Himmelskunde. Sie besuchen Führungen auf Sternwarten und in Planetarien, hören sich Vorträge an und lesen populärwissenschaftliche Bücher. Andere sind engagierte freie Mitarbeiter an Sternwarten oder verfügen über eigene Beobachtungsgeräte, manche sogar über private Sternwarten. Die Freizeitindustrie bietet für vergleichsweise wenig Geld erstaunlich gute astronomische Teleskope an, teilweise mit modernster Computersteuerung. Etliche Sternfreunde sind heute besser ausgerüstet als noch vor dreißig Jahren manche Universitätssternwarte.

Wer sich mit der Himmelskunde befaßt, benötigt auch aktuelle Informationen. Man möchte über Neuentdeckungen von hellen Kometen, aufleuchtenden Supernovae, neuen Monden, spektakulären Starts von Raumsonden zu den Planeten, Beobachtungen vom Hubble-Weltraumteleskop usw. schnell und qualifiziert unterrichtet sein. Bücher können dies nicht leisten, denn von der Abfassung des Manuskripts bis zum Erscheinen eines Buches vergehen Monate, manchmal sogar Jahre. Freilich lassen sich inzwischen über elektronische Medien (Internet) brandaktuelle Daten aus der Astronomie mit fast Lichtgeschwindigkeit ins Wohnzimmer oder Büro holen. Sich aber auf diesem Wege einen umfassenden Überblick zu verschaffen, erfordert schon einen gewissen Zeitaufwand. Man staunt, wie schnell eine Stunde verflogen ist, wenn man einmal im World-Wide-Web surft. Aus vielen Gründen sind die klassischen Printmedien, nämlich astronomische Zeitschriften, nach wie vor unentbehrlich. Sie gestatten es, sich rasch und gründlich über alle wichtigen Gebiete der Himmelskunde zu informieren.

Neben den großen, über den Buchhandel und im Abonnement zu beziehenden astronomischen Fachzeitschriften, die in bunter Aufmachung und auf Hochglanzpapier erscheinen, gibt es eine große Zahl von Periodica, die von Astro-Vereinen für ihre Mitglieder produziert werden und deren Bezug meist im Vereinsbeitrag enthalten ist. Man spricht gerne von „grauer Literatur", wenn man diese astronomischen Mitteilungsblätter meint, die nicht über den normalen Buch- und Zeitschriftenhandel zu beziehen sind. Diese Bezeichnung ist keineswegs abwertend gemeint. Ganz im Gegenteil. Zwar ist die Aufmachung astronomischer Vereinsnachrichten weniger aufwendig gestaltet, meist erscheinen die Blätter nur in schwarz-weiß (daher „graue" Literatur), aber der Inhalt birgt häufig eine Fülle interessanter und spannender Informationen. Sicher ist nicht jeder Aufsatz in den Vereinsmitteilungen ein astronomisches Highlight. Andererseits finden sich hochqualifizierte Artikel, die man sonst kaum in der professionellen Literatur entdeckt.

Sternfreundezeitschriften bringen nicht nur brandneue Nachrichten von Neuentdeckungen, Sternwartengründungen, aktuelle Vereinsmitteilungen, sondern informieren oft recht gründlich über manche vergessenen oder vernachlässigten Teilgebiete der Astronomie. Ausführlich werden Beobachtungsanleitungen gegeben, und man findet in ihnen zahlreiche nützliche Tips für die Praxis der Himmelskunde. Testberichte über astronomische Teleskope und Zubehör fehlen ebensowenig wie die Beschreibung moderner Beobachtungstechniken, (z. B. den Einsatz von CCD-Kameras) oder neuer Astro-Soft-

ware für Computer. Kurz gesagt: Kaum ein Sternfreund kann auf Informationen aus Vereinsblättern verzichten.
Ein paar Beispiele sollen dies verdeutlichen: Eine der profiliertesten und ältesten Sternfreundezeitschriften ist DER STERNENBOTE, herausgegeben seit über 40 Jahren von Hermann Mucke, dem Leiter des Planetariums und der Urania-Sternwarte in Wien. DER STERNENBOTE behandelt eine unglaubliche Vielfalt von Themen und ist eine Fundgrube exakter und aktueller Sachinformationen. Er berichtet regelmäßig über Sonnenaktivität, Kometen- und Kleinplanetenneuentdeckungen, Veränderliche Sterne, astronomische Gedenktage, Kalenderfragen etc. und informiert vor allem umfassend über die lokale Astroszene in Österreich.
Die BAV-Rundbriefe der Bundesdeutschen Arbeitsgemeinschaft für Veränderliche Sterne e. V. bieten alles, was der Veränderlichenbeobachter wissen muß. Hier kann man auch seine eigenen Beobachtungen variabler Sterne publizieren.
Im REGIOMONTANUSBOTEN, der Zeitschrift der Nürnberger Astronomischen Arbeitsgemeinschaft e. V., bringt Wolf Broda in einer langen Fortsetzungsserie „ABC = Astronomischer Berechnungs-Cocktail" eine hervorragende Einführung in die Himmelsmechanik, die man in dieser didaktisch klaren Form in keinem deutschsprachigen Lehrbuch findet.
Gehobene Fachartikel findet man in der sehr sorgfältig redigierten Schrift KORONA des Astronomischen Arbeitskreises Kassel e. V.; René Witte schreibt über „Effiziente Algorithmen für die Simulation von N-Körper-Systemen". Gemeinsam mit Thorsten Klebe stellt er „Computernetze für den Astronomen" vor, und Klaus-Peter Haupt gibt Anleitungen zur Berechnung des Aufbaus und der Entwicklung von Sternen.
Die HIMMELSLEITER, Zeitschrift der Robert-Mayer-Sternwarte in Heilbronn, enthält zahlreiche nützliche Tips für Teleskopbenutzer zum Thema „Erfolgreich beobachten". DIE STERNENWELT – Organ der Kärntner Sternfreunde – offeriert sogar einen philosophischen Stammtisch. Die MITTEILUNGEN ASTRONOMISCHER VEREINIGUNGEN Rhein-Main-Nahe enthalten unter anderem einen Aufsatz von Hans Ehrenberg: „Liegt Ostern dieses Jahr richtig?". Wer weiß schon genau über unseren Kalender und die Osterterminierung Bescheid?
Dies sind nur einige wenige Beispiele für engagiert und hervorragend gestaltete astronomische Mitteilungsblätter.
Wie kann man solche Sternfreundenachrichten erhalten? Indem man an die Herausgeber schreibt, sich ein Probeexemplar kommen läßt und nach dem Bezugspreis fragt (siehe Liste). Am besten, man tritt gleich einem Astro-Verein bei. Ab Seite 254 findet man eine Liste von Sternwarten und Planetarien sowie astronomischen Vereinigungen. Die meisten astronomischen Organisationen geben Informationsblätter, Mitteilungen etc. heraus, die man als Mitglied regelmäßig zugeschickt erhält. Vereinsmitglied zu sein hat außer dem Bezug gedruckter Informationen noch weitere Vorteile: Viele Vereine veranstalten Vortragsreihen und Kurse, zu denen Mitglieder ermäßigten oder freien Eintritt haben. Häufig kann man mit vereinseigenen Instrumenten beobachten oder sich am Aufbau einer Sternwarte beteiligen. Schließlich kommt man in Kontakt mit Gleichgesinnten und erhält nützliche Tips und Hinweise für eigene Beobachtungen. Ein Erfahrungsaustausch in geselliger Runde von Sternfreunden hebt oft schneller den Wissensstand als trockenes Büffeln von Lehrbüchern. Ein mitgliederstarker Verein kann schließlich die gemeinsamen Ziele wie Errichtung eines Planetariums oder einer Sternwarte bei lokalen Behörden und Politikern eher durchsetzen als lauter Einzelkämpfer. Auch bringt die Lokalpresse eher astronomische Berichte, wenn ein aktiver Astro-Verein in einer Stadt das Interesse an der Astronomie in der Bevölkerung geweckt hat.
Wer eigene Beobachtungen bekanntgeben oder selbst ein astronomisches Thema darstellen möchte, dem bieten Sternfreundezeitschriften ein willkommenes Forum. Man muß keine perfekten Artikel abliefern. So mancher Adept der Himmelskunde hat seine ersten Aufsätze in einem astronomischen Vereinsblatt publiziert. Nur Mut, die Redaktionen freuen sich über Zuschriften!

Nachfolgendes Verzeichnis deutschsprachiger astronomischer Vereinsmitteilungen und ähnlicher Periodica erhebt keinen Anspruch auf Vollständigkeit. Vermerkt sind die Periodica, deren Belegexemplare regelmäßig die Bibliothek des Planetariums Stuttgart erreichen.

Deutschsprachige Astronomische Periodica

Augsburg
URANUS
Nachrichtenblatt der Astronomischen Vereinigung Augsburg e. V.
Volkssternwarte
86420 Diedorf
Redaktion: Oliver Rezec

Berlin
BAV RUNDBRIEF
Bundesdeutsche Arbeitsgemeinschaft für Veränderliche Sterne e. V.
Munsterdamm 90
12169 Berlin

Bonn
TELESCOPIUM
Mitteilungen der Volkssternwarte Bonn
Astronomische Vereinigung e. V.
Redaktion:
Poppelsdorfer Allee 47
53115 Bonn

Bremen
NACHRICHTEN DER OLBERS-GESELLSCHAFT BREMEN
Hochschule Bremen
Fachbereich Nautik
Planetarium und Sternwarte
Werderstr. 73
28199 Bremen
Redaktion: Ralf Tietze

Dortmund
RAUM UND ZEIT
Astronomischer Verein Dortmund e. V.
Lange Reihe 98
44143 Dortmund
Redaktion: Kristina Fieger

Düsseldorf
NACHRICHTENBLATT DER ASTRONOMISCHEN VEREINIGUNG DÜSSELDORF e. V.
Steinkaul 4
40589 Düsseldorf
Redaktion: Helga Kusserow

Eisenstadt
LIBRA – Astronomical News
Burgenländische Amateurastronomen
Neusiedlerstr. 8
A-7000 Eisenstadt

Eisenstadt
ALRUKABA
Burgenländische Amateurastronomen
Neusiedlerstr. 8
A-7000 Eisenstadt
Redaktion: Karl Vlasich, Erich Weber

Eschwege
SIRIUS
Zeitschrift der Vereinigten Amateur-Astronomen
Eschwege 1975 e. V.
Auf dem Salzmannstale 37 b
37287 Wehretal
Redaktion: Wolfhard Austen

Freiburg
SCHAU INS ALL
Sternfreunde Breisgau e. V.
Hugstetterstr. 5
79106 Freiburg i. Br.
Redaktion: K. Benthin

Freiburg
MITTEILUNGEN
Sternfreunde Breisgau e. V.
Hugstetterstr. 5
79106 Freiburg i. Br.
Redaktion: H. Schmidt

Hamburg
STERNKIEKER
Zeitschrift der Gesellschaft für volkstümliche Astronomie e. V.
Hamburg (GVA)
Hindenburgstr. Ö 1
22303 Hamburg
Redaktion: André Wulff

Heilbronn
HIMMELSLEITER
Robert-Mayer-Volks- und Schulsternwarte
Heilbronn e. V.
Bismarckstr. 10
74072 Heilbronn
Redaktion: S. Gillessen, A. Kerste, M. Vogel

Ingolstadt
ROSA URSINA
Astronomischer Arbeitskreis
Ingolstadt e. V.
Lilienthalstr. 137
85077 Manching
Redaktion: Dieter Leistritz

Kassel
KORONA
Astronomischer Arbeitskreis
Kassel e. V.
Eschenweg 21 A
34123 Kassel
Redaktion: Thorsten Damm

Klagenfurt
STERNENWELT
Planetarium Klagenfurt
Astronomische Vereinigung Kärntens
Villacherstr. 239
A-9020 Klagenfurt
Redaktion: Manfred Posch

Köln
ANTARES
Mitteilungen der Volkssternwarte Köln
Nikolausstr. 55
50937 Köln
Redaktion: Wilfried Dahmen

Linz
WEGA
Linzer Astronomische Gemeinschaft „Johannes Kepler“
Sternwarteweg 5
A-4020 Linz
Redaktion: Günther Martello

Lübeck
POLARIS
Mitteilungen des Arbeitskreis Sternfreunde Lübeck e. V.
Postfach 22 09
23510 Lübeck
Redaktion: Stephan Brügger

Mainz
MITTEILUNGEN ASTRONOMISCHER VEREINIGUNGEN Rhein – Main – Nahe
Astronomische Arbeitsgemeinschaft Mainz e. V.
Postfach 11 64
55001 Mainz
Redaktion: Burkhard Wiche

Moers
ASTROKURIER
Moerser Astronomische Organisation e. V.
Postfach 10 18 11
47408 Moers
Redaktion: Uwe Reimann

München
BLICK INS ALL
Vereinsblatt der Bayerischen Volkssternwarte München e. V.
Rosenheimer Str. 145 a
81671 München
Redaktion: Peter Stättmayer, Andreas Voss

München
GANYMED
Informationszeitschrift der Astronomischen Vereinigung West-München
Graßlfinger Str. 43
82194 Gröbenzell
Redaktion: Bruno Wagner

Norderney
INTERSTELLARES
Zeitschrift des Astronomischen Arbeitskreises Norderney
Am Wasserturm 14
26548 Norderney
Redaktion: Kai Holz

Nürnberg
REGIOMONTANUSBOTE
Zeitschrift der Nürnberger Astronomischen Arbeitsgemeinschaft e. V.
Regiomontanus-Sternwarte
Regiomontanusweg 1
90491 Nürnberg
Redaktion: Dr. Peter Friedrich

Oldenburg
URKNALL
Vereinszeitung der Astronomischen Vereinigung Oldenburger Sternfreunde e. V.
Kranbergstr. 6
26123 Oldenburg
Redaktion: Frank Wierny

Ottobeuren
ASTRO-AMATEUR
Informationen der Allgäuer Volkssternwarte Ottobeuren e. V.
Schwabenstr. 13
87724 Ottobeuren
Redaktion: Thomas Foerg, Wolfgang Forth, Sandra Kitzinger, Harald Steinmüller, Helmut Ziegler

Saarbrücken
INFOBLATT
Verein der Amateurastronomen des Saarlandes e. V.
Koßmannstr. 45
66538 Neunkirchen
Redaktion: Anna und Bernd Hoffmann

Wien
DER STERNENBOTE
Österreichische Astronomische Monatsschrift
Astronomisches Büro
Hasenwartgasse 32
A-1238 Wien
Redaktion: Prof. Hermann Mucke

Wien
DIE STERNENRUNDSCHAU
Zeitschrift des Astronomischen Jugendclubs „DINGI“-VINDEMIATRIX
Richard-Wagner-Platz 2/8
A-1160 Wien
Redaktion: Peter Reinhard

Rechte Seite:
T.1: Die Größe der Planetenscheibchen im Jahre 1999. Man beachte den eingetragenen Maßstab in Bogensekunden. Anblick im umkehrenden Fernrohr (Norden unten, Osten rechts).

Merkur
1.1. 4.2. 2.3. 19.3. 18.4. 25.5. 23.6. 26.7. 16.8. 8.9. 30.10. 15.11. 29.11.
Venus
1.1.
15.4. 10.6. 16.7. 20.8. 23.9. 30.10. 30.12.
Mars
1.1. 29.1. 1.3. 1.4. 24.4. 1.6. 1.7. 31.7. 1.10. 25.12.
0"
30"
60"
N
Jupiter
1.4. 23.10.
Io
Europa
Kallisto
Ganymed
Saturn
1.1. 27.4. 6.11.
Titan
Uranus Neptun Pluto
7.8. 26.7. 31.5.
Vesta Hebe Amphitrite
4.2. 9.12. 11.12.

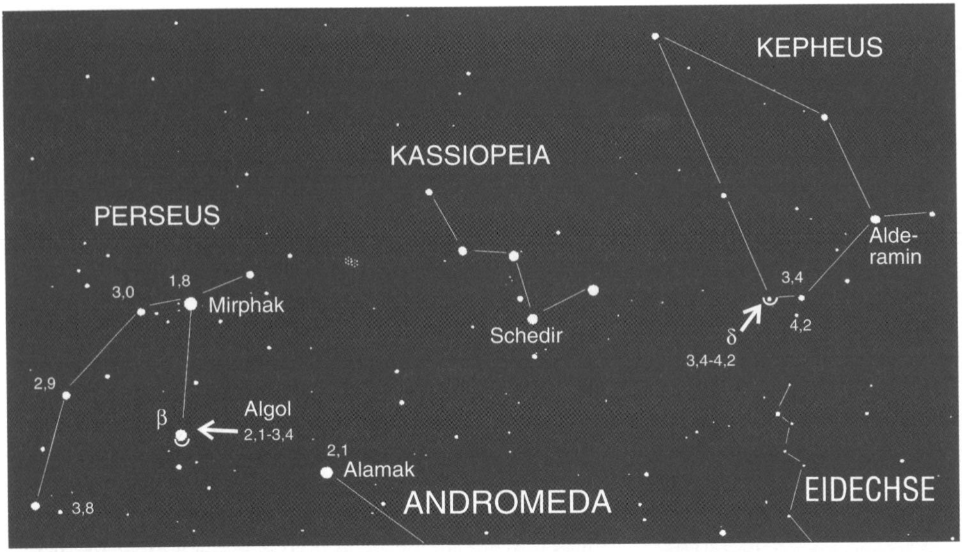

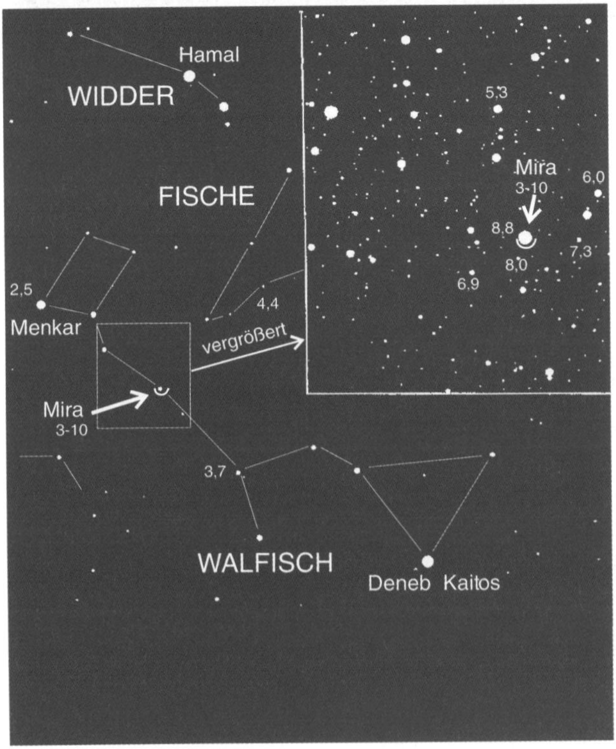

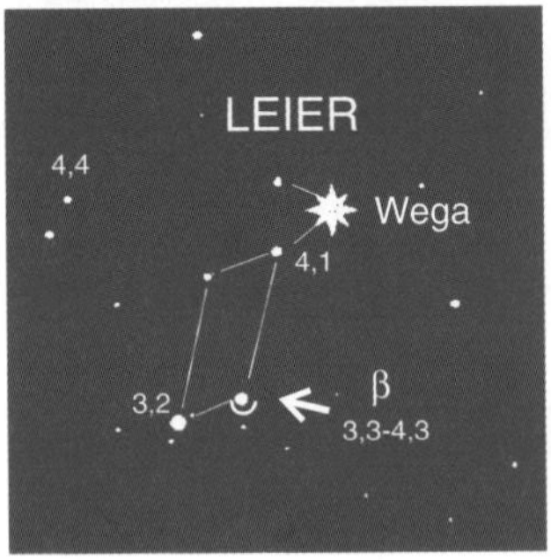

T.2: Lage der Veränderlichen Algol im Perseus, δ Cephei, β Lyrae und Mira im Walfisch (ο Ceti). Die V-Helligkeiten einiger Vergleichssterne sind ebenfalls vermerkt.

Rechte Seite oben:
T.3: Die Helligkeiten der Planeten 1999.
Rechte Seite unten:
T.4: Die Sichtbarkeiten der Planeten im Jahre 1999 (blau: unsichtbar, dunkelgelb: kaum sichtbar, gelb: gut sichtbar, hellblau: auffällig, weiß: strahlend).

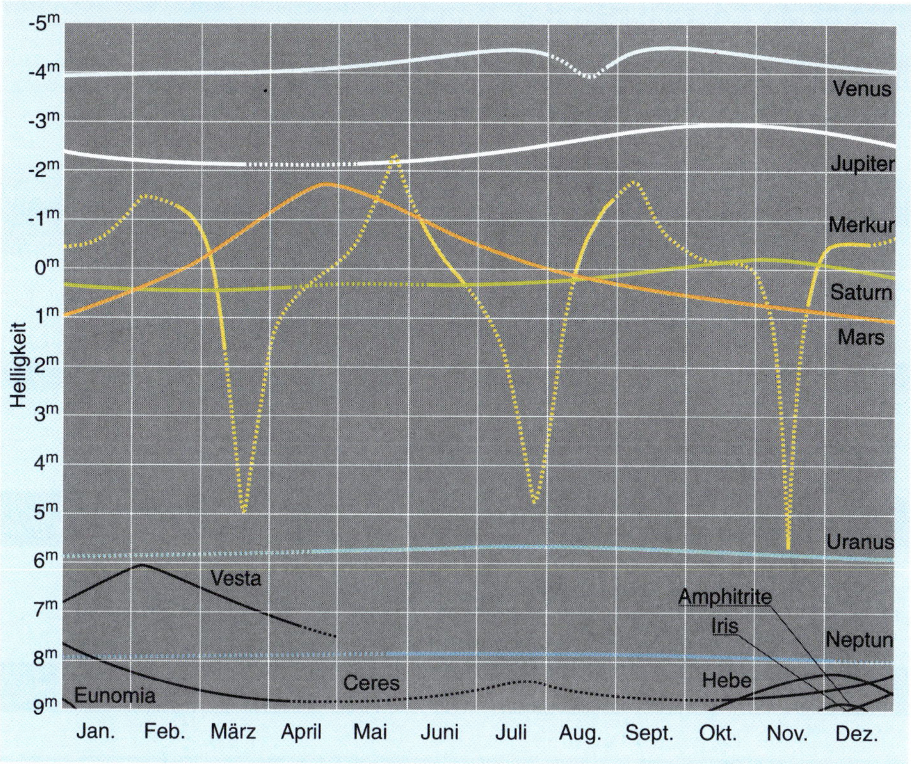
-5m
-4m
-3m
-2m
-1m
0m
1m
2m
3m
4m
5m
6m
7m
8m
9m
Helligkeit
Venus
Jupiter
Merkur
Saturn
Mars
Uranus
Vesta
Amphitrite
Iris
Neptun
Hebe
Ceres
Eunomia
Jan.
Feb.
März
April
Mai
Juni
Juli
Aug.
Sept.
Okt.
Nov.
Dez.

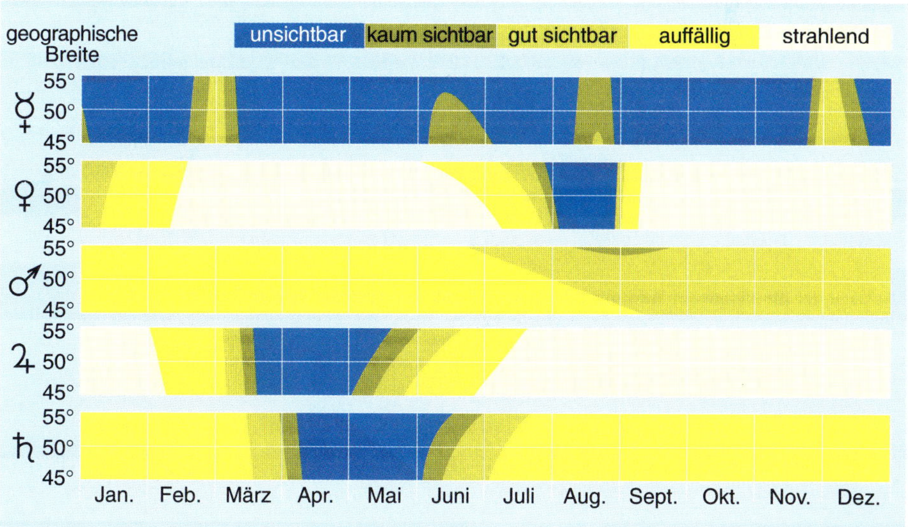
geographische Breite
unsichtbar
kaum sichtbar
gut sichtbar
auffällig
strahlend
55°
50°
45°
Jan.
Feb.
März
Apr.
Mai
Juni
Juli
Aug.
Sept.
Okt.
Nov.
Dez.

Ekliptikale Koordinaten des Mondes

	JANUAR		FEBRUAR		MÄRZ		APRIL		MAI		JUNI	
Tag	Länge	Breite	Länge	Breite	Länge	Breite	Länge	Breite	Länge	Breite	Länge	Breite
	°	°	°	°	°	°	°	°	°	°	°	°
2.	99,5	–3,5	149,1	+0,6	157,5	+1,4	203,5	+4,5	236,2	+4,9	281,0	+2,8
4.	127,8	–1,3	174,8	+2,9	182,8	+3,4	227,6	+5,1	260,0	+4,2	305,3	+0,8
6.	154,4	+1,1	199,4	+4,5	207,3	+4,8	251,3	+4,8	283,9	+2,8	330,5	–1,4
8.	179,5	+3,1	223,3	+5,2	231,2	+5,2	275,2	+3,6	308,5	+0,8	357,1	–3,4
10.	203,7	+4,6	247,1	+5,1	255,0	+4,8	299,8	+1,8	334,3	–1,5	25,3	–4,8
12.	227,4	+5,2	271,5	+4,1	279,2	+3,5	325,7	–0,5	1,8	–3,5	55,1	–5,0
14.	251,3	+4,9	296,8	+2,3	304,6	+1,6	353,5	–2,8	31,3	–4,8	85,4	–3,8
16.	276,0	+3,8	323,4	–0,1	331,4	–0,9	23,0	–4,5	61,8	–4,8	115,1	–1,7
18.	301,5	+1,8	351,1	–2,6	359,9	–3,2	53,3	–5,0	92,1	–3,5	143,2	+0,8
20.	327,9	–0,5	19,6	–4,5	29,3	–4,8	83,1	–4,2	120,8	–1,3	169,4	+3,0
22.	355,2	–2,9	48,2	–5,3	58,7	–5,1	111,4	–2,4	147,7	+1,0	194,3	+4,5
24.	23,0	–4,6	76,5	–4,8	87,3	–4,2	138,2	–0,1	173,1	+3,0	218,3	+5,1
26.	51,4	–5,3	104,3	–3,2	114,8	–2,3	163,6	+2,1	197,5	+4,4	242,0	+4,9
28.	79,9	–4,7	131,3	–1,0	141,1	0,0	188,3	+3,8	221,4	+5,0	265,9	+3,8
30.	108,2	–2,9	–	–	166,6	+2,2	212,4	+4,8	245,1	+4,7	290,1	+2,0

	JULI		AUGUST		SEPTEMBER		OKTOBER		NOVEMBER		DEZEMBER	
Tag	Länge	Breite	Länge	Breite	Länge	Breite	Länge	Breite	Länge	Breite	Länge	Breite
	°	°	°	°	°	°	°	°	°	°	°	°
2.	314,9	–0,2	4,1	–4,1	56,8	–5,1	96,2	–2,9	147,7	+1,7	183,4	+4,3
4.	340,5	–2,4	31,7	–5,2	85,2	–3,9	123,9	–0,7	173,7	+3,6	208,2	+5,1
6.	7,1	–4,2	60,0	–5,1	113,3	–1,7	150,7	+1,7	198,8	+4,7	232,3	+4,9
8.	35,1	–5,2	88,9	–3,7	141,0	+0,7	176,9	+3,6	223,3	+5,0	256,1	+3,8
10.	64,3	–4,9	117,7	–1,4	167,8	+3,0	202,2	+4,8	247,3	+4,3	279,7	+2,2
12.	94,0	–3,3	145,8	+1,2	193,7	+4,5	226,8	+5,0	271,0	+3,0	303,5	+0,1
14.	123,3	–0,9	172,7	+3,4	218,6	+5,2	250,8	+4,3	294,6	+1,1	327,8	–2,1
16.	151,3	+1,7	198,3	+4,8	242,7	+4,8	274,4	+2,9	318,9	–1,1	353,1	–3,9
18.	177,7	+3,7	222,8	+5,3	266,4	+3,7	298,3	+1,0	344,3	–3,1	20,1	–5,0
20.	202,7	+4,9	246,7	+4,8	290,4	+1,9	323,2	–1,2	11,7	–4,6	49,0	–5,0
22.	226,7	+5,3	270,5	+3,6	315,4	–0,3	349,8	–3,2	40,9	–5,0	79,2	–3,7
24.	250,5	+4,7	294,9	+1,6	341,8	–2,5	18,1	–4,7	71,3	–4,1	109,7	–1,3
26.	274,5	+3,3	320,3	–0,7	9,7	–4,3	47,8	–5,0	101,5	–2,1	139,1	+1,4
28.	299,0	+1,3	346,8	–2,9	38,6	–5,1	77,7	–3,9	130,4	+0,4	166,7	+3,6
30.	324,4	–1,1	14,4	–4,6	67,6	–4,6	106,7	–1,9	157,7	+2,7	192,6	+4,9

Die Koordinaten gelten für 1^h MEZ und sind geozentrische Werte. Von Mitteleuropa aus steht der Mond etwa 0,°7 südlicher. Abstand der Mondbahn relativ zu helleren Sternen 1999:

Stern:	Aldebaran	Alhena	Pollux	Regulus	Spica	Antares	Nunki
Mond:	1° nördl.	4° nördl.	9° südl.	1° nördl.	7° nördl.	9° nördl.	6° nördl.

T.5: Lage der Mondbahn im Tierkreis relativ zur Ekliptik von 180° bis 360° ekl. Länge.

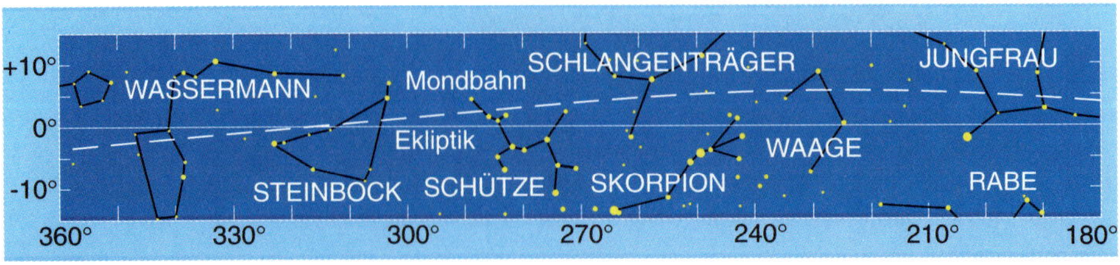

Ekliptikale Koordinaten der Sonne und der großen Planeten

Datum	SONNE Länge	MERKUR Länge	MERKUR Breite	VENUS Länge	VENUS Breite	MARS Länge	MARS Breite	JUPITER Länge	JUPITER Breite	SATURN Länge	SATURN Breite
	°	°	°	°	°	°	°	°	°	°	°
Jan 1.	280,1	261,3	+0,6	295,4	–1,3	198,4	+1,9	351,9	–1,2	26,8	–2,5
10.	289,3	274,3	–0,5	306,7	–1,5	202,7	+2,0	353,4	–1,2	26,9	–2,5
20.	299,5	289,7	–1,5	319,2	–1,6	207,3	+2,0	355,1	–1,2	27,2	–2,5
31.	310,7	307,7	–2,1	332,9	–1,5	211,8	+2,1	357,3	–1,2	27,7	–2,4
Feb 10.	320,8	325,2	–1,9	345,3	–1,4	215,4	+2,1	359,3	–1,1	28,4	–2,4
20.	330,9	343,4	–0,8	357,7	–1,1	218,4	+2,2	1,5	–1,1	29,2	–2,3
28.	339,0	356,4	+0,8	7,6	–0,8	220,2	+2,2	3,4	–1,1	29,9	–2,3
Mrz 10.	349,0	4,1	+3,0	19,8	–0,4	221,8	+2,2	5,7	–1,1	30,9	–2,3
20.	358,9	358,6	+3,3	31,9	+0,1	222,2	+2,1	8,1	–1,1	32,0	–2,2
31.	9,8	351,2	+0,9	45,1	+0,7	221,2	+2,0	10,8	–1,1	33,3	–2,2
Apr 10.	19,7	353,3	–1,3	57,0	+1,3	219,0	+1,8	13,2	–1,1	34,5	–2,2
20.	29,5	2,3	–2,6	68,7	+1,8	215,8	+1,5	15,6	–1,1	35,8	–2,2
30.	39,2	15,5	–2,8	80,2	+2,2	212,1	+1,1	18,0	–1,1	37,1	–2,2
Mai 10.	48,9	32,0	–2,0	91,5	+2,5	208,6	+0,7	20,3	–1,1	38,4	–2,2
20.	58,6	51,6	–0,6	102,4	+2,7	206,0	+0,3	22,5	–1,1	39,6	–2,2
31.	69,1	75,6	+1,3	114,0	+2,6	204,6	–0,2	24,8	–1,1	40,9	–2,2
Jun 10.	78,7	95,6	+2,1	124,0	+2,3	204,6	–0,5	26,8	–1,2	42,1	–2,2
20.	88,3	111,7	+1,6	133,3	+1,8	206,0	–0,8	28,6	–1,2	43,2	–2,2
30.	97,8	123,3	+0,1	141,6	+0,9	208,4	–1,1	30,3	–1,2	44,1	–2,3
Jul 10.	107,3	129,1	–2,2	148,5	–0,4	211,7	–1,3	31,7	–1,2	45,0	–2,3
20.	116,9	127,6	–4,4	153,2	–2,1	215,7	–1,4	32,9	–1,3	45,7	–2,3
31.	127,4	120,4	–4,7	155,0	–4,4	220,9	–1,6	34,0	–1,3	46,4	–2,4
Aug 10.	136,9	119,4	–2,4	152,7	–6,6	226,0	–1,7	34,6	–1,4	46,8	–2,4
20.	146,5	129,2	+0,2	147,2	–8,1	231,7	–1,7	34,9	–1,4	47,1	–2,4
31.	157,2	148,8	+1,7	141,1	–8,2	238,2	–1,8	34,9	–1,4	47,2	–2,5
Sep 10.	166,8	168,1	+1,6	138,7	–7,0	244,6	–1,8	34,6	–1,5	47,1	–2,5
20.	176,6	186,0	+0,7	140,2	–5,4	251,1	–1,8	33,9	–1.5	46,8	–2,5
30.	186,4	202,2	–0,4	144,8	–3,8	257,9	–1,8	32,9	–1,5	46,4	–2,6
Okt 10.	196,2	216,8	–1,6	151,7	–2,2	264,9	–1,8	31,8	–1,5	45,8	–2,6
20.	206,1	229,8	–2,6	160,1	–0,9	272,1	–1,8	30,4	–1,5	45,1	–2,6
31.	217,1	240,1	–3,0	170,6	+0,3	280,2	–1,7	29,0	–1,5	44,2	–2,6
Nov 10.	227,1	239,9	–1,6	181,0	+1,1	287,6	–1,6	27,7	–1,5	43,4	–2,6
20.	237,2	228,1	+1,5	191,8	+1,7	295,2	–1,5	26,6	–1,5	42,6	–2,6
30.	247,3	227,5	+2,5	203,1	+2,1	302,8	–1,4	25,7	–1,4	41,9	–2,6
Dez 10.	257,5	238,5	+1,7	214,7	+2,3	310,5	–1,3	25,2	–1,4	41,3	–2,5
20.	267,6	252,8	+0,4	226,6	+2,3	318,3	–1,2	25,0	–1,3	40,8	–2,5
31.	278,8	269,6	–0,8	239,8	+2,1	326,8	–1,1	25,2	–1,3	40,4	–2,5

Länge:	Jan 1.	Mrz 1.	Mai 1.	Jul 1.	Sep 1.	Nov 1.	Dez 31.	Breite
URANUS	311°,0	314°,3	316°,6	316°,2	313°,9	312°,9	314°,7	–0°,7 bis – 0°,6
NEPTUN	301,1	303,2	304,4	303,6	302,1	301,7	303,1	+0,2 bis + 0,3
PLUTO	249,1	250,5	249,9	248,3	247,8	249,1	251,4	+10,9 bis +11,9

Lage der Mondbahn im Tierkreis relativ zur Ekliptik von 0° bis 180° ekl. Länge.

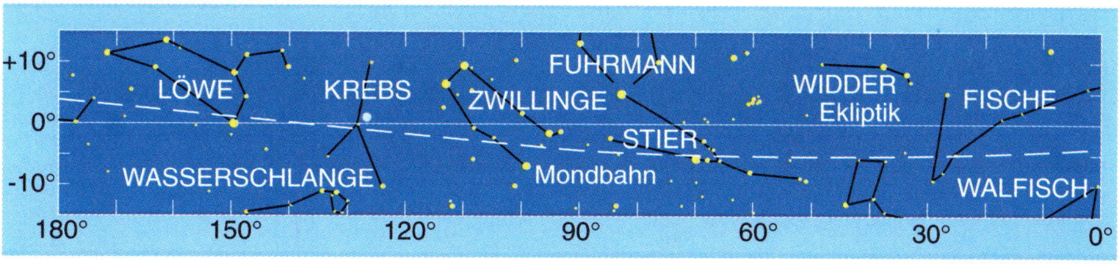

Ephemeriden der großen Planeten Januar-Juni

	MERKUR						VENUS					
Datum	Rektas.	Deklin.	Kulmin.	Aufg.	Du.	bel.	Rektas.	Deklin.	Kulmin.	Unterg.	Du.	bel.
	h m	°	h m	h m	″		h m	°	h m	h m	″	
Jan 1.	17 22	–22,6	11 02	6 57	5,5	84%	19 51	–22,3	13 30	17 39	10,3	97%
5.	17 47	–23,3	11 11	7 10	5,2	88	20 12	–21,4	13 36	17 50	10,4	96
10.	18 19	–23,9	11 24	7 26	5,0	92	20 38	–20,0	13 42	18 05	10,5	96
15.	18 52	–24,0	11 37	7 40	4,9	94	21 03	–18,4	13 48	18 20	10,6	95
20.	19 26	–23,5	11 52	7 51	4,8	97	21 28	–16,6	13 53	18 36	10,7	94
25.	20 01	–22,4	12 07		4,8	98	21 53	–14,5	13 58	18 52	10,8	94
31.	20 43	–20,3	12 25	Unterg.	4,8	99	22 22	–11,9	14 03	19 11	11,0	93
Feb 5.	21 18	–17,9	12 40	17 16	4,8	100	22 45	– 9,5	14 07	19 26	11,1	92
10.	21 53	–14,9	12 56	17 49	4,9	99	23 08	– 7,0	14 10	19 42	11,3	91
15.	22 27	–11,3	13 10	18 22	5,2	96	23 31	– 4,5	14 13	19 57	11,4	90
20.	23 00	– 7,2	13 23	18 56	5,5	88	23 53	– 1,9	14 16	20 12	11,6	89
25.	23 30	– 3,0	13 33	19 26	6,1	74	0 16	+ 0,7	14 18	20 27	11,8	88
28.	23 46	– 0,7	13 36	19 40	6,6	63	0 29	+ 2,3	14 20	20 36	11,9	88
Mrz 5.	0 04	+ 2,6	13 34	19 51	7,6	41	0 51	+ 4,8	14 22	20 51	12,1	87
10.	0 10	+ 4,4	13 19	19 43	8,9	20	1 14	+ 7,4	14 25	21 07	12,3	85
15.	0 04	+ 4,3	12 52	19 14	10,2	5	1 36	+ 9,9	14 28	21 22	12,6	84
20.	23 49	+ 2,5	12 18		11,0	1	1 59	+12,3	14 31	21 37	12,8	83
25.	23 35	– 0,1	11 44	Aufg.	11,1	5	2 22	+14,5	14 34	21 52	13,1	82
31.	23 26	– 2,7	11 13	5 23	10,4	16	2 50	+17,1	14 39	22 11	13,5	80
Apr 5.	23 28	– 3,8	10 56	5 11	9,6	26	3 14	+19,0	14 43	22 26	13,9	78
10.	23 38	– 3,9	10 46	5 01	8,8	36	3 38	+20,7	14 47	22 41	14,3	77
15.	23 53	– 3,0	10 42	4 53	8,1	44	4 02	+22,2	14 52	22 55	14,7	75
20.	0 12	– 1,4	10 42	4 45	7,4	52	4 27	+23,5	14 57	23 08	15,1	73
25.	0 35	+ 0,8	10 45	4 38	6,8	59	4 52	+24,5	15 02	23 20	15,6	71
30.	1 01	+ 3,5	10 52	4 31	6,3	66	5 17	+25,3	15 07	23 30	16,2	70
Mai 5.	1 30	+ 6,7	11 01	4 24	5,9	74	5 42	+25,8	15 13	23 39	16,8	68
10.	2 02	+10,3	11 14	4 19	5,6	81	6 07	+26,0	15 18	23 45	17,4	66
15.	2 38	+14,0	11 30	4 16	5,3	89	6 31	+25,9	15 22	23 49	18,1	63
20.	3 18	+17,6	11 51		5,2	96	6 55	+25,5	15 27	23 50	18,9	61
25.	4 01	+21,0	12 15	Unterg.	5,1	100	7 19	+24,9	15 30	23 49	19,8	59
31.	4 57	+23,9	12 47	21 03	5,2	96	7 46	+23,9	15 34	23 45	21,0	56
Jun 5.	5 42	+25,2	13 13	21 37	5,4	88	8 07	+22,8	15 35	23 39	22,1	53
10.	6 25	+25,4	13 35	21 59	5,8	77	8 28	+21,5	15 36	23 31	23,4	50
15.	7 03	+24,7	13 53	22 10	6,3	66	8 47	+20,1	15 36	23 21	24,8	48
20.	7 35	+23,3	14 05	22 12	6,9	56	9 05	+18,5	15 34	23 10	26,3	45
25.	8 02	+21,5	14 11	22 06	7,5	47	9 22	+16,8	15 31	22 57	28,1	41
30.	8 23	+19,5	14 12	21 54	8,3	38	9 37	+15,1	15 26	22 43	30,1	38

	SATURN						RING				URANUS	
Datum	Rektas.	Deklin.	Kulmin.	Unterg.	Äqu.	Pol	Öffn.	gr.A.	kl.A.	Ö.S.	Rektas.	Deklin.
	h m	°	h m	h m	″	″	°	″	″	°	h m	°
Jan 1.	1 43	+ 7,9	19 19	2 04	18,6	16,7	–14,2	42,2	10,3	–16,4	20 54	–18,1
15.	1 44	+ 8,1	18 25	1 11	18,1	16,3	–14,3	41,1	10,2	–16,6	20 57	–17,9
31.	1 46	+ 8,4	17 25	0 12	17,6	15,8	–14,7	40,0	10,1	–16,8	21 01	–17,6
Feb 15.	1 50	+ 8,8	16 30	23 15	17,2	15,5	–15,1	39,0	10,2	–17,0	21 05	–17,4
28.	1 55	+ 9,3	15 43	22 31	16,9	15,2	–15,6	38,3	10,3	–17,2	21 08	–17,2
Mrz 15.	2 00	+ 9,9	14 50	21 40	16,6	14,9	–16,2	37,6	10,5	–17,4	21 11	–16,9
31.	2 07	+10,5	13 54	20 48	16,4	14,8	–16,9	37,1	10,8	–17,6	21 14	–16,7
Apr 15.	2 15	+11,2	13 02	19 59	16,2	14,7	–17,6	36,9	11,1	–17,8	21 16	–16,6
30.	2 22	+11,8	12 10		16,2	14,6	–18,3	36,8	11,5	–17,9	21 17	–16,5
Mai 15.	2 29	+12,4	11 19	Aufg.	16,3	14,7	–18,9	36,9	11,9	–18,1	21 18	–16,5
31.	2 37	+13,0	10 23	3 17	16,4	14,9	–19,5	37,3	12,4	–18,3	21 18	–16,5
Jun 15.	2 44	+13,5	9 31	2 22	16,7	15,1	–20,0	37,8	12,9	–18,5	21 17	–16,5
30.	2 49	+13,9	8 38	1 26	17,0	15,4	–20,4	38,5	13,4	–18,7	21 16	–16,6

MARS Rektas.	MARS Deklin.	MARS Kulmin.	MARS Aufg.	MARS Du.	MARS bel.	JUPITER Rektas.	JUPITER Deklin.	JUPITER Kulmin.	JUPITER Unterg.	JUPITER Äqu.	JUPITER Pol	Datum
h m	°	h m	h m	″		h m	°	h m	h m	″	″	
13 11	− 5,4	6 49	1 12	6,3	91%	23 32	− 4,3	17 09	22 52	38,1	35,6	Jan 1.
13 18	− 6,2	6 41	1 07	6,5	90	23 35	− 4,1	16 56	22 39	37,7	35,2	5.
13 27	− 7,0	6 30	1 01	6,7	90	23 38	− 3,7	16 39	22 24	37,2	34,8	10.
13 36	− 7,8	6 19	0 54	6,9	90	23 41	− 3,4	16 23	22 09	36,7	34,3	15.
13 44	− 8,6	6 08	0 46	7,2	90	23 44	− 3,0	16 06	21 55	36,2	33,9	20.
13 52	− 9,3	5 56	0 38	7,5	90	23 47	− 2,6	15 50	21 40	35,8	33,5	25.
14 01	−10,1	5 42	0 28	7,9	90	23 52	− 2,2	15 31	21 24	35,3	33,1	31.
14 09	−10,8	5 29	0 18	8,2	91	23 56	− 1,7	15 15	21 10	35,0	32,7	Feb 5.
14 15	−11,3	5 16	0 08	8,6	91	23 59	− 1,3	14 59	20 56	34,7	32,4	10.
14 21	−11,8	5 03	23 55	9,0	91	0 03	− 0,9	14 43	20 42	34,4	32,2	15.
14 27	−12,2	4 49	23 43	9,5	92	0 07	− 0,4	14 28	20 29	34,1	31,9	20.
14 32	−12,6	4 34	23 30	9,9	92	0 12	0,0	14 12	20 16	33,9	31,7	25.
14 34	−12,8	4 24	23 21	10,2	92	0 14	+ 0,3	14 03	20 08	33,8	31,6	28.
14 38	−13,1	4 08	23 06	10,8	93	0 18	+ 0,8	13 48	19 54	33,6	31,4	Mrz 5.
14 40	−13,3	3 51	22 50	11,3	94	0 23	+ 1,3	13 32	19 41	33,5	31,3	10.
14 41	−13,4	3 32	22 32	11,9	95	0 27	+ 1,7	13 17	19 28	33,3	31,2	15.
14 42	−13,5	3 13	22 12	12,5	95	0 32	+ 2,2	13 02	19 15	33,2	31,1	20.
14 41	−13,4	2 52	21 51	13,1	96	0 36	+ 2,7	12 46	19 02	33,2	31,0	25.
14 38	−13,3	2 26	21 24	13,9	97	0 41	+ 3,3	12 28	18 47	33,1	31,0	31.
14 34	−13,1	2 02	20 59	14,5	98	0 46	+ 3,7	12 13		33,1	31,0	Apr 5.
14 29	−12,8	1 38	20 32	15,0	99	0 50	+ 4,2	11 58	Aufg.	33,2	31,0	10.
14 23	−12,4	1 12	20 05	15,5	99	0 55	+ 4,7	11 42	5 17	33,2	31,1	15.
14 16	−12,0	0 46	19 36	15,8	100	0 59	+ 5,1	11 27	5 00	33,3	31,1	20.
14 09	−11,6	0 19		16,1	100	1 04	+ 5,6	11 12	4 42	33,4	31,3	25.
14 01	−11,1	23 46	Unterg.	16,2	100	1 08	+ 6,0	10 57	4 25	33,6	31,4	30.
13 54	−10,7	23 19	4 35	16,2	99	1 12	+ 6,5	10 41	4 07	33,7	31,5	Mai 5.
13 47	−10,3	22 53	4 11	16,0	99	1 16	+ 6,9	10 26	3 50	33,9	31,7	10.
13 42	−10,0	22 28	3 47	15,8	98	1 21	+ 7,3	10 10	3 32	34,1	31,9	15.
13 37	− 9,8	22 04	3 24	15,4	97	1 25	+ 7,7	9 55	3 15	34,4	32,2	20.
13 33	− 9,7	21 41	3 01	15,0	96	1 29	+ 8,1	9 39	2 57	34,7	32,4	25.
13 31	− 9,7	21 15	2 35	14,4	94	1 34	+ 8,5	9 20	2 36	35,1	32,8	31.
13 30	− 9,8	20 55	2 14	13,9	93	1 37	+ 8,9	9 04	2 19	35,4	33,1	Jun 5.
13 31	−10,0	20 36	1 54	13,4	92	1 41	+ 9,2	8 48	2 01	35,8	33,5	10.
13 32	−10,4	20 18	1 34	12,9	91	1 45	+ 9,6	8 32	1 43	36,2	33,8	15.
13 35	−10,8	20 02	1 15	12,5	90	1 48	+ 9,9	8 16	1 25	36,6	34,2	20.
13 39	−11,3	19 46	0 57	12,0	89	1 51	+10,2	8 00	1 08	37,1	34,7	25.
13 44	−11,9	19 31	0 39	11,6	89	1 54	+10,4	7 43	0 50	37,6	35,1	30.

URANUS Kulmin.	URANUS Unterg.	URANUS Du.	NEPTUN Rektas.	NEPTUN Deklin.	NEPTUN Kulmin.	NEPTUN Unterg.	NEPTUN Du.	PLUTO Rektas.	PLUTO Deklin.	PLUTO Kulmin.	Datum
h m	h m	″	h m	°	h m	h m	″	h m	°	h m	
14 31	19 03	3,4	20 13	−19,6	13 50	18 13	2,2	16 37	−10,6	10 14	Jan 1.
13 39	18 12	3,4	20 15	−19,5	12 57	17 21	2,2	16 39	−10,6	9 21	15.
12 40	17 15	3,4	20 18	−19,4	11 57		2,2	16 40	−10,6	8 20	31.
11 45		3,4	20 20	−19,3	11 00	Aufg.	2,2	16 41	−10,6	7 22	Feb 15.
10 57	Aufg.	3,4	20 22	−19,2	10 11	5 45	2,2	16 42	−10,5	6 32	28.
10 01	5 23	3,4	20 24	−19,1	9 14	4 47	2,2	16 42	−10,5	5 33	Mrz 15.
9 01	4 21	3,4	20 25	−19,0	8 12	3 46	2,2	16 42	−10,4	4 30	31.
8 04	3 24	3,5	20 26	−18,9	7 14	2 47	2,3	16 41	−10,3	3 30	Apr 15.
7 06	2 26	3,5	20 27	−18,9	6 16	1 49	2,3	16 40	−10,2	2 30	30.
6 08	1 27	3,6	20 27	−18,9	5 17	0 50	2,3	16 39	−10,1	1 30	Mai 15.
5 05	0 24	3,6	20 26	−18,9	4 13	23 42	2,3	16 37	−10,1	0 25	31.
4 05	23 21	3,7	20 25	−19,0	3 13	22 43	2,3	16 35	−10,1	23 20	Jun 15.
3 05	22 21	3,7	20 24	−19,1	2 13	21 43	2,3	16 34	−10,1	22 20	30.

Ephemeriden der großen Planeten Juli - Dezember

Datum	MERKUR Rektas.	Deklin.	Kulmin.	Unterg.	Du.	bel.	VENUS Rektas.	Deklin.	Kulmin.	Unterg.	Du.	bel.
	h m	°	h m	h m	"		h m	°	h m	h m	"	
Jul 1.	8 26	+19,1	14 11	21 50	8,5	37%	9 40	+14,8	15 25	22 40	30,5	37%
5.	8 37	+17,6	14 06	21 36	9,1	30	9 50	+13,4	15 19	22 27	32,3	34
10.	8 44	+15,9	13 52	21 13	10,0	21	10 02	+11,6	15 11	22 09	34,9	31
15.	8 43	+14,6	13 31	20 45	10,8	12	10 11	+ 9,9	15 00	21 50	37,7	26
20.	8 35	+14,1	13 03		11,4	5	10 18	+ 8,3	14 47	21 28	40,9	22
25.	8 22	+14,4	12 30	Aufg.	11,5	1	10 21	+ 6,9	14 30	21 05	44,3	18
31.	8 06	+15,5	11 51	4 31	10,9	3	10 21	+ 5,6	14 06	20 34	48,6	12
Aug 5.	8 00	+16,8	11 26	3 59	9,8	11	10 17	+ 4,8	13 42	20 06	52,1	8
10.	8 04	+17,9	11 11	3 37	8,6	25	10 09	+ 4,4	13 14	19 37	55,2	4
15.	8 20	+18,5	11 08	3 30	7,4	43	9 59	+ 4,4	12 44		57,5	2
20.	8 47	+18,1	11 16	3 39	6,5	62	9 47	+ 4,8	12 12	Aufg.	58,4	1
25.	9 21	+16,7	11 31	4 03	5,8	80	9 35	+ 5,6	11 41	5 12	57,9	2
31.	10 06	+13,5	11 53	4 42	5,2	94	9 23	+ 6,7	11 06	4 32	55,5	5
Sep 5.	10 43	+10,0	12 10	5 18	5,0	99	9 18	+ 7,7	10 41	4 02	52,6	9
10.	11 19	+ 6,2	12 26		4,9	100	9 16	+ 8,5	10 20	3 36	49,1	13
15.	11 52	+ 2,2	12 39	Unterg.	4,8	98	9 18	+ 9,2	10 03	3 16	45,6	17
20.	12 23	- 1,7	12 50	18 44	4,9	96	9 24	+ 9,6	9 49	2 59	42,2	22
25.	12 53	- 5,5	13 00	18 35	4,9	93	9 32	+ 9,8	9 38	2 48	39,1	26
30.	13 21	- 9,0	13 09	18 27	5,0	90	9 43	+ 9,7	9 30	2 40	36,3	30
Okt 5.	13 49	-12,3	13 17	18 18	5,2	87	9 57	+ 9,4	9 23	2 35	33,7	34
10.	14 16	-15,3	13 24	18 10	5,4	83	10 12	+ 8,8	9 19	2 33	31,4	38
15.	14 42	-18,0	13 30	18 01	5,7	78	10 28	+ 8,0	9 15	2 34	29,4	41
20.	15 06	-20,2	13 35	17 54	6,1	71	10 45	+ 6,9	9 13	2 36	27,6	44
25.	15 29	-21,9	13 37	17 46	6,7	62	11 03	+ 5,7	9 11	2 41	26,0	47
31.	15 49	-23,1	13 33	17 35	7,5	48	11 26	+ 4,0	9 11	2 48	24,3	51
Nov 5.	15 56	-23,0	13 19	17 22	8,4	31	11 45	+ 2,4	9 10	2 56.	23,1	53
10.	15 49	-21,7	12 51		9,4	12	12 05	+ 0,7	9 10	3 04	21,9	56
15.	15 28	-18,9	12 09	Aufg.	10,0	0	12 26	- 1,2	9 11	3 13	20,9	58
20.	15 05	-15,8	11 27	6 43	9,5	7	12 46	- 3,1	9 12	3 23	20,0	60
25.	14 55	-14,2	11 00	6 07	8,3	29	13 07	- 5,0	9 13	3 34	19,2	62
30.	15 03	-14,6	10 49	5 58	7,2	51	13 29	- 7,0	9 15	3 46	18,4	64
Dez 5.	15 22	-16,2	10 49	6 06	6,4	68	13 51	- 9,0	9 17	3 57	17,7	66
10.	15 47	-18,2	10 54	6 23	5,8	79	14 13	-10,9	9 20	4 10	17,1	68
15.	16 15	-20,2	11 03	6 43	5,4	86	14 36	-12,8	9 23	4 22	16,5	70
20.	16 46	-21,9	11 14	7 05	5,1	91	14 59	-14,6	9 27	4 35	15,9	72
25.	17 18	-23,3	11 27	7 26	4,9	94	15 23	-16,2	9 31	4 48	15,5	73
31.	17 58	-24,3	11 43	7 49	4,8	97	15 52	-18,0	9 37	5 04	14,9	75

Datum	SATURN Rektas.	Deklin.	Kulmin.	Aufg.	Äqu.	Pol	RING Öffn.	gr.A.	kl.A.	Ö.S.	URANUS Rektas.	Deklin.
	h m	°	h m	h m	"	"	°	"	"	°	h m	°
Jul 1.	2 50	+13,9	8 34	1 23	17,0	15,4	-20,4	38,6	13,4	-18,7	21 15	-16,7
15.	2 54	+14,2	7 44	0 31	17,3	15,7	-20,7	39,4	13,9	-18,9	21 14	-16,8
31.	2 59	+14,5	6 45	23 27	17,8	16,1	-20,9	40,5	14,4	-19,1	21 11	-17,0
Aug 15.	3 01	+14,6	5 48	22 29	18,3	16,6	-21,0	41,6	14,9	-19,2	21 09	-17,2
31.	3 02	+14,6	4 46	21 27	18,8	17,1	-21,0	42,8	15,3	-19,4	21 06	-17,3
Sep 15.	3 01	+14,5	3 46	20 28	19,3	17,5	-20,9	43,9	15,7	-19,6	21 04	-17,5
30.	2 59	+14,3	2 45	19 28	19,7	17,9	-20,7	44,8	15,8	-19,8	21 03	-17,6
Okt 15.	2 55	+14,0	1 43	18 27	20,1	18,2	-20,4	45,5	15,9	-19,9	21 02	-17,6
31.	2 50	+13,6	0 35		20,2	18,3	-20,1	45,9	15,8	-20,1	21 02	-17,6
Nov 15.	2 46	+13,3	23 27	Unterg.	20,2	18,3	-19,7	45,9	15,5	-20,3	21 03	-17,5
30.	2 41	+13,0	22 24	5 34	20,0	18,1	-19,4	45,5	15,1	-20,4	21 05	-17,4
Dez 15.	2 38	+12,7	21 21	4 30	19,7	17,8	-19,2	44,7	14,7	-20,6	21 07	-17,3
31.	2 35	+12,6	20 16	3 25	19,2	17,4	-19,1	43,7	14,3	-20,8	21 10	-17,0

MARS						JUPITER						
Rektas.	Deklin.	Kulmin.	Unterg.	Du.	bel.	Rektas.	Deklin.	Kulmin.	Aufg.	Äqu.	Pol	Datum
h m	°	h m	h m	″		h m	°	h m	h m	″	″	
13 45	–12,0	19 28	0 36	11,5	89%	1 55	+10,5	7 40	0 46	37,7	35,2	Jul 1.
13 50	–12,5	19 17	0 22	11,2	88	1 57	+10,7	7 26	0 32	38,1	35,6	5.
13 56	–13,2	19 04	0 05	10,8	88	2 00	+10,9	7 09	0 13	38,6	36,1	10.
14 04	–14,0	18 52	23 46	10,4	87	2 02	+11,1	6 52	23 51	39,2	36,7	15.
14 12	–14,8	18 41	23 30	10,1	87	2 05	+11,3	6 35	23 33	39,8	37,2	20.
14 20	–15,6	18 30	23 15	9,7	86	2 07	+11,4	6 17	23 15	40,4	37,8	25.
14 32	–16,6	18 18	22 57	9,4	86	2 09	+11,6	5 55	22 52	41,2	38,5	31.
14 42	–17,4	18 08	22 43	9,1	86	2 10	+11,7	5 37	22 33	41,9	39,1	Aug 5.
14 52	–18,2	17 59	22 29	8,8	86	2 11	+11,8	5 18	22 14	42,5	39,8	10.
15 03	–19,0	17 50	22 16	8,6	86	2 12	+11,8	5 00	21 55	43,2	40,4	15.
15 15	–19,8	17 42	22 04	8,4	86	2 13	+11,9	4 40	21 36	43,9	41,1	20.
15 27	–20,6	17 35	21 51	8,2	86	2 13	+11,9	4 21	21 17	44,6	41,7	25.
15 42	–21,5	17 26	21 38	7,9	86	2 13	+11,8	3 57	20 53	45,4	42,5	31.
15 55	–22,2	17 20	21 27	7,7	86	2 12	+11,7	3 37	20 33	46,1	43,1	Sep 5.
16 09	–22,8	17 14	21 17	7,6	86	2 11	+11,7	3 17	20 13	46,7	43,7	10.
16 23	–23,4	17 08	21 08	7,4	86	2 10	+11,5	2 56	19 53	47,3	44,3	15.
16 37	–23,9	17 03	20 59	7,2	86	2 09	+11.4	2 35	19 32	47,9	44,8	20.
16 52	–24,4	16 58	20 51	7,1	87	2 07	+11,2	2 13	19 12	48,4	45,2	25.
17 07	–24,7	16 53	20 44	6,9	87	2 05	+11,1	1 52	18 51	48,8	45,6	30.
17 22	–25,0	16 49	20 38	6,8	87	2 03	+10,9	1 30	18 30	49,2	46,0	Okt 5.
17 38	–25,1	16 45	20 33	6,7	87	2 01	+10,6	1 08	18 09	49,5	46,2	10.
17 53	–25,2	16 41	20 29	6,6	88	1 58	+10,4	0 46	17 49	49,6	46,4	15.
18 09	–25,2	16 37	20 25	6,4	88	1 56	+10,2	0 24	17 27	49,7	46,5	20.
18 25	–25,0	16 33	20 23	6,3	88	1 53	+10,0	0 01		49,7	46,5	25.
18 45	–24,7	16 29	20 21	6,2	88	1 50	+ 9,7	23 30	Unterg.	49,6	46,4	31.
19 01	–24,4	16 26	20 20	6,1	89	1 47	+ 9,5	23 08	6 01	49,4	46,2	Nov 5.
19 17	–23,9	16 22	20 20	6,0	89	1 45	+ 9,2	22 46	5 38	49,1	45,9	10.
19 34	–23,3	16 19	20 20	5,9	89	1 43	+ 9,1	22 24	5 15	48,7	45,6	15.
19 50	–22,6	16 15	20 21	5,8	90	1 41	+ 8,9	22 03	4 52	48,3	45,1	20.
20 06	–21,8	16 11	20 23	5,7	90	1 39	+ 8,7	21 41	4 30	47,7	44,7	25.
20 22	–20,9	16 08	20 24	5,6	90	1 38	+ 8,6	21 20	4 09	47,2	44,1	30.
20 38	–19,9	16 04	20 26	5,5	91	1 36	+ 8,5	21 00	3 47	46,5	43,5	Dez 5.
20 53	–18,9	16 00	20 29	5,4	91	1 35	+ 8,5	20 39	3 26	45,9	42,9	10.
21 09	–17,7	15 56	20 31	5,3	91	1 35	+ 8,4	20 19	3 06	45,2	42,2	15.
21 24	–16,5	15 51	20 33	5,3	92	1 35	+ 8,4	19 59	2 46	44,5	41,6	20.
21 40	–15,2	15 47	20 36	5,2	92	1 35	+ 8,5	19 39	2 27	43,7	40,9	25.
21 58	–13,6	15 41	20 39	5,1	93	1 35	+ 8,6	19 16	2 04	42,9	40,1	31.

URANUS			NEPTUN					PLUTO			
Kulmin.	Aufg.	Du.	Rektas.	Deklin.	Kulmin.	Aufg.	Du.	Rektas.	Deklin.	Kulmin.	Datum
h m	h m	″	h m	°	h m	h m	″	h m	°	h m	
3 01	22 17	3,7	20 24	–19,1	2 09	21 39	2,3	16 34	–10,1	22 16	Jul 1.
2 04	21 21	3,7	20 22	–19,1	1 12	20 43	2,3	16 33	–10,1	21 20	15.
0 59		3,7	20 20	–19,2	0 08		2,3	16 32	–10,2	20 16	31.
23 53	Unterg.	3,7	20 19	–19,3	23 03	Unterg.	2,3	16 31	–10,3	19 17	Aug 15.
22 48	3 28	3,7	20 17	–19,4	21 59	2 27	2,3	16 31	–10,4	18 14	31.
21 47	2 26	3,7	20 16	–19,5	20 59	1 26	2,3	16 32	–10,5	17 15	Sep 15.
20 47	1 25	3,7	20 15	–19,5	19 59	0 26	2,3	16 33	–10,7	16 17	30.
19 47	0 25	3,6	20 15	–19,6	19 00	23 23	2,3	16 34	–10,8	15 20	Okt 15.
18 44	23 18	3,6	20 15	–19,5	17 57	22 21	2,3	16 36	–11,0	14 19	31.
17 46	22 21	3,5	20 16	–19,5	16 59	21 23	2,2	16 39	–11,1	13 22	Nov 15.
16 48	21 24	3,5	20 18	–19,4	16 02	20 25	2,2	16 41	–11,2	12 25	30.
15 52	20 28	3,4	20 19	–19,3	15 04	19 29	2,2	16 43	–11,3	11 29	Dez 15.
14 52	19 29	3,4	20 22	–19,2	14 04	18 29	2,2	16 45	–11,4	10 28	31.

Ephemeriden hellerer Kleinplaneten

CERES (1)

Datum	Rektas. h m	Deklin. °	Kulmin. h m
Jan 1.	3 54	+18,4	21 29
5.	3 52	+18,6	21 12
10.	3 50	+18,8	20 51
15.	3 49	+19,1	20 30
20.	3 49	+19,4	20 10
25.	3 50	+19,7	19 51
31.	3 51	+20,1	19 30
Feb **5.**	3 54	+20,5	19 12
10.	3 56	+20,8	18 55
15.	3 59	+21,2	18 39
20.	4 03	+21,6	18 23
25.	4 08	+22,0	18 08
28.	4 10	+22,2	17 59
Mrz 5.	4 15	+22,6	17 44
10.	4 21	+23,0	17 30
15.	4 27	+23,4	17 16
20.	4 33	+23,8	17 03
25.	4 40	+24,2	16 50
31.	4 48	+24,6	16 35
Nov 10.	11 29	+12,7	8 34
15.	11 37	+12,2	8 21
20.	11 44	+11,7	8 09
25.	11 51	+11,2	7 56
30.	11 58	+10,8	7 43
Dez **5.**	12 04	+10,4	7 30
10.	12 11	+10,0	7 17
15.	12 17	+ 9,7	7 03
20.	12 23	+ 9,5	6 49
25.	12 28	+ 9,3	6 35
31.	12 34	+ 9,1	6 17

VESTA (4)

Datum	Rektas. h m	Deklin. °	Kulmin. h m
Jan 1.	9 43	+18,1	3 21
5.	9 41	+18,5	3 04
10.	9 39	+19,0	2 42
15.	9 36	+19,6	2 20
20.	9 32	+20,2	1 56
25.	9 28	+20,9	1 32
31.	9 22	+21,7	1 03
Feb **5.**	9 17	+22,3	0 38
10.	9 12	+22,9	0 14
15.	9 07	+23,5	23 44
20.	9 02	+23,9	23 20
25.	8 58	+24,3	22 56
28.	8 55	+24,5	22 42
Mrz **5.**	8 52	+24,8	22 19
10.	8 49	+25,0	21 56
15.	8 47	+25,2	21 35
20.	8 46	+25,2	21 14
25.	8 46	+25,2	20 54
31.	8 46	+25,1	20 32
Apr **5.**	8 48	+24,9	20 14
10.	8 50	+24,7	19 56
15.	8 53	+24,5	19 39
20.	8 56	+24,2	19 23
25.	9 00	+23,8	19 08
30.	9 05	+23,4	18 53
Mai **5.**	9 10	+23,0	18 38
10.	9 15	+22,5	18 24
15.	9 21	+22,0	18 10
20.	9 27	+21,5	17 56
25.	9 34	+20,9	17 43
31.	9 42	+20,2	17 28

HEBE (6)

Datum	Rektas. h m	Deklin. °	Kulmin. h m
Okt 1.	5 26	+3,1	5 08
5.	5 29	+2,6	4 56
10.	5 33	+2,0	4 40
15.	5 36	+1,5	4 23
20.	5 38	+0,9	4 05
25.	5 39	+0,3	3 47
31.	5 39	–0,3	3 23
Nov 5.	5 38	–0,7	3 02
10.	5 36	–1,1	2 41
15.	5 33	–1,5	2 18
20.	5 30	–1,7	1 55
25.	5 26	–1,8	1 31
30.	5 21	–1,7	1 07
Dez **5.**	5 16	–1,6	0 43
10.	5 11	–1,3	0 18
15.	5 06	–0,8	23 48
20.	5 01	–0,3	23 24
25.	4 56	+0,4	23 00
31.	4 52	+1,3	22 32

AMPHITRITE (29)

Datum	Rektas. h m	Deklin. °	Kulmin. h m
Nov 1.	5 39	+32,0	3 19
5.	5 38	+32,2	3 02
10.	5 36	+32,5	2 40
15.	5 33	+32,8	2 18
20.	5 29	+33,0	1 54
25.	5 24	+33,1	1 30
30.	5 19	+33,2	1 05
Dez 5.	5 14	+33,3	0 40
10.	5 08	+33,2	0 15
15.	5 02	+33,1	23 44
20.	4 57	+32,9	23 19
25.	4 51	+32,7	22 55
31.	4 46	+32,4	22 26

IRIS (7)

Datum	Rektas. h m	Deklin. °	Kulmin. h m
Dez 15.	9 26	+9,9	4 12
20.	9 25	+9,5	3 52
25.	9 24	+9,2	3 32
31.	9 22	+9,0	3 06

EUNOMIA (15)

Datum	Rektas. h m	Deklin. °	Kulmin. h m
Jan 1.	2 24	+27,9	20 01
5.	2 27	+27,5	19 48
10.	2 31	+27,0	19 32
15.	2 35	+26,6	19 17

In den **halbfett** gedruckten Tagesintervallen sind die Kleinplaneten einfacher aufzufinden.
Spaltenüberschriften: Rektaszension und Deklination für 1^h MEZ. / Kulmination = Meridiandurchgang: MEZ für 10° östliche Länge. / Aufgang oder Untergang: MEZ für 10° östliche Länge und 50° nördliche Breite. / Scheinbarer Durchmesser für 1^h MEZ, Äqu.: Äquatordurchmesser, Pol: Poldurchmesser. / Beleuchteter Teil des Planetenscheibchens für 1^h MEZ. / Saturnring: Öffnung, große und kleine Ringachse, Öffnung zur Sonne.

Zentralmeridiane Mars und Jupiter (1^h MEZ = 2^h MESZ)

	MARS						Jupiter System I								Jupiter System II							
Dat.	Feb	Mrz	Apr	Mai	Jun	Jul	Jan	Feb	Jul	Aug	Sep	Okt	Nov	Dez	Jan	Feb	Jul	Aug	Sep	Okt	Nov	Dez
1.	168°	266°	343°	79°	164°	246°	115°	323°	216°	70°	286°	347°	206°	265°	1°	331°	161°	138°	117°	309°	292°	122°
2.	159	257	334	70	155	236	273	120	14	228	84	145	4	63	151	121	311	288	268	100	82	272
3.	150	247	325	62	146	227	71	278	172	26	242	303	162	221	301	271	101	78	58	250	233	63
4.	140	238	317	53	136	217	228	76	330	184	40	101	320	19	91	61	251	229	209	40	23	213
5.	131	229	308	44	127	208	26	233	128	342	198	259	118	177	241	211	41	19	359	191	173	3
6.	121	220	299	35	118	198	184	31	286	140	356	57	276	335	31	1	192	169	149	341	324	153
7.	112	210	290	27	109	189	341	188	83	298	154	215	74	133	181	151	342	319	300	132	114	304
8.	102	201	281	18	100	179	139	346	241	95	312	13	232	291	331	301	132	110	90	282	264	94
9.	93	192	272	9	91	170	297	144	39	253	110	171	30	88	121	91	282	260	240	72	55	244
10.	83	183	263	0	81	160	94	301	197	51	268	329	188	246	271	241	72	50	31	223	205	34
11.	74	174	255	351	72	151	252	99	355	209	66	127	346	44	61	31	223	201	181	13	356	185
12.	65	164	246	343	63	141	50	257	153	7	224	285	144	202	211	181	13	351	332	164	146	335
13.	55	155	237	334	54	132	207	54	310	165	22	84	302	360	1	331	163	141	122	314	296	125
14.	46	146	228	325	45	122	5	212	108	323	180	242	100	158	151	121	313	291	272	105	87	275
15.	36	137	219	316	35	113	163	10	266	121	338	40	258	316	301	271	104	82	63	255	237	65
16.	27	128	210	307	26	103	320	167	64	279	136	198	56	113	91	61	254	232	213	45	27	216
17.	18	119	202	298	17	94	118	325	222	77	294	356	214	271	241	211	44	22	3	196	178	6
18.	8	110	193	290	7	84	276	122	20	235	93	154	12	69	31	1	194	173	154	346	328	156
19.	359	100	184	281	358	75	73	280	178	33	251	312	170	227	181	151	344	323	304	137	118	306
20.	350	91	175	272	349	65	231	78	335	191	49	110	328	25	331	301	135	113	95	287	269	97
21.	340	82	167	263	339	55	29	235	133	349	207	268	126	183	121	91	285	264	245	77	59	247
22.	331	73	158	254	330	46	186	33	291	147	5	66	284	340	271	241	75	54	35	228	209	37
23.	322	64	149	245	321	36	344	191	89	305	163	224	82	138	61	31	225	204	186	18	360	187
24.	312	55	140	236	311	27	142	348	247	103	321	22	240	296	211	181	16	355	336	169	150	337
25.	303	46	132	227	302	17	299	146	45	261	119	180	38	94	1	331	166	145	127	319	300	127
26.	294	37	123	218	293	8	97	303	203	58	277	338	196	252	151	121	316	295	277	109	91	278
27.	284	28	114	209	283	358	254	101	1	216	75	136	354	49	301	271	106	86	67	260	241	68
28.	275	19	105	200	274	348	52	259	158	14	233	294	151	207	91	61	257	236	218	50	31	218
29.		10	97	191	264	339	210		316	172	31	92	309	5	241		47	26	8	201	181	8
30.		1	88	182	255	329	7		114	330	189	250	107	163	31		197	177	159	351	332	158
31.		352		173		319	165		272	128		48		321	181		347	327		141		308
D	+17	+15	+17	+21	+23	+21	+2	+2	+3	+3	+3	+3	+3	+3	D = Neigung der Planetenachse zur Erde							

Korrektur für MEZ	0^h	1^h	2^h	3^h	4^h	5^h	6^h	7^h	17^h	18^h	19^h	20^h	21^h	22^h	23^h	24^h	Änderung
Mars	–15°	0°	+15°	+29°	+ 44°	+ 58°	+ 73°	+ 88°	–126°	–111°	–97°	–82°	–68°	–53°	–38°	– 24°	+14°,6/Stunde
Jupiter System I	–37°	0°	+37°	+73°	+110°	+146°	+138°	+219°	–135°	– 98°	–62°	–25°	+12°	+48°	+85°	+121°	+36°,6/Stunde
Jupiter System II	–36°	0°	+36°	+73°	+109°	+145°	+181°	+218°	–140°	–104°	–67°	–31°	+ 5°	+41°	+78°	+114°	+36°,3/Stunde

SONNE

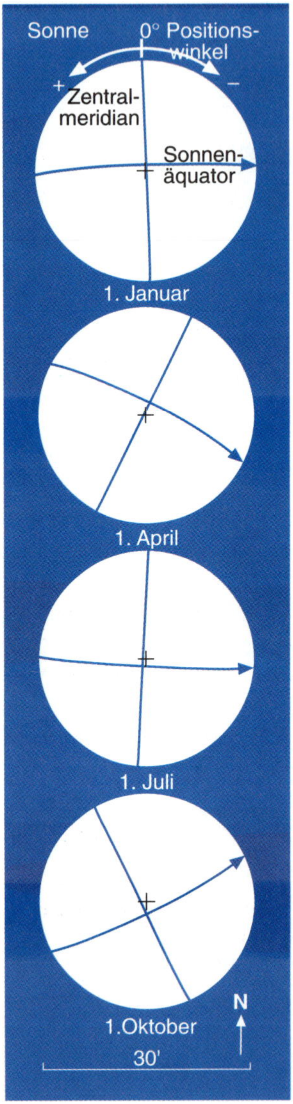

T.6: Lage des Zentralmeridians und des Äquators der Sonne im Verlauf des Jahres relativ zum Beobachter auf der Erde.

Ephemeride der Sonnenscheibe (1^h MEZ)

Datum	Entferng.	Du.	Z. M.	B_0	P	Sternzeit
		'	°	°	°	h m
Jan 1.	0,983 AE	32,5	145,6	–3,0	+ 2,3	6 41
10.	0,983	32,5	27,1	–4,0	– 2,1	7 16
20.	0,984	32,5	255,4	–5,0	– 6,8	7 56
31.	0,985	32,5	110,6	–5,9	–11,6	8 39
Feb 10.	0,987	32,4	338,9	–6,6	–15,5	9 19
20.	0,989	32,4	207,2	–7,0	–18,9	9 58
28.	0,990	32,3	101,9	–7,2	–21,2	10 29
Mrz 10.	0,993	32,2	330,1	–7,2	–23,5	11 09
20.	0,996	32,1	198,3	–7,0	–25,1	11 48
31.	0,999	32,0	53,3	–6,6	–26,1	12 32
Apr 10.	1,002	31,9	281,3	–6,0	–26,3	13 11
20.	1,005	31,8	149,3	–5,2	–25,7	13 51
30.	1,007	31,8	17,2	–4,3	–24,4	14 30
Mai 10.	1,010	31,7	245,0	–3,3	–22,4	15 09
20.	1,012	31,6	112,7	–2,1	–19,7	15 49
31.	1,014	31,6	327,2	–0,8	–16,0	16 32
Jun 10.	1,015	31,5	194,8	+0,4	–12,1	17 12
20.	1,016	31,5	62,5	+1,6	– 7,9	17 51
30.	1,017	31,5	290,1	+2,7	– 3,4	18 30
Jul 10.	1,017	31,5	157,7	+3,8	+ 1,1	19 10
20.	1,016	31,5	25,4	+4,7	+ 5,6	19 49
31.	1,015	31,5	239,9	+5,7	+10,2	20 33
Aug 10.	1,014	31,6	107,7	+6,3	+14,0	21 12
20.	1,012	31,6	335,5	+6,8	+17,5	21 52
31.	1,010	31,7	190,1	+7,2	+20,7	22 35
Sep 10.	1,007	31,8	58,0	+7,2	+23,0	23 14
20.	1,004	31,8	286,0	+7,1	+24,8	23 54
30.	1,002	31,9	154,0	+6,8	+25,9	0 33
Okt 10.	0,999	32,0	22,1	+6,2	+26,3	1 13
20.	0,996	32,1	250,2	+5,5	+26,0	1 52
31.	0,993	32,2	105,1	+4,5	+24,8	2 35
Nov 10.	0,990	32,3	333,3	+3,5	+22,8	3 15
20.	0,988	32,4	201,4	+2,3	+20,1	3 54
30.	0,986	32,4	69,6	+1,1	+16,7	4 34
Dez 10.	0,985	32,5	297,9	–0,2	+12,6	5 13
20.	0,984	32,5	166,1	–1,5	+ 8,1	5 53
31.	0,983	32,5	21,2	–2,8	+ 2,9	6 36

Angaben: Datum, Entfernung Erde-Sonne in Astronomischen Einheiten (1 AE = 149 600 000 km), scheinbarer Durchmesser, Z.M. Zentralmeridian (Abnahme 13°,2/Tag), B_0 Neigung der Sonnenachse zur Erde, P Positionswinkel des Sonnen-Nordpols, Sternzeit in Greenwich 0^h UT = 1^h MEZ

Beginn der synodischen Sonnenrotation nach Carrington 1999

Rot. Nr.	Datum	MEZ	Rot. Nr.	Datum	MEZ
		h m			h m
1945	Jan 12.	2 21	1952	Jul 21.	23 06
1946	Feb 8.	10 33	1953	Aug 18.	4 27
1947	März 7.	18 35	1954	Sep 14.	10 30
1948	Apr 4.	1 53	1955	Okt 11.	17 11
1949	Mai 1.	8 10	1956	Nov 8.	0 20
1950	Mai 28.	13 28	1957	Dez 5.	7 49
1951	Jun 24.	18 16			

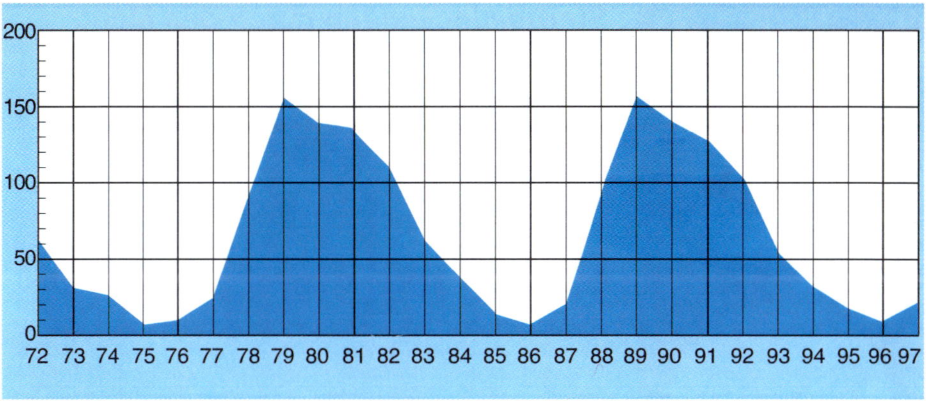

T.7: Jahresmittel der Sonnenfleckenrelativzahlen von 1972 bis 1997.

T.8: Monatsmittel der Sonnenfleckenrelativzahlen von Januar 1992 bis März 1998.

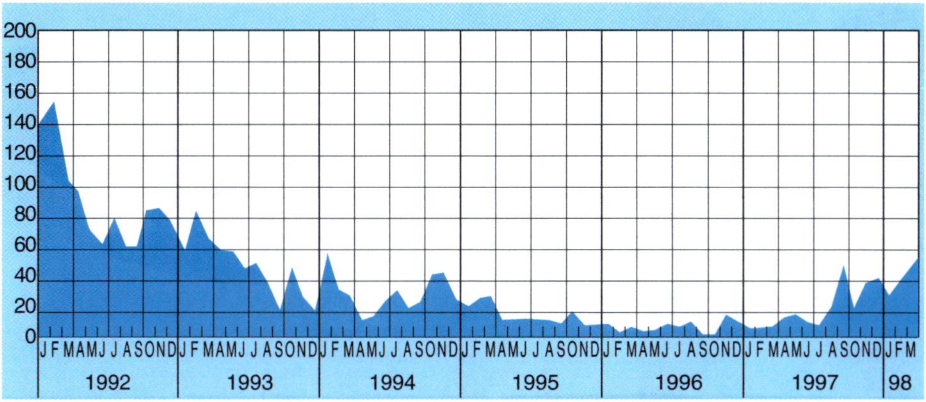

T.9: Stellung und relative Lage der zunehmenden Mondsichel zum Westhorizont jeweils am 1. Sichtbarkeitsabend nach Neumond zum Zeitpunkt des Sonnenuntergangs im Jahre 1999.

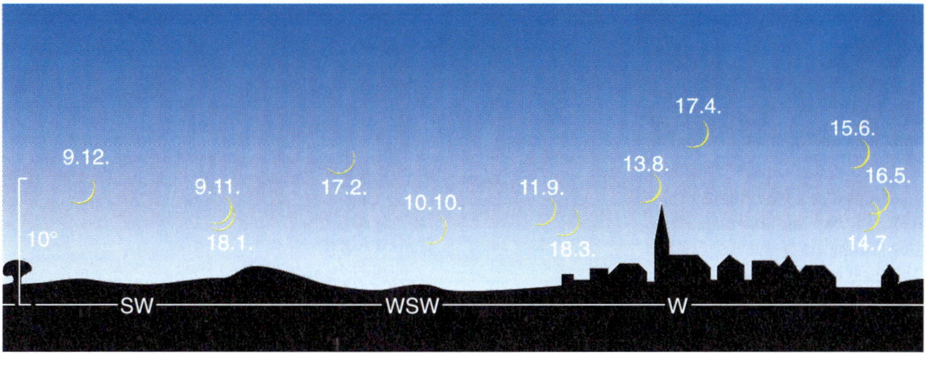

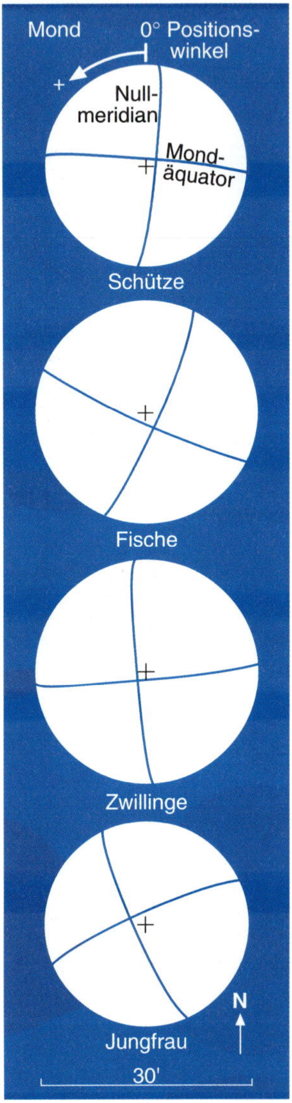

T.10: Lage des Nullmeridians und des Mondäquators relativ zum Beobachter auf der Erde in Abhängigkeit von der Position des Mondes im Tierkreis (siehe auch monatliche Rubrik Mondlauf).

Sternbedeckungen durch den Mond

Datum	MEZ		Stern	Hell.	bel.	E/A	P
	h	m		m			o
Jan 7.	3	45	σ Leo	4.1	73%	A	285
21.	18	30	HR 8928	6.4	18	E	0
25.	20	20	HR 948	6.0	61	E	50
26.	19	55	HR 1279	6.0:	72	E	65
27.	2	00	γ Tau	3.6	75	E	85
Feb 19.	18	45	26 Cet	6.0:	15	E	130
21.	22	10	HR 902	6.0	36	E	130
23.	22	55	HR 1585	5.5:	59	E	100
26.	19	00	81 Gem	4.9:	87	E	25
Mrz 12.	5	35	29 Sgr	5.2	33	A	285
21.	21	10	ZC 526	6.9	22	E	20
22.	19	40	**Aldebaran**	0.9	31	E	90
22.	20	50	**Aldebaran**	0.9	32	A	255
29.	19	20	χ Leo	4.6:	95	E	160
Apr 8.	2	05	21 Sgr	4.8:	60	A	265
23.	0	40	25 Cnc	6.1	52	E	110
23.	20	45	81 Cnc	6.5	61	E	170
23.	22	05	82 Cnc	5.3	61	E	120
24.	22	45	**Regulus**	1.4	72	E	50
24.	23	15	**Regulus**	1.4	72	A	355
26.	2	40	χ Leo	4.6:	81	E	100
Mai 21.	20	45	23 Leo	6.5	46	E	125
22.	0	25	ν Leo	5.3	47	E	120
Jun 25.	23	10	49 Lib	5.5:	92	E	125
Jul 10.	3	00	γ Tau	3.6	13	A	250
10.	9	45	Aldebaran	0.9	11	E	140
22.	22	40	η Lib	5.4	73	E	180
25.	22	15	μ Sgr	3.9:	93	E	135
25.	23	05	15 Sgr	5.4	94	E	50
27.	0	20	π Sgr	2.9:	98	E	110
Aug 22.	20	30	HR 7038	6.4	83	E	75
Sep 21.	21	15	**Uranus**	5.7	85	E	5
21.	23	10	HR 8083	6.2	86	E	70
23.	2	25	ι Aqr	4.3	93	E	75
27.	23	15	ξ^2 Cet	4.3	92	A	255
29.	1	45	5 Tau	4.1:	83	A	185
29.	21	25	γ Tau	3.6	76	A	205
Okt 16.	19	50	37 Sgr	3.5	42	E	20
21.	18	15	ψ^1 Aqr	4.2:	87	E	90
28.	21	50	64 Ori	5.1:	78	A	290
Nov 12.	17	20	HR 6988	5.9:	17	E	30
13.	18	10	HR 7410	6.1	25	E	105
15.	20	00	HR 8122	6.0	44	E	20
16.	20	45	ZC 3240	6.6	54	E	110
21.	18	35	ζ^2 Cet	4.3	96	E	60
22.	3	30	μ Cet	4.3:	98	E	80
Dez 13.	16	55	**Deneb Algedi**	2.9:	27	E	100
13.	18	05	**Deneb Algedi**	2.9:	27	A	215
14.	20	15	ZC 3327	6.8	37	E	125
19.	19	30	HR 902	6.0	87	E	115

Hell. = Helligkeit („:" = Doppelstern), E/A = Eintritt/Austritt, bel. = beleuchteter Teil der Mondscheibe, P = Positionswinkel

Datum	MEZ Stunde	Hamburg	Hannover	Berlin	Dresden	Leipzig	Düsseldorf	Frankfurt	Nürnberg	Stuttgart	München	Zürich	Wien
Jan 7.	3	41,0	40,8	46,0	47,0	44,9	36,4	39,1	43,0	39,8	43,9	38,2	52,2
21.	18	–	37,9	33,7	29,2	30,1	34,0	27,4	25,6	24,0	23,4	21,2	25,1
25.	20	23,0	21,4	25,6	24,9	23,5	16,7	17,9	20,4	17,4	20,3	15,5	26,7
26.	19/20	59,4	57,8	02,7	02,0	00,3	52,8	54,1	56,9	53,6	56,8	51,5	04,3
27.	1/2	57,2	58,6	58,8	00,6	00,1	59,6	01,3	02,4	03,2	04,2	05,1	04,0
Feb 19.	18	34,6	37,6	41,6	47,9	44,8	37,2	44,7	54,8	–	–	–	–
21.	22	00,1	02,9	03,5	07,2	06,2	04,9	08,7	11,4	13,3	16,0	19,2	15,7
23.	22/23	49,5	50,9	53,1	55,5	54,2	50,5	53,6	56,4	56,2	58,9	58,3	01,4
26.	18/19	–	–	–	–	–	–	08,1	02,6	57,7	56,2	50,8	00,7
Mrz 12.	5	37,1	35,9	40,3	39,8	38,3	31,7	32,9	35,3	32,4	35,0	30,4	41,2
21.	21	–	15,0	20,0	15,0	14,6	10,1	10,0	10,9	09,1	10,2	07,9	12,9
22.	19	38,2	39,0	42,5	44,4	42,8	36,9	40,1	43,6	42,4	45,9	43,6	50,5
22.	20	44,3	45,5	47,8	49,7	48,5	44,3	46,8	49,3	48,3	50,7	48,6	54,1
29.	19	17,5	18,1	20,5	22,1	20,8	17,2	19,9	22,7	23,0	26,2	27,3	29,1
Apr 8.	1/2	09,6	08,0	11,6	09,9	09,0	03,3	03,4	04,8	01,8	03,3	59,0	08,6
23.	0	35,4	37,4	36,8	39,1	38,8	39,5	41,2	42,1	43,4	44,1	45,9	43,0
23.	20/21	32,3	35,5	37,6	42,2	40,4	37,7	42,9	46,5	49,4	52,5	00,8	53,1
23.	21/22	58,3	00,1	03,1	06,0	04,3	59,3	03,1	06,5	06,1	09,5	08,3	13,3
24.	22	47,3	43,7	–	52,6	49,2	35,6	39,1	44,1	39,9	44,8	38,5	55,3
24.	23	01,1	07,9	–	10,7	10,7	13,4	17,2	19,3	21,8	23,9	26,3	22,1
26.	2	38,1	40,1	40,2	42,7	42,1	41,6	43,8	45,2	46,2	47,4	48,5	47,3
Mai 21.	20	36,0	37,9	40,6	43,7	42,1	37,6	41,2	44,5	44,4	47,6	46,7	51,2
22.	0	21,0	23,1	22,3	24,8	24,5	25,5	27,3	28,1	29,6	30,3	32,3	29,2
Jun 25.	23	02,9	03,8	08,8	11,1	08,7	00,6	04,5	09,0	06,9	11,5	07,7	18,9
Jul 10.	2/3	06,1	04,4	04,0	01,8	02,4	03,4	01,3	59,8	59,3	57,8	57,3	57,0
10.	9	37,3	38,9	45,3	50,5	46,7	35,5	42,7	52,6	52,8	–	–	–
22.	22	36,3	41,1	44,3	–	–	–	–	–	–	–	–	–
25.	22	08,7	09,0	14,4	16,1	13,7	05,2	08,7	13,2	10,7	15,4	11,1	23,7
25.	23	07,0	06,1	11,6	11,8	09,8	00,8	03,3	07,1	03,6	07,5	01,8	15,3
27.	0	15,0	15,5	21,2	23,2	20,7	11,5	15,4	20,3	17,5	22,5	17,6	31,1
Aug 22.	20	29,6	28,5	34,6	34,6	32,4	22,9	25,4	29,3	25,5	29,6	23,5	38,4
Sep 21.	21	–	–	22,8	17,6	18,5	–	14,8	12,3	09,5	09,1	04,9	12,9
21.	23	06,3	06,4	10,4	11,6	09,9	03,2	05,8	09,2	07,0	10,5	06,7	16,7
23.	2	24,7	25,8	27,5	29,1	28,2	25,4	27,4	29,5	29,2	31,3	30,4	34,1
27.	23	19,8	18,0	21,5	19,7	18,9	13,8	13,7	14,9	12,2	13,4	09,5	18,0
29.	1	51,8	47,9	48,7	40,9	43,6	43,5	39,2	–	–	–	–	–
29.	21	32,1	29,9	28,6	25,4	26,6	28,8	25,8	23,3	22,8	20,3	20,2	17,7
Okt 16.	19	55,6	53,2	53,8	52,7	52,4	51,0	49,7	50,3	48,6	49,7	46,9	52,8
21.	18	22,0	20,1	23,8	22,2	21,2	15,8	15,9	17,3	14,6	16,2	12,1	21,8
28.	21	54,3	53,0	53,8	52,3	52,4	51,6	50,7	50,2	49,4	48,9	47,9	49,6
Nov 12.	17	21,7	20,2	22,7	22,2	21,3	16,7	17,2	19,0	16,7	18,8	15,0	23,4
13.	18	04,8	05,7	10,9	13,3	10,9	02,2	06,3	11,1	08,8	13,7	09,3	21,7
15.	19/20	03,8	01,7	02,1	00,7	00,6	59,9	58,3	58,3	56,9	57,4	55,1	00,0
16.	20	35,4	36,4	41,9	45,0	42,2	32,9	37,5	43,0	40,6	46,5	41,7	56,4
21.	18	39,7	37,4	39,2	36,7	36,6	34,3	32,9	32,6	30,7	30,6	28,0	33,2
22.	3	25,7	26,7	28,3	30,0	29,1	26,3	28,6	30,7	30,6	32,6	32,1	34,5
Dez 13.	16/17	53,2	53,0	59,3	00,7	58,1	47,9	51,4	56,4	52,8	58,0	51,9	08,2
13.	18	05,6	05,2	08,5	08,4	07,4	01,9	03,4	05,4	03,3	05,1	01,8	08,6
14.	20	04,6	06,7	12,2	17,3	13,8	04,2	10,3	17,5	15,7	25,3	20,1	–
19.	19	26,5	25,4	31,1	31,5	29,2	20,5	22,6	26,6	23,2	27,9	21,8	39,2

Unter jeder Stadt sind die Minuten und Zehntelminuten der Sternbedeckungszeit angegeben.

STERNZEIT

Sternzeit um 20^h MEZ = 21^h MESZ auf 10° östlicher Länge

Tag	Jan	Feb	Mrz	Apr	Mai	Jun	Jul	Aug	Sep	Okt	Nov	Dez
	h m	h m	h m	h m	h m	h m	h m	h m	h m	h m	h m	h m
1.	2 24	4 26	6 17	8 19	10 17	12 19	14 18	16 20	18 22	20 20	22 22	0 21
2.	2 28	4 30	6 21	8 23	10 21	12 23	14 22	16 24	18 26	20 24	22 26	0 25
3.	2 32	4 34	6 24	8 27	10 25	12 27	14 25	16 28	18 30	20 28	22 30	0 29
4.	2 36	4 38	6 28	8 31	10 29	12 31	14 29	16 32	18 34	20 32	22 34	0 33
5.	2 40	4 42	6 32	8 35	10 33	12 35	14 33	16 36	18 38	20 36	22 38	0 37
6.	2 44	4 46	6 36	8 38	10 37	12 39	14 37	16 39	18 42	20 40	22 42	0 40
7.	2 48	4 50	6 40	8 42	10 41	12 43	14 41	16 43	18 46	20 44	22 46	0 44
8.	2 52	4 54	6 44	8 46	10 45	12 47	14 45	16 47	18 50	20 48	22 50	0 48
9.	2 55	4 58	6 48	8 50	10 49	12 51	14 49	16 51	18 54	20 52	22 54	0 52
10.	2 59	5 02	6 52	8 54	10 53	12 55	14 53	16 55	18 57	20 56	22 58	0 56
11.	3 03	5 06	6 56	8 58	10 56	12 59	14 57	16 59	19 01	21 00	23 02	1 00
12.	3 07	5 10	7 00	9 02	11 00	13 03	15 01	17 03	19 05	21 04	23 06	1 04
13.	3 11	5 13	7 04	9 06	11 04	13 07	15 05	17 07	19 09	21 08	23 10	1 08
14.	3 15	5 17	7 08	9 10	11 08	13 11	15 09	17 11	19 13	21 12	23 14	1 12
15.	3 19	5 21	7 12	9 14	11 12	13 14	15 13	17 15	19 17	21 15	23 18	1 16
16.	3 23	5 25	7 16	9 18	11 16	13 18	15 17	17 19	19 21	21 19	23 22	1 20
17.	3 27	5 29	7 20	9 22	11 20	13 22	15 21	17 23	19 25	21 23	23 26	1 24
18.	3 31	5 33	7 24	9 26	11 24	13 26	15 25	17 27	19 29	21 27	23 30	1 28
19.	3 35	5 37	7 28	9 30	11 28	13 30	15 29	17 31	19 33	21 31	23 33	1 32
20.	3 39	5 41	7 31	9 34	11 32	13 34	15 32	17 35	19 37	21 35	23 37	1 36
21.	3 43	5 45	7 35	9 38	11 36	13 38	15 36	17 39	19 41	21 39	23 41	1 40
22.	3 47	5 49	7 39	9 42	11 40	13 42	15 40	17 43	19 45	21 43	23 45	1 44
23.	3 51	5 53	7 43	9 46	11 44	13 46	15 44	17 47	19 49	21 47	23 49	1 48
24.	3 55	5 57	7 47	9 49	11 48	13 50	15 48	17 50	19 53	21 51	23 53	1 51
25.	3 59	6 01	7 51	9 53	11 52	13 54	15 52	17 54	19 57	21 55	23 57	1 55
26.	4 03	6 05	7 55	9 57	11 56	13 58	15 56	17 58	20 01	21 59	0 01	1 59
27.	4 06	6 09	7 59	10 01	12 00	14 02	16 00	18 02	20 05	22 03	0 05	2 03
28.	4 10	6 13	8 03	10 05	12 04	14 06	16 04	18 06	20 08	22 07	0 09	2 07
29.	4 14	–	8 07	10 09	12 07	14 10	16 08	18 10	20 12	22 11	0 13	2 11
30.	4 18	–	8 11	10 13	12 11	14 14	16 12	18 14	20 16	22 15	0 17	2 15
31.	4 22	–	8 15	–	12 15	–	16 16	18 18	–	22 19	–	2 19

Korrektur für andere östliche geographische Längen

Länge	4°	5°	6°	7°	8°	9°	11°	12°	13°	14°	15°	16°
Korr.	-24^m	-20^m	-16^m	-12^m	-8^m	-4^m	$+4^m$	$+8^m$	$+12^m$	$+16^m$	$+20^m$	$+24^m$

Korrektur für andere Uhrzeiten derselben Nacht (Datumswechsel um Mitternacht)

MEZ	18^h	19^m	21^h	22^h	23^h	0^h	1^h	2^h	3^h	4^h	5^h	6^h
MESZ	19^h	20^h	22^h	23^h	0^h	1^h	2^h	3^h	4^h	5^h	6^h	7^h
Korr.	-2^h00^m	-1^h00^m	$+1^h00^m$	$+2^h00^m$	$+3^h00^m$	$+4^h01^m$	$+5^h01^m$	$+6^h01^m$	$+7^h01^m$	8^h01^m	$+9^h01^m$	$+10^h02^m$

Erläuterungen siehe auch Seite 16/17 unter Sternzeit.

Die obige Tabelle gibt für jeden Tag des Jahres die Sternzeit um 20^h MEZ (= 21^h Sommerzeit) am Meridian 10° östlicher Länge an. Für den Ortsmeridian des Beobachters ist eine Korrektur entsprechend der geographischen Längendifferenz zu 10° östlicher Länge anzubringen. Pro Längengrad beträgt diese Korrektur vier Minuten. Für Orte *westlich* des Meridians ist die Korrektur *abzuziehen,* für Orte *östlich* hingegen zu *addieren.* Auf der rechten Seite findet man in der Tabelle *Geographische Koordinaten größerer Städte* in der letzten Spalte die Zeitkorrektur vermerkt. Wer zu einer anderen Zeit als 20^h beobachtet, muß noch die Zeitkorrektur gemäß der obigen Tabelle anbringen. Beispiel: Wieviel Uhr Sternzeit ist es am 25. März um 23^h in München? Aus der Tabelle entnimmt man: Sternzeit am 25. März um 20^h = 7^h51^m. Dies gilt für 10° östlicher Länge. Die Zeitkorrektur für München beträgt laut Tabelle rechts sechs Minuten. Da München östlich vom 10°-Meridian liegt, sind diese sechs Minuten zu addieren, und man erhält 7^h57^m (**Achtung:** das Vorzeichen in der Spalte Zeitkorrektur der rechten Tabelle gilt für die Korrektur der Kulminationszeiten! Für die Sternzeitberechnung kehren sich die Vorzeichen um!).- Am 25. März ist es also um 20^h MEZ 7^h57^m Sternzeit. Für 23^h MEZ ist gemäß obiger Tabelle die Korrektur von 3^h00^m anzubringen; um 23^h MEZ ist es also am 25. März in München 10^h57^m Sternzeit.

Geographische Koordinaten großer Städte mit Zeitkorrektur in Minuten

Stadt	östl. Länge	nördl. Breite	Zeitkorrektur gegen 10° östl. Länge
Aachen	6°,1	50°,8	+16^{m}
Amsterdam	4,9	52,4	+20
Antwerpen	4,4	51,2	+22
Augsburg	10,9	48,4	− 4
Baden-Baden	8,2	48,8	+ 7
Basel	7,6	47,6	+ 9
Berlin	13,4	52,5	−14
Bern	7,4	46,9	+10
Bielefeld	8,5	52,0	+ 6
Bochum	7,2	51,5	+11
Bonn	7,1	50,7	+12
Bozen	11,3	46,5	− 5
Braunschweig	10,5	52,3	− 2
Bregenz	9,8	47,5	+ 1
Bremen	8,8	53,1	+ 5
Brünn	16,6	49,2	−26
Brüssel	4,3	50,8	+23
Chemnitz	12,9	50,8	−12
Coburg	11,0	50,3	− 4
Darmstadt	8,7	49,9	+ 5
Dortmund	7,5	51,5	+10
Dresden	13,7	51,1	−15
Düsseldorf	6,8	51,2	+13
Duisburg	6,8	51,4	+13
Eisenach	10,3	51,0	− 1
Emden	7,2	53,4	+11
Erfurt	11,0	51,0	− 4
Essen	7,0	51,5	+12
Frankfurt (Main)	8,7	50,1	+ 5
Frankfurt (Oder)	14,6	52,3	−18
Freiburg (Breisgau)	7,9	48,0	+ 9
Genf	6,2	46,2	+15
Görlitz	15,0	51,2	−20
Graz	15,5	47,1	−22
Halle	12,0	51,5	− 8
Hamburg	10,0	53,6	0
Hannover	9,7	52,4	+ 1
Heidelberg	8,7	49,4	+ 5
Heilbronn	9,2	49,1	+ 3
Innsbruck	11,4	47,3	− 6
Kaiserslautern	7,8	49,4	+ 9
Karlsruhe	8,4	49,0	+ 6
Kassel	9,5	51,3	+ 2
Kiel	10°,1	54°,3	− 1^{m}
Klagenfurt	14,3	46,6	−17
Koblenz	7,6	50,4	+10
Köln	7,0	50,9	+12
Konstanz	9,2	47,7	+ 3
Krefeld	6,6	51,3	+14
Leipzig	12,4	51,3	−10
Linz (Donau)	14,3	48,3	−17
Ludwigshafen (Rh.)	8,4	49,5	+ 6
Lübeck	10,7	53,9	− 3
Lüttich	5,5	50,6	+18
Luxemburg	6,1	49,6	+15
Magdeburg	11,6	52,1	− 7
Mailand	9,2	45,5	+ 3
Mainz	8,3	50,0	+ 7
Mannheim	8,5	49,5	+ 6
Mönchengladbach	6,4	51,2	+14
München	11,6	48,1	− 6
Münster	7,6	52,0	+10
Nürnberg	11,1	49,5	− 4
Osnabrück	8,0	52,3	+ 8
Potsdam	13,1	52,4	−12
Prag	14,4	50,1	−18
Regensburg	12,1	49,0	− 8
Reutlingen	9,2	48,5	+ 3
Rostock	12,1	54,1	− 8
Rotterdam	4,5	51,9	+22
Saarbrücken	7,0	49,2	+12
Salzburg	13,1	47,8	−12
Schwerin	11,4	53,6	− 6
Stralsund	13,1	54,3	−12
Straßburg	7,7	48,6	+ 9
Stuttgart	9,2	48,8	+ 3
Trier	6,6	49,8	+13
Tübingen	9,1	48,5	+ 4
Ulm	10,0	48,4	0
Wien	16,4	48,2	−25
Wiesbaden	8,2	50,1	+ 7
Wilhelmshaven	8,1	53,5	+ 8
Worms	8,4	49,6	+ 7
Würzburg	9,9	49,8	0
Wuppertal	7,1	51,3	+11
Zürich	8,6	47,4	+ 6

Erläuterungen siehe auch Seite 16/17

Die Tabelle enthält die geographischen Koordinaten einiger größerer Städte in Mitteleuropa. In der vierten Spalte ist der Zeitunterschied der Ortszeit zum Meridian 10° östlicher Länge in Minuten angegeben. Um diesen Betrag kulminieren die Gestirne in der jeweiligen Stadt früher (negativer Wert) oder später (positiver Wert). Beispiel: Für Stuttgart findet man +3^{m}, für München −6^{m}. In Stuttgart gehen die Gestirne jeweils drei Minuten später durch den Meridian als im Himmelsjahr angegeben, in München dagegen um sechs Minuten früher.

Die Auf- und Untergangszeiten sind außer von der geographischen Länge auch noch von der geographischen Breite abhängig. Um sie für einen bestimmten Ort zu korrigieren, benutze man das Nomogramm auf Seite 240.

ZEITKORREKTUR

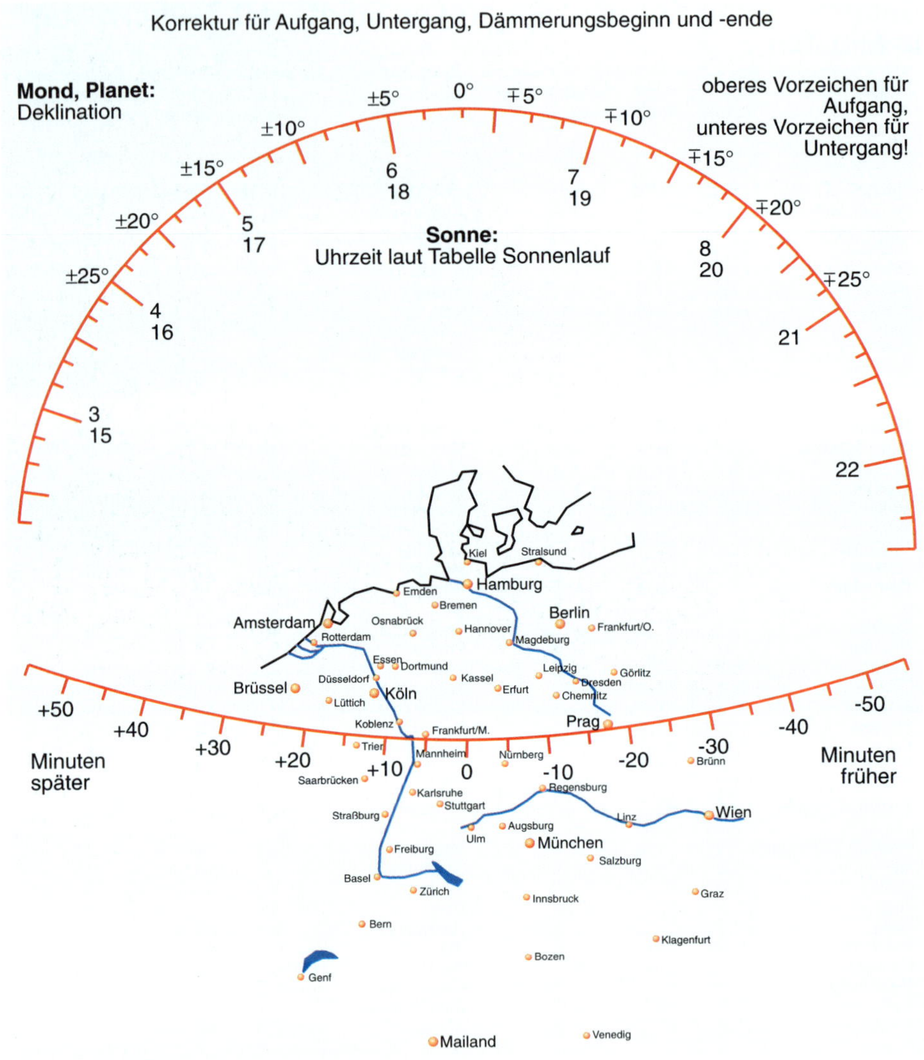

T.11: Nomogramm zur Bestimmung der Auf- und Untergangszeiten (Erläuterungen siehe Seite 16).

Korrektur für Auf- und Untergangszeiten

Sonne: Datum:			Jan. 21.	Febr. 8.	Febr. 23.	März 8.	März 20.	April 2.	April 16.	Mai 1.	Mai 20.	Juni 21.
		Dez. 22.	Nov. 22.	Nov. 3.	Okt. 19.	Okt. 6.	Sept. 23.	Sept. 10.	Aug. 27.	Aug. 12.	Juli 24.	
Mond, Planet:												
Deklination		–25°	–20°	–15°	–10°	– 5°	0°	+ 5°	+10°	+15°	+20°	+25°
Hamburg	Aufgang	+21ᵐ	+15ᵐ	+10ᵐ	+ 6ᵐ	+ 3ᵐ	+ 1ᵐ	– 4ᵐ	– 7ᵐ	–11ᵐ	–16ᵐ	–22ᵐ
	Unterg.	–21	–15	–10	– 6	– 3	+ 1	+ 4	+ 7	+11	+16	+22
Hannover	Aufgang	+14	+11	+ 8	+ 5	+ 3	+ 1	– 1	– 4	– 6	– 9	–13
	Unterg.	–12	– 9	– 6	– 3	– 1	+ 1	+ 3	+ 6	+ 8	+11	+15
Berlin	Aufgang	+ 1	– 3	– 6	– 9	–12	–14	–16	–19	–21	–25	–29
	Unterg.	–28	–24	–21	–18	–16	–14	–11	– 9	– 6	– 3	+ 1
Dresden	Aufgang	– 9	–11	–12	–13	–14	–15	–16	–17	–18	–19	–21
	Unterg.	–20	–19	–18	–17	–16	–15	–14	–13	–12	–11	– 9
Leipzig	Aufgang	– 2	– 4	– 6	– 7	– 8	–10	–11	–12	–13	–15	–17
	Unterg.	–17	–15	–13	–12	–11	–10	– 8	– 7	– 6	– 4	– 2
Düsseldorf	Aufgang	+19	+18	+16	+15	+14	+13	+12	+11	+10	+ 8	+ 6
	Unterg.	+ 7	+ 8	+10	+11	+12	+13	+14	+15	+16	+18	+20
Frankfurt	Aufgang	+ 6	+ 6	+ 6	+ 5	+ 5	+ 5	+ 5	+ 5	+ 5	+ 5	+ 4
	Unterg.	+ 4	+ 5	+ 5	+ 5	+ 5	+ 5	+ 5	+ 5	+ 6	+ 6	+ 6
Nürnberg	Aufgang	– 6	– 6	– 5	– 5	– 4	– 4	– 3	– 3	– 2	– 2	– 1
	Unterg.	– 1	– 2	– 2	– 3	– 3	– 4	– 4	– 5	– 5	– 6	– 6
Stuttgart	Aufgang	– 3	– 1	0	+ 1	+ 2	+ 3	+ 4	+ 5	+ 6	+ 7	+ 9
	Unterg.	+ 9	+ 7	+ 6	+ 5	+ 4	+ 3	+ 2	+ 1	0	– 1	– 3
München	Aufgang	–15	–13	–11	– 9	– 8	– 6	– 5	– 3	– 1	+ 1	+ 3
	Unterg.	+ 3	0	– 2	– 3	– 5	– 6	– 8	– 9	–11	–13	–16
Zürich	Aufgang	– 7	– 3	0	+ 2	+ 4	+ 6	+ 8	+11	+13	+16	+20
	Unterg.	+19	+15	+12	+10	+ 8	+ 6	+ 4	+ 1	– 1	–4	– 8
Wien	Aufgang	–34	–32	–30	–28	–27	–25	–24	–22	–21	–19	–16
	Unterg.	–17	–19	–21	–22	–24	–25	–27	–28	–30	–32	–35
Halber Tagbogen												
53° nördl. Breite		3ʰ32ᵐ	4ʰ09ᵐ	4ʰ41ᵐ	5ʰ10ᵐ	5ʰ37ᵐ	6ʰ04	6ʰ31ᵐ	6ʰ58ᵐ	7ʰ28ᵐ	8ʰ00ᵐ	8ʰ38ᵐ
50° nördl. Breite		3 50	4 21	4 50	5 15	5 40	6 04	6 28	6 52	7 19	7 47	8 20
47° nördl. Breite		4 04	4 32	4 57	5 20	5 42	6 03	6 25	6 47	7 11	7 36	8 04

+ positiv: Korrektur addieren, Auf- oder Untergang findet später statt
– negativ: Korrektur subtrahieren, Auf- oder Untergang findet früher statt

Beispiel: Auf- und Untergang der Sonne am 20. März in Stuttgart.
Laut Tabelle *Sonnenlauf* auf Seite 66 lauten die Werte 6ʰ24ᵐ und 18ʰ32ᵐ für 50° Nord und 10° Ost. Korrektur +3 und +3. Also geht die Sonne in Stuttgart um 6ʰ27ᵐ auf und um 18ʰ35ᵐ unter.
Für Daten und Deklinationen, die nicht in obiger Tabelle aufgeführt sind, nimmt man den nächstliegenden Wert, ohne einen großen Fehler zu begehen.

ASTRONOMIE + RAUMFAHRT
im Unterricht

UNTERRICHTSHILFEN SEKUNDARSTUFE I

STUNDENENTWÜRFE ASTRONOMIE

KARTEIKARTEN UND KOPIERVORLAGEN

von Klaus Lindner

36 Karteikarten (Format DIN A5) mit Unterrichtsanregungen, Kopiervorlagen sowie Vorlagen zur Leistungskontrolle haben wir für Sie in einer Sammlung zusammengestellt. Diese enthält Stundenentwürfe für einen noch besseren Astronomie-Unterricht in der 9. und 10. Jahrgangsstufe (Sek. I). Ein Teil dieses Materials ist in den Jahren 1992 bis 1996 in unserer Zeitschrift ASTRONOMIE+RAUMFAHRT im Unterricht erschienen und wurde jetzt neu bearbeitet und zusammengestellt.

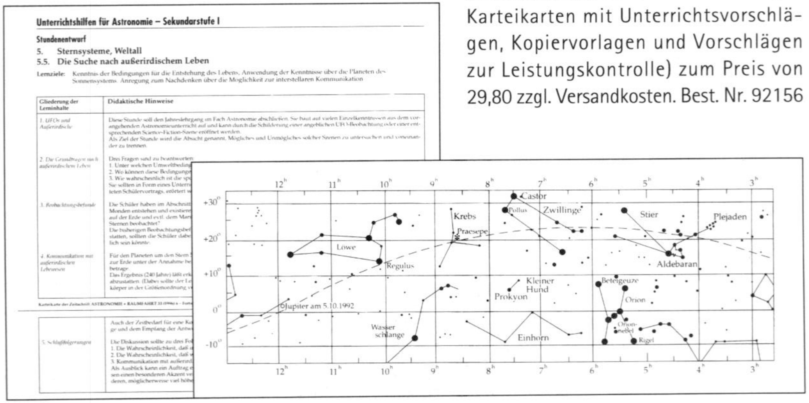

Die Karteikartenreihe umfasst sechs Abschnitte:

- Einführung in die Astronomie (2 Stunden)
- Orientierung am Sternenhimmel (3 Stunden)
- Das Sonnensystem (7 Stunden)
- Die Sonne (3 Stunden)
- Die Sterne (7 Stunden)
- Sternsystem, Weltall (5 Stunden)

Jeder Stundenentwurf beschreibt die Lernziele und gibt didaktische Hinweise und informiert über benötigte Lehrmittel.

Bestellen Sie jetzt Ihre Karteikartenreihe „Unterrichtshilfen für Astronomie" (36 Karteikarten mit Unterrichtsvorschlägen, Kopiervorlagen und Vorschlägen zur Leistungskontrolle) zum Preis von 29,80 zzgl. Versandkosten. Best. Nr. 92156

Aus dem Inhalt:

- Die Himmelskörper und das Weltall
- Wichtige Methoden und Instrumente der Astronomie
- Sternbilder
- Bewegungsvorgänge am Sternenhimmel
- Gesetze der Planetenbewegung
- Der Mond: Bewegung, Phasen, Finsternisse
- Aufbau und Strahlung der Sonne
- Zustandsgrößen und Entwicklung der Sterne
- Das Milchstraßensystem

☒ Ich bestelle die Karteikartenreihe Unterrichtshilfen Sekundarstufe I zum Preis von DM 29,80 zzgl. Versandkosten. Best. Nr. 92156

Name 324 Vorname

Straße

PLZ / Ort

Bitte einsenden oder faxen an:
FRIEDRICH VERLAG
Bernd Schrader
Postfach 10 01 50
30917 Seelze
Fax: 0511/40004-119

DANUBIA
DÖRR
FOTO·OPTIK·VIDEO
ASTRO
TELESKOPE
TAURUS 80
SATURN 45
REFLEKTOREN · REFRAKTOREN
DÖRR GmbH
Foto Marketing
Postfach 12 80
D-89202 Neu-Ulm
Telefon: 07 31 / 9 70 37-0
Telefax: 07 31 / 9 70 37-37

Astronomische Institute, Planetarien und Sternwarten

Augsburg
ṡ-Planetarium
Im Thäle 3
86152 Augsburg
Tel.: (08 21) 3 24 67 62

Bamberg
Dr.-Remeis-Sternwarte
Bamberg
Astronomisches Institut der
Universität Erlangen-Nürnberg
Sternwartstraße 7
96049 Bamberg
Tel.: (09 51) 9 52 22-0
Fax: (09 51) 9 52 22-22
Telex: 62 98 30 unier
e-Mail: postmaster@
sternwarte.uni-erlangen.de

Basel
Astronomisches Institut der
Universität Basel
Venusstraße 7
CH-4102 Binningen
Tel.: (0 61) 2 71 77 11
Fax: (0 61) 2 71 78 10

Berlin
Institut für Astronomie und
Astrophysik der Technischen
Universität Berlin
Hardenbergstraße 36
10623 Berlin
Tel.: (0 30) 31 42 37 83
Fax: (0 30) 3 14-2 48 85
e-Mail: bordihn@physik.
TU-Berlin.de

Archenhold-Sternwarte
Alt-Treptow 1
12435 Berlin – Treptow
Tel.: (0 30) 5 34 80 80

Wilhelm-Foerster-Sternwarte
und Planetarium
Munsterdamm 90
12169 Berlin
Tel.: (0 30) 7 90 09 30

ZEISS-Großplanetarium
Prenzlauer Allee 80
10405 Berlin
Tel.: (0 30) 42 28 41 98

Bern
Astrodrom
Universität Bern
Muesmattstr. 29
CH-3012 Bern
Tel.: (00 41) 3 16 31 86 52
Fax: (00 41) 3 16 31 42 10
e-Mail: schreng@sis.unibe.ch

Bochum
Astronomisches Institut der
Ruhr-Universität
Postfach 10 21 48
44780 Bochum
Tel.: (02 34) 7 00 34
Fax: (02 34) 70 94-1 69 54
e-Mail: astrorub @ ruba.rz.
ruhr-uni-bochum.de

Planetarium und Sternwarte
Castroper Straße 67
44777 Bochum
Tel.: (02 34) 5 16 06-0
Fax: (02 34) 5 16 06-51
e-Mail: planetarium@bochum.de

Bonn
Astronomische Institute der
Universität Bonn
Sternwarte mit Observatorium
Hoher List
Institut für Astrophysik und
Extraterrestrische Forschung
Auf dem Hügel 71
53121 Bonn
Tel. Sternwarte:
(02 28) 73 36 55, 56
Tel. Radioastronomie:
(02 28) 73 36 57, 58
Tel. Astrophysik:
(02 28) 73 36 71, 76
Gemeinsames Fax:
(02 28) 73-36 72
e-Mail: user@astro.
uni-bonn.de
Radioastronomisches Institut
mit Radioobservatorium
Stockert
e-Mail: mebold@astro.
uni-bonn.de

Observatorium Hoher List
54550 Daun/Eifel
Tel.: (0 65 92) 21 50/29 37

Radioobservatorium Stockert
53902 Eschweiler
Tel.: Bad Münstereifel
(0 22 53) 30 03

Max-Planck-Institut für
Radioastronomie
Auf dem Hügel 69
53121 Bonn
Tel.: (02 28) 52 51
Fax: (02 28) 52 52 29

Bremen
Sternwarte der
Olbers-Gesellschaft
Olbers-Planetarium der Hoch-
schule Bremen, FB Nautik
Werderstr. 73
28199 Bremen
Tel.: (04 21) 70 68 82
e-Mail: Dieter.Vornholz@
t-online.de

Dresden
Technische Universität
Dresden
Lohrmann-Observatorium und
Professur für Astronomie im
Institut für Planetare Geodäsie
Mommsenstraße 13
01069 Dresden
Tel.: (03 51) 4 63-40 97
Telex: 32 81 02 tuni d
Fax: (03 51) 4 63-70 19
e-Mail: lohrmobs@rcs.
urz.tu-dresden.de

ANSCHRIFTEN

Frankfurt
Institut für Theoretische Physik (Astrophysik)
Robert-Mayer-Straße 10
60325 Frankfurt/Main
Tel.: (0 69) 7 98 23 57
Telex: 41 39 32 Uni FD
Fax: (0 69) 7 98 83 50
e-Mail: kegel@astro.uni-frankfurt.de

Freiburg im Breisgau
Kiepenheuer-Institut für Sonnenphysik
Schöneckstraße 6
79104 Freiburg
Tel.: (07 61) 31 98-0
Fax: (07 61) 3 19 81 11
e-Mail: secr@kis.uni-freiburg.de

Richard-Fehrenbach-Planetarium in der Gewerbeschule II
Friedrichstraße 51
79098 Freiburg im Breisgau
Tel.: (07 61) 27 60 99

Göttingen
Universitäts-Sternwarte
Geismarlandstraße 11
37083 Göttingen
Tel.: (05 51) 39 50 42/39 50 53
Fax: (05 51) 39 50 43
e-Mail: (name)@uni-sw.gwdg.de

Außenstelle im Observatorio del Teide/Teneriffa
Tel.: (00 34 22) 3 29-1 41
Telex: (0 52) 9 14 34 obte e
Fax: (00 34 22) 3 29-1 40

Graz
Institut für Astronomie der Universität Graz (Universitätssternwarte)
Universitätsplatz 5
A-8010 Graz
Tel.: (03 16) 3 80-52 70/52 71
Fax: (03 16) 38 40 91
e-Mail: arh@bimgsl.kfunigraz.ac.at

Observatorium Lustbühel
Lustbühelstraße 46
A-8042 Graz
Tel.: (03 16) 4 13 58-16
Telex: 31 10 78 obslgz

Sonnenobservatorium Kanzelhöhe
A-9521 Treffen/Kärnten
Tel.: (0 42 48) 27 17
Fax: 04 56-42 48-2 00

Halle
Raumflugplanetarium
Peißnitzinsel 4 a
06108 Halle
Tel.: (03 45) 2 02 87 76

Hamburg
Hamburger Sternwarte
Gojenbergsweg 112
21029 Hamburg
Tel.: (0 40) 72 52-41 12
Telex: 21 78 84 hamst d
Fax: (0 40) 72 52-41 98
e-Mail: dreimers@hs.uni-hamburg.de

Planetarium
Hindenburgstraße Ö 1
22303 Hamburg
Tel.: (0 40) 51 49 85-0

Hannover
Astronomische Station am Institut für Erdmessung der Universität
Nienburger Straße 5
30167 Hannover
Tel.: (05 11) 7 62 24 75

Heidelberg
Astronomisches Rechen-Institut
Mönchhofstraße 12–14
69120 Heidelberg
Tel.: (0 62 21) 40 50
Fax: (0 62 21) 40 52 97

Institut für Theoretische Astrophysik
Tiergartenstr. 15
69121 Heidelberg
Tel.: (0 62 21) 54 48 37
Telex: 46 15 15 unikl d
Fax: (0 62 21) 54 42 21
e-Mail: wmt@manki-ita.uni-heidelberg.de

Max-Planck-Institut für Astronomie
Königstuhl 17
69117 Heidelberg
Tel.: (0 62 21) 52 80
Telex: 46 17 89 mpia d
Fax: (0 62 21) 52 82 46
e-Mail: mpia-hd.mpg.de

Außenstelle Deutsch-Spanisches Astronomisches Zentrum
Calar Alto/Almeria
Apartados Correos 511
Almeria/Spanien
Tel.: (00 34 51) 23 09 88/22 55 76
Fax: (00 34 51) 22 55 62
e-Mail: internet: caha.es

Landessternwarte
Königstuhl 12
69117 Heidelberg
Tel.: (0 62 21) 50 90
Fax: (0 62 21) 5 09-2 02
e-Mail: Postmaster@mail.lsw.uni-heidelberg.de

Innsbruck
Institut für Astronomie der Universität Innsbruck
Technikerstraße 25
A-6020 Innsbruck
Tel.: (05 12) 5 07 60 31
Fax: (05 12) 5 07 29 23
e-Mail: Astro@uibk.ac.at

Jena
Universitäts-Sternwarte
Schillergäßchen 2
07745 Jena

INTERCON SPACETEC®
Totale Sonnenfinsternis 11. August 1999
Sicher beobachten
Erfolgreich fotografieren
Info anfordern
M39
Nordamerika Nebel
Deneb
Schwan
Alles für die Astronomie
TELESKOPE
FERNGLÄSER
ZUBEHÖR
BÜCHER
POSTER
STERNKARTEN
SOFTWARE
Riesenauswahl
Große Ausstellung
ICS
VIXEN
GALAXY
PENTAX
TELE VUE
CELESTRON
MIYAUCHI
DOCTER
FUJINON
LEICA
www.intercon-spacetec.com
INTERCON SPACETEC
Gablinger Weg 9 d
D-86154 Augsburg
Fax 0821-414 085
Tel. 0821-414 081
ASTRONOMIE 1998
INTERCON SPACETEC
Katalog ASTRONOMIE 1998
176 Seiten kompetente Information
Schutzgebühr 10,– DM

Tel.: (0 36 41) 63 03-23
Fax: (0 36 41) 63 04 17
Telex: 33 15 06 uni dd
e-Mail: obs@betty.astro.uni-jena.de

Planetarium
Am Planetarium 5
07743 Jena
Tel.: (0 36 41) 2 73 15

Kassel
Planetarium im Museum für Astronomie und Technikgeschichte
Orangerie
An der Karlsaue 20 c
34121 Kassel

Kiel
Institut für Astronomie und Astrophysik
Leibnizstr. 15
24118 Kiel
Tel.: (04 31) 8 80-41 10
Fax: (04 31) 8 80-41 00
e-Mail: jonas@astrophysik.uni-kiel.d400.de

Planetarium
Knooper Weg 62
24103 Kiel
Tel.: (04 31) 51 98-2 11

Klagenfurt
Raumflugplanetarium
Villacher Straße 239
A-9020 Klagenfurt
Sternwarte Kreuzbergl
Tel.: (04 63) 2 17 00

Köln
Physikalisches Institut der Universität zu Köln
Zülpicher Straße 77
50937 Köln
Tel.: (02 21) 4 70-35 67
Fax: (02 21) 4 70-51 62
e-Mail: ...@ph1.uni-koeln.de

Laupheim
Volkssternwarte und Planetarium
Parkweg 44
88471 Laupheim
Tel.: (0 73 92) 9 10 59

Locarno
Istituto Ricerche Solari Locarno
via Patocchi
CH-6644 Orselina
Tel. + Fax: 00 41 93 33 42 26

Luzern
Planetarium im Verkehrshaus der Schweiz
Lidostraße 5
CH-6006 Luzern
Tel. (0 41) 31 44 44

Mannheim
Planetarium
W.-Varnholt-Allee 1
68165 Mannheim
Tel.: (06 21) 41 56 92
Fax: (06 21) 41 24 11

München
Europäische Südsternwarte (ESO)
Karl-Schwarzschild-Straße 2
85748 Garching
Tel.: (0 89) 32 00 62 76
Telex: 05-2 82 82-0 eo d
Fax: (0 89) 3 20 23 62

Institut für Astronomie und Astrophysik der Universität München
Universitäts-Sternwarte
Scheinerstraße 1
81679 München
Tel.: (0 89) 92 20 94-0
e-Mail: sam@usmv23.uni-münchen.de

Max-Planck-Institut für Extraterrestrische Physik
Karl-Schwarzschild-Str. 1
85748 Garching
Tel.: (0 89) 32 99-00
Telex: 05 21 58 45 xter d
Fax: (0 89) 32 99-35 99
e-Mail: mfs@mpe-garching

Max-Planck-Institut für Astrophysik
Karl-Schwarzschild-Straße 1
85748 Garching
Tel.: (0 89) 32 99-00
Telex: 52 46 29
Fax: (0 89) 32 99-32 35
e-Mail: userid@mpa-garching

Planetarium und Bayerische Volkssternwarte
Anzinger Straße 1
81671 München
Tel.: (0 89) 40 62 39

Planetarium
Forum der Technik
Museumsinsel 1
80538 München
Tel.: (0 89) 2 11-25-1 80
Fax: (0 89) 2 11-1 89

Münster
Astronomisches Institut der Westfälischen Wilhelms-Universität
Wilhelm-Klemm-Straße 10
48149 Münster
Tel.: 49(0)2 51-83-35 61
Telex: 89 25 29 unims d
Fax: 49(0)2 51-83-35 65
e-Mail: userid
oder
aimal@cygnus.uni.muenster.de

Außenstation Schalkenmehren
Hembrich 6
54552 Schalkenmehren/Eifel
Tel.: 49(0)65 92-39 14

Planetarium im Naturkunde-museum
Sentruper Straße 285
48161 Münster
Tel.: (02 51) 8 94 23

Nürnberg
Planetarium
Am Plärrer 41
90317 Nürnberg
Tel.: (09 11) 26 54 67

Sternwarte
Regiomontanusweg 1
90431 Nürnberg
Tel.: (09 11) 9 59 35 38

Osnabrück
Museum am Schölerberg/
Planetarium
Am Schölerberg 8
49082 Osnabrück
Tel.: (05 41) 56 00 30

Potsdam
Astrophysikalisches Institut
Potsdam
An der Sternwarte 16
14482 Potsdam
Tel.: (03 31) 7 49 90
Fax: (03 31) 7 49 92 00
e-Mail: khraedler@aip.de

Astrophysikalisches
Observatorium Potsdam/
Sonnenobservatorium
Einsteinturm
Telegrafenberg
14473 Potsdam
Tel.: (03 31) 28 80
Fax: (03 31) 2 88 23 10

Observatorium für solare
Radioastronomie Tremsdorf
14552 Tremsdorf
Tel.: (03 32 05) 22 61

Recklinghausen
Westf. Volkssternwarte/
Planetarium
Stadtgarten Cäcilienhöhe
45657 Recklinghausen
Tel.: (0 23 61) 2 31 34

Schneeberg
Sternwarte und Planetarium
Heinrich-Heine-Straße
08289 Schneeberg
Tel.: (0 37 72) 2 24 39

Siegen
Sternwarte der Universität
Adolf-Reichwein-Straße
57068 Siegen
Tel.: (02 71) 7 40-46 13
Fax: (02 71) 7 40-23 30

Sonneberg
Sternwarte Sonneberg
Sternwartestraße 32
96515 Sonneberg
Tel.: (0 36 75) 8 12 10
Fax: (0 36 75) 8 12 19

Stuttgart
Carl-Zeiss-Planetarium mit
Sternwarte Welzheim
Mittlerer Schloßgarten
70173 Stuttgart
Tel.: (07 11) 1 62 92 15
Fax: (07 11) 216 39 12
e-Mail: HUKPLAN@planeta-
rium.s.shuttle.de

Sternwarte Welzheim
Tel.: (0 71 82) 42 84

Tautenburg
Thüringer Landessternwarte
Karl-Schwarzschild-
Observatorium
Sternwarte 5
07778 Tautenburg
Tel.: (03 64 27) 86 30
Fax: (03 64 27) 8 63 29

Tübingen
Astronom. Institut der Univ.
Waldhäuser Straße 64
72076 Tübingen
Tel.: (0 70 71) 29 24 86
Telex: 07 26 27 14 ait d
Fax: (0 70 71) 29 34 58
e-Mail: (username) @ait.physik
uni.tuebingen.de

Lehr- und Forschungsbereich
Theoretische Astrophysik der
Universität Tübingen
Auf der Morgenstelle 10
72076 Tübingen
Tel.: (0 70 71) 29 24 87
Fax: (0 70 71) 29 75 75
e-Mail: username@tat.
physik.uni-tuebingen.de

Welzheim
Siehe Planetarium **Stuttgart**

Wernigerode
Harzplanetarium
Sekundarschule „Maxim Gorki"
Walther-Rathenau-Straße 11
38855 Wernigerode
Tel.: (0 39 43) 3 22 77

Wien
Institut für Astronomie der
Universität Wien,
Universitäts-Sternwarte
Türkenschanzstraße 17
A-1180 Wien
Tel.: (02 22) 4 70 68 00-0
Fax: (02 22) 4 70 68 00-15
e-Mail: user@
astro.ast.univie.ac.at

Kuffner-Sternwarte
Johann Staud-Straße 10
A-1160 Wien
Tel.: (02 22) 9 14 81 30
Fax: (02 22) 9 14 81 30-31
e-Mail: admin@kuffner.ac.at

URANIA-Sternwarte
Uraniastraße 1
A-1010 Wien
Tel.: (02 22) 7 12 61 91

Planetarium
Oswald-Thomas-Platz 1
A-1020 Wien
Tel.: (02 22) 24 94 32

Wolfsburg
Planetarium
Uhlandweg 2
38440 Wolfsburg
Tel.: (0 53 61) 2 19 39

Würzburg
Institut für Astronomie und Astrophysik
Am Hubland
97074 Würzburg
Tel.: (09 31) 8 88-50 31
Fax: (09 31) 8 88-46 03
e-Mail: deubner@astro.uni-wuerzburg.de

Zürich
Institut für Astronomie
ETH-Zentrum
CH-8092 Zürich
Tel.: 41-1-6 32 38 13
Fax: 41-1-6 32 12 05
e-Mail: username@astro.phys.ethz.ch

URANIA-Sternwarte
Uraniastraße 9
CH-8000 Zürich

Das Verzeichnis erhebt keinen Anspruch auf Vollständigkeit. Weitere Institute, Planetarien und Sternwarten nimmt der Herausgeber gerne auf. Entsprechende Hinweise sende man bitte an:
PLANETARIUM STUTTGART
Mittlerer Schloßgarten
D-70173 Stuttgart

Amateurastronomische Vereinigungen, Beobachtungsstationen und Privatsternwarten

Aalen
Schul- und Volkssternwarte
Rombacherstraße 30
73430 Aalen

Abensberg
AK Astronomie der
Weltenburger Akademie
Adlerstraße 104
93326 Abensberg

Albstadt
Sternwarte und
Planetarium
Hartmannstraße 140
72458 Albstadt-Ebingen

Aschersleben
Planetarium Aschersleben
Im Tierpark
Auf der Alten Burg 40
06449 Aschersleben

Augsburg
siehe **Diedorf**

Backnang
Freie Initiative
Backnanger Sterngucker
Adlerstr. 9
71549 Lippoldsweiler

Bad Driburg
Sternwarte der
F.-W.-Weber-Realschule
Elsterweg 13
33014 Bad Driburg

Bad Mergentheim
Astronomische Vereinigung
Weikersheim
Marienstraße 38
97980 Bad Mergentheim

Bad Salzuflen
Schulsternwarte im Zentrum
Lohfeld
Wasserfuhr 25 e
32108 Bad Salzuflen

Baindt
s. **Waldburg-Weingarten**

Basel
Astronomischer Verein
Venusstraße 7
CH-4102 Binningen

Bautzen
Sternwarte Bautzen
Schulsternwarte und
Planetarium
Czornebohstraße 82
(Naturpark)
02625 Bautzen

Bentheim
Stiftung Volkssternwarte
Twente
Astronomischer Verein der
Grafschaft Bentheim e. V.
Frensdorferweg 22, LATTROP
NL-7590 AB Denekamp

Berlin
Bruno H. Bürgel
Sternwarte
Heerstraße 531
13593 Berlin

Bielefeld
Schulsternwarte
Brackweder Gymnasium
Beckumer Straße 10
33647 Bielefeld

Arbeitsgemeinschaft
Astronomie, Physik, Umwelt
Naturwissenschaftlicher Verein
Kreuzstraße 38
33602 Bielefeld

Volkssternwarte Ubbedissen
Wietkamp 5
33699 Bielefeld

Bietigheim-Bissingen
siehe **Ludwigsburg**

Bonn
Volkssternwarte Bonn e. V.
Poppelsdorfer Allee 47
53115 Bonn

Braunschweig
Sternfreunde Braunschweig-
Hondelage e. V.
Ackerweg 1 B
38108 Braunschweig

Buchloe
Volkssternwarte der VHS
Adolf-Müller-Straße 7
86807 Buchloe

Bülach
Schul- und Volkssternwarte
Bülach
Rotzibüch bei Eschenmosen
CH-8180 Bülach

Calden
Sternwarte
Schachter Weg
34379 Calden

Darmstadt
Volkssternwarte e. V.
Herdweg 45
64285 Darmstadt

Diedorf
Astronomische Vereinigung
Augsburg e. V.
Pestalozzistraße
86420 Diedorf/Augsburg

Donzdorf
Sternfreunde Donzdorf
Messelberg-Sternwarte beim
Schulzentrum
73072 Donzdorf

ANSCHRIFTEN

Dortmund
Sternwarte im Westfalenpark
Astronomischer Verein
Dortmund e. V.
Hörder Bahnhofstr. 9
44263 Dortmund

Drebach
Volkssternwarte und Planetarium
Straße der Jugend 14
09430 Drebach (Erzgebirge)

Duisburg
Rudolf-Römer-Sternwarte
Rheinhausen e. V.
Schwarzenberger Str. 147
(im KFR)
47226 Duisburg

Düsseldorf
Benzenberg-Sternwarte
Wimpfener Straße 18
40597 Düsseldorf

Eilenburg
Sternwarte und Planetarium
Mansberg 18
04838 Eilenburg

Eisenstadt
Burgenländische
Amateurastronomen
Neusiedlerstraße 8
A-7000 Eisenstadt

Burgenländische
Landessternwarte
Dr.-Karl-Renner-Straße 1
A-7000 Eisenstadt

Erfurt
siehe **Molsdorf**

Erkrath
Sternwarte Neanderhöhe
Hochdahl, Stellarium
Hildener Straße 17
40699 Erkrath

Eschwege
Vereinigte Amateur-
Astronomen
Eschwege VAAE 1975 e. V.
Hauptstraße 36
36205 Sontra-Ulfen

Essen
Verein für volkstümliche
Astronomie
Weberplatz 1
45127 Essen

Walter-Hohmann-Sternwarte
Wallneyer Straße 159
45133 Essen

Frankfurt/Main
Volkssternwarte des Phys.
Vereins Frankfurt
Robert-Mayer-Straße 2–4
60054 Frankfurt

Freiburg
Volkssternwarte Freiburg
Staudinger Straße 10
79115 Freiburg/Br.

Sternfreunde Breisgau e. V.
Theodor-Fontane-Weg 2
79312 Emmendingen

Fürstenfeldbruck
Planetarium und Sternwarte der
VHS Stadt Fürstenfeldbruck e V.
Schöngeisingerstraße 6/II
82256 Fürstenfeldbruck

Fulda
Hans-Nüchter-Sternwarte
Domänenweg 2
36037 Fulda

Planetarium im Vonderau-
Museum
Jesuitenplatz 2
36010 Fulda

Geretsried
Volks- und Schulsternwarte
Geretsried e. V.
Adalbert-Stifter-Str. 14
82538 Geretsried

Germering
Sternwarte des
Max-Born-Gymnasiums
Johann-Sebastian-Bach-Str. 8
82110 Germering

Gmunden
Eisner-Sternwarte
Kalvarienberg
A-4810 Gmunden

Goch
Klever Volkssternwarte e. V.
Beobachtungsstation Goch
Berliner Straße 69
47574 Goch-Nierswalde

Görlitz
Scultetus-Sternwarte
An der Sternwarte 1
02827 Görlitz

Gondelsheim
Kraichgau-Sternwarte
Gondelsheim e. V.
Lilienstraße 25
76669 Bad Schönborn

Gröbenzell
Astronomische Vereinigung
West-München (AVWM)
Grasslfinger Straße 43
82194 Gröbenzell

Gudensberg
Förderverein Schulsternwarte
Gudensberg e. V.
Schwimmbadweg 30
34281 Gudensberg

Hagen
Volkssternwarte
Eugen-Richter-Turm
58135 Hagen

Halberstadt
Verein für astronom. Bildung im
LK Halberstadt e. V.
Wilhelm-Trautewein-Str. 19
38820 Halberstadt

Astronomische Teleskope
vom Einsteiger-Fernrohr bis zum
professionellen Sternwartenteleskop
Astro-Physics
Meade
Vixen
Celestron
Pentax
Tele-Vue
Intes
Intes-Micro
S-Big-CCD-Technik
Fujinon Ferngläser
Beobachten Sie die einzigste totale Sonnenfinsternis in
diesem Jahrhundert in Deutschland, mit einem Teleskop
und einem sicheren Sonnenfilter.
Hierzu bieten wir folgendes Zubehör:
Foliensonnenfilter, Glassonnenfilter,
Herschelprismen zur Professionellen Sonnenbeobachtung.
Ausserdem erhalten Sie bei uns Protuberanzenansätze
und Daystarfilter.
Unsere kompletten Unterlagen erhalten Sie für DM 10.-
(Ausland DM 20.-)
Aufn. Rainer Vianhof
PHOTO
UNIVERSAL
Max.-Planck-Str. 28
70736 Fellbach
Tel. 0711/9 57 60 0
Fax 0711/9 57 60 40

Hamburg
Ges. für volkstümliche
Astronomie (GvA) e. V.
Hindenburgstraße Ö 1
22303 Hamburg

Hannover
Planetarium der
Bismarckschule
An der Bismarckschule 5
30173 Hannover
Volkssternwarte
Am Lindener Berg 27
30449 Hannover

Hardheim
Astronomie-Arbeitskreis
Walter-Hohmann-Sternwarte
Alte Würzburger Straße 5
74736 Hardheim

Heilbronn
Robert-Mayer-
Volks- und Schulsternwarte
Bismarckstraße 10
74072 Heilbronn

Heppenheim
Starkenburg-Sternwarte
Kl. Bach 3
64646 Heppenheim

Herzberg
Schulsternwarte
Am Wasserturm
04916 Herzberg

Hof
Volkssternwarte Hof
Egerländer Weg 25
95032 Hof

Ilsede
Privatsternwarte
Alter Weg 4 B
31241 Ilsede

Ingolstadt
Astronomischer Arbeitskreis
Ingolstadt e. V.
Lilienthalstraße 137
85077 Manching

Jena
Urania-Sternwarte
Schillergäßchen 2
07745 Jena

Karlsruhe
Sternwarte des
Max-Planck-Gymnasiums
Krokusweg
76199 Karlsruhe

Kassel
Astronomischer Arbeitskreis
Kassel e. V.
Wilhelmshöher Allee 300 A
34131 Kassel

Kempten
Astronomieverein Kempten e. V.
Saarlandstr. 1
87435 Kempten

Kiel
Gesellschaft für volkstümliche
Astronomie (GvA) e. V. –
Gruppe Kiel –
Hofbrook 64
24119 Kronshagen

Volkssternwarte Kronshagen
Suchsdorfer Weg 33
24119 Kronshagen

Köln
Planetarium
Blücherstraße 17
50733 Köln

Volkssternwarte
Nikolausstraße 55
50937 Köln

Königsleiten
Sternwarte und Planetarium
Königsleiten
Königsleiten 29
A-5742 Wald i. Pinzgau

Krefeld
Vereinigung Krefelder
Sternfreunde e. V.
Waldhofstraße 132
47800 Krefeld

Kreuzlingen
Sternwarte Kreuzlingen
Breitenrainstraße 21
CH-8280 Kreuzlingen

Kufstein
Astro-Club Planetarium
Schützenstraße 16
A-6332 Kufstein

Laufen
Astronomische Arbeitsgruppe
Laufen e. V.
Goethestraße 8
83410 Laufen

Leinfelden
Schul- und Volkssternwarte
Anemonenstraße 15
70771 Leinfelden-Echterdingen

Lemgo
Sternwarte Lemgo
der FH Lippe
Astronomische Arbeitsgemeinschaft an der FH Lippe e. V.
Liebigstraße 87
32655 Lemgo

Linz
Johannes Kepler
Sternwarte Linz
Sternwarteweg 5
A-4020 Linz

Lübeck
Sternwarte Lübeck
Am Ährenfeld 2
23564 Lübeck

Ludwigsburg
Arbeitsgemeinschaft
Astronomie
Rosenstraße 15/2
74321 Bietigheim-Bissingen

Wien
Astronomischer Jugendclub
Richard-Wagner-Platz 2/8
A-1160 Wien

Wiesbaden
Astronomische Gesellschaft
Urania e. V.
Volkssternwarte
Bierstadter Str. 47
65189 Wiesbaden

Winterthur
Sternwarte Eschenberg
der AG Winterthur
Breitenstraße 2
CH-8542 Wiesendangen

Winzer
Volkssternwarte
Bayerischer Wald e. V.
Pf.-Neumeier-Str. 1
94577 Winzer

Wittlich siehe **Laufeld**

Wolfsburg
Sternwarte der VHS
Walter-Flex-Weg 8
38446 Wolfsburg

Zeilarn
Sternfreunde Pfarrkirchen
Oberhaus
84367 Zeilarn

Überregionale astronomische Amateur-Vereinigungen

Arbeitskreis Meteore e. V.
Berliner Straße 41
14467 Potsdam

Bundesdeutsche Arbeitsgemeinschaft für Veränderliche Sterne e. V. (BAV)
Munsterdamm 90
12169 Berlin

International Meteor Organization
Friedenstraße 5
14109 Berlin

Österreichischer Astronomischer Verein
Baumgartenstraße 23/4
A-1140 Wien

Schweizerische Astronomische Gesellschaft (SAG)
Zentralsekretariat:
Ch. Marais-Long 10
CH-1217 Meyrin

Vereinigung der Sternfreunde e. V. (VdS)
Geschäftsstelle
Am Tonwerk 6
64646 Heppenheim

Das Verzeichnis erhebt keinen Anspruch auf Vollständigkeit. Weitere Vereinigungen nimmt der Herausgeber gerne auf. Entsprechende Hinweise sende man bitte an:
PLANETARIUM STUTTGART
Mittlerer Schloßgarten
70173 Stuttgart

Das Kalendarium 1999 bis 2004

Das Kalendarium enthält für die Jahre 1999 bis 2004 alle Wochentage, die Mondphasen (☽: Erstes Viertel, 🌝: Vollmond, ☾: Letztes Viertel, 🌚: Neumond), die beweglichen Feiertage sowie die Zahl der Tage (Gemeinjahr oder Schaltjahr).
Ferner sind vermerkt: Beginn der Jahreszeiten sowie Sonnennähe und -ferne (alle Zeiten MEZ), Sonnen- und Mondfinsternisse (in Mitteleuropa sichtbare Finsternisse sind durch **Fettdruck** hervorgehoben) und schließlich die wichtigsten Konstellationen der Planeten. Halbschattenfinsternisse des Mondes sind, da kaum auffallend, nicht vermerkt.

Bei Merkur sind die größten östlichen und westlichen Elongationen angegeben. Sofern es zu einer Abend- oder Morgensichtbarkeit in unseren Breiten kommt, ist das Datum **fettgedruckt.** *Kursivdruck* bedeutet schwierige Sichtbedingungen, Normaldruck: Merkur bleibt unsichtbar. Bei Venus sind außer den Daten der größten Elongationen auch die unteren und oberen Konjunktionen vermerkt.
Für die äußeren Planeten (Mars bis Pluto) sind die Oppositionen und Konjunktionen angegeben sowie das Sternbild, in dem der Planet seine Oppositionsstellung erreicht. Ferner sind die Oppositionsentfernungen von der Erde in Millionen Kilometer vermerkt.

„Vertraut mit den Wundern des Weltraums"

Ebenso wie die Kunst ästhetische Wünsche und Gefühle des Menschen befriedigt, so bietet ein wissenschaftliches Hobby, oder besser "Wissenschaft als Hobby" die gleiche Befriedigung für den menschlichen Intellekt. Machen Sie deshalb sich und Ihre Kinder - **vertraut mit den Wundern des Weltraums** - Sie werden ein Leben lang von einem besonders faszinierenden Wissen profitieren.

Wir sind seit 30 Jahren in Deutschland auf dem Gebiet Schul- und Hobby-Astronomie tätig und haben auch für Sie oder für Ihre Kinder die richtigen Anregungen, wie zum Beispiel diese:

Baader Planetarium

Die möglichst realistische Darstellung der Bewegungsverhältnisse von Erde und Mond um die Sonne war unser Hauptanliegen bei der Konstruktion dieses Gerätes. Was sich jedoch durch die Verbindung mit dem umgebenden Sternglobus alles herleiten läßt, übertrifft die Möglichkeiten früherer Modelle um ein Vielfaches und reicht von der Darstellung von Tag und Nacht bis zur Projektion des Nachthimmels für jede Jahreszeit und jede Position auf der Erde. Jetzt läßt sich alles demonstrieren, was das räumliche Vorstellungsvermögen übersteigt und was man einem Kind - auch nicht mit der besten Erklärung - verständlich machen kann.

Teleskope und Zubehör

Bei uns finden Sie das größte Angebot an Markenfernrohren in Deutschland: ASTRO PHYSICS, CARL ZEISS, CELESTRON, VIXEN, ALT-Montierungen u.v.a.

Alles für die Sonnenbeobachtung

Sonnenfinsternisbrillen; 12 my Sonnenfilterfolie im Format A4 (DM 19,-) u. Format 100x60 cm (DM 65,-), Sonnenprismen, Objektivfilter höchster Präzision, Protuberanzenansätze, H-alpha Filter u DAYSTAR-Filter

Unsere Gesamtunterlagen bitten wir schriftlich gegen eine Schutzgebühr von DM 10,-- (aus dem Ausland DM 15,--) anzufordern.

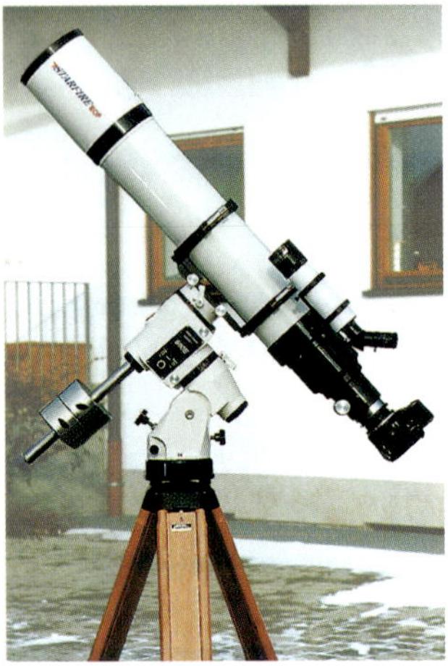

Sternwarten-Kuppeln aus GFK

Eine permanente Aufstellungsmöglichkeit für das Teleskop ist der Wunschtraum aller Amateure und ein Muß für Schulen, wo ansonsten die halbe Beobachtungszeit mit dem korrekten Aufstellen des Gerätes verbracht wird. Wir stellen solche Kuppeln in einfacher Ausführung (aber auch mit allen technischen Raffinessen) selbst her und liefern in Größen von 2-12 Metern Durchmesser Kuppeln, die dem neuesten Stand der Technik entsprechen. Anders als eine Hütte mit abfahrbarem Dach bietet die klassische, auch ästhetisch schöne Kuppel perfekten Windschutz (Winter), Abschirmung gegen das heute so häufig störende Streulicht und Schutz gegen das lästige Beschlagen der Fernrohroptik.

DIE PREIS-SENSATION

SIBERIA 110 u. SIBERIA 150

Vollausgestattete Fernrohre aus Russland inkl. Motorantrieb, in hervorragender opt. Qualität, jedoch zu Kaufhaus-Preisen!

In der niedrigsten Preisklasse kommen die meisten angebotenen Fernrohre mittlerweile aus China oder anderen asiatischen Ländern - z.T. mit großen Kompromissen an der opt. Grundkonzeption und der mechanischen Stabilität!

Unsere russischen Fernrohre sind dagegen *superstabil,* mit hervorragender optischer Leistung. Nutzen Sie den gegenwärtigen enormen Preisvorteil!

Fordern Sie kostenlose Prospekte zu unseren russischen Newton - Teleskopen an.

baader planetarium ®

BAADER PLANETARIUM GMBH
Zur Sternwarte
82291 Mammendorf
Tel.: 08145/8802 Fax: 08145/8805

1999

Januar

Mo		4	11	18	25
Di		5	12	19	26
Mi		**6**	13	20	27
Do		7	14	21	28
Fr	1	8	15	22	29
Sa	2○	9☾	16	23	30
So	**3**	**10**	**17●**	**24☽**	31○

Februar

Mo	1	8☾	15	22
Di	2	9	16●	23☽
Mi	3	10	17	24
Do	4	11	18	25
Fr	5	12	19	26
Sa	6	13	20	27
So	**7**	**14**	**21**	**28**

März

Mo	1	8	15	22	29
Di	2○	9	16	23	30
Mi	3	10☾	17●	24☽	31○
Do	4	11	18	25	
Fr	5	12	19	26	
Sa	6	13	20	27	
So	**7**	**14**	**21**	**28**	

April

Mo		**5**	12	19	26
Di		6	13	20	27
Mi		7	14	21	28
Do	1	8	15	22☽	29
Fr	**2**	9☾	16●	23	30○
Sa	3	10	17	24	
So	**4**	**11**	**18**	**25**	

Mai

Mo		3	10	17	**24**	31
Di		4	11	18	25	
Mi		5	12	19	26	
Do		6	**13**	20	27	
Fr		7	14	21	28	
Sa	1	8☾	15●	22☽	29	
So	**2**	**9**	**16**	**23**	**30○**	

Juni

Mo		7☾	14	21	28○
Di	1	8	15	22	29
Mi	2	9	16	23	30
Do	**3**	10	17	24	
Fr	4	11	18	25	
Sa	5	12	19	26	
So	**6**	**13●**	**20☽**	**27**	

Juli

Mo		5	12	19	26
Di		6☾	13●	20☽	27
Mi		7	14	21	28○
Do	1	8	15	22	29
Fr	2	9	16	23	30
Sa	3	10	17	24	31
So	**4**	**11**	**18**	**25**	

August

Mo		2	9	16	23	30
Di		3	10	17	24	31
Mi		4☾	11●	18	25	
Do		5	12	19☽	26	
Fr		6	13	20	27○	
Sa		7	14	21	28	
So	**1**	**8**	**15**	**22**	**29**	

September

Mo		6	13	20	27
Di		7	14	21	28
Mi	1	8	15	22	29
Do	2☾	9●	16	23	30
Fr	3	10	17☽	24	
Sa	4	11	18	25○	
So	**5**	**12**	**19**	**26**	

Oktober

Mo		4	11	18	25
Di		5	12	19	26
Mi		6	13	20	27
Do		7	14	21	28
Fr	1	8	15	22	29
Sa	2☾	9●	16	23	30
So	**3**	**10**	**17☽**	**24○**	**31☾**

November

Mo	1	8●	15	22	29
Di	2	9	16☽	23○	30☾
Mi	3	10	17	24	
Do	4	11	18	25	
Fr	5	12	19	26	
Sa	6	13	20	27	
So	**7**	**14**	**21**	**28**	

Dezember

Mo		6	**13**	20	27
Di		7●	14	21	28
Mi	1	8	15	22○	29☾
Do	2	9	16☽	23	30
Fr	3	10	17	24	31
Sa	4	11	18	**25**	
So	**5**	**12**	**19**	**26**	

Feiertage:

Aschermittwoch:	17. Feb.	Pfingstsonntag:	23. Mai	1. Advent:	28. Nov.
Ostersonntag:	4. April	Fronleichnam:	3. Juni		
Chr. Himmelfahrt:	13. Mai	Totensonntag:	21. Nov.		

Das Jahr 1999 ist ein Gemeinjahr zu 365 Tagen.

Beginn der Jahreszeiten:

Frühling: 21. März 2^h46^m — Herbst: 23. Sept. 12^h31^m — Erde in Sonnennähe: 3. Jan. 14^h

Sommer: 21. Juni 20^h49^m — Winter: 22. Dez. 8^h44^m — Erde in Sonnenferne: 6. Juli 23^h

Finsternisse:

16. Feb.: ringförmige Sonnenfinsternis — 28. Juli: partielle Mondfinsternis

11. Aug.: totale Sonnenfinsternis:
Einzige totale Sonnenfinsternis in diesem Jahrhundert, die von Deutschland aus beobachtbar ist. Die Totalitätszone verläuft über Karlsruhe – Stuttgart – München – Salzburg – Graz

Planeten:

Innere Planeten

Merkur:	Größte östliche Elongation:	**3. März** (18°)	*28. Juni* (26°)	24. Okt. (24°)
	Größte westliche Elongation:	16. April (28°)	**14. Aug.** (19°)	**3. Dez.** (20°)
	Untere Konjunktion:	15. Nov. – Transit!		
Venus:	Größte östliche Elongation:	11. Juni (45°)	Untere Konjunktion: 20. Aug.	
	Größte westliche Elongation:	30. Okt. (46°)		

Äußere Planeten	Opposition	(Mio. km)	im Sternbild	Konjunktion
Mars:	24. April	87	Jungfrau	–
Jupiter:	23. Oktober	593	Widder	1. April
Saturn:	6. November	1228	Widder	27. April
Uranus:	7. August	2827	Steinbock	2. Februar
Neptun:	26. Juli	4355	Steinbock	22. Januar
Pluto:	31. Mai	4362	Schlangenträger	3. Dezember

2000

Januar						
Mo		3	10	17	24	31
Di		4	11	18	25	
Mi		5	12	19	26	
Do		**6**●	13	20	27	
Fr		7	14☽	21☺	28☾	
Sa	**1**	8	15	22	29	
So	**2**	**9**	**16**	**23**	**30**	

Februar					
Mo		7	14	21	28
Di	1	8	15	22	29
Mi	2	9	16	23	
Do	3	10	17	24	
Fr	4	11	18	25	
Sa	5●	12	19☺	26	
So	**6**	**13**☽	**20**	**27**☾	

März					
Mo		6●	13☽	20☺	27
Di		7	14	21	28☾
Mi	1	8	15	22	29
Do	2	9	16	23	30
Fr	3	10	17	24	31
Sa	4	11	18	25	
So	**5**	**12**	**19**	**26**	

April					
Mo		3	10	17	**24**
Di		4●	11☽	18☺	25
Mi		5	12	19	26☾
Do		6	13	20	27
Fr		7	14	**21**	28
Sa	1	8	15	22	29
So	**2**	**9**	**16**	**23**	**30**

Mai					
Mo	**1**	8	15	22	29
Di	2	9	16	23	30
Mi	3	10☽	17	24	31
Do	4●	11	18☺	25	
Fr	5	12	19	26☾	
Sa	6	13	20	27	
So	**7**	**14**	**21**	**28**	

Juni					
Mo		5	**12**	19	26
Di		6	13	20	27
Mi		7	14	21	28
Do	**1**	8	15	**22**	29
Fr	2●	9☽	16☺	23	30
Sa	3	10	17	24	
So	**4**	**11**	**18**	**25**☾	

Juli						
Mo		3	10	17	24☾	31●
Di		4	11	18	25	
Mi		5	12	19	26	
Do		6	13	20	27	
Fr		7	14	21	28	
Sa	1●	8☽	15	22	29	
So	**2**	**9**	**16**☺	**23**	**30**	

August					
Mo		7☽	14	21	28
Di	1	8	15☺	22☾	29●
Mi	2	9	16	23	30
Do	3	10	17	24	31
Fr	4	11	18	25	
Sa	5	12	19	26	
So	**6**	**13**	**20**	**27**	

September					
Mo		4	11	18	25
Di		5☽	12	19	26
Mi		6	13☺	20	27●
Do		7	14	21☾	28
Fr	1	8	15	22	29
Sa	2	9	16	23	30
So	**3**	**10**	**17**	**24**	

Oktober						
Mo		2	9	16	23	30
Di		**3**	10	17	24	31
Mi		4	11	18	25	
Do		5☽	12	19	26	
Fr		6	13☺	20☾	27●	
Sa		7	14	21	28	
So	**1**	**8**	**15**	**22**	**29**	

November					
Mo		6	13	20	27
Di		7	14	21	28
Mi	**1**	8	15	22	29
Do	2	9	16	23	30
Fr	3	10	17	24	
Sa	4☽	11☺	18☾	25	
So	**5**	**12**	**19**	**26**●	

Dezember					
Mo		4☽	11☺	18☾	**25**●
Di		5	12	19	**26**
Mi		6	13	20	27
Do		7	14	21	28
Fr	1	8	15	22	29
Sa	2	9	16	23	30
So	**3**	**10**	**17**	**24**	**31**

Feiertage:

Aschermittwoch:	8. März	Pfingstsonntag:	11. Juni	1. Advent:	3. Dez.
Ostersonntag:	23. April	Fronleichnam:	22. Juni		
Chr. Himmelfahrt:	1. Juni	Totensonntag:	26. Nov.		

Das Jahr 2000 ist ein **Schaltjahr** zu 366 Tagen.

Beginn der Jahreszeiten:

Frühling: 20. März 8^h35^m
Sommer: 21. Juni 2^h48^m
Herbst: 22. Sept. 18^h27^m
Winter: 21. Dez. 14^h37^m
Erde in Sonnennähe: 3. Jan. 7^h
Erde in Sonnenferne: 4. Juli 1^h

Finsternisse:

21. Jan.: totale Mondfinsternis
5. Feb.: partielle Sonnenfinsternis
1. Juli: partielle Sonnenfinsternis
16. Juli: totale Mondfinsternis
31. Juli: partielle Sonnenfinsternis
25. Dez.: partielle Sonnenfinsternis

Planeten:

Innere Planeten

Merkur: Größte östliche Elongation:	**15.Feb.** (18°)	*9. Juni* (24°)	6. Okt. (26°)
Größte westliche Elongation:	28. März (28°)	*27. Juli* (20°)	**15. Nov.** (19°)

Venus: Obere Konjunktion: 11. Juni

Äußere Planeten	Opposition	(Mio. km)	im Sternbild	Konjunktion
Mars:	–	–	–	1. Juli
Jupiter:	28. November	606	Stier	8. Mai
Saturn:	19. November	1217	Stier	10. Mai
Uranus:	11. August	2832	Steinbock	6. Februar
Neptun:	27. Juli	4353	Steinbock	24. Januar
Pluto:	1. Juni	4378	Schlangenträger	4. Dezember

2001

	Januar	Februar	März	April
Mo	1 8 15 22 29	5 12 19 26	5 12 19 26	2 9 **16** 23● 30☽
Di	2 9☺ 16☾ 23 30	6 13 20 27	6 13 20 27	3 10 17 24
Mi	3☽ 10 17 24● 31	7 14 21 28	7 14 21 28	4 11 18 25
Do	4 11 18 25	1☽ 8☺ 15☾ 22	1 8 15 22 29	5 12 19☾ 26
Fr	5 12 19 26	2 9 16 23●	2 9☺ 16☾ 23 30	6 **13** 20 27
Sa	**6** 13 20 27	3 10 17 24	3☽ 10 17 24 31	7 14 21 28
So	**7 14 21 28**	**4 11 18 25**	**4 11 18 25●**	**1☽ 8☺ 15☾ 22 29**

	Mai	Juni	Juli	August
Mo	7☺ 14 21 28	**4** 11 18 25	2 9 16 23 30	6 13 20 27
Di	**1** 8 15☾ 22 29☽	5 12 19 26	3 10 17 24 31	7 14 21 28
Mi	2 9 16 23● 30	6☺ 13 20 27	4 11 18 25	1 8 15 22 29
Do	3 10 17 **24** 31	7 **14**☾ 21● 28☽	5☺ 12 19 26	2 9 16 23 30
Fr	4 11 18 25	1 8 15 22 29	6 13☾ 20● 27☽	3 10 17 24 31
Sa	5 12 19 26	2 9 16 23 30	7 14 21 28	4☺ 11 18 25☽
So	**6 13 20 27**	**3 10 17 24**	**1 8 15 22 29**	**5 12☾ 19● 26**

	September	Oktober	November	Dezember
Mo	3 10☾ 17● 24☽	1 8 15 22 29	5 12 19 26	3 10 17 24 31
Di	4 11 18 25	2☺ 9 16● 23 30	6 13 20 27	4 11 18 **25**
Mi	5 12 19 26	**3** 10☾ 17 24☽ 31	7 14 21 28	5 12 19 **26**
Do	6 13 20 27	4 11 18 25	**1**☺ 8☾ 15● 22 29	6 13 20 27
Fr	7 14 21 28	5 12 19 26	2 9 16 23☽ 30☺	7☾ 14● 21 28
Sa	1 8 15 22 29	6 13 20 27	3 10 17 24	1 8 15 22☽ 29
So	**2☺ 9 16 23 30**	**7 14 21 28**	**4 11 18 25**	**2 9 16 23 30☺**

Feiertage:

Aschermittwoch:	28. Feb.	Pfingstsonntag:	3. Juni	1. Advent:	2. Dez.
Ostersonntag:	15. April	Fronleichnam:	14. Juni		
Chr. Himmelfahrt:	24. Mai	Totensonntag:	25. Nov.		

Das Jahr 2001 ist ein Gemeinjahr zu 365 Tagen.

Beginn der Jahreszeiten:

Frühling: 20. März 14h31m — Herbst: 23. Sept. 0h04m — Erde in Sonnennähe: 4. Jan. 10h
Sommer: 21. Juni 8h37m — Winter: 21. Dez. 20h22m — Erde in Sonnenferne: 4. Juli 15h

Finsternisse:

9. Jan.: totale Mondfinsternis — 5. Juli: partielle Mondfinsternis
21. Juni: totale Sonnenfinsternis — 14. Dez.: ringförmige Sonnenfinsternis

Planeten:

Innere Planeten

Merkur:	Größte östliche Elongation:	**28. Jan.** (18°)	**22. Mai** (22°)	18. Sept. (27°)
	Größte westliche Elongation:	11. März (27°)	*9. Juli* (21°)	**29. Okt.** (19°)
Venus:	Größte östliche Elongation:	17. Jan. (47°)	Untere Konjunktion: 30. März	
	Größte westliche Elongation:	8. Juni (46°)		

Äußere Planeten	Opposition	(Mio. km)	im Sternbild	Konjunktion
Mars:	13. Juni	67	Schlangenträger	–
Jupiter:	(1. Januar 200**2**)	626	Zwillinge	14. Juni
Saturn:	3. Dezember	1209	Stier	25. Mai
Uranus:	14. August	2837	Steinbock	9. Februar
Neptun:	30. Juli	4351	Steinbock	26. Januar
Pluto:	3. Juni	4395	Schlangenträger	7. Dezember

2002

Januar

Mo		7	14	21☽	28○
Di	**1**	8	15	22	29
Mi	2	9	16	23	30
Do	3	10	17	24	31
Fr	4	11	18	25	
Sa	5	12	19	26	
So	**6☾**	**13●**	**20**	**27**	

Februar

Mo		4☾	11	18	25
Di		5	12●	19	26
Mi		6	13	20☽	27○
Do		7	14	21	28
Fr	1	8	15	22	
Sa	2	9	16	23	
So	**3**	**10**	**17**	**24**	

März

Mo		4	11	18	25
Di		5	12	19	26
Mi		6☾	13	20	27
Do		7	14●	21	28○
Fr	1	8	15	22☽	**29**
Sa	2	9	16	23	30
So	**3**	**10**	**17**	**24**	**31**

April

Mo	**1**	8	15	22	29
Di	2	9	16	23	30
Mi	3	10	17	24	
Do	4☾	11	18	25	
Fr	5	12●	19	26	
Sa	6	13	20☽	27○	
So	**7**	**14**	**21**	**28**	

Mai

Mo		6	13	**20**	27
Di		7	14	21	28
Mi	1	8	15	22	29
Do	2	**9**	16	23	**30**
Fr	3	10	17	24	31
Sa	4☾	11	18	25	
So	**5**	**12●**	**19☽**	**26○**	

Juni

Mo		3☾	10	17	24○
Di		4	11●	18☽	25
Mi		5	12	19	26
Do		6	13	20	27
Fr		7	14	21	28
Sa	1	8	15	22	29
So	**2**	**9**	**16**	**23**	**30**

Juli

Mo	1	8	15	22	29
Di	2☾	9	16	23	30
Mi	3	10●	17☽	24○	31
Do	4	11	18	25	
Fr	5	12	19	26	
Sa	6	13	20	27	
So	**7**	**14**	**21**	**28**	

August

Mo		5	12	19	26
Di		6	13	20	27
Mi		7	14	21	28
Do	1☾	8●	15☽	22○	29
Fr	2	9	16	23	30
Sa	3	10	17	24	31☾
So	**4**	**11**	**18**	**25**	

September

Mo		2	9	16	23	30
Di		3	10	17	24	
Mi		4	11	18	25	
Do		5	12	19	26	
Fr		6	13☽	20	27	
Sa		7●	14	21○	28	
So	**1**	**8**	**15**	**22**	**29☾**	

Oktober

Mo		7	14	21○	28
Di	1	8	15	22	29☾
Mi	2	9	16	23	30
Do	**3**	10	17	24	31
Fr	4	11	18	25	
Sa	5	12	19	26	
So	**6●**	**13☽**	**20**	**27**	

November

Mo		4●	11☽	18	25
Di		5	12	19	26
Mi		6	13	20○	27☾
Do		7	14	21	28
Fr	**1**	8	15	22	29
Sa	2	9	16	23	30
So	**3**	**10**	**17**	**24**	

Dezember

Mo		2	9	16	23	30
Di		3	10	17	24	31
Mi		4●	11☽	18	**25**	
Do		5	12	19○	**26**	
Fr		6	13	20	27☾	
Sa		7	14	21	28	
So	**1**	**8**	**15**	**22**	**29**	

Feiertage:

Aschermittwoch:	13. Feb.	Pfingstsonntag:	19. Mai	1. Advent:	1. Dez.
Ostersonntag:	31. März	Fronleichnam:	30. Mai		
Chr. Himmelfahrt:	9. Mai	Totensonntag:	24. Nov.		

Das Jahr 2002 ist ein Gemeinjahr zu 365 Tagen.

Beginn der Jahreszeiten:

Frühling: 20. März 20^h16^m
Sommer: 21. Juni 14^h24^m
Herbst: 23. Sept. 5^h55^m
Winter: 22. Dez. 2^h14^m
Erde in Sonnennähe: 2. Jan. 15^h
Erde in Sonnenferne: 6. Juli 5^h

Finsternisse:

11. Juni: ringförmige Sonnenfinsternis
4. Dez.: totale Sonnenfinsternis

Planeten:

Innere Planeten

Merkur:	Größte östliche Elongation:	*11. Jan.* (19°)	**4. Mai** (21°)	1. Sept. (27°)	*26. Dez.* (20°)
	Größte westliche Elongation:	21. Feb. (27°)	21. Juni (23°)	**13. Okt.** (18°)	
Venus:	Obere Konjunktion:	14. Jan.	Untere Konjunktion: 31. Okt.		
	Größte östliche Elongation:	22. Aug. (46°)			

Äußere Planeten	Opposition	(Mio. km)	im Sternbild	Konjunktion
Mars:	–	–	–	10. August
Jupiter:	1. Januar	626	Zwillinge	20. Juli
Saturn:	17. Dezember	1205	Stier	9. Juni
Uranus:	20. August	2841	Steinbock	13. Februar
Neptun:	2. August	4349	Steinbock	28. Januar
Pluto:	7. Juni	4414	Schlangenträger	9. Dezember

2003

Januar

Mo		**6**	13	20	27
Di		7	14	21	28
Mi	**1**	8	15	22	29
Do	2●	9	16	23	30
Fr	3	10☽	17	24	31
Sa	4	11	18○	25☾	
So	**5**	**12**	**19**	**26**	

Februar

Mo	3	10	17○	24
Di	4	11	18	25
Mi	5	12	19	26
Do	6	13	20	27
Fr	7	14	21	28
Sa 1●	8	15	22	
So 2	**9☽**	**16**	**23☾**	

März

Mo		3●	10	17	24	31
Di		4	11☽	18○	25☾	
Mi		5	12	19	26	
Do		6	13	20	27	
Fr		7	14	21	28	
Sa	1	8	15	22	29	
So	**2**	**9**	**16**	**23**	**30**	

April

Mo		7	14	**21**	28
Di	1●	8	15	22	29
Mi	2	9	16○	23☾	30
Do	3	10☽	17	24	
Fr	4	11	**18**	25	
Sa	5	12	19	26	
So	**6**	**13**	**20**	**27**	

Mai

Mo		5	12	19	26
Di		6	13	20	27
Mi		7	14	21	28
Do	**1●**	8	15	22	**29**
Fr	2	9☽	16○	23☾	30
Sa	3	10	17	24	31●
So	**4**	**11**	**18**	**25**	

Juni

Mo		2	**9**	16	23	30
Di		3	10	17	24	
Mi		4	11	18	25	
Do		5	12	**19**	26	
Fr		6	13	20	27	
Sa		7☽	14○	21☾	28	
So	**1**	**8**	**15**	**22**	**29●**	

Juli

Mo		7☽	14	21☾	28
Di	1	8	15	22	29●
Mi	2	9	16	23	30
Do	3	10	17	24	31
Fr	4	11	18	25	
Sa	5	12	19	26	
So	**6**	**13○**	**20**	**27**	

August

Mo		4	11	18	25
Di		5☽	12○	19	26
Mi		6	13	20☾	27●
Do		7	14	21	28
Fr	1	8	15	22	29
Sa	2	9	16	23	30
So	**3**	**10**	**17**	**24**	**31**

September

Mo	1	8	15	22	29
Di	2	9	16	23	30
Mi	3☽	10○	17	24	
Do	4	11	18☾	25	
Fr	5	12	19	26●	
Sa	6	13	20	27	
So	**7**	**14**	**21**	**28**	

Oktober

Mo		6	13	20	27
Di		7	14	21	28
Mi	1	8	15	22	29
Do	2☽	9	16	23	30
Fr	**3**	10○	17	24	31
Sa	4	11	18☾	25●	
So	**5**	**12**	**19**	**26**	

November

Mo		3	10	17☾	24●
Di		4	11	18	25
Mi		5	12	19	26
Do		6	13	20	27
Fr		7	14	21	28
Sa	1☽	8	15	22	29
So	**2**	**9○**	**16**	**23**	**30☽**

Dezember

Mo	1	8○	15	22	29
Di	2	9	16☾	23●	30☽
Mi	3	10	17	24	31
Do	4	11	18	**25**	
Fr	5	12	19	**26**	
Sa	6	13	20	27	
So	**7**	**14**	**21**	**28**	

Feiertage:

Aschermittwoch:	5. März	Pfingstsonntag:	8. Juni	1. Advent:	30. Nov.
Ostersonntag:	20. April	Fronleichnam:	19. Juni		
Chr. Himmelfahrt:	29. Mai	Totensonntag:	23. Nov.		

Das Jahr 2003 ist ein Gemeinjahr zu 365 Tagen.

Beginn der Jahreszeiten:

Frühling: 21. März 2^h00^m Herbst: 23. Sept. 11^h47^m Erde in Sonnennähe: 4. Jan. 6^h
Sommer: 21. Juni 20^h10^m Winter: 22. Dez. 8^h04^m Erde in Sonnenferne: 4. Juli 7^h

Finsternisse:

16. Mai: totale Mondfinsternis **9. Nov.:** totale Mondfinsternis
31. Mai: ringförmige Sonnenfinsternis 23. Nov.: totale Sonnenfinsternis

Planeten:

Innere Planeten

Merkur:	Größte östliche Elongation:	**16. April** (20°)	14. Aug. (27°)	9. Dez. (21°)
	Größte westliche Elongation:	*4. Feb.* (25°)	3. Juni (24°)	**27. Sept.** (18°)
	Untere Konjunktion:	**7.Mai – Transit!**		
Venus:	Größte westliche Elongation:	11. Jan. (47°)		
	Obere Konjunktion:	18. Aug.		

Äußere Planeten	Opposition	(Mio. km)	im Sternbild	Konjunktion
Mars:	28. August	56	Wassermann	–
Jupiter:	2. Februar	647	Krebs	22. August
Saturn:	31. Dezember	1204	Zwillinge	24. Juni
Uranus:	24. August	2845	Wassermann	17. Februar
Neptun:	4. August	4348	Steinbock	30. Januar
Pluto:	9. Juni	4435	Schlangenträger	12. Dezember

2004

Januar

Mo		5	12	19	26
Di		**6**	13	20	27
Mi		7☺	14	21●	28
Do	**1**	8	15☾	22	29☽
Fr	2	9	16	23	30
Sa	3	10	17	24	31
So	**4**	**11**	**18**	**25**	

Februar

Mo		2	9	16	23
Di		3	10	17	24
Mi		4	11	18	25
Do		5	12	19	26
Fr		6☺	13☾	20●	27
Sa		7	14	21	28☽
So	**1**	**8**	**15**	**22**	**29**

März

Mo	1	8	15	22	29☽
Di	2	9	16	23	30
Mi	3	10	17	24	31
Do	4	11	18	25	
Fr	5	12	19	26	
Sa	6	13☾	20●	27	
So	**7**☺	**14**	**21**	**28**	

April

Mo		5☺	**12**☾	19●	26
Di		6	13	20	27☽
Mi		7	14	21	28
Do	1	8	15	22	29
Fr	2	**9**	16	23	30
Sa	3	10	17	24	
So	**4**	**11**	**18**	**25**	

Mai

Mo		3	10	17	24	**31**
Di		4☺	11☾	18	25	
Mi		5	12	19●	26	
Do		6	13	**20**	27☽	
Fr		7	14	21	28	
Sa	**1**	8	15	22	29	
So	**2**	**9**	**16**	**23**	**30**	

Juni

Mo		7	14	21	28
Di	1	8	15	22	29
Mi	2	9☾	16	23	30
Do	3☺	**10**	17●	24	
Fr	4	11	18	25☽	
Sa	5	12	19	26	
So	**6**	**13**	**20**	**27**	

Juli

Mo		5	12	19	26
Di		6	13	20	27
Mi		7	14	21	28
Do	1	8	15	22	29
Fr	2☺	9☾	16	23	30
Sa	3	10	17●	24	31☺
So	**4**	**11**	**18**	**25**☽	

August

Mo		2	9	16●	23☽	30☺
Di		3	10	17	24	31
Mi		4	11	18	25	
Do		5	12	19	26	
Fr		6	13	20	27	
Sa		7☾	14	21	28	
So	**1**	**8**	**15**	**22**	**29**	

September

Mo		6☾	13	20	27
Di		7	14●	21☽	28☺
Mi	1	8	15	22	29
Do	2	9	16	23	30
Fr	3	10	17	24	
Sa	4	11	18	25	
So	**5**	**12**	**19**	**26**	

Oktober

Mo		4	11	18	25
Di		5	12	19	26
Mi		6☾	13	20☽	27
Do		7	14●	21	28☺
Fr	1	8	15	22	29
Sa	2	9	16	23	30
So	**3**	**10**	**17**	**24**	**31**

November

Mo	**1**	8	15	22	29
Di	2	9	16	23	30
Mi	3	10	17	24	
Do	4	11	18	25	
Fr	5☾	12●	19☽	26☺	
Sa	6	13	20	27	
So	**7**	**14**	**21**	**28**	

Dezember

Mo		6	13	20	27
Di		7	14	21	28
Mi	1	8	15	22	29
Do	2	9	16	23	30
Fr	3	10	17	24	31
Sa	4	11	18☽	**25**	
So	**5**☾	**12**●	**19**	**26**☺	

Feiertage:

Aschermittwoch:	25. Feb.	Pfingstsonntag:	30. Mai	1. Advent:	28. Nov.
Ostersonntag:	11. April	Fronleichnam:	10. Juni		
Chr. Himmelfahrt:	20. Mai	Totensonntag:	21. Nov.		

Das Jahr 2004 ist ein **Schaltjahr** zu 366 Tagen.

Beginn der Jahreszeiten:

Frühling: 20. März 7^h47^m
Sommer: 21. Juni 1^h57^m
Herbst: 22. Sept. 17^h30^m
Winter: 21. Dez. 13^h42^m
Erde in Sonnennähe: 4. Jan. 19^h
Erde in Sonnenferne: 4. Juli 12^h

Finsternisse:

19. April: Partielle Sonnenfinsternis
4. Mai: totale Mondfinsternis
14. Okt.: Partielle Sonnenfinsternis
28. Okt.: totale Mondfinsternis

Planeten:

Innere Planeten

Merkur: Größte östliche Elongation: **29. März** (19°) 27. Juli (27°) 21. Nov (22°)
Größte westliche Elongation: *17. Jan.* (24°) 14. Mai (26°) **9. Sept.** (18°) **29. Dez.** (22°)

Venus: Größte östliche Elongation: 29. März (46°)
Größte westliche Elongation: 17. Aug. (46°)
Untere Konjunktion: **8. Juni – Transit!**

Äußere Planeten	Opposition	(Mio. km)	im Sternbild	Konjunktion
Mars:	–	–	–	15. September
Jupiter:	4. März	662	Löwe	21. September
Saturn:	(13. Januar 2005)	1208	Zwillinge	8. Juli
Uranus:	27. August	2849	Wassermann	22. Februar
Neptun:	6. August	4346	Steinbock	2. Februar
Pluto:	11. Juni	4457	Schlangenträger	13. Dezember

STERNE IM VISIER
Tele Vue 101
Meade ETX Astro- und Spotting Scope
Tele Vue Pronto und Ranger
Tele Vue/Meade Okulare und Zubehör
MEADE LX200 EMC
Wir führen alle Markenprodukte. Lassen Sie sich individuell und unabhängig von uns beraten.
Autorisierte Vertretung
für Tele Vue- und Meade-Produkte
O.S.D.V.
Göttker/Pietsch GmbH
Münsterstraße 111
48155 Münster
Telefon 0 25 06 - 29 00
Telefon 0 25 06 - 29 10
Telefax 0 25 06 - 29 12
E-Mail: osdv.astro@t-online.de